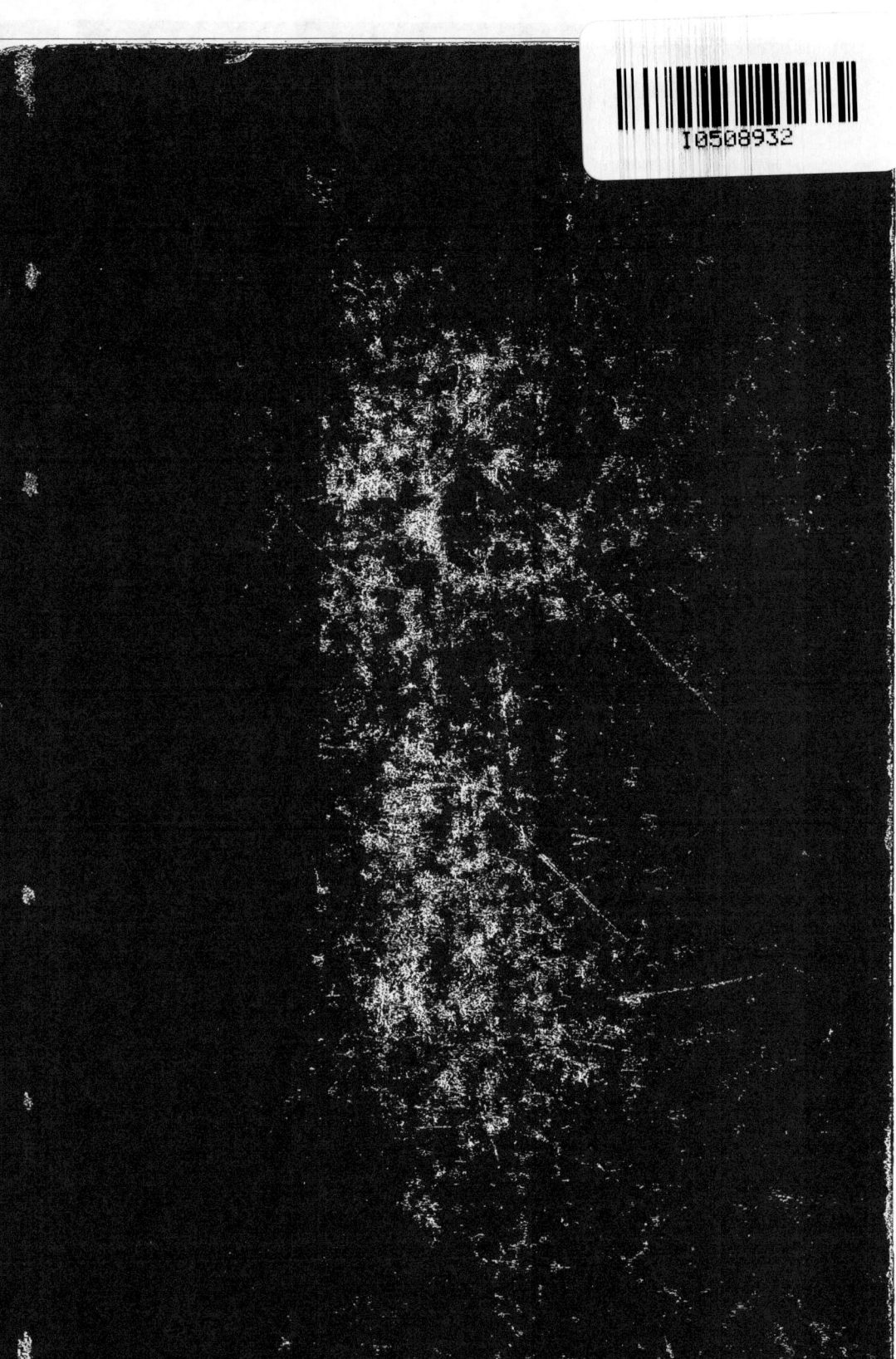

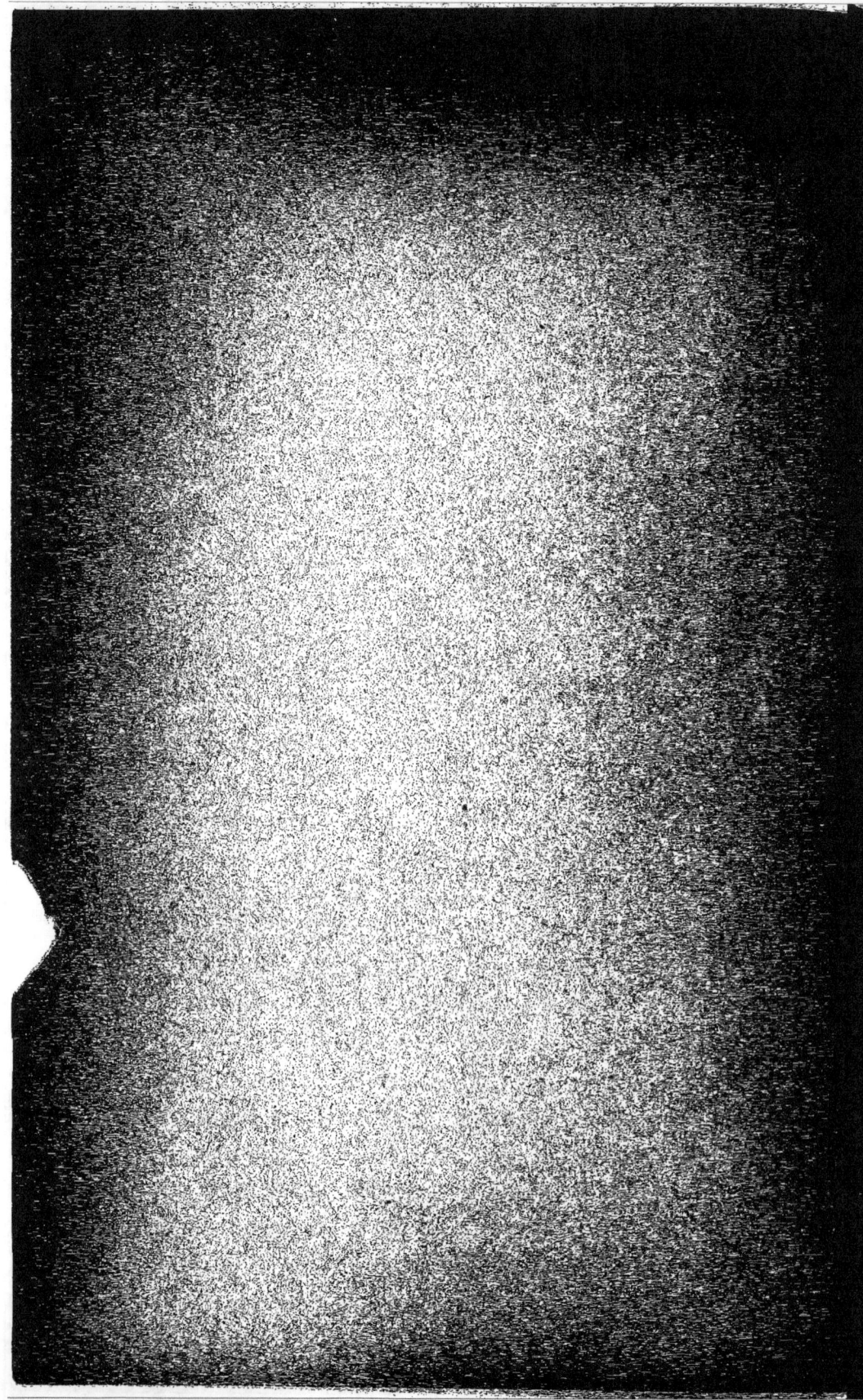

LES
EAUX SOUTERRAINES
A L'ÉPOQUE ACTUELLE

LEUR RÉGIME, LEUR TEMPÉRATURE, LEUR COMPOSITION

AU POINT DE VUE DU RÔLE QUI LEUR REVIENT DANS L'ÉCONOMIE
DE L'ÉCORCE TERRESTRE

PAR

A. DAUBRÉE

MEMBRE DE L'INSTITUT
INSPECTEUR GÉNÉRAL DES MINES EN RETRAITE, DIRECTEUR HONORAIRE DE L'ÉCOLE NATIONALE DES MINES
PROFESSEUR DE GÉOLOGIE AU MUSÉUM D'HISTOIRE NATURELLE

TOME PREMIER

PARIS
Vve CH. DUNOD, ÉDITEUR
Libraire des Corps des Ponts et Chaussées, des Mines et des Télégraphes
49, QUAI DES AUGUSTINS, 49

1887

Tous droits réservés

LES

EAUX SOUTERRAINES

A L'ÉPOQUE ACTUELLE

IMPRIMERIE A. LAHURE
9, RUE DE FLEURUS, 9

LES
EAUX SOUTERRAINES

A L'ÉPOQUE ACTUELLE

LEUR RÉGIME, LEUR TEMPÉRATURE, LEUR COMPOSITION

AU POINT DE VUE DU RÔLE QUI LEUR REVIENT DANS L'ÉCONOMIE
DE L'ÉCORCE TERRESTRE

PAR

A. DAUBRÉE

MEMBRE DE L'INSTITUT

INSPECTEUR GÉNÉRAL DES MINES EN RETRAITE, DIRECTEUR HONORAIRE DE L'ÉCOLE NATIONALE DES MINES
PROFESSEUR DE GÉOLOGIE AU MUSÉUM D'HISTOIRE NATURELLE

TOME PREMIER

PARIS
Vve CH. DUNOD, ÉDITEUR
Libraire des Corps des Ponts et Chaussées, des Mines et des Télégraphes
49, QUAI DES AUGUSTINS, 49

1887

Tous droits réservés

AVANT-PROPOS

La circulation souterraine des eaux à travers les pores et les fissures des roches, bien qu'obéissant à des principes très simples, présente une grande diversité, suivant la nature et le mode d'agencement des roches. Aussi, pour en donner une idée précise, convient-il d'en signaler divers exemples empruntés à des structures variées.

Cela expliquera comment je me suis laissé entraîner à des développements beaucoup plus étendus que je ne l'avais présumé d'abord. D'ailleurs, il n'était pas sans intérêt de prendre les types dans des contrées distantes les unes des autres, sauf à y reconnaître des particularités identiques.

Dans cet ordre de recherches, on ne peut toujours arriver, quelque soin qu'on y mette, à des notions exactes, quant à la manière d'être des eaux souterraines et aux mouvements auxquels elles sont soumises dans leurs trajets, soit à la descente, soit vers la remonte. Lors même qu'on connaît la disposition des massifs de roches, on ne saisit pas en général, dans tous leurs détails, la disposition des fissures et autres canaux de parcours qui restent cachés, à raison de leur plus ou moins grande profondeur. Trop souvent on est réduit à des données vagues ou conjecturales, à moins que quelque circonstance fortuite, comme un percement artificiel, n'éclaire la question.

C'est une difficulté dont il convient de tenir compte, en présence du travail ingrat dont le résultat est offert aujourd'hui au public ; elle expliquera certaines lacunes et incertitudes de cet ouvrage et engagera, peut-être, à combler et à éclairer quelques-unes d'entre elles.

La réunion et la coordination des faits qui sont exposés plus loin ont exigé d'assez longues recherches ; car, jusqu'à présent, l'histoire des eaux souterraines avait été rarement traitée dans son ensemble, autrement que d'une manière très sommaire[1]. Ces notions n'étaient que peu développées dans les traités de géologie, bien qu'elles constituent une branche importante de cette science, non seulement pour les applications, mais aussi au point de vue de la théorie. On ne saurait, en effet, méconnaître son intérêt dans l'étude de bien des phénomènes actuels, tels que les éruptions volcaniques. L'importance des eaux souterraines se révèle surtout, quand on remonte dans l'histoire du globe, et qu'on recherche les vestiges qu'elles ont laissés de toutes parts dans l'écorce terrestre, par la formation fréquente d'espèces minérales.

---

[1] Il est juste de mentionner l'ouvrage du docteur Lersch : *Natürliche Wasser*, publié en 1864.

C'est ce que j'ai fait ressortir dans un deuxième ouvrage, qui est le complément de celui-ci.

Beaucoup de savants de France et de l'étranger ont répondu aux demandes de renseignements que je leur avais adressées, avec une obligeance pour laquelle je leur offre ici mes vifs remerciements. Je signalerai particulièrement en France : MM. Pouyanne, Genreau, Tardy, Paul Gautier, Lory, Raulin, Leymerie, Bouvier, Sainjon, Laur, Dru, Jus, Angiboust, Péron, Duporcq, Delafond, Fouqué, Schloesing, Peligot, Lefort, Ledru, Bonnefoy, Nivoit, Huet, Mathieu et Rolland; en Allemagne, MM. von Dechen, Gümbel, le docteur Gurlt, Credner et Koch; en Autriche-Hongrie, MM. Ed. Suess et Szabo; en Italie, MM. Giordano, Silvestri, Ch. Durval et Jervis; en Suisse, MM. Albert Heim, le docteur Jaccard, Renevier et Stapff; en Belgique, MM. Dewalque, Verstraeten et van Ertborn; dans le grand-duché de Luxembourg, M. Siegen; en Espagne, MM. de Botella et de Madrid d'Avila; en Portugal, M. Delgado; dans la Grande-Bretagne, MM. Geikie, Prestwich et Ed. Hull; en Russie, M. Trautschold; en Suède, M. Tornebohm; dans l'Amérique du Nord, MM. Persefor Fraser et Hayden; au Chili, M. Domeyko; dans l'Inde, M. Medlicott; en Abyssinie, M. Aubry; en Australie, M. Liverdsige.

Dans ce long travail, j'ai trouvé surtout le secours d'une collaboration active et dévouée de la part de mon aide-naturaliste du Muséum, M. Stanislas Meunier, que je prie d'accepter ici l'expression de toute ma gratitude.

LES
EAUX SOUTERRAINES
A L'ÉPOQUE ACTUELLE

LIVRE PREMIER
RÉGIME DES EAUX SOUTERRAINES

CHAPITRE PREMIER
GÉNÉRALITÉS

Aperçu historique. — Sans essayer de faire un historique de la question, rappelons que Bernard Palissy, dans son *Traité des eaux et fontaines*, avait déjà reconnu que les sources proviennent de l'infiltration des pluies, lesquelles tendent à descendre dans l'intérieur de la terre jusqu'à ce qu'elles rencontrent un fond de roc, ou d'argile imperméable, qui les contraigne de ne pas descendre davantage et de se faire jour à la partie la plus déclive du terrain qu'elles ont traversé.

C'est cependant l'opinion inverse qu'avait adoptée Pierre Perrault[1] : « Mon opinion est donc que les eaux des pluies et des neiges qui tombent sur la terre, sont la cause et

---
[1] *De l'Origine des Fontaines*, 1684.

l'origine des fontaines. Ce sentiment est le plus ordinaire et le plus suivi : néanmoins de la façon dont je conçois la chose, il y a une différence extrême entre ma pensée et celle de ceux qui suivent ce sentiment ordinaire, car ils croyent que les eaux des pluies et des neiges fondues tombant sur la terre, la pénètrent jusqu'à ce qu'elles aient rencontré de la terre grasse ou autre chose qui les arrête; sur quoi elles coulent vers quelque ouverture sur le penchant d'une montagne; et moi je crois que la pluie ne pénètre point la terre, ni ne descend point jusque sur cette terre grasse. »

La lumière n'était donc pas faite pour tout le monde et nous n'en voulons pour preuve que les réfutations que, cent ans plus tard, dans son traité du *Mouvement des eaux*[1], Mariotte se croit obligé d'opposer à des opinions différentes. Après avoir exposé sa doctrine, d'ailleurs conforme à celle de Bernard Palissy, il ajoute :

« Il y a des carrières en plusieurs endroits dont le haut est en forme de voûte, et il n'y a que vingt ou trente pieds de terre au-dessus, où l'on peut remarquer que les petits égouts d'eau qui s'y font passent par de petites fentes entre les lits de pierre et qu'ils procèdent des pluies, parce qu'ils ne paraissent qu'après de grandes pluies, et qu'ils ne durent que quinze jours ou trois semaines après qu'il a cessé de pleuvoir; et on peut facilement juger que les autres écoulements des fontaines se font de la même sorte. »

Données fournies par les travaux de mines. — Outre les données innombrables que fournit l'observation pure, une foule de documents importants sont procurés par de véritables expériences. Je fais allusion, d'une part, aux faits recueillis dans la recherche et le captage des eaux souter-

---

[1] *Traité du mouvement des eaux*, par M. Mariotte. Édit. 1700.

raines, ordinaires, minérales ou thermales, d'autre part et surtout, à ceux qui résultent chaque jour de l'exploitation des mines et de l'obligation où se trouve sans cesse le mineur d'assécher ses travaux.

Quand on pratique une excavation plus ou moins profonde, on fait naître des parties de moindre résistance et, par suite, des infiltrations d'eau qui se précipitent avec une pression quelquefois très forte. C'est une sorte de drainage obligé, jusqu'à des profondeurs dépassant 800 mètres. Aussi, dans bien des cas, la lutte contre les eaux souterraines nécessite-t-elle l'une des principales dépenses de l'exploitation des mines.

Comme exemple des travaux auxquels conduit fréquemment la présence de l'eau dans les mines, nous citerons les grandes galeries d'écoulement exécutées pour dessécher divers districts de mines, métalliques et autres. La galerie de Freyberg est longue de 47 kil. 504; la galerie Joseph II, à Schemnitz, dont le percement a duré 107 ans, a environ 18 kilomètres avec les annexes. La galerie Ernest-Auguste, au Hartz, a une longueur de 23 kil. 638; elle a été percée à une profondeur de 408 mètres, au-dessous de quatre autres galeries situées aux profondeurs de 78, 120, 146 et 298 mètres et ayant respectivement 8 kil. 864, 9 kil. 168, 9 kil. 260 et 19 kilomètres.

Aux riches mines d'argent de Comstock dans le Nevada, la compagnie Sutro a exécuté un tunnel rectiligne de 6 kil. 147 qui recoupe le filon principal, auquel il est perpendiculaire, à 600 mètres de profondeur; puis il se développe, dans le filon même, d'une quantité à peu près égale, de manière à assécher, moyennant un abonnement, les mines des diverses sociétés qui exploitent les *bonanzas* du filon. En France, il est question d'exécuter une galerie de 14 kilomètres, pour verser dans la Méditerranée les eaux du bassin de lignite de Fuveau.

Lors du creusement des puits de mines, pour lutter contre les invasions d'eau, on est souvent obligé d'établir, avec beaucoup de peine et à grands frais, des cuvelages étanches, heureusement remplacés dans certains cas par le système Kind et Chaudron. Pour le même but, on a recours à l'ingénieux et hardi fonçage dans l'air comprimé, dont nous devons le premier emploi à l'excellent géologue M. Triger.

C'est ainsi que les travaux de ce genre fournissent, au point de vue de la circulation souterraine des eaux, des données instructives, que l'on ne pourrait déduire des seuls épanchements naturels.

§ 1. Eau de carrière ou d'imprégnation.

Toutes les roches, même celles qui sont le plus compactes, sont imprégnées d'une certaine quantité d'eau.

Les ouvriers des carrières savent que les caractères physiques des pierres les plus diverses se modifient par l'exposition à l'air. Ce changement qui se constate clairement sur les roches argileuses, calcaires et gréseuses, est aussi très appréciable pour les roches les plus compactes, telles que le granite. Il paraît s'expliquer par la perte d'une certaine quantité d'eau, logée d'abord dans les pores de la roche et qui a disparu. On donne à cette eau le nom d'*eau de carrière* ou *d'imprégnation*.

D'autre part, on remarque que des galeries pratiquées dans des roches très compactes, telles que le basalte et le trachyte, sont habituellement humides, sans qu'il y ait intervention du phénomène de la rosée.

Le délitement à la suite de la gelée, des pierres de constructions appelées *gélives*, est le résultat de l'eau qui y était interposée.

Déjà Dolomieu avait signalé des faits de ce genre dans son mémoire sur l'*Art de tailler les pierres à fusil*[1].

« Le silex pyromaque, dit-il, est quelquefois trop humide au sortir de la carrière ; alors on le fait sécher ; mais si, par une trop longue exposition à l'air et au vent, il avait perdu une certaine humidité souvent très visible lorsqu'on le tire, alors il ne peut plus être taillé en pierre à fusil ; il casse mal. »

Et plus loin, page 338 :

« Lorsque les cailloux (silex) sortent de terre, ils contiennent quelquefois trop d'humidité, que l'on aperçoit en les fendant et qui se rassemble en gouttelettes. On ne peut alors les tailler comme il faut ; les caillouteurs les font alors sécher quelques heures, l'été au soleil, l'hiver au feu ; mais lorsqu'ils ont été trop longtemps exposés au soleil ou au grand air, tels que ceux que l'on trouve sur la terre, ils ne peuvent plus être taillés.

« Les ardoisiers des Ardennes disent que les blocs de schistes séchés ne se travaillent plus aussi facilement ; que leur fissilité est moindre et le déchet de fabrication plus grand. Il est possible de remédier à cet inconvénient, et les ouvriers ne manquent pas de le faire, en mouillant légèrement le schiste sur la tranche. L'eau doit pénétrer dans la pierre, car une goutte isolée s'élargit très vite et disparaît rapidement. »

Des expériences ont été faites par d'assez nombreux observateurs pour mesurer la quantité d'eau de carrière correspondant à diverses roches.

---

[1] *Dictionnaire de chimie* de l'*Encyclopédie méthodique*, t. V, p. 551 et suivantes.

En étudiant la nature des pavés et grès de Paris, Coriolis[1] avait trouvé que la quantité d'eau qu'ils absorbent paraît être en rapport avec leur dureté et que les diverses variétés de grès employées dans la capitale absorbent, en vingt-quatre heures, $\frac{1}{20}$ à $\frac{1}{17}$ de leur volume.

Le tableau ci-après présente quelques-uns des chiffres obtenus par M. Delesse[2].

EAU DE CARRIÈRE DE DIVERSES ROCHES

Poids de l'eau pour 100 de la substance humide

Craie blanche	19,30 / 20,66
Calcaire grossier à milliolites	23,35
Argile plastique de Vaugirard	23,20 / 19,56
Argile enveloppant les meulières de Meudon	24,48
Calcaire grossier dur	3,02
Gypse	1,50
Granite à gros grains de Semur	0,37
Quartz blanc en filon dans le granite de Semur	0,08
Silex de la craie de Meudon	0,12
Silex meulière	1,12
Eurite noirâtre de Chevigné	0,07
Gneiss très micacé et friable	3,00

D'après M. Thoulet 100 grammes de basalte de Guéry (Puy-de-Dôme), parfaitement desséché à 100 degrés, peuvent absorber 0 gr. 556 d'eau. Dans les mêmes conditions ce chiffre est de 1,981 pour le calcaire jurassique compact de Verdun.

Ainsi, une quantité très notable d'eau se dissimule dans

---

[1] Durée des pavés et des grès. *Annales des Ponts et Chaussées*, t. V, 1854, p. 239.
[2] *Bulletin de la Société géologique de France*, 2ᵉ série, t. XIX, p. 64. Voir aussi : Durocher, *même recueil*. 2ᵉ série, t. X, p. 431. Bischof, *Lehrbuch der physikalischen Geologie*, t. I, p. 204.

les pores les plus fins des roches. Mais à raison de la force avec laquelle elle est retenue par capillarité, il est difficile de l'expulser complètement et, par suite, d'arriver à une évaluation exacte.

Si l'on tient compte de la nature des roches les plus abondantes, on doit reconnaître que la quantité totale d'eau, ainsi incorporée dans l'écorce solide, représente une quantité très importante, sans doute comparable au volume que l'eau occupe à la surface même du globe, quelque vaste que soit le bassin de l'Océan[1].

§ 2. Roches imperméables et roches perméables.

Au point de vue de l'hydrognosie, tant souterraine que superficielle, il y a une distinction essentielle à faire dans la nature des roches les plus répandues.

Les roches sont, les unes *imperméables*, c'est-à-dire ne se laissent pas traverser par l'eau, du moins en quantité notable; les autres, capables d'absorber l'eau avec facilité et *perméables*.

Roches imperméables.

Types de roches imperméables. — Comme roches imperméables se présentent, avant tout, les silicates d'alumine hydratés connus sous le nom d'argile. A l'état de pureté, l'argile n'est pas commune; mais elle est très répandue à l'état de mélange avec la chaux carbonatée et donne alors les marnes.

---

[1] M. Delesse, dans le mémoire précité, p. 85, l'évalue à 5 pour 100.

L'imperméabilité de l'argile se maintient, même quand elle est mélangée d'une certaine quantité de sable, de telle sorte que l'élément argileux forme un ciment reliant les grains de sable; mais alors la masse n'a plus la souplesse de l'argile plastique et elle peut céder à des actions mécaniques[1].

Les roches granitiques et diverses roches cristallines sont à peu près imperméables, quand les fissures qui les traversent sont assez fines pour ne pas donner issue à l'eau; il en est de même des schistes argileux ou phyllades.

On a constaté, par exemple, que les galeries préparatoires du tunnel sous la Manche, établies dans les couches de la craie marneuse, restaient à peu près étanches, sur plusieurs kilomètres, lors même que le massif qui les séparait de la mer n'avait que quelques mètres.

Tandis que l'invasion incessante des eaux constitue très souvent, comme on l'a vu, l'une des plus grandes difficultés contre lesquelles le mineur ait à lutter, il est cependant des cas où les travaux sont ouverts dans des couches tellement imperméables qu'il faut, lors du fonçage de puits, y descendre de l'eau, pour l'exécution des trous de mine. C'est à peu près ce qui est arrivé dans les mines les plus profondes de Kongsberg (*Göttes Hulfe* et *Armen*) en Norvège et les tunnels de ce pays restent souvent secs, quoique non muraillés. D'après M. Kjerulf, l'imperméabilité des mêmes roches n'est pas moins remarquable dans les régions les plus septentrionales de la Norvège.

Les travaux percés dans le gneiss de Suède pour des exploitations métalliques ne donnent non plus que de très faibles quantités d'eau.

Dans la mine de Bottalack près du Lands'end, en Cornouailles, on a une preuve particulièrement éloquente de

---

[1] Verstraeten. *Eaux alimentaires de la Belgique.*

l'imperméabilité de certaines roches métamorphiques, puisque les galeries sont établies sous la mer et qu'un toit de quelques mètres, au travers duquel le roulement des galets poussés par la grosse mer se fait nettement entendre, suffit pour empêcher toute infiltration.

De même, en France, sur le littoral opposé, aux mines de fer de Dielette, des puits foncés sous la mer dans les roches granitiques sont étanches.

Ajoutons, qu'en dépit des appréhensions de quelques personnes, la percée du mont Cenis n'a rencontré aucun amas d'eau important. Le débit total des suintements qui sortent des roches schisteuses ne dépassait pas 1 litre par seconde. Cependant le tunnel, sur une longueur de 12 kil. 200, a coupé des couches carbonifères et triasiques, inclinées habituellement de 50° sur l'horizon, et consistant en calcaires schisteux ou calcschistes, sur 9 kil. 392; grès talqueux, sur 2 kil. 96; quartzites (388 mètres) et, en outre, des anhydrites, des dolomies et des calcaires compacts[1]. Au lieu de gêner les travaux, l'eau a tellement fait défaut qu'on était obligé d'aller la chercher au dehors pour les besoins des travailleurs. Les gypses, loin de livrer passage à des trombes d'eau, comme on l'avait craint, laissèrent à peine suinter une petite source.

Si, dans quelques parties, le percement du Saint-Gothard (fig. 1), a donné passage à des irruptions d'eau et de boue par des lithoclases, dont les principales ont été tracées sur la figure, il est au contraire, sur la plus grande longueur, remarquablement étanche.

L'influence de l'imperméabilité des terrains sur le régime des cours d'eau de la surface a été mal appréciée jusqu'au

---

[1] Les masses superposées au tunnel atteignent 1610 mètres.

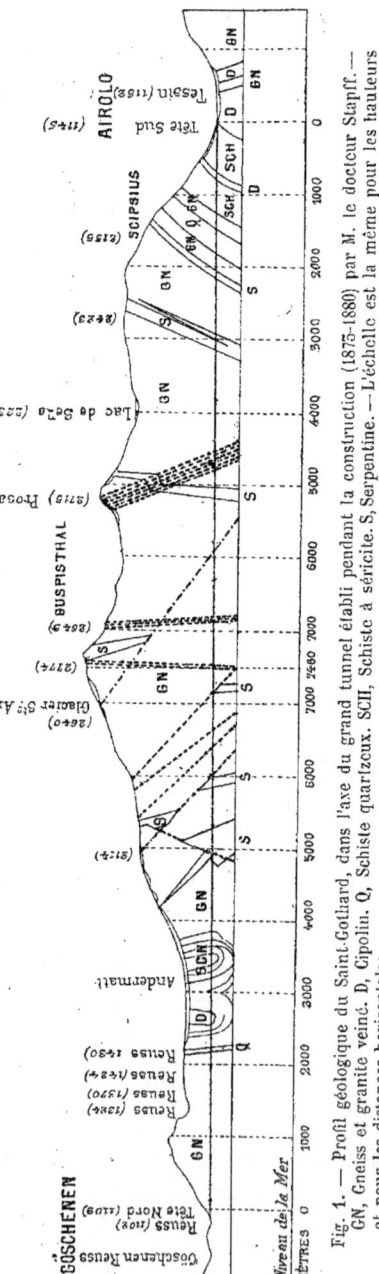

Fig. 1. — Profil géologique du Saint-Gothard, dans l'axe du grand tunnel établi pendant la construction (1875-1880) par M. le docteur Stapff. — GN, Gneiss et granite veiné. D, Cipolin. Q, Schiste quartzeux. SCH, Schiste à séricite. S, Serpentine. — L'échelle est la même pour les hauteurs et pour les distances horizontales.

moment où Belgrand, à la suite des études sur le bassin de la Seine, en a signalé l'importance aux ingénieurs.

Exemples du rôle des roches imperméables dans le bassin de la Seine. — Dans le bassin de la Seine, au-dessus des couches imperméables du terrain crétacé inférieur et au pied des coteaux de la craie blanche, se trouvent des sources très nombreuses et en général assez faibles. Dans le département de l'Aube, entre l'Armançon et la Seine, elles alimentent cinq ou six affluents de l'Armance et la Mogne, le principal affluent de l'Hozain. Les villages se sont accumulés sur cette ligne, attirés par la pureté des eaux et la fertilité des terres. Dans les communes de Coursan, Montfey, Saint-Thil, Villeneuve-au-Chemin, Auxon, Chamoy, Montigny, Assenay, Crésantignes,

Fayes, Saint-Jean-de-Bonneval, Lirey, Machy, Brunay, Villy-le-Maréchal, Longeville, Moussey, Saint-Pouange, Roncenay, Villemereuil, on ne compte pas moins de 50 à 60 sources pérennes dont plusieurs, notamment celles de Chamoy et d'Auxon, sont fort belles. Entre la Seine et l'Aube, ces sources ne sont pas moins nombreuses ; on en compte plus de 10 dans les communes de Doches, Piney et Villehardoin.

Des faits analogues se remarquent sur les autres terrains imperméables du même bassin ; ainsi les sources sont très nombreuses et très petites dans les sablons limoneux du *greensand*, et rares dans les argiles néocomiennes.

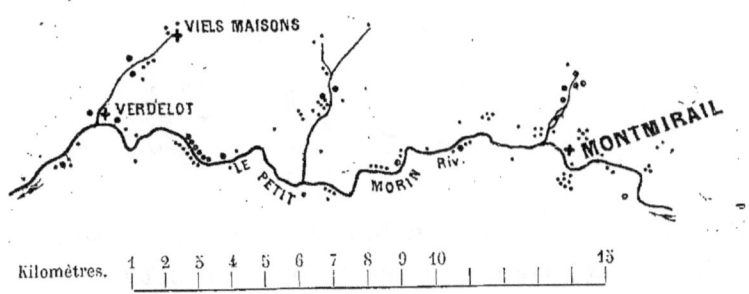

Fig. 2. — Carte montrant la disposition des principales sources du bassin du Petit Morin, entre Montmirail et Verdelot. Échelle $\frac{1}{210000}$ ou 0^m,0047 par kilomètre.

Dans les vallées de la Brie, le terrain tertiaire et spécialement les marnes supérieures se comportent de même.

Le Petit Morin (fig. 2), entre Montmirail et Villeneuve-sur-Bellot, reçoit 113 sources réparties en 65 groupes. Celles qui sont situées le long de son cours appartiennent, soit à l'étage de l'argile plastique, soit aux terrains perméables compris entre les marnes vertes et l'argile plastique ; celles qui s'éloignent de son cours, et qui généralement sont groupées au fond des vallées secondaires, appartiennent au niveau d'eau des marnes vertes. Les *rus* des plateaux, qui restent à sec pendant la plus grande partie de l'année, s'étendent au-dessus de la plus élevée des sources de chaque groupe.

La figure 3 représente les 50 sources disséminées le long du Clignon, principal affluent de l'Ourcq. La disposition est identiquement la même que sur la figure 2 : les sources

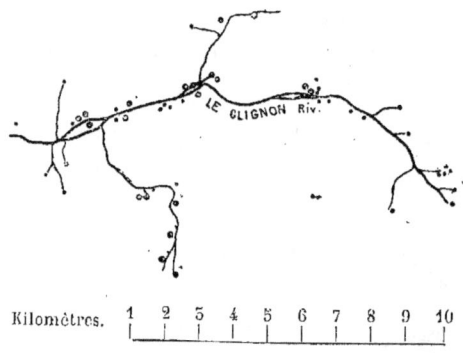

Fig. 3. — Carte montrant la disposition des principales sources le long du Clignon
Même échelle que pour la figure précédente.

qui sont disposées le long du cours d'eau principal, appartiennent aux terrains perméables, compris entre le gypse et l'argile plastique ; celles qui s'écartent du ruisseau principal, et se groupent au fond des vallées secondaires, appartiennent au niveau d'eau des marnes vertes. Ces dispositions s'appliquent à toutes les vallées de la Brie.

Roches perméables.

Types de roches perméables. — Parmi les roches perméables se place en première ligne le gravier[1]. On constate chaque jour sa perméabilité, dans les plaines et les innombrables fonds de vallées dont il constitue le sol. Il suffit, pour

---

[1] Le nom de roche s'étend, en Géologie, à toutes les masses considérables par leur volume, lors même qu'elles sont tout à fait incohérentes, comme le gravier et le sable.

cela, d'examiner l'un des puits qui y sont entaillés pour les usages domestiques, et d'observer la facilité avec laquelle l'eau afflue à travers les interstices des cailloux et du sable, lorsqu'on cherche à l'épuiser en l'aspirant. C'est ce que montre la figure 4, où l'on voit, pour un moment donné, la distance qui sépare le niveau de l'eau dans la couche entièrement imbibée du niveau de l'eau dans le puits, immédiatement après qu'on en a extrait une certaine quantité. A la suite de cet état artificiel, le niveau général ne tarde pas à se rétablir conformément à la figure 5. On re-

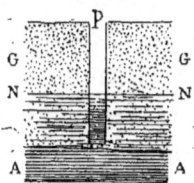

Fig. 4. — Puits creusé dans un gravier aquifère G et superposé à la couche argileuse A. État normal. NN, niveau d'eau.

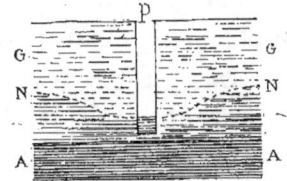

Fig. 5. — Puits creusé dans un gravier aquifère G, où l'on voit comment le niveau primitif NN a été modifié immédiatement après qu'on en a extrait une certaine quantité d'eau. A, couche imperméable.

connaît également la perméabilité du gravier, par l'avidité avec laquelle, à l'état sec, il absorbe l'eau qu'il reçoit.

Le sable qui se trouve, plus fréquemment que le gravier, dans les terrains de tous les âges, n'est pas moins perméable, pourvu qu'il ne soit pas mélangé d'argile, comme il arrive très fréquemment. C'est de la couche de sables verts inférieurs à la craie blanche que jaillissent si abondamment, à Paris, les eaux des puits artésiens de Grenelle et de Passy.

L'aqueduc de la Vanne traverse les sables de Fontainebleau, entre les vallées du Loing et de la petite rivière d'Ecolle, sur une longueur de 31 kilomètres, et ce terrain est tellement perméable, que le tracé n'a rencontré aucun ruisseau. Il franchit cependant plusieurs dépressions, celles des Sablons, de la Croix-du-Grand-Maître, du Vert-Galant, ou même des vallées assez profondes, telles que celles de la route d'Orléans, des Rochers de la Goulotte, d'Arbonne, de Noisy-sur-Ecolle, de Montrouget. Cette rareté des cours d'eau est une des propriétés les plus caractéristiques des terrains perméables.

Les terrains perméables du bassin de la Seine absorbent sur place l'eau des plus grandes averses.

Toutes les formations sablonneuses ne sont d'ailleurs pas perméables. Tandis que les sables de Fontainebleau et de Beauchamp sont très franchement perméables, les sables du terrain crétacé inférieur sont assez imperméables, en raison des matières argileuses qu'ils renferment, pour qu'on puisse y créer partout d'excellentes prairies. Il en est souvent de même, dans les terrains d'alluvion, surtout lorsque le sable est fin.

« La plupart de ceux, dit Belgrand, qui ont écrit sur l'agriculture ont négligé cette importante propriété du sol. Ainsi, presque tous admettent qu'avec un litre d'eau par seconde, coulant d'une manière continue, pendant la saison des irrigations, on arrose convenablement un hectare de prairie. Avec un litre d'eau par seconde, on n'arroserait pas plus de 36 mètres carrés des sablons de la forêt de Fontainebleau. D'excellentes prairies, les herbages du pays de Bray et de la vallée d'Auge, dans les sables argileux du terrain crétacé inférieur, n'exigent aucune irrigation. »

Le grès, roche qui n'est que du sable plus ou moins cimenté, est souvent très accessible à l'eau, à part celle qui s'infiltre dans ses fissures.

Le calcaire friable et poreux, connu sous le nom de craie

blanche, nous présente une autre roche perméable. C'est à cause de ses pores que cette variété de calcaire happe fortement à la langue.

Toutefois la perméabilité de la craie n'est pas comparable à celle du gravier et du sable. Sa réputation de roche très perméable est due aux innombrables lithoclases qui débitent ordinairement ses couches en menus fragments. D'après M. Beardmore, l'eau de pluie traverserait si lentement une colline crayeuse, qui serait exempte de fissures, qu'elle exigerait de quatre à six mois pour parvenir de la surface à la profondeur de 60 à 90 mètres ; de sorte qu'une forte pluie d'hiver ne serait pas parvenue au niveau des sources avant l'été suivant et que l'effet maximum d'une pluie chaude d'été et d'automne ne serait pas sensible avant seize mois[1].

Dans les roches perméables il faut comprendre aussi les roches volcaniques boursouflées, laves, basaltes et trachytes, ainsi que les scories incohérentes, ponces, tufs et conglomérats qui sont souvent poreux.

Quoique la tourbe ne soit pas à proprement parler une substance minérale, on doit la mentionner ici. Les dépôts tourbeux sont, non seulement perméables, mais encore doués d'un grand pouvoir absorbant. Ainsi en Irlande, après un été sec, il faut des semaines entières de pluies fortes et continuelles pour saturer les dépôts tourbeux des bassins du Shannon qui donne naissance à la rivière Killaloe. Cela explique le rôle de la tourbe dans l'histoire des sources et inversement. Sur le plateau central de la France, par exemple dans les départements de la Haute-Vienne et de la Creuse, il y a habituellement de la tourbe à l'origine des sources, dont le régime est peu considérable et très régulier.

[1] Prestwich. *Address of the Geological Society. Quarterly journal*, 1872, p. 38.

Observations sur le mouvement de l'eau dans les roches perméables. — Ainsi que le remarque M. Verstraeten[1], l'eau qui s'infiltre dans un terrain est soumise à deux influences : la gravité et l'attraction par les grains solides. Si les interstices ont de l'ampleur, il y a beaucoup d'eau pour peu de surface attractive, la gravité l'emporte et le liquide descend. Si, au contraire, les vides sont de dimension capillaire, l'attraction moléculaire l'emporte, elle retient l'eau ou même la fait remonter, comme on l'observe dans l'éponge qui aspire en quelque sorte l'eau qu'elle touche.

La capillarité contribue donc à élever plus ou moins l'eau dans un sol au-dessus de son niveau hydrostatique ; d'où il résulte souvent une humidité superficielle qui intéresse les cultivateurs. La hauteur d'eau soulevée par la capillarité, qui est presque nulle dans les graviers, est de $0^m,30$ et plus dans les sables rugueux moyens; les draineurs l'estiment à $0^m,60$ environ pour les terres sablo-argileuses; on lui a assigné $1^m,50$ et au-delà dans les argiles et les marnes compactes, et plus encore dans les terres grasses et tourbeuses, à cause de la ténuité des tissus végétaux tassés dans ces couches[2].

Perméabilité en grand. — Beaucoup de roches doivent leur perméabilité, non pas à la porosité même de la roche, mais aux diaclases et aux fissures de retrait qui les traversent.

C'est ainsi que beaucoup de calcaires très compacts, comme le calcaire lithographique, et appartenant aux étages les plus différents, peuvent donner issue aux eaux avec une grande facilité.

---

[1] *Eaux alimentaires de la Belgique*, 1883, p. 50 et 51.
[2] L'eau pure s'élève de 3 centimètres dans un tube de verre de 1 millimètre de diamètre; elle atteindrait une trentaine de centimètres dans un tube de $\frac{1}{10}$ de millimètre.

Les diaclases présentent souvent une notable largeur, particulièrement dans les roches calcaires de tous les âges; elles passent, par des intermédiaires de toutes sortes, à de véritables crevasses. Aussi, au fond de beaucoup de carrières, l'eau des pluies, quelque abondante qu'elle soit, disparaît instantanément, comme si elle s'écoulait par un conduit artificiellement disposé. Quelquefois ce sont des ruisseaux ou des rivières qui s'engouffrent partiellement ou en totalité pour reparaître plus loin. Ces faits qui nous occuperont doivent être pris en considération par les ingénieurs, qui s'exposeraient à de graves mécomptes en pratiquant dans des roches ainsi crevassées des canaux, dont on ne parviendrait pas à rendre les parois étanches.

Les grès, par suite des cassures qui les traversent, se comportent de même.

Cette *perméabilité en grand* joue dans le régime des eaux souterraines un rôle dont on appréciera l'importance plus loin[1].

---

[1] La capacité d'absorption des principales roches triasiques et oolithiques a été récemment l'objet d'évaluations, de la part du comité chargé par la *British Association* d'étudier la circulation de l'eau souterraine en Angleterre. Année 1881, p. 509.

CHAPITRE II

RÉGIME DES EAUX DANS LES TERRAINS PERMÉABLES

Quoique le régime des eaux souterraines présente des caractères analogues dans les terrains perméables, quelle qu'en soit leur nature, nous avons cru devoir distinguer et signaler d'abord les terrains de transport, quaternaires et récents, non seulement à cause des étendues considérables qu'ils occupent à la surface des continents, mais aussi en raison de la facilité particulière d'étudier les nappes d'eau qui les imbibent. Dans d'autres terrains perméables, tels que les terrains stratifiés, les roches cristallines désagrégées, les déjections volcaniques poreuses, on retrouve des circonstances semblables.

Les sources sont alimentées par des courants souterrains qui circulent dans les fissures et dans les interstices des roches et qui reçoivent généralement le nom de *nappes souterraines*.

Les noms de *nappe d'eau* et de *niveau d'eau* ont donné souvent lieu à des erreurs. Il ne s'agit pas d'une véritable nappe d'eau, qui serait interposée entre des roches solides, mais d'eau logée dans les interstices de roches solides, dont elle ne représente qu'une faible fraction du volume total.

Dans le cas où une telle nappe d'eau imprègne des roches poreuses, telles que les sables ou les graviers, elle est en général continue. Il n'en est pas de même quand l'eau n'occupe que des fissures ou des cavités plus ou moins espacées.

La nappe d'eau la plus rapprochée de la surface du sol est celle qui alimente la plupart des puits. Dans les cas les plus fréquents, où cette nappe n'est pas recouverte par des formations imperméables, elle a été désignée sous des noms très divers : en français, on l'appelle *nappe d'eau des puits* (Belgrand), *nappe d'infiltration* (Delesse), *couche aquifère libre*, *nappe liquide* (Verstraeten) ; en allemand, le nom de *Grundwasser* est très employé, de même que celui de *groundwater* en Angleterre ; elles ont été aussi appelées en anglais *water level* (Geikie), *ground spring* (Prestwich) et *waterplain* (Dana) ; en hollandais, *Welwater;* en Italie, notamment en Sicile, *acqua di livello* (eau de niveau), et vulgairement *acqua di centro*, etc.

Ces noms, que les populations et les géologues ont partout donnés à des nappes d'eau aussi étendues et aussi importantes, sont généralement mal appropriés à leur régime et peu caractéristiques.

Il convient que leur dénomination soit cosmopolite comme l'est celle de *phréatiques*[1], qui exprime qu'elles alimentent les puits *ordinaires*, ne traversant pas de couches imperméables, et tels que l'entendaient les Grecs.

La profondeur en est très variable, depuis quelques décimètres jusqu'à 100 mètres et au delà. Le cas le plus fréquent est représenté par la figure 6 où l'on voit un puits établi dans des graviers d'alluvion. Les figures 7 et 8 représentent des

---

[1] φρέας, ατος, puits.

puits tirant leur eau des fissures de la craie et de celles du

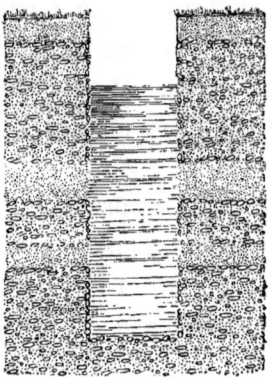

Fig. 6. — Coupe transversale d'un puits foncé dans un dépôt de transport.
Échelle de 0^m,01 par mètre.

grès bigarré. Dans ce dernier cas, les puits sont souvent très

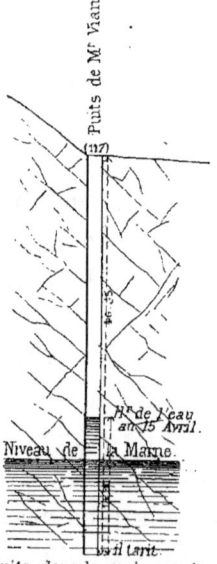

Fig. 7. — Puits dans la craie montrant l'influence des lithoclases sur la circulation des eaux phréatiques.

Fig. 8. — Puits dans le grès bigarré montrant l'influence sur le régime des eaux phréatiques des lithoclases et des diastromes (interstices des couches).

profonds ; par exemple : pour la craie, au camp de Châlons, (fig. 7) et pour le grès keupérien, à Leicester (fig. 8).

Les eaux phréatiques sont mises à profit sous une forme très simple, par les puits dits *instantanés*[1].

Nous accorderons d'autant plus d'attention aux eaux souterraines de cette catégorie que, outre leur utilité de chaque jour pour l'alimentation de millions d'hommes, leur étude doit éclairer vivement la connaissance du régime des eaux souterraines en général.

§ I. Eaux phréatiques des terrains de transport.

Une partie considérable des continents est recouverte par des traînées, parfois très épaisses, de débris de roches variées, qui ont été transportés de distances plus ou moins considérables. Le transport de ces matériaux est dû, tantôt à d'anciens cours d'eau, tantôt à des glaciers maintenant disparus.

Ces dépôts, qui appartiennent généralement à l'époque quaternaire, sont ordinairement appelés *dépôts glaciaires, diluvium, alluvions anciennes* et peuvent être désignés sous le nom général de *terrain de transport*.

Au point de vue où nous nous plaçons, ils comprennent des matériaux de perméabilité très différente, depuis les limons compacts jusqu'à des graviers très grossiers, en passant par des sables plus ou moins fins[2].

Les traînées de graviers et de sables très perméables, au milieu desquelles coulent un grand nombre de rivières et de fleuves, sont en général imbibées d'eau. C'est avec cette

---

[1] *Revue de géologie*, t. XI, p. 20.

[2] Relativement au régime des nappes souterraines des terrains perméables, on peut consulter :

Daubrée. *Description géologique du Bas-Rhin*, 1852, p. 341 à 355.
Delesse. Carte hydrologique de Paris. *Comptes rendus*, 1856, t. XLII, p. 1207.
Le même. *Légende de la carte hydrologique de Seine-et-Oise*, 1874.

eau que s'alimentent de nombreuses populations, agglomérées en villages et en villes, qui vivent sur les plaines alluviennes : l'eau potable s'y obtient par le foncement de puits ; car les sources proprement dites manquent ordinairement dans ces plaines.

Les eaux météoriques qui tombent sur des roches aussi perméables que le gravier ou le sable, s'y infiltrent rapidement, à moins que ces dépôts ne soient recouverts de limon argileux, comme il arrive quelquefois. En outre, la rivière qui a creusé son lit dans le gravier contribue aussi, pour sa part, à alimenter la même nappe d'eau, par des infiltrations latérales, particulièrement au moment des crues.

Ces nappes souterraines se prolongent sous toute la superficie du dépôt de gravier[1]. Dans le sens de la profondeur, la nappe d'eau s'arrête en général aux roches qui supportent le gravier, à moins que celles-ci ne soient elles-mêmes perméables.

En fonçant un puits, on rencontre quelquefois au milieu du gravier des lits argileux peu perméables, auxquels la nappe d'eau paraît s'arrêter (voir ci-dessus la figure 6) ; mais ces lits, de forme lenticulaire, peuvent n'avoir qu'une dimension très restreinte et le gravier aquifère reparaît plus bas.

Exemple fourni par la plaine du Rhin ; interstices dans lesquels l'eau circule ; nature des mouvements de la nappe ; sources qui en dérivent. — Comme exemples de faits qui se reproduisent, de toutes parts, avec les mêmes caractères, nous choisirons d'abord la nappe d'eau qui borde le Rhin à la hauteur de Strasbourg (fig. 9). Sur la rive gauche seulement, elle a une largeur de plus de 20 kilomètres. La profondeur en est inconnue, mais elle est certainement supérieure à 10 mètres.

---

[1] Quand le gravier est recouvert par du limon, tel que le loess dans la plaine d'Alsace, la nappe d'eau se poursuit au-dessous de cette couche imperméable.

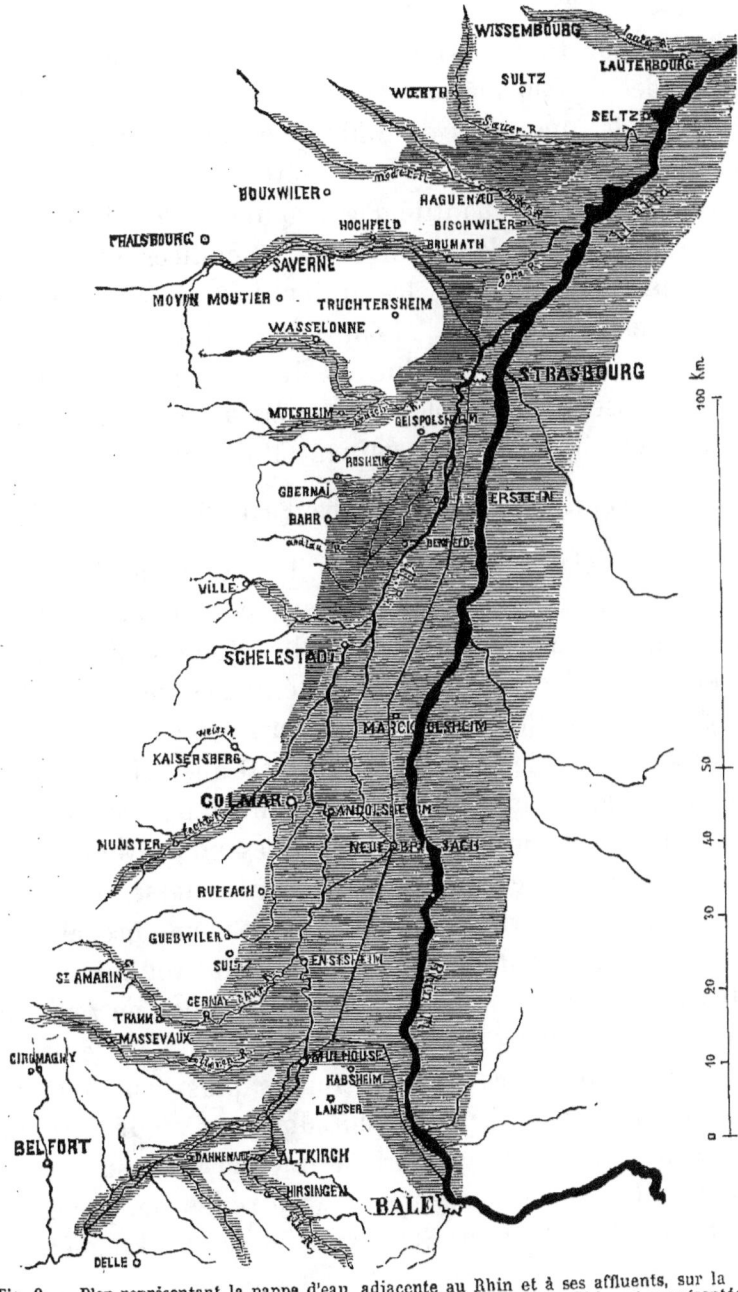

Fig. 9. — Plan représentant la nappe d'eau adjacente au Rhin et à ses affluents, sur la rive gauche du fleuve, entre Bâle et Wissembourg. Celle du gravier du Rhin est représentée en teinte pâle; celles des alluvions provenant des Vosges sont désignées par une teinte plus foncée. — Échelle de 0,000001.

La section transversale du gravier aquifère est donc au moins de 200 000 mètres carrés. Cette section est 320 fois plus grande que celles du Rhin et de l'Ill réunis qui coulent à sa surface, lors des eaux moyennes[1].

Pour évaluer la quantité d'eau souterraine qui imbibe le gravier, il a suffi de mesurer les interstices que laissent entre eux les cailloux et les grains de sable dans leur état ordinaire : c'est ce que j'ai fait d'une manière très simple, pour le gravier de la plaine du Rhin. Le gravier est tassé dans un vase imperméable, de manière à occuper le moindre volume possible. En déterminant les poids p' du gravier sec et p'' celui du gravier imbibé d'eau, $\dfrac{p''-p'}{p'}$ exprime la dimension relative des interstices. Le volume des interstices varie suivant la variété de gravier ; pour le gros gravier, passé sur un crible dont les mailles étaient distantes de 2 centimètres, les interstices ont été trouvés de 0,32 à 0,36, tandis que pour le mélange de menu gravier et de sable qui a passé à travers le crible, il ne formait que 0,15 à 0,16 du volume total. Dans le gravier des alluvions modernes ou anciennes pris *en place*, les interstices ne peuvent pas être beaucoup moindres que dans le gravier tassé artificiellement. comme on vient de le voir. Il est même probable que les interstices y sont en général encore plus volumineux que dans ce dernier, à en juger par le déchet que l'on remarque ordinairement dans les travaux où l'on emploie le gravier naturel[2]. D'après les chiffres trouvés plus haut, on reste donc au-dessous de la réalité en admettant, pour le volume d'eau qui imbibe le gravier, la fraction 0,20 ou un cinquième. La nappe adjacente au Rhin renferme, par conséquent, à la hauteur de Strasbourg et sur un kilomètre de

---

[1] Description géologique du Bas-Rhin, p. 342.
[2] On a quelquefois observé un déchet de 0,25.

longueur, une quantité d'eau égale à celle qui passe au pont de Kehl en 11 heures 1/2, lors du niveau moyen.

La vitesse avec laquelle afflue l'eau des puits foncés dans le gravier donne une idée des conditions suivant lesquelles elle se meut à travers les interstices qu'elle occupe[1]. Quelques parties de gravier naturellement dépourvues de sables sont d'une perméabilité bien supérieure à la moyenne.

A la suite des crues et des basses eaux des rivières, le niveau des puits s'élève et s'abaisse[2]. La correspondance n'est pas instantanée ; abstraction faite de l'influence directe de la pluie, la hauteur de la nappe souterraine présente un retard de plusieurs heures ou de plusieurs jours sur l'état, maximum ou minimum, de la rivière, en raison de la résistance que l'eau éprouve dans son mouvement souterrain. Aussi le long des cours d'eau sujets à des variations fréquentes et rapides, l'eau des puits, au lieu d'être de niveau avec la rivière, est ordinairement en contre-haut ou plus rarement en contre-bas (fig. 10). L'amplitude des oscillations souterraines est en général moindre que celle des cours d'eau.

Souvent le volume du Rhin augmente beaucoup, sans qu'il soit tombé d'eau sur la partie moyenne du fleuve, parce qu'il y a eu des fontes de neige ou des chutes de pluie dans la partie alpestre de son bassin. Dans cette région moyenne, le niveau de la nappe d'eau souterraine s'élève néanmoins, d'abord près de la rivière, puis l'élévation de niveau gagne de proche en proche ; ce qui doit résulter de ce que le fleuve, en s'élevant, s'infiltre latéralement dans le gravier

---

[1] Quelques chiffres sur ce sujet sont consignés dans la *Description géologique du Bas-Rhin*, p. 343 et 344.
[2] On peut d'ailleurs observer, en petit, le même fait au bord de la mer, à l'aide d'un simple trou creusé dans le sable fin que découvre la marée basse.

voisin. Le mouvement transversal dont il est question se fait avec lenteur; cependant si la crue du fleuve dure quelque temps, toute la plaine voisine se trouve imbibée au-dessus du niveau moyen. La baisse du fleuve détermine un écoulement en sens inverse, c'est-à-dire de l'intérieur du sol vers le cours d'eau superficiel. Ces oscillations décroissent d'amplitude en s'éloignant de la rivière.

Le long promontoire qui sépare le Rhin de l'Ill, à la hauteur de Strasbourg (voir plus haut la figure 9), présente quelquefois un mouvement plus complexe; car, les bassins des deux cours d'eau étant dans des conditions météorologiques différentes, leurs crues peuvent être indépendantes

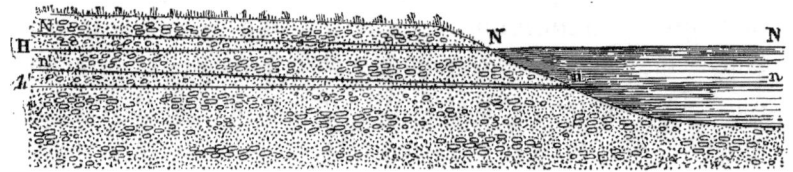

Fig. 10. — Nappe d'eau adjacente au Rhin et à l'Ill; coupe prise à la hauteur de Strasbourg montrant les changements de niveau du fleuve, N, N et n, n, qui amènent des changements dans le niveau de l'eau d'imprégnation du gravier.

l'une de l'autre. Ainsi le Rhin a sa crue d'été lorsque l'Ill est ordinairement très basse. Si les eaux de l'Ill viennent à croître subitement, celles du Rhin ne variant pas, ses eaux d'infiltration s'élèvent de proche en proche, à partir de la première rivière, et bientôt une partie de la rivière d'Ill se déverse dans le Rhin par cette voie souterraine. Un mouvement en sens contraire se fait quand c'est le Rhin qui est en crue.

Contrairement à ce que l'on observe en général, la nappe aquifère dont il vient d'être question donne lieu, en quelques points, au jaillissement de sources nombreuses et abondantes. Plusieurs de ces sources sont assez volumineuses pour que les ruisseaux qui en naissent servent dès l'origine de moteur à des usines, comme à Obenheim et à Gerstheim. D'autres forment immédiatement de véritables rivières, ainsi qu'on en peut citer plusieurs dans la plaine du Rhin ; telles sont la source située près d'Offendorf, celle de la Loutter, près de Huttenheim, celle de la Blind, près de Colmar et plusieurs des cours d'eau situés aux environs de Schlestadt[1]. Tous ces ruisseaux et petites rivières, qui jaillissent dans des rigoles peu profondes, à $0^m,50$ ou 1 mètre en contre-bas de la surface du sol, doivent leur origine à des épanchements de la nappe d'eau d'infiltration[2]. L'alluvion est loin d'être homogène. Tandis que sur certains points elle consiste en un gravier extrêmement perméable, ailleurs elle est mélangée de limon, de manière à former des digues, à peu près imperméables. Il paraît exister, à peu de profondeur, des espèces de galeries, essentiellement perméables, dans lesquelles il s'opère des dérivations du Rhin et d'autres cours d'eau. Ces dérivations, après quelques kilomètres de trajet souterrain de l'amont vers l'aval, donnent naissance, par suite d'une différence de niveau, à de petites rivières qui jaillissent avec impétuosité du sol. Ce n'est d'ailleurs qu'une variété du mécanisme ordinaire des sources. L'élévation de l'orifice des sources qui nous occupent au-dessous du niveau moyen du fleuve considéré dans une même section transversale de la vallée, leur extrême limpidité, les faibles variations de température qu'elles présentent, sont autant de faits qui apprennent que les orifices de ces sources sont en général assez éloignés de la prise d'eau.

J'ai encore eu l'occasion d'observer deux faits instructifs sur la marche des eaux souterraines.

L'eau fournie, à Strasbourg, par les puits de plusieurs

---

[1] *Description géologique du Bas-Rhin*, p. 11 et 347.
[2] En Alsace, on a donné le nom de *Graben* à un certain nombre d'entre eux (Riethgraben, Dorfgraben), bien que leur origine ne soit pas artificielle.

maisons du Faubourg de Pierre devint impure à peu près simultanément, en 1848. Au moment où cette eau sortait des pompes, elle répandit une odeur semblable à celle du bitume obtenu par la fabrication du gaz; abandonnée à elle-même, elle se recouvrait bientôt d'une pellicule, due à la présence du goudron. Les puits infectés formaient une bande étroite et allongée, qui s'étendait à partir de l'usine à gaz jusqu'à 300 mètres environ de distance. Or, la direction de cette zone est placée, comme une résultante, formant diagonale entre les directions de deux courants qui tendent à s'opérer, l'un dans le sens du canal des Faux-Remparts, l'autre de ce dernier canal dans les fossés des fortifications[1]. On a bientôt remédié à l'inconvénient dont il vient d'être question, en rendant imperméable le réservoir à bitume de l'usine à gaz.

A Haguenau l'existence d'un courant souterrain dans une direction déterminée a été révélée par une infiltration d'eau chaude, à partir d'un puits où la déversait une machine à vapeur qui en portait la température à 29 degrés. Certains puits du voisinage n'étaient pas sensiblement influencés; mais un puits situé à 35 mètres de distance, vers E. S. E. donnait au thermomètre 18°,4, c'est-à-dire un échauffement d'environ 6 degrés. Un second puits situé à 70 mètres de distance, dans la même direction, était échauffé de 1 degré. Ce fait montre que l'eau se mouvait alors dans le gravier, du puits vers la Moder, suivant une ligne oblique dirigée E. S. E.

On doit s'étonner de l'incurie avec laquelle, même dans de grandes villes, on a laissé, pendant des siècles, les nappes phréatiques se vicier par des infiltrations pernicieuses.

---

[1] Ajoutons que la première eau aspirée des pompes était toujours moins chargée de bitume, ce qui résultait sans doute de ce que l'eau souterraine, abandonnée au repos, se dépouillait du bitume qu'elle avait entraînée.

C'est pourquoi nous croyons utile de donner encore avec détails, des exemples choisis dans des localités variées.

Environs de Bonn et de Dusseldorf. — Le dépôt de gravier qui, aux environs de Bonn, couronne le plateau jusqu'à la hauteur du Roderberg, à 140 mètres au-dessus du Rhin, est formé de gros cailloux sur une épaisseur moyenne de 6 mètres et qui dépasse 20 mètres. A leur pied s'étend le gravier d'alluvion. Les deux dépôts sont également importants pour les eaux souterraines des environs de Bonn[1] qui ont leurs analogues dans la nappe d'eau alimentant les puits de Dusseldorf.

Le canal exécuté pour assécher la partie sud-ouest de la ville de Bonn a donné lieu à des observations de la part de M. Heymann sur les variations de niveau des eaux phréatiques dans 8 stations éloignées du Rhin de 263 à 534 mètres, distance à laquelle les changements de niveau du fleuve se font encore sentir; l'eau souterraine s'élève peu à peu, mais sans atteindre le niveau des hautes eaux du fleuve.

Environs de Bruxelles. — En 1851, lorsqu'il s'agit de doter la ville de Bruxelles d'une distribution d'eau complète, cette capitale, pour ses 14 700 maisons et 134 000 habitants, possédait, outre les citernes, 8194 puits et 29 fontaines publiques. Les puits d'une profondeur atteignant 35 mètres sont alimentés par une nappe que soutient l'argile compacte éocène (yprésienne). D'après les études de M. Verstraeten, cette couche aquifère existe sans interruption; on la voit affleurer au fond des vallées, sous forme de suintements et de sources qui donnent naissance à des ruisseaux, des étangs et des rivières.

Lorsqu'on passe d'une vallée à une vallée voisine, par

---

[1] Bluhme. *Verhandlungen des naturhistorischen Vereines des preussischen Westphalen*, t. XXVIII, 1871.

exemple lorsqu'on traverse Bruxelles, de la Senne au Maelbeek, on reconnaît, d'après les niveaux de l'eau des puits, que la surface supérieure de la couche aquifère s'élève constamment dans le sous-sol, jusque sous le plateau, pour descendre ensuite vers le Maelbeek (fig. 11). Cette sur-

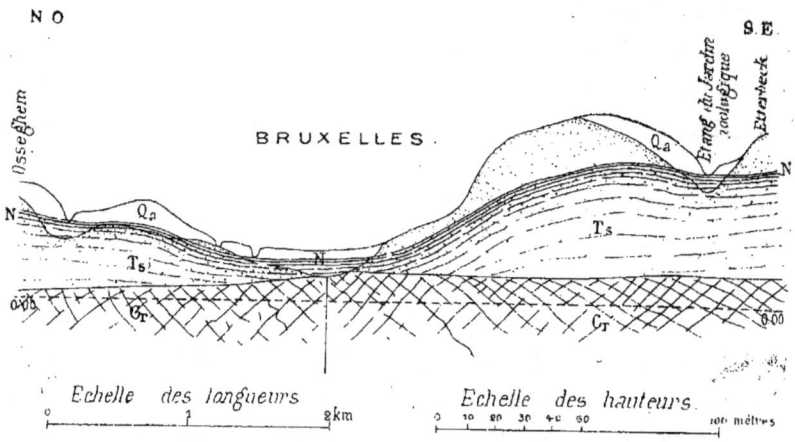

Fig. 11. — Coupe au travers de Bruxelles montrant la disposition de la nappe phréatique dont le niveau subit les inflexions indiquées par la ligne N, N, N. Elle imprègne des sables fins du terrain tertiaire Ts très perméables et Ts' qui le sont beaucoup moins. Cr couches argileuses et argilo-sableuses imperméables dans leur ensemble. Qa limon quaternaire. — D'après M. Verstraeten.

face supérieure est convexe et sa forme détermine le partage des eaux de sources alimentant les deux vallées. On remarque que cette proéminence liquide ne coïncide pas avec la ligne la plus élevée du sol, et que le versant liquide du côté de la Senne est beaucoup plus étendu que celui du côté du Maelbeek.

Dans la vallée de la Senne, la nappe d'eau est découverte à la cote 14; dans le Parc, elle atteint la cote 49; à proximité de la place de la Société civile elle s'élève à la cote 51; elle revient à jour au Maelbeek à la cote 46, pour former l'étang du Jardin zoologique.

Plus on se dirige vers le sud, plus la nappe d'eau atteint un niveau élevé.

Il résulte de nombreuses mesures qu'elle a, comme le sol,

une inclinaison générale vers le nord-ouest, et que, si on pouvait la voir par transparence, elle présenterait des inégalités comparables à celles de la surface, mais adoucies.

Ville de Liège. — Le centre de la ville de Liège, au fond de la vallée de la Meuse, repose sur des dépôts de gravier et des alluvions ou sur des remblais amenés à différentes époques, soit pour rehausser le sol, soit pour combler et rétrécir divers bras du fleuve. Les habitations établies sur les coteaux des deux rives sont assises sur le terrain houiller, sauf les plus élevées de la rive gauche qui ont pour sol le terrain crétacé et le limon quaternaire (hesbayen).

Dans l'opinion de M. Gustave Dumont[1], l'eau que contient ce gravier et qui alimente un très grand nombre de puits ne doit pas être considérée comme provenant du fleuve : elle tient en effet en dissolution des matières étrangères au gravier. Des eaux descendant des collines voisines alimentent les puits qui se trouvent sur leur passage, avant d'arriver dans le fond de la vallée[2].

Des travaux exécutés dans le lit de la Meuse ont montré que le gravier situé au-dessous du fleuve présente une succession de dépôts, les uns très perméables, composés uniquement de cailloux, les autres presque imperméables sous de faibles pressions, parce que les cailloux sont en quelque sorte cimentés par du limon.

Pays-Bas. — Dans toute l'étendue des Pays-Bas, on trouve à une faible profondeur de l'eau (Welwater).

Suivant les renseignements que je dois à l'obligeance de

---

[1] *Rapport sur les eaux alimentaires de la ville de Liège*, 1856, p. 5.
[2] En 1856, la ville renfermait, sur 1000 maisons, 5422 puits et 2213 citernes. On se proposait alors d'amener par jour 6000 mètres cubes, soit 70 litres par habitant et par jour.

M. Van Baumhauer, dans les alluvions marines et les tourbières basses, terrains saturés d'eau, la surface de la nappe se trouve au niveau à peu près des eaux superficielles voisines, et elle s'élève ou s'abaisse avec celles-ci.

Dans les alluvions fluviatiles, dans les sables diluviens et dans le terrain erratique, là où il est déposé horizontalement, on rencontre la nappe souterraine à 1 ou 2 mètres au-dessous de la surface du sol, c'est-à-dire à peu près parallèlement à celle-ci. C'est ainsi, par exemple, que près de Zutphen la surface du sol est à 8 mètres au-dessus du zéro de l'échelle d'Amsterdam et la nappe à environ 6 mètres au-dessus du même point, tandis qu'à Winterswijk la surface du sol s'élève à 30 mètres, la nappe à environ 28 mètres au-dessus de ce même niveau.

Là, au contraire, où le gravier diluvien constitue des collines, la nappe souterraine se trouve à la même hauteur que les eaux extérieures situées à leur pied. Le puits profond du Bois de Soeren a atteint la nappe à la profondeur d'environ 90 mètres; et telle est aussi l'altitude, au-dessus du Zuiderzée, de la colline dans laquelle le puits est creusé. Sur les hauteurs près d'Arnhem, la profondeur des puits alimentés par la nappe est égale à la hauteur de la surface du sol au-dessus du niveau du Rhin.

Les fleuves de la Hollande contribuent très peu à l'eau souterraine par leur infiltration latérale, et seulement en ce qui concerne *la mouille* (en hollandais *kwel*) qu'on remarque à une faible distance de leurs rives.

Lors des crues, elle vient au jour en dedans des digues, dans les fossés, pour inonder souvent des contrées entières[1].

Dans les provinces maritimes de la Hollande, le sous-sol est entièrement pénétré d'eau de mer. On ne saurait encore

---

[1] Presque toujours on peut arrêter la mouille au moyen d'un batardeau d'argile établi au pied de la digue jusqu'à une profondeur qui ne dépasse pas trois mètres.

dire avec précision jusqu'à quelle distance des côtes et à quelle profondeur s'étend cette infiltration marine dans les différentes localités. A Delft, à 22 mètres de profondeur, l'eau possède à peu près le degré de salure de l'eau de mer. A 50 mètres de profondeur, elle est seulement un peu saumâtre à Zoetermeer; tandis qu'à Vinkeveen on a pu creuser jusqu'à la profondeur de 60 mètres sans rencontrer d'eau saumâtre.

Munich. — La ville de Munich est en grande partie ali-

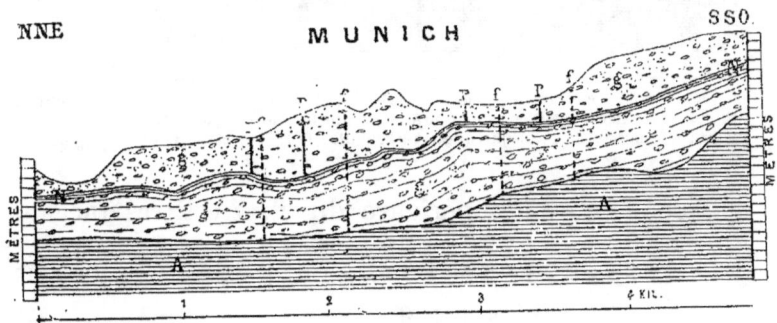

Fig. 12. — Profil montrant la disposition des eaux phréatiques, dans une partie du sol de Munich, au milieu d'août 1875. A, argile tertiaire imperméable; G G, gravier quaternaire qui lui est superposé; NN, niveau de l'eau phréatique; P P P, puits creusés dans diverses rues de la ville; f f f, forages. — Échelle $\frac{1}{48,000}$.

mentée par des eaux phréatiques, conjointement avec les sources de Grosshessel[1].

D'après M. Gümbel, le sol du plateau élevé sur lequel est construite cette capitale et qui s'étend jusqu'aux Alpes consiste en sable et en cailloux qui reposent sur une couche marneuse tertiaire nommée *flinz*, et qui arrête les eaux fournies par la surface. Les couches de gravier sont extraordinairement perméables, ainsi que le témoigne l'absence d'eau à la surface du sol, dans la région située au sud de Munich. C'est seulement à proximité des moraines et des dépôts de

[1] Salbach. *Wasserversorgung der Stadt München*, 1876 et 1877.

loess que se trouvent des cours d'eau superficiels qui ne tardent pas à s'infiltrer dans le sous-sol.

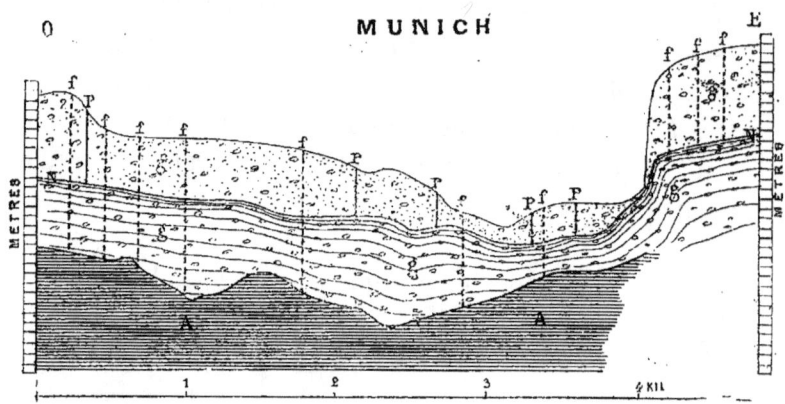

Fig. 13. — Profil montrant les diverses hauteurs des eaux phréatiques dans une autre partie du sol de Munich au milieu d'août 1875. A, argile tertiaire imperméable ; G, gravier quaternaire ; N N, niveau de l'eau phréatique ; P P, puits ; f f f, forages. — Échelle $\frac{1}{48,000}$.

La configuration supérieure du flinz est très inégale et

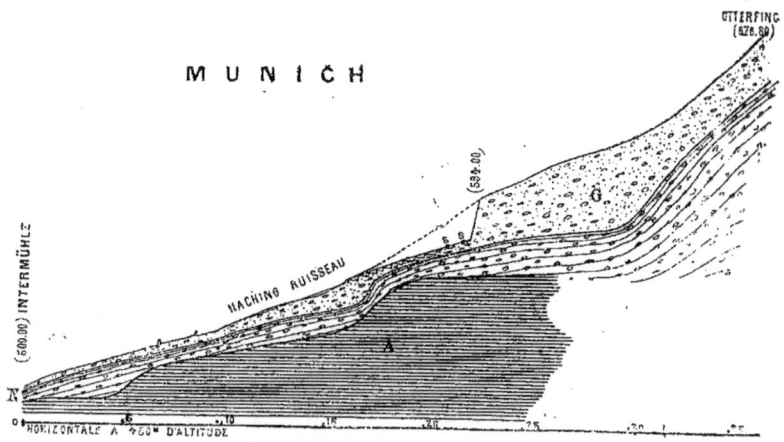

Fig. 14. — Profil longitudinal de la Hintermühle près Aschheim à travers la vallée de Hackingerbach jusqu'à Offerfing. A, argile tertiaire imperméable dite *Flinz* ; G, gravier quaternaire imbibé d'eau jusqu'à la surface désignée par N N ; S S, sources qui résultent de l'épanchement de cette eau souterraine.

ses inflexions sont indépendantes de celles de la surface. Il en résulte souterrainement des bassins et des rigoles qui recueillent et font écouler les eaux phréatiques (fig. 12, 13 et 14).

Les vallées de l'Isar et du Mangfall sont des érosions de ce plateau qui coupent la couche de gravier sur toute sa hau-

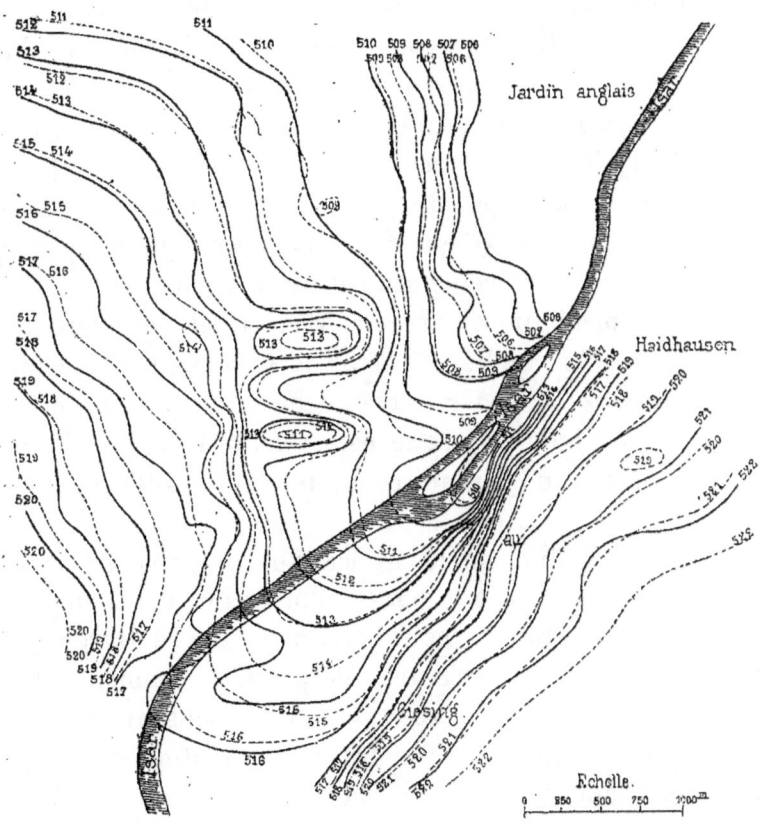

Fig. 15. — Plan de Munich avec les courbes horizontales des eaux phréatiques lors de leur état le plus haut (29 avril 1876) et de leur état le plus bas (29 décembre 1876), d'après M. le docteur C. W. Gümbel. Les courbes pleines sont relatives à la première date et les courbes pointillées à la seconde. Les chiffres de chaque courbe expriment en mètres leur cote au-dessus de la mer. L'échelle qui est indiquée en kilomètres est de $\frac{1}{700.000}$.

teur et qui, en quelques points, ont été creusées jusqu'au flinz. Le niveau de l'eau du grand réservoir souterrain s'abaisse assez rapidement vers ces vallées et laisse l'eau s'extravaser avec une grande vitesse (voir fig. 14).

Comme le lit de l'Isar, la nappe a cependant une inclinaison générale du Sud vers le Nord. Toutefois sa pente est moins forte que celle de la couche de gravier, dont l'épaisseur et par conséquent la hauteur au-dessus de l'eau souterraine sont plus grandes au Sud, à proximité des montagnes, que vers le Nord. Cette hauteur décroît de 22 mètres à Furstenreid, jusqu'à 6 mètres dans certains quartiers de Munich, et à $1^m,50$ à Mousach. Enfin à Feldmochen, au-dessous de Munich, il jaillit de nombreuses et abondantes sources alimentées par la même nappe de gravier (voir plus haut, fig. 13).

La direction et la vitesse des eaux phréatiques dépendent des inégalités de la couche de flinz et de la plus ou moins grande perméabilité du gravier. En général son mouvement est à peu près parallèle à celui de l'Isar, qui coule entre des terrasses de gravier souvent consolidé par un ciment calcaire. Le régime de cette nappe souterraine est indiqué par des courbes de niveau reconnues dans la ville de Munich (fig. 15).

Il est des points où la surface du sol s'abaisse vers le fleuve, de manière à provoquer l'apparition de nombreuses sources sur le flanc de ces vallées, comme à Thalkirchen, où des galeries ont été exécutées perpendiculairement à l'Isar pour les utiliser. Les sources de Grosshessel sont également dues à un écoulement latéral des eaux phréatiques. (Voir plus loin, au chapitre relatif aux sources.) Par suite du rôle régulateur de la nappe souterraine, les sources du groupe du Muhlthal et de Gotlzing ont beaucoup de régularité.

Outre l'inclinaison du Sud vers le Nord, la couche de flinz paraît avoir aussi une pente assez faible de l'Ouest à l'Est; car les épanchements latéraux de la nappe sortent souvent par la rive gauche du cours d'eau.

Dans le Gleisenthal, où des études ont été faites pour l'alimentation de Munich, sur 13 kilomètres, la pente supérieure des eaux phréatiques est de 50 mètres, tandis que celle de l'Isar, sur cette même distance, n'est que de 30 mètres.

Nuremberg. — Aux environs de Nuremberg[1] il y a des plateaux étendus, renfermant, comme ceux des environs de Munich, des eaux phréatiques qui se rencontrent en outre dans les fonds de vallées. La vallée de la Pegnitz, au-dessus de Nuremberg, a été étudiée au point de vue des eaux d'alimentation de cette ville. Dans cette question, on a pris en égale attention : 1° la hauteur de chute de la nappe phréatique qui, dans ce cas particulier, était de 15 mètres; 2° l'épaisseur de cette nappe; 3° le degré de perméabilité du sol au travers duquel elle se meut, et qui, de nature sableuse, renferme 30 à 40 pour 100 d'interstices.

Leipzig. — D'après M. H. Credner[1], les cailloux et sables de la plaine dite *Elster Pleisse* renferment, aux environs de Leipzig, qu'elle sert à alimenter, une nappe d'eau considé-

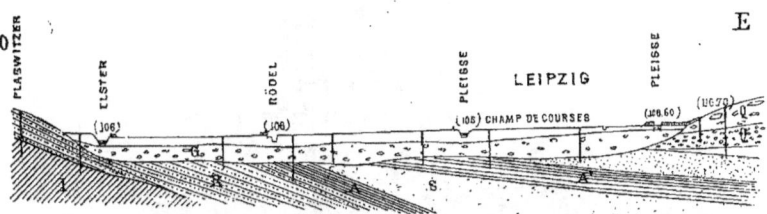

Fig. 16. — Disposition de l'eau phréatique à Leipzig et dans les environs. I, silurien inférieur; R, grès rouge inférieur; A, argile appartenant à l'oligocène; S, sable argileux, appartenant au même groupe; A', argile et S', sable argileux, appartenant tous deux au même terrain; Q, sable et gravier quaternaire de l'ancien lit de la Pleisse; Q', limon calcarifère avec gros galets; G, gravier grossier; L, limon presque imperméable (*aulehm*). — D'après M. Credner.

rable. Elle coule (fig. 16) à la surface du Rothliegende et des dépôts argileux de l'oligocène : elle est en partie recouverte par un limon presque imperméable.

[1] A. Rhiem, *der Wasserwerk der Stadt Nürnberg*, 1879.
[2] *Geologie des K.K. Franz-Josephs Hochquellen Wasserleitung*. Abhandl. der K. K. Geologischen Reichsanstalt, 1877, IX, pl. VIII, IX et XI.

Environs de Vienne. — Les eaux phréatiques qui imprègnent le gravier diluvien aux environs de Vienne présentent des caractères de gisement semblables aux précédents

Les variations de leur niveau ont été représentées par M. Karrer[1] sur l'atlas de la commission des eaux de Vienne. L'infiltration directe de l'eau du Danube est arrêtée dans son cours souterrain à l'intérieur de la ville par une faible protubérance de l'argile du tegel, qui se relève graduellement, de manière à former une selle. Elles reçoivent un contingent, affluant directement des montagnes.

Quoique la disposition de cette nappe soit très ordinaire, on a cru devoir donner ici la coupe (fig. 17) qui montre en même temps un second puits alimenté par les couches subordonnées au tegel.

Région comprise entre Buda-Pesth et Szolnok. — La rive gauche du Danube, près de Buda-Pesth, est formée par une plaine

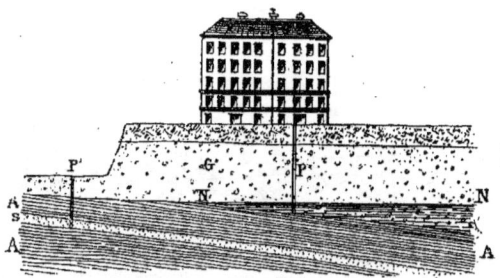

Fig. 17. — Exemple de puits de Vienne (Extrémité de la rue de Carinthie) alimentés, l'un par l'eau N N du gravier diluvien que recouvre un remblai superficiel, et l'autre par celle du sable S, subordonné à l'argile du *tegel* A. — D'après M. Suess.

sablonneuse et à surface inégale. C'est, entre le Danube et la Theiss, une suite du plateau quaternaire, qui a des pentes très douces vers les deux fleuves. La couche sur laquelle la ville est bâtie est formée de sable mélangé de gravier, renfermant des cailloux trachytiques plus ou moins décomposés. Ce dépôt, dont l'épaisseur est de 3 à 12 mètres, est très perméable à l'eau qui y forme une nappe continue. Je dois à l'obligeance de M. Szabo les renseignements qui suivent.

Voici, d'après les mesures prises un même jour (18 décembre 1864) dans les 83 puits des stations du chemin de fer de Buda-Pesth à Szolnok, sur une longueur de 225 kilomètres, les résultats obtenus.

Le point de comparaison est le zéro du Danube, à l'altitude de 96^m,20 au-dessus de la mer. Le jour des mesures, la hauteur du Danube était 96^m,39 au-dessus du niveau de la mer.

STATIONS	NIVEAU DE L'EAU DANS LES PUITS au-dessus de la mer.
Budapesth	98^m,28
Köbanya	105 ,84
Lörinczi	113 ,40
Vecsès	128 ,32
Ullö	115 ,29
Monor	120 ,96
Pilis	132 ,30
Alberti-Irsa	137 ,97
Czegled	124 ,74
Abony	96 ,39
Szolnok	86 ,94

On voit que le niveau de l'eau des puits, à partir de Buda-Pesth, s'élève progressivement jusqu'à Pilis, point où l'élévation du terrain atteint son maximum et où passe la ligne de partage des bassins du Danube et de la Theiss.

L'eau du Danube étant impropre à l'alimentation de la ville de Buda-Pesth, il a été décidé, sur la proposition de M. Szabo, d'intercepter cette nappe dans le thalweg d'une des vallées principales, dont la configuration a été reconnue par des sondages. On a donc placé à 5 mètres au-dessous du zéro du Danube, c'est-à-dire dans le gravier qui forme la base de la couche perméable, des tuyaux, de fonte perforés à l'embouchure de la plus grande vallée, sur l'emplacement d'Aquineum, les sondages ont accusé une couche perméable d'une épaisseur suffisante et renfermant en abondance de l'eau de la meilleure qualité.

Au Sud de Buda-Pesth, la couche imperméable à laquelle sont dues, comme on le verra, de nombreuses sources situées au Nord de la capitale, se perd au-dessous de la surface du sol et forme une série d'inégalités souterraines que remplissent des matériaux perméables et une abondante nappe d'eau. Il en résulte pour la nappe un réservoir, dont l'eau est amenée par les vallées souterraines latérales à la vallée principale, de manière à former un fleuve caché qui s'écoule vers le Danube.

Environs de Moscou. — Le plateau qui domine Moscou est recouvert d'une argile glaciaire de 2 à 8 mètres d'épaisseur, tandis que l'alluvion occupe le fond des vallées [1]. Une nappe d'eau est alimentée par les eaux atmosphériques qui pénètrent enter l'argile glaciaire et les couches de grès à *Ammonites fulgens*. Elle est arrêtée par des couches imperméables d'argile jurassique, oxfordienne et kellovienne, qui sont à peu près horizontales.

La carte ci-jointe (fig. 18) montre l'étendue du bassin contenant, dans les sables, de 9 à 30 mètres d'épaisseur, que M. Trautschold a nommés *éluvion*, à la surface de l'argile jurassique, de l'eau de bonne qualité. Les chiffres indiquent, en mètres, la hauteur de l'argile jurassique au-dessus de la rivière Moskwa. C'est à Mytichtche qu'on trouve principale-

---

[1] Alimentation en eau de Moscou, 1883. L'eau est élevée par des machines à vapeur installées à Alexsciewkoie.

ment l'eau que l'impératrice Catherine a fait conduire à Moscou par un aqueduc.

Fig. 18. — Carte des environs de Moscou donnant la disposition de la nappe d'eau libre. Des petits cercles représentent les sondages exécutés pour reconnaître la nappe phréatique qui a été reconnue dans tout l'intérieur de la courbe ponctuée.

Oural. — Dans les graviers aurifères de l'Oural, où la pré-

Fig. 19. — Mode de dessèchement des alluvions aurifères de l'Oural. Coupe en travers : C C, bancs redressés du calcaire silurien ; S, serpentine et autres roches éruptives ; a, gravier aurifère, dans lequel une large excavation indiquée par la ligne ponctuée, a été pratiquée ; N, lit du ruisseau, avant que l'on commençât les travaux ; N', lit abaissé de ce même ruisseau.

sence de l'eau (fig. 19) entraverait l'exploitation, on en abaisse le niveau par le creusement d'une rigole dont la pente est

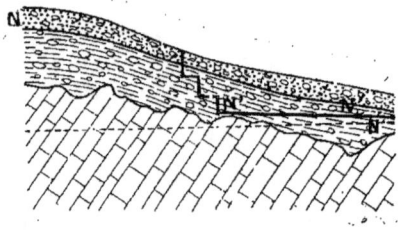

Fig. 20. — Mode de desséchement des alluvions aurifères de l'Oural; coupe en long. N N, niveau primitif de la nappe d'eau; N' N', fond de la tranchée d'assèchement qui aboutit aux gradins d'exploitation.

moindre que celle de la vallée (fig. 20); le gravier se trouve ainsi asséché vers l'amont, sur plusieurs mètres d'épaisseur.

Environs de Londres et autres parties de l'Angleterre[1]. — La situation d'un grand nombre de villes et de villages a été déterminée par des conditions géologiques. Quelquefois c'est

Fig. 21. — Coupes du sol de la ville d'Oxford, montrant la disposition de la nappe phréatique N N, dans le gravier que supporte l'argile A, dite d'Oxford.

une roche escarpée, qui a été choisie dans un but de défense; ailleurs la présence de houille ou de métaux a attiré des exploitants; mais le plus ordinairement, dans les temps anciens, c'était la nécessité d'un réservoir d'eau facilement accessible.

Des populations nombreuses trouvaient des conditions favorables sur des bancs de gravier étendus et recouvrant

---

[1] Joseph Prestwich. *On the Geological conditions affecting the water supply to houses and towns*, 1876

quelque grande formation argileuse, comme il arrive à Londres sur le London-clay, à Oxford sur l'Oxford-clay (fig. 21), à Glocester sur le lias. Dans tous ces cas, le gravier a généralement 4 à 8 mètres d'épaisseur et chaque maison atteint facilement l'eau par un puits qui lui appartient et qui est indépendant des voisins.

Ce fait, dans les temps anciens, avant qu'on introduisît des moyens publics d'alimentation, était d'une importance essentielle, de sorte que l'accroissement des villes se faisait toujours dans le sens suivant lequel s'étendait le gravier.

C'est ainsi que, selon les observations très intéressantes de M. Prestwich[1], Londres est établi sur un lit de gravier dont l'épaisseur varie de 3 à 6 mètres et qui repose sur des couches d'argile dites de Londres (London clay) de 30 à 60 mètres d'épaisseur. Le gravier étant très perméable, l'eau de pluie est arrêtée par l'argile imperméable et forme un réservoir intarissable pour les innombrables puits qui y ont été creusés depuis un temps immémorial et qui, pendant des siècles, ont constitué l'unique alimentation en eau de cette capitale.

Une carte de Londres datée de 1817 montre combien cette cause physique avait nettement déterminé l'extension des populations. Çà et là seulement, au delà du corps principal de gravier, celui-ci constituait quelques lambeaux, tels que ceux de Islington et de Highbury, sur lesquels s'établirent aussi des habitations.

C'est pour le même motif qu'au sud de la Tamise, des villages et des bâtiments s'étendirent graduellement sur le gravier des vallées jusqu'à Peckham, Camberwell, Brixton et Clapham, tandis que plus loin, les maisons et les villages s'éle-

---

[1] Prestwich. *Address to the Geological Society of London*, 1872.

vaient sur des collines couronnées de gravier à Streatham, Denmark Hill et Norwood.

Ce fut seulement lorsque, par suite de la rapide extension des travaux des grandes compagnies d'eau, on eut des facilités pour se procurer une alimentation indépendante, qu'il devint possible d'établir une population urbaine sur les districts argileux d'Holloway, de Cambden Town, de Regent's Park, de St. John's Wood, de Westbourne et de Nottting Hill.

Aux environs de Londres, des kilomètres de villages se développèrent sur les grands bancs de gravier qui supportent Barking, Ilford et Romford, au Nord-Ouest de la vallée de la Lea jusqu'à Hammersmith, Ealing, Hounslow, Slough, et au delà, tandis que, sauf l'exception de Kilburn, on pouvait à peine, il y a peu d'années encore, rencontrer une maison entre Paddington et Edgeware ou entre Marylebone et Hendon, et pas beaucoup plus, du côté de Highgate et de Hampstead.

Comme cas caractérisé des effets exclusifs d'une grande étendue de couche imperméable dans le voisinage d'une grande ville, M. Prestwich mentionne le district de London-clay dénudé, s'étendant de 1 kil. 5 au nord d'Acton, de Ealing et de Hanwell à Stanmore, à Pinner et à Ickenham, près Uxbridge : à l'exception de Harrow, qui repose sur un lambeau de *Baghhot sand*, Perivale et Greenford, sur des lambeaux de gravier, il n'existe que les petits villages de Northall et de Greenford Green. Dans la première édition des cartes de l'*Ordnance*, sur une étendue de 16 kilomètres carrés au Nord et à l'Ouest de Harrow, on voyait seulement quatre maisons. Cependant le sol est partout cultivé et productif. Mais immédiatement à l'Est de cette région et le long de la vallée de la Lea, le sol s'élève et beaucoup des collines du London-clay sont couronnées par du gravier plus ancien que celui de la vallée de Londres et appartenant à l'âge du *boulder clay;* c'est là que se présentent les anciens établissements de Hendon, de Stanmore, de Finchley, de Barnet, de Totteridge, de Whetstone, de Southgate et autres.

Partout, sur les bords de la Tamise et de ses tributaires, il y a, en outre, un lit inférieur de gravier de vallées. Ce banc est alimenté par la pluie qui tombe sur lui, par les sources et autres eaux qui descendent des collines adjacentes, et par place, par l'infiltration de la rivière quand, pour une cause quelconque, la ligne de niveau du gravier descend au-dessous de celle de la rivière. Une grande partie de Londres au Sud de la Tamise : Westminster, Battersea et nombre de villes sur la Tamise, comme Hammersmith, Brentford, Eton, Maidenhead, ainsi que Newbury et plusieurs villages sur la Kennet et les villes de Ware et de Hertford sur la Lea, sont alimentés également par des puits peu profonds.

Beaucoup de villes et de très nombreux villages le long de la plupart des vallées de rivières de l'Angleterre, quel que soit le terrain sur lequel elles sont situées, dépendent de cette nappe superficielle d'alimentation, qui est plus constante que celle des autres puits. Ce n'est que dans le cas de saisons exclusivement sèches ou d'une aspiration excessive qu'il faut recourir, comme supplément, à l'eau des rivières elles-mêmes.

La nappe d'eau la plus élevée qui est dans le gravier diluvien s'étend presque partout sous les rues et les maisons de Londres à des profondeurs de 4 à 8 mètres, formant ce que l'on nomme *ground springs.*

Côte de Gênes, notamment aux environs de Loano. — Nous prendrons comme exemple d'eaux phréatiques sur la côte de Gênes, la nappe souterraine des environs de Loano.

Cette nappe coule à une profondeur variable, sous une plaine d'alluvion formée par des couches de cailloux, d'argile et de sable et alimente de nombreux puits qui servent

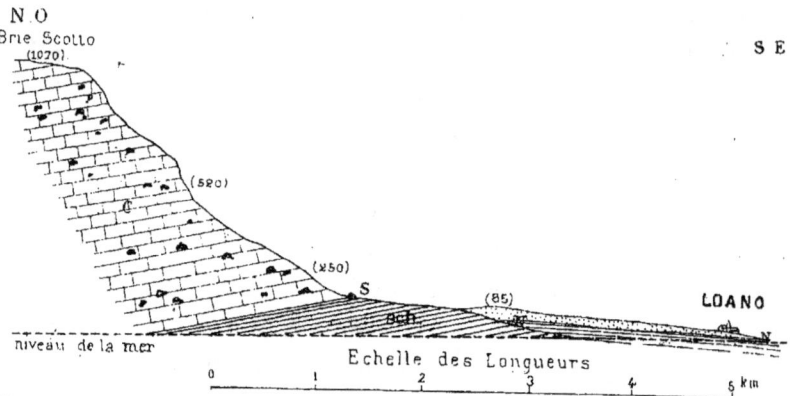

Fig. 22. — Nappe d'eau des alluvions quaternaires aux environs de Loano ; NN, niveau supérieur de cette nappe qui se déverse dans la mer. La figure représente la position des sources importantes S qui jaillissent à la base des calcaires dolomitiques C à leur jonction avec les schistes cristallins Sch. (D'après M. Giordano.)

Échelle { des distances horizontales. 0.000016
des hauteurs. 0.00032

à l'arrosage des riches vignobles et des jardins, dans la localité nommée I Gazzi.

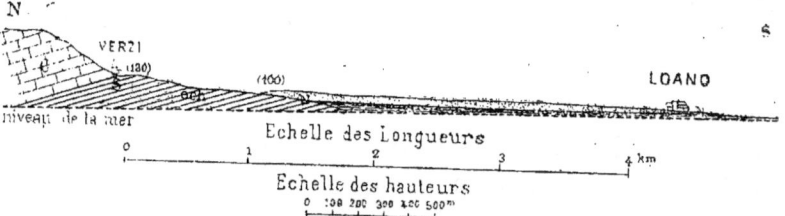

Fig. 23. — Nappe d'eau des alluvions quaternaires aux environs de Loano. NN, niveau supérieur de cette nappe qui se déverse dans la mer. La figure représente en outre la position de sources importantes S qui jaillissent à la base des calcaires dolomitiques C, à leur jonction avec les schistes cristallins Sch. (D'après M. Giordano.)

Échelle { des distances horizontales 0.000013
des hauteurs. 0.000026

L'eau dont il s'agit provient principalement d'une formation de calcaire magnésien triasique C (fig. 22), très étendue vers le Nord et le Nord-Ouest et toute remplie de fissures et de cavernes. Le calcaire a une stratification obscure et irrégulière ; les couches plongent en général vers le Nord.

A la base du calcaire, au contact des schistes talqueux et gneiss sous-jacents Sch, jaillissent de belles sources S, par exemple à Boissano.

Le torrent Nimbaldo, qui passe par Verzi (fig. 23) et a son embouchure à l'Est de Loano, traverse le calcaire, le schiste et l'alluvion; mais en passant sur cette dernière, il devient presque sec.

Dans les environs de Gênes, à Sampierdarena, à Voltri, à Abbenga, il y a d'autres exemples semblables de nappes d'eau souterraines passant dans le quaternaire.

Messine. — Le littoral du détroit de Messine, tant en Sicile que sur la côte calabraise de Reggio, est couvert par les plus florissantes plantations de citronniers et d'orangers, qui donnent lieu à une grande exportation et à des industries locales de distillation. Or ces plantations, qui donnent souvent plus de 2000 à 3000 francs de revenu net par hectare, couvrent

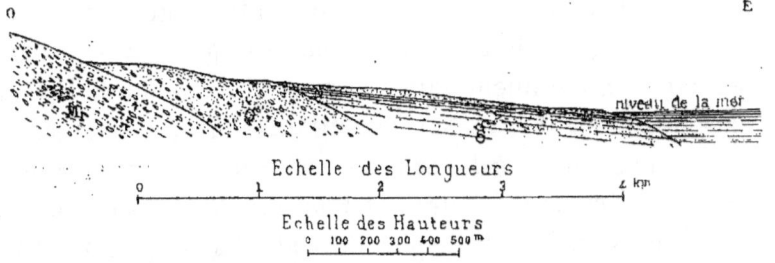

Fig. 24. — Coupes montrant les régions de la nappe phréatique N N des environs de Messine que contiennent les sables d'alluvion g ; S, sables et graviers quaternaires; M, argiles, grès et conglomérat du miocène supérieur.

les dépôts caillouteux des alluvions modernes, formant des plans inclinés (fig. 24) qui vont du pied des montagnes à la mer, avec des étendues variables de 600 mètres à 4 kilomètres et au delà, et des pentes de 1 1/2 à 3 0/0. Au-dessous de la surface, ces dépôts très perméables renferment toujours une nappe d'eau, utilisée au moyen de nombreuses norias pour l'arrosage des plantations qui lui doivent leur prospérité : la profondeur constante de la nappe d'eau est d'environ 5 mètres et sa surface est à peu près parallèle à celle du dépôt caillouteux.

Environs de New-York. — On a proposé d'utiliser pour l'alimentation de New-York une nappe d'eau imprégnant le sable avec gravier du littoral de Long-Island. Ce sable s'élève, à partir du littoral Sud, sur une largeur de 10 kilomètres, avec une pente de $0^m,003$ par mètre, tandis que la nappe d'eau partant du niveau de la mer à marée basse a une inclinaison de $0^m,002$ par mètre[1].

Exemples fournis par la plaine de la Lombardie ; *Fontanili*[1]. — Parmi les innombrables exemples du même genre, nous citerons la plaine de la Lombardie, qui est formée principalement de graviers et de sables appartenant aux alluvions anciennes et modernes. Dans la plus grande partie de son étendue, elle possède une nappe d'eau qui, en général, rentre dans la catégorie de celles qui nous occupent. Elle est très abondante, notamment dans une zone qui s'étend de la Sesia à l'Oglio, passant par Novare, Milan, Melzo, Caravaggio et Calcio. La profondeur des eaux souterraines devient de plus en plus considérable à mesure que l'on remonte vers le Nord, où il existe plusieurs puits de plus de 100 mètres de profondeur.

L'abondance, pendant l'été, de ces eaux souterraines est proportionnée à l'abondance des pluies et surtout des neiges tombées dans la saison précédente. Ces eaux pénètrent alors latéralement dans les rivières ; ce qui fait que celles-ci, après avoir été desséchées par les prises d'eau des canaux d'irrigation, retrouvent de l'eau vers leur partie inférieure. Le Tessin à Tornavento, l'Adda à Cassano, l'Oglio à Torre Pal-

---

[1] Dans *Geology*, 5ᵉ édition, p. 664.
[2] D'après une communication très obligeante de M. Giordano.

lavicina, sont en certaines saisons complètement absorbés par les canaux ; et cependant, sans qu'ils reçoivent de subsides apparents, ils renaissent peu à peu par le suintement continu de leurs berges, jusqu'au point de redevenir navigables. C'est ainsi que les nappes d'eau sont de plus en plus profondes et de moins en moins abondantes à mesure que l'on approche du lit du fleuve[1].

Ces nappes d'eau subordonnées aux dépôts quaternaires

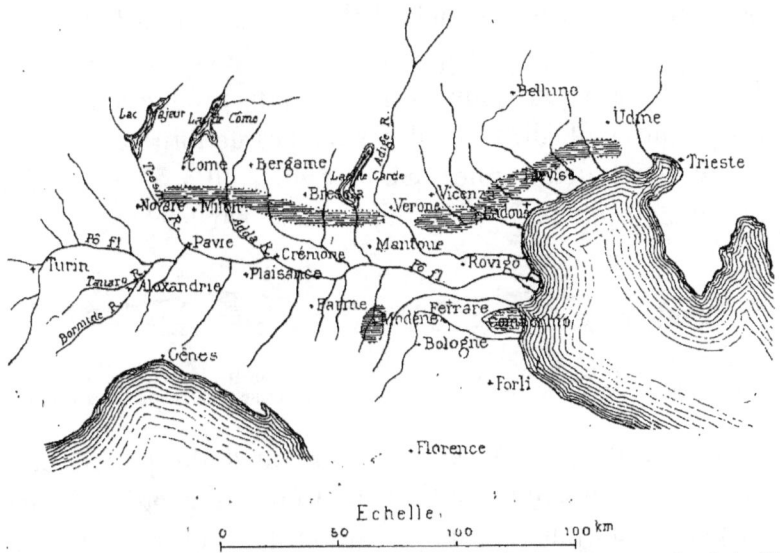

Fig. 25. — Situation des principales nappes d'eau utilisées pour l'établissement des *fontanili*.

de la Lombardie reçoivent une application agricole très remarquable et peut-être unique jusqu'à présent, dans la vallée du Pô, surtout dans les plaines de Lombardie et dans une partie de la Vénétie et du Modénais (fig. 25).

La constitution géologique spéciale du sous-sol de ces plaines permet d'en tirer de grands volumes d'eau propres à l'irrigation. Cette eau, qui sort à une température presque constante et de beaucoup supérieure, en hiver, à l'air ambiant, permet, sur les terres où elle est déversée, la culture de

[1] *Annales de l'Institut national agronomique*, 5ᵉ année.

prairies artificielles dites *marcite* (mouillées), même pendant les plus fortes rigueurs de l'hiver. Le climat de la vallée du Pô est aussi froid en hiver que celui du nord de la France et la végétation y est complètement arrêtée ; mais ici, grâce à ce système d'irrigation continue, le sol réchauffé par l'eau des *fontanili* fait pousser l'herbe même en janvier, et permet d'en faire les coupes, comme en été. Cette herbe coupée fraîche toute l'année est employée dans les grandes fermes pour nourir les belles vaches dont le lait sert à faire le fromage dit *parmesan*, et qu'en Lombardie l'on appelle plutôt *lodisan*, parce qu'aujourd'hui sa grande production est dans les plaines de Lodi. Le total des coupes de foin dans l'année atteint quelquefois une longueur de 2,50 à 3 mètres d'un produit moyen de 30 000 kilogrammes par hectare.

Fig. 26. — Disposition en forme de toits suivant laquelle on aménage le sol pour l'établissement des *fontanili* ; *r*, rigoles qui déversent l'eau sur les deux versants.

Pour arriver à ce résultat, le terrain d'une prairie de ce genre, à arrosement continu, doit être aménagé à l'avance en parcelles ayant chacune la forme d'un toit (fig. 26), dont le faîte est occupé par une rigole qui déverse l'eau aux deux versants, de manière qu'une mince nappe d'eau courante couvre toujours le sol et le réchauffe en l'arrosant, tandis qu'en bas des deux versants, une rigole en reçoit les écoulements, qui à leur tour sont utilisés de la même manière pour une zone de terrain sous-jacente, et ainsi de suite. Suivant l'utilisation plus ou moins répétée que l'on peut obtenir de l'eau ayant déjà servi (*colature*), on arrive à irriguer des étendues fort différentes avec le même volume d'eau, et ce volume varie souvent de 20 litres et plus jusqu'à 6 litres seulement par seconde et par hectare de *marcita*.

Quant aux *fontanili* ou puits au moyen desquels on se procure l'eau souterraine pour cette irrigation d'une nature spéciale, les endroits où l'on peut les creuser se trouvent sur une longue zone de la plaine sur la gauche du Pô, longeant de loin le pied des Alpes depuis la Sésia jusqu'à l'Adige, et puis aussi, au pied des Alpes vénitiennes et dans le bas

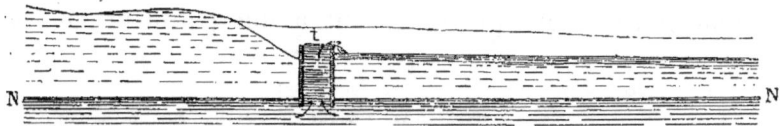

Fig. 27. — Détail d'un *fontanile*, montrant comment un tonneau *t* est établi pour déverser à la surface l'eau de la nappe NN.

Véronais. Le procédé consiste à enfoncer dans le sol, dans des endroits convenables, des tonneaux sans fond, de 1 mètre environ de diamètre, et de 2 à 3 mètres de hauteur, en pénétrant jusqu'à la couche aquifère que l'on trouve ordinairement à 2 ou 3 mètres de profondeur (fig. 27). Le tonneau est

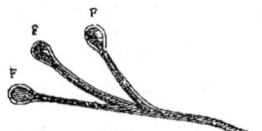

Fig. 28. — Disposition de trois *fontanili* FF réunissant leurs eaux dans un même canal d'irrigation.

légèrement conique, évasé par le bas. — Une fois la nappe aquifère atteinte, l'eau surgit du fond du tonneau et se déverse par son bord supérieur, qu'on a légèrement échancré, dans le canal creusé pour la recevoir. On creuse ordinairement plusieurs de ces *fontanili* les uns près des autres dans les zones les plus riches en eau souterraine, et on en réunit le produit pour alimenter un canal d'irrigation de quelque importance (fig. 28). Le débit d'un *fontanile* varie beaucoup, suivant les localités; par exemple de 50 jusqu'à plus de

100 litres par seconde, même jusqu'à 200 litres; l'eau de ces *fontanili* a des températures souvent de 12 à 14 degrés centigrades; parfois, dans la saison froide, de 9 à 8 degrés centigrades seulement; mais c'est toujours une température assez douce en hiver, lorsque tout est gelé dans la plaine, et elle suffit à entretenir la végétation.

On vient de voir que l'eau souterraine qui alimente les fontanili se trouve généralement à une petite profondeur,

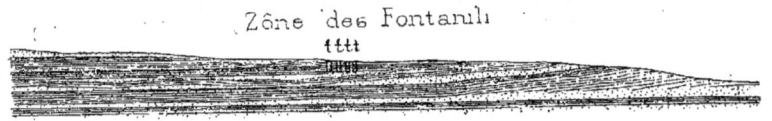

Fig. 29. — Nappes distinctes et peu profondes, superposées l'une à l'autre et déterminées par les alternances de gravier et d'argile de l'alluvion. Exemple pris aux environs de Milan : *t t t t*, *fontanili* établis sur l'une de ces nappes.

sur une zone spéciale de l'alluvion qui s'étend du pied des Alpes jusqu'à la rivière du Pô. — L'alluvion contient souvent des couches alternantes de gravier et d'argile (fig. 29), ce qui donne lieu à l'existence de plusieurs nappes alimentées par les eaux des Alpes. — En Lombardie, près de Milan, il existe trois nappes superposées, assez distinctes et à peu de profondeur. C'est dans la nappe supérieure que sont creusés les *fontanili*. Plus près des Alpes, l'alluvion est moins argileuse et plus perméable; mais les nappes d'eau s'y trouvent à de plus grandes profondeurs, ce qui rendrait les *fontanili* plus difficiles et plus chers.

Ces fontaines artificielles d'eau toujours tiède occupent une zone de quelques kilomètres de largeur, à la hauteur de Milan, et de 200 kilomètres de longueur, depuis le Tessin jusqu'à Vérone; puis au delà elle longe à une certaine distance le pied des Préalpes. Le niveau de la nappe aquifère qui se trouve dans la Lombardie à 130 ou 120 mètres au-dessus de la mer va naturellement en s'abaissant vers l'est, de manière à ne plus être que de 25 à 20 mètres dans la Vénétie et moins encore dans le bas Véronais.

En Lombardie, on a plus d'un millier de ces *fontanili*, qui, pour un débit moyen de 120 litres par seconde, donnent un total de 120 mètres cubes par seconde.

EAUX PHRÉATIQUES DES DUNES.

Les nappes d'eau que renferment les sables des dunes présentent des dispositions qui s'expliquent, d'après ce qui précède, avec cette circonstance qu'elles subissent l'influence des marées.

Gascogne[1]. — En Gascogne, les eaux pluviales qui tombent à la surface des dunes pénètrent immédiatement dans le sol

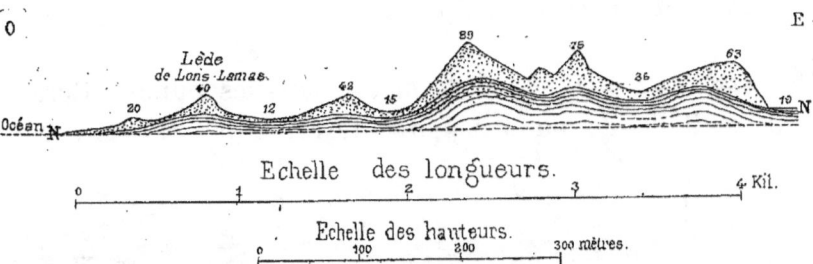

Fig. 30. — Coupe de la chaîne des dunes, à la hauteur de l'étang de Cazau, au sud d'Arcachon, passant par le point culminant qui atteint 89 mètres. Elle montre approximativement la disposition ondulée de la nappe phréatique, disposition qui est d'ailleurs variable suivant les saisons. — L'échelle des hauteurs est six fois celle des bases.

sans ruisseler à la surface. Elles s'infiltrent dans le sable et vont former une nappe, dont la surface supérieure est ondulée comme celle des dunes, mais avec des ondulations beaucoup moins prononcées (fig. 30) et dont les formes varient d'ail-

[1] D'après une obligeante communication de M. Raulin.

leurs à la suite des pluies et des sécheresses. Considérée en grand, cette surface n'est pas horizontale; car au niveau des hautes mers, dans le voisinage immédiat de l'Océan, elle s'élève dans l'intérieur de la chaîne des dunes à 15 ou 20 mètres d'altitude.

Cette nappe est alimentée, soit exclusivement par les eaux pluviales, soit en partie par les eaux des étangs. Ses eaux sont douces par suite de la poussée constante, tant des eaux pluviales supérieures que des eaux des étangs et des marécages échelonnées jusqu'à la côte.

Les puits situés à la pointe de Grave, et vers la limite de la chaîne, à la hauteur de Porge, ne fournissent que de l'eau douce, même lorsque, par suite de leur profondeur, ils descendent jusqu'au niveau moyen de la mer, et que par suite de leur faible éloignement, leur niveau éprouve des fluctuations en rapport avec celles des fortes marées. A Arcachon les puits ne donnent que des eaux douces, même ceux qui sont assez rapprochés de la plage.

Hollande. — Il en est de même dans les dunes littorales de la Hollande, où la nappe souterraine (fig. 31) est encore

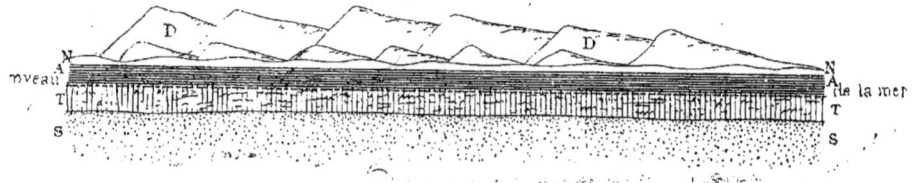

Fig. 31. — Nappe d'eau des dunes de la Hollande, d'après M. Van Ertborn. A, argile superposée à la tourbe T et aux sables tertiaires et supportant le sable des dunes D, où l'eau phréatique affecte une surface ondulée NN.

limitée par une surface courbe qui d'ordinaire suit plus ou moins régulièrement les ondulations de la surface du sol. Ce fait a été mis en évidence par les sondages exécutés dans les dunes de Wassenaar, lors des études qui ont eu lieu pour amener l'eau des dunes dans les villes de la Hollande méridionale.

Cette même conclusion ressort également de ce que la nappe souterraine qui fournit l'eau à la ville d'Amsterdam est à environ 2 mètres au-dessus du niveau des canaux du Rynland. La nappe se trouve donc dans les dunes généralement plus haut que la surface des eaux libres dans les alluvions marines ou dans les tourbières basses du voisinage immédiat, et beaucoup plus près de la surface du sol que dans les collines de gravier diluvien.

Est d'Ostende[1]. — Les dunes qui reposent sur les alluvions maritimes, aux environs d'Ostende, recèlent une couche

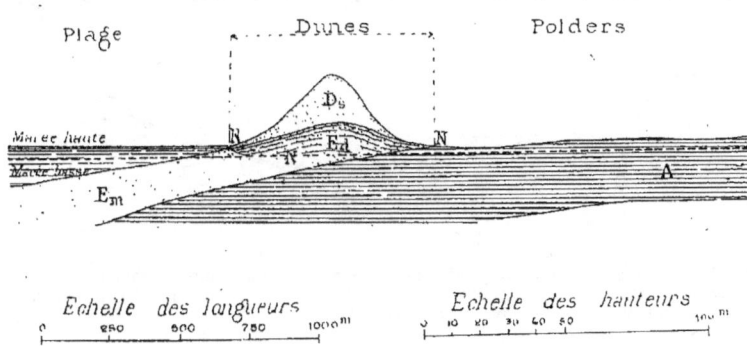

Fig. 32. — Coupe montrant, d'après M. Verstraeten, comment l'eau d'infiltration des dunes subit l'influence des marées aux environs d'Ostende. A, alluvion des polders; E_m, sable saturé d'eau de mer; E_d, sable saturé d'eau douce; D_u, sable des dunes. NN, niveau convexe de la nappe phréatique.

aquifère de ce genre (fig. 32), dont M. Verstraeten a étudié les relations avec l'eau marine : les oscillations de celle-ci sont de 4 à 5 mètres.

[1] Verstraeten. *Eaux alimentaires de Belgique*, 2ᵉ partie, p. 54.

EAUX PHRÉATIQUES DES DÉPÔTS GLACIAIRES.

Mont-sur-Lausanne et bords de l'Areuse. — Les dépôts glaciaires, qui contiennent des associations irrégulières de blocs de toutes dimensions avec des dépôts argileux, c'est-à-dire à la fois des matériaux perméables et des matériaux imperméables, donnent lieu, pour les eaux souterraines, à un mécanisme très simple, dont les exemples précédents donnent une idée suffisante; aussi n'en citerons-nous qu'un petit nombre de cas.

Au Mont-sur-Lausanne, une source assez puissante pour

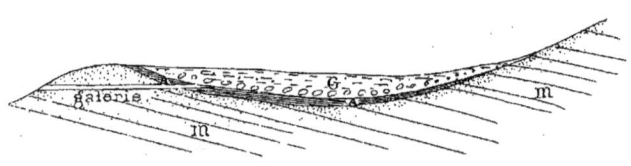

Fig. 33. — Coupe montrant comment l'eau d'une moraine a été mise à profit pour l'alimentation de Lausanne, d'après M. Chavannes; T, grès molleste; A, argile qui supporte le réservoir de la morgue dont le niveau supérieur est NN.

contribuer à l'alimentation de la ville a été créée, en perçant à travers la molasse et l'argile quaternaire, une galerie aboutissant au milieu des blocs d'une moraine très aquifère (fig. 33).

D'autres exemples sont fournis par les environs de Villard-sur-Ollon (canton de Vaud), de Chamonix, etc., etc.

Dans le vallon du Champ-du-Moulin (canton de Neuchâtel), des argiles plastiques tout à fait imperméables, à la base d'un dépôt glaciaire, donnent naissance, sur les bords de l'Areuse, à de nombreuses sources.

EAUX PHRÉATIQUES DES ILES MADRÉPORIQUES.

On peut citer, d'après Dana, ce qui se passe dans les îles de coraux. Une île de ce genre, formée jusqu'au niveau de la mer de roches madréporiques que recouvrent des sables, fournit de l'eau à ses habitants par les puits qu'ils y creusent. Cette eau provient de la pluie ; la nappe qu'elle constitue suffit pour repousser par sa pression les infiltrations marines.

INTÉRÊT DES EAUX PHRÉATIQUES AU POINT DE VUE DE L'AGRICULTURE ET DE L'HYGIÈNE.

Quand les nappes d'eau adjacentes aux rivières s'approchent beaucoup de la surface du sol, ce qui est un cas assez fréquent, leur existence est de nature à intéresser la végétation, comme l'a montré M. Barral pour le sol sablonneux des environs d'Aigues-Mortes, où l'on a depuis quelque temps planté de la vigne avec succès. Après plus de trois mois sans pluie, les sondages ont indiqué partout moins de 1 pour 100 d'eau à $0^m,20$, de 6 à 12 pour 100 à 1 mètre, 18 à 21 pour 100 entre 2 mètres et $2^m,25$ de profondeur.

Dans le même cas, la nappe d'eau souterraine peut également, par capillarité, avoir une action sur le degré d'humidité de l'atmosphère. Lors des grands travaux de rectification du Rhin, qui ont été entrepris de concert entre les gouvernements français et badois, on a forcé le fleuve, dont la vitesse devenait plus grande, à creuser davantage son lit et par suite, on a un peu abaissé le niveau de la nappe d'eau adjacente. C'est à cette circonstance que l'on a attribué l'assainissement constaté dans l'état des villages de la plaine, notamment au point de vue du goître.

OBSERVATIONS THÉORIQUES.

En résumé, quelque perméable que soit une roche, et par suite de la résistance qu'elle oppose à l'écoulement, la surface supérieure de la couche saturée ou nappe d'eau forme

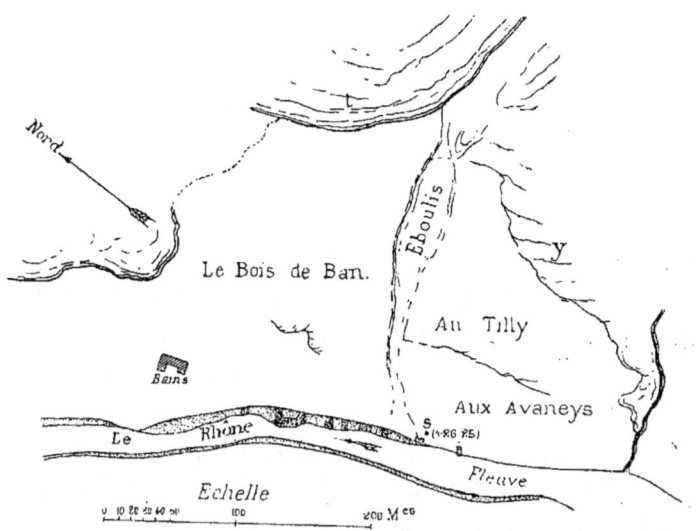

Fig. 33. — Plan montrant comment la source thermale S de Lavey s'épanchait dans des éboulis où elle se mélangeait aux eaux phréatiques, jusqu'à ce qu'elle fut captée au moyen d'un puits (d'après M. le professeur Renevier) ; y, roches cristallines métamorphiques (carbonifères) ; t, roches du trias (arkose, cargneule et calcaire gris).

une courbe inclinée vers le débouché qui en est la partie la plus basse. Les divers exemples qui précèdent montrent quelle est la complexité des mouvements des nappes souterraines, sollicitées à descendre suivant certaines pentes et suivant l'abondance variable des eaux qui les alimentent.

Aux eaux provenant directement de l'atmosphère ou des rivières, s'ajoute très fréquemment une contribution latente de sources invisibles provenant de diverses profondeurs. Parmi les innombrables exemples que l'on pourrait citer, je mentionnerai seulement la source du Creux du Vent, canton de Neuchâtel, dont la figure sera donnée plus loin.

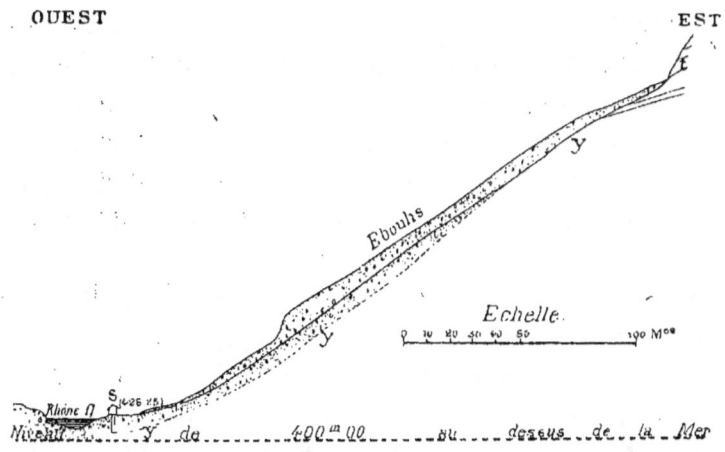

Fig. 35. — Coupe montrant comment la source thermale S de Lavey s'épanchait dans les éboulis, où elle se mélangeait aux eaux phréatiques jusqu'à ce qu'elle fut captée au moyen d'un puits (d'après M. le professeur Renevier); y, roches cristallines métamorphiques (carbonifères); t, roches du trias (arkose, cargneule et calcaire gris).

Le fait a été particulièrement étudié dans les localités où il détermine la dilution, par les eaux phréatiques, d'une eau thermale ou minérale, qui vient jaillir au milieu d'elles, comme à Plombières, à Schinznach, à Lavey (fig. 34 et 35). Le but à atteindre étant d'obtenir ces sources sans mélange, on est amené à les isoler par des travaux de captage.

Si l'on suppose la roche imperméable sous-jacente parfaitement plane et la roche perméable parfaitement homogène, le calcul démontre, d'après Dupuit, que la courbe de la partie supérieure de la nappe, à partir du point le plus haut, a pour profil un arc de parabole.

D'après les savantes études de M. Boussinesq relatives à la théorie des eaux courantes, une relation entre les pentes, les vitesses moyennes, la forme et l'aire des sections régit les mouvements lents des eaux d'infiltration du sol, à travers les canaux irréguliers que forment les interstices des grains de sable composant les terrains perméables; la vitesse moyenne est simplement proportionnelle à la pente motrice, comme Dupuit l'avait admis pour le régime permanent. Il en est de même pour le régime non permanent. Les crues ou gonflements des eaux souterraines se propagent, en général, avec une faible vitesse, sensiblement constante, et proportionnelle à la pente du sous-sol; plusieurs gonflements produits à la fois, en divers points, se fondent peu à peu en un seul.

Le cours d'eau pénétrant, lors des crues, dans la couche caillouteuse et leur soutirant, au contraire, du liquide lors des sécheresses, la nappe adjacente se comporte à la manière d'un régulateur. En effet, cette sorte de flux et de reflux, qui s'opère sur de très grandes surfaces, amoindrit les oscillations extrêmes du volume de la rivière. Le phénomène a quelque analogie avec le mouvement ascendant et descendant de la chaleur solaire dans l'intérieur de la croûte terrestre, suivant les saisons.

Par suite du va-et-vient dont il s'agit, on a supposé que la boue infiltrée dans le sable, avec les eaux troubles de la rivière, à proximité du lit, en serait expulsée lors du mouvement rétrograde de l'eau. Ce serait par suite de ce double mouvement que le gravier ne serait pas depuis longtemps imprégné de vase, même à peu de distance de la rivière[1].

---

[1] Cet effet naturel repose sur le même principe qu'un système de filtration artifi-

Des expérimentateurs se sont préoccupés de déterminer directement la perméabilité des différentes roches, et ils sont arrivés à des résultats discordants, ce qui tient sans doute à la difficulté de se placer dans des conditions comparables.

Après Darcy et M. Hagen, M. Seelheim[1] a cherché à obtenir des conclusions générales, de nature à éclairer la construction, jusqu'ici empirique, des digues, autour des polders et des canaux de la Hollande.

Antérieurement au travail de M. Seelheim, l'expérience m'avait paru pouvoir éclairer le sujet. En versant de l'eau dans le premier compartiment d'une caisse contenant plusieurs cloisons verticales et parallèles, formées de craie, on constate que le liquide filtre peu à peu dans les autres compartiments, mais que, pendant des mois entiers, une dénivellation persiste de chacune des chambres à la chambre suivante, de telle sorte que la surface moyenne du liquide représente un plan incliné sur l'horizon.

§ II. EAUX PHRÉATIQUES DES TERRAINS AUTRES QUE DES TERRAINS DE TRANSPORT.

Les nappes d'infiltration phréatiques ne sont pas restreintes aux terrains de transport que nous avons pris pour exemple, à cause de leur fréquence.

Par suite des fissures qui les traversent en tous sens, ou à raison de leur nature arénacée, certains groupes de couches

---

cielle, fort ingénieux, établi à Greenock par l'ingénieur Thom, en 1828, dans lequel le nettoiement du filtre se fait de lui-même, parce que l'eau peut y pénétrer, soit par le haut, soit par le bas.

[1] *Les lois de la perméabilité du sol. Archives néerlandaises*, t. XIV, p. 393. 1879.

des terrains stratifiés se comportent, vis-à-vis des eaux souterraines, comme les terrains de transport. Comme ceux-ci, ils contiennent des eaux phréatiques qui toutefois s'y meuvent en général avec moins de facilité et de régularité.

Terrains tertiaires des départements de la Seine et de Seine-et-Marne. — Dans ses cartes hydrologiques de la Seine et de

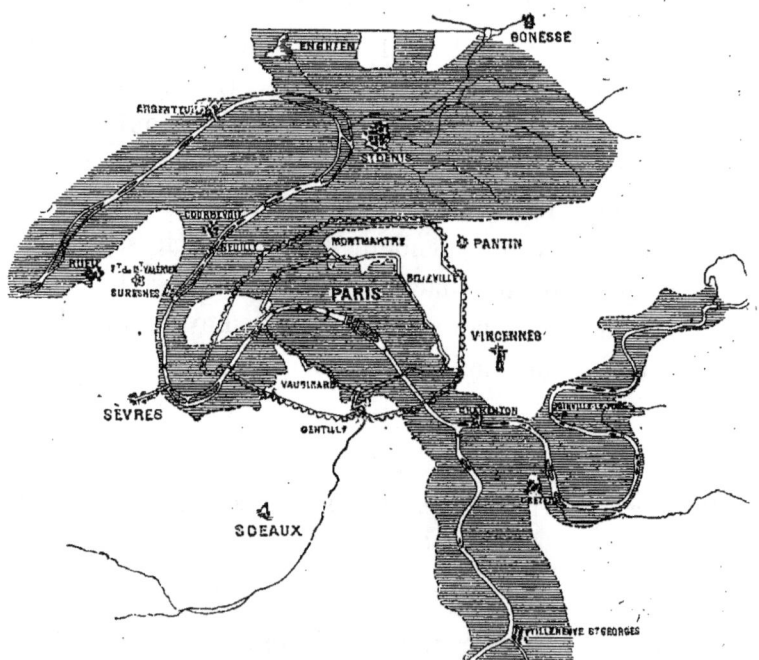

Fig. 36. — Carte montrant la disposition de l'eau phréatique à Paris et aux environs. Échelle $\frac{1}{160\,000}$.

Seine-et-Marne, M. Delesse a signalé ces résultats avec beaucoup de précision.

Toutes les maisons de Paris devaient être autrefois pourvues d'un puits. Il en a été compté 30 000, lorsqu'on les a recensés au moment du siège; la plupart se trouvent dans les vieux quartiers. L'usage des puits est tombé en désuétude, depuis le développement de la distribution d'eau de la ville.

En dehors des dépôts d'alluvions, les couches tertiaires renferment une nappe, où s'alimentent de nombreux puits et qui se relie à la nappe d'alluvion (fig. 36). Ainsi, cette dernière reçoit sur les deux rives du fleuve, à Auteuil et à Montrouge, un déversement de la nappe qui est supportée par l'argile plastique.

La traversée des eaux phréatiques opposa une grande difficulté, lors des fouilles qui furent ouvertes le 1er septembre 1861, pour les fondations de l'Opéra. Alimentée par des courants souterrains qui descendent abondamment des plateaux voisins, la nappe est à 5 mètres au-dessous du sol. Or, pour pouvoir donner aux *dessous de la scène* une dimension convenable, il fallait asseoir ses fondations à une profondeur de 14 mètres. Les 8000 mètres cubes au moins qu'il s'agissait d'épuiser furent extraits à l'aide de pompes qui travaillèrent plus de 7 mois, avant qu'on pût établir une nappe de béton; les effets de ces machines se firent sentir à plusieurs kilomètres de distance[1].

Partout les nappes de ces divers terrains perméables se relèvent, quand on s'éloigne des thalwegs.

A Paris, la pente de la nappe d'eau des puits a été trouvée supérieure à 1 millimètre par mètre et elle atteint 1 centimètre près de la Seine, qui joue le rôle d'un canal d'asséchement. Sur la rive droite, en temps de basses eaux, la pente atteint 7 mètres par kilomètre, soit 7 millimètres par mètre dans l'axe du boulevard de Sébastopol. Ces fortes pentes sont variables suivant le degré de perméabilité du sol et le volume de l'eau de la nappe.

D'après Belgrand, la nappe d'eau qui alimente les puits de la rive droite est à un niveau peu profond au-dessous du

---

[1]. Charles Garnier, *Le nouvel Opéra à Paris*; t. II, p. 217. — Oppermann, *Nouvelles archives de construction*. Janvier 1863.

sol, tant qu'elle se trouve dans des terrains de transport du fond de la vallée. Ces terrains se composent de gravier, de sable et de limon ; leur limite suit à très peu près le pied des coteaux. Sur toute cette rive, si l'on ne sort pas des anciennes enceintes de Paris, ou même des faubourgs qui s'y rattachaient, la profondeur des puits ne dépasse que rarement 10 mètres ; souvent elle est comprise entre 4 et 5 mètres.

Sur la rive gauche, la profondeur des puits est plus grande ; dans toute la partie basse occupée par l'ancienne ville, elle pouvait varier entre 6 et 10 mètres ; mais si l'on considère les parties hautes de la rue Saint-Jacques et le plateau occupé autrefois par l'Université, qui s'étend à droite et à gauche de cette rue, on trouve que la nappe d'eau souterraine est à 28 et 30 mètres au-dessous du sol. Les puits les moins profonds sont ceux des rues qui longent la Seine et la Bièvre. C'est le contraire sur la rive droite : les puits les moins profonds sont peu éloignés de la rue Saint-Lazare. La nappe d'eau remonte plus rapidement que le sol, à mesure qu'on s'éloigne de la Seine.

Dans le département de Seine-et-Marne, les nappes phréatiques sont très développées, non-seulement dans le terrain de transport, mais encore dans la craie blanche. Il en existe aussi dans les divers terrains perméables qui sont traversés par des rivières, notamment dans les calcaires lacustres de la Beauce, de la Brie et du Multien, dans les sables supérieurs dits de Fontainebleau, dans les sables moyens qui sont si développés dans les vallées de l'Ourq et de la Marne, enfin dans le calcaire grossier et les caillasses qui recouvrent ce dernier.

Terrains crétacés et jurassiques. — Dans le terrain crétacé supérieur, les eaux phréatiques acquièrent une importance

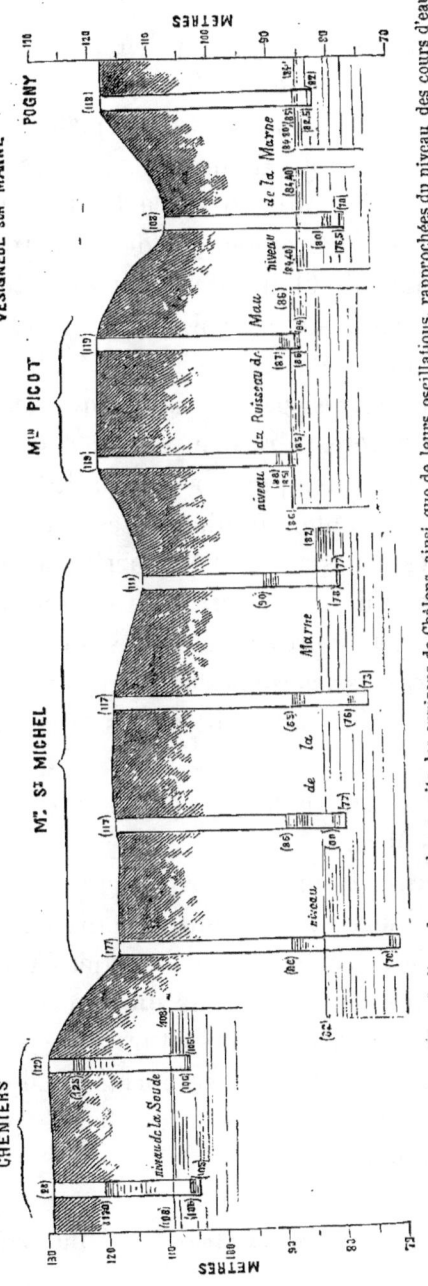

Fig. 37. — Diagramme des niveaux de l'eau dans quelques puits des environs de Châlons, ainsi que de leurs oscillations, rapprochées du niveau des cours d'eau de la surface, dans le voisinage.

beaucoup plus grande, ainsi qu'on le constate dans les plateaux de la Champagne (fig. 37).

La profondeur des puits des deux plateaux jurassiques qui resserrent la vallée du Clain, dans les localités des environs de Poitiers placées à une distance de plusieurs kilomètres de cette rivière, est moyennement de 30 mètres; mais ceux de la berge gauche du Clain atteignent 43 mètres. Dans la ville même de Poitiers, sur les points les plus élevés, les anciens puits, dont on ne fait guère usage, tant ils sont profonds, mesurent 40 mètres, par la raison que la croupe calcaire qui porte la ville est drainée par les deux vallées du Clain et de la Boivre, ainsi que par une multitude d'excavations. Contrairement à une opinion assez répandue, on atteint l'eau dans les puits avant d'être arrivé au niveau des eaux courantes des vallées, ce qui prouve, une fois de plus, que les eaux des puits proviennent des suintements des eaux pluviales à travers les roches calcaires et les argiles rouges du sous-sol, et non des infiltrations latérales des eaux des rivières.

Il en est de même pour les couches gréseuses et sableuses de différents âges.

Comme autre exemple, je signalerai la nappe d'eau des environs du Mans[1]. Elle s'infiltre dans les sables cénomaniens, jusqu'à la rencontre des argiles oxfordiennes, c'est-à-dire à 39 mètres au-dessous du niveau du confluent de l'Huisne et de la Sarthe. Elle sature donc toute la partie inférieure de la masse sableuse et forme ainsi une nappe puissante, dont la partie supérieure s'écoule par les deux rivières faisant appel.

Terrains triasiques et permiens. — Nulle part on n'a mieux

---

[1] D'après M. Guillier.

constaté l'importance des terrains triasique et permien, comme réservoir inépuisable d'eau pour les puits, qu'en Angleterre, où des centres industriels, tels que Liverpool, Manchester, Birmingham, Nottingham, en consomment chaque jour d'énormes quantités. Le grès bigarré (*new red sandstone*) paraît même être la formation la plus riche en eaux phréatiques de l'Angleterre ; elle rivalise avec la craie, le *lower green sand*, et le grès permien.

Convenance de reporter l'examen des faits analogues aux précédents au chapitre relatif au rôle des lithoclases. — Toutefois, même dans les roches perméables en grand, le rôle qu'y jouent les cassures de divers ordres, quant au mouvement des eaux souterraines, est très considérable : aussi, pour éviter des délimitations artificielles entre des cas analogues, qui, étant inaccessibles, échappent souvent à une observation précise, nous croyons préférable de reporter l'examen de ce sujet au chapitre relatif aux lithoclases. La liaison fréquente des nappes phréatiques avec de nombreuses et puissantes sources est un motif de plus pour adopter ce mode de groupement.

Des nappes souterraines du genre de celles qui viennent de nous occuper ne sont pas dans la dépendance nécessaire de grands cours d'eau ; elles peuvent en être plus ou moins distantes.

CHAPITRE III

ROLE DU CONTACT MUTUEL DES ROCHES PERMÉABLES ET DES ROCHES IMPERMÉABLES

§ 1. — CONTACT PRODUIT PAR LE FAIT SEUL DE LA STRATIFICATION

Généralités. — Dans toute la série des terrains stratifiés, il existe de nombreuses alternances de sable ou d'autres roches perméables, avec des argiles ou des marnes. Ces empilements, souvent répétés, offrent des conditions éminemment favorables à la formation de couches aquifères.

En se déversant naturellement au dehors, ces nappes produisent des sources.

Si le terrain imperméable sur lequel les eaux pluviales s'arrêtent est plus élevé que le fond des vallées principales, sa ligne d'affleurement détermine sur le flanc des coteaux un cordon ou *lieu* de sources, dont la plus considérable se trouve habituellement à l'intersection AA' de la ligne de thalweg de la vallée et de la surface du terrain qui soutient l'eau. Le diagramme (fig. 38) fait voir qu'il doit en être ainsi habituellement, puisque le bassin d'alimentation de ces sources AA', d'après la disposition de la figure, est de beaucoup plus étendu que celui de deux autres sources quelconques BB'.

Cette disposition des nappes souterraines correspond donc à ce que nous avons déjà appelé un niveau d'eau.

Dans le cas où la couche imperméable qui contient l'eau passe au-dessous du niveau de la vallée, les eaux pluviales absorbées par les terrains perméables forment une accumulation d'eaux souterraines, dont le niveau se relève entre deux thalwegs humides, jusque dans le voisinage des faîtes

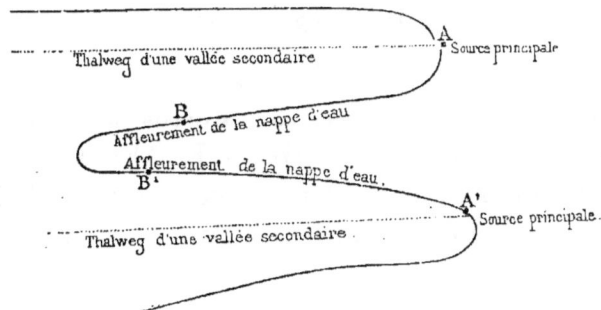

Fig. 38. — Diagramme représentant, d'après Belgrand, la disposition des sources principales AA' et secondaires BB', par rapport à la ligne de thalweg des vallées.

de partage. Par un mécanisme analogue à celui qui a été décrit à l'occasion des terrains perméables, l'action de drainage exercée par les vallées profondes y produit ou des sources souvent considérables, ou même des marais. Ces sources sont d'autant moins pérennes qu'elles sont plus rapprochées des faîtes de partage[1].

Il est des cas très fréquents où le mécanisme habituel qui donne lieu à l'émergence des sources se complique: la nappe aquifère peut être recouverte par un placage de

---

[1] Belgrand. *La Seine*, t. I, p. 95.

matériaux imperméables, de telle sorte que les eaux se font jour au niveau le plus haut des affleurements de ces derniers. Ces affleurements forment donc comme le déversoir d'un vase rempli d'eau, ainsi qu'on en verra des exemples pour l'Os d'Upsal et pour les sources de Longi et d'Alcara, province de Messine.

Dans l'énumération des exemples que nous allons signaler, l'ordre à suivre nous a paru devoir correspondre à l'ordre stratigraphique.

Terrains quaternaires

Exemples fournis en Alsace, aux environs de Haguenau, dans les vallées de la Moder et du Rhin. — En Alsace, dans la forêt de Haguenau, l'argile tertiaire arrête à une très faible profondeur les eaux qui s'infiltrent dans le gravier quaternaire

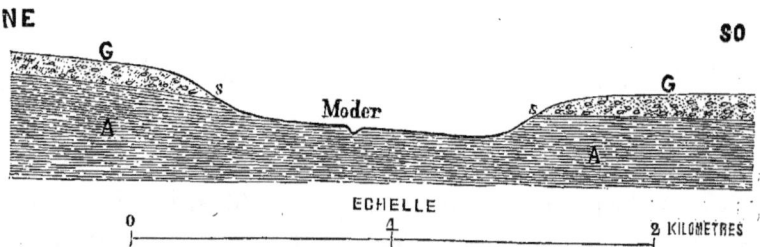

Fig. 39. — Disposition des sources S qui sortent des sables quaternaires G superposés aux argiles tertiaires A dans la vallée de la Moder, près Haguenau.

superposé, comme on le voit dans la vallée de la Moder (fig. 39).

De la longue terrasse diluvienne formée de sable et de marne qui, vers la limite de cette forêt, s'étend le long de la plaine du Rhin, jaillissent aussi de nombreuses sources très limpides. Elles sont situées, soit au pied du même talus, soit entre 2 et 4 mètres au-dessus de la plaine, et elles donnent naissance à des ruisseaux. C'est dans les deux anses de la terrasse comprise entre Oberhoffen et Schirrhein que sortent les principales de ces sources. Au contraire, les promontoires formés par les mêmes terrains sont généralement secs. Cette observation qui se lie au développement des terrains tourbeux dans les anses, est applicable en général à la recherche des eaux souterraines. Toutes ces sources paraissent résulter d'infiltrations superficielles. Des sources semblables se rencontrent entre Kaltenhausen et Bischwiller et dans la banlieue de Soufflenheim.

Environs de Metz. — Telle est aussi l'origine des sources du Sablon, près Metz ; elles forment une ceinture à la base du lambeau de gravier qui, dans cette localité, est superposé au lias.

Environs de Munich. — Aux environs de Munich, d'après

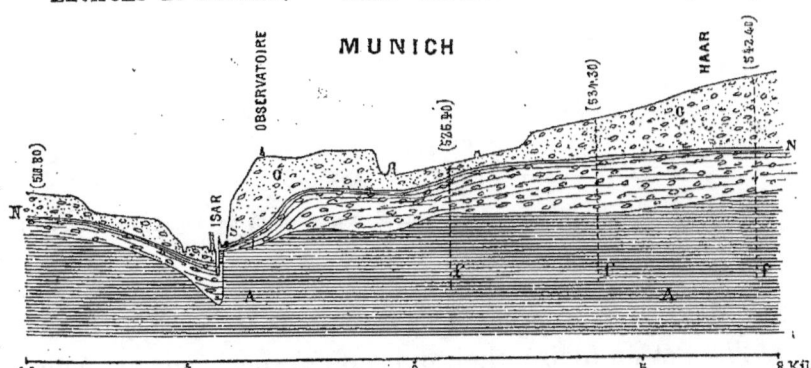

Fig. 40. — Profil de Munich (partie inférieure de la ville) et de la vallée de l'Isar passant par Haar. A. Argile tertiaire imperméable (Flinz). G. Gravier diluvien qui lui est superposé et qui contient une nappe d'eau douce, le profil est indiqué par la ligne NN qui alimente la source S, ainsi que de nombreux puits ; plusieurs forages ff en ont fait reconnaître les allures. Les hauteurs sont à une échelle 100 fois plus grande que les distances horizontales.

M. Gumbel, quand les érosions du plateau de gravier atteignent l'argile sous-jacente nommée *flinz*, comme il arrive

72 CONTACT DES ROCHES PERMÉABLES ET DES ROCHES IMPERMÉABLES.

dans les vallées de l'Isar et du Mangfall, il se produit une source (fig. 40).

La figure 41 montre comment cette disposition se repro-

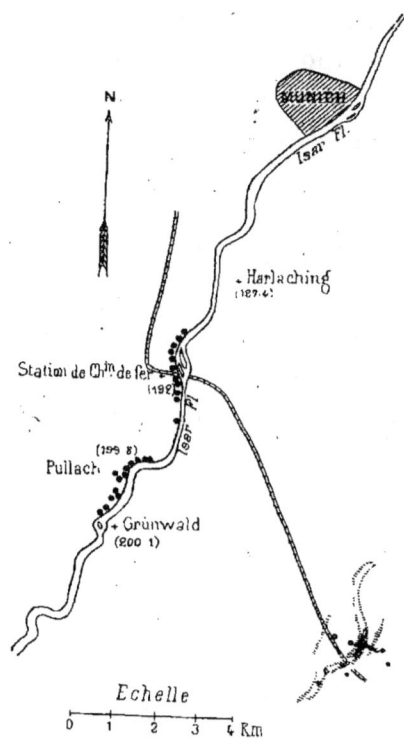

Fig. 41. — Disposition de trois groupes de sources aux environs de Munich, appartenant à la vallée de l'Isar et au Gleisenthal, d'après M. Gumbel.

duit dans trois groupes de sources appartenant à la vallée de l'Isar et au Gleisenthal, qui ont été spécialement étudiés, au point de vue de l'alimentation de Munich.

Hollande. — A part la nappe phréatique du terrain diluvien, on rencontre çà et là, dans les collines de gravier diluvien de la Hollande, des sources à des niveaux très différents. Elles paraissent être toujours en relation avec des couches argileuses, qui arrêtent l'eau de pluie, et à la surface desquelles cette eau s'écoule, pour apparaître au jour sur le flanc des collines. Beaucoup de sources tarissent dans les étés secs ; elles disparaissent parfois à la suite de déboisements et on les a souvent compromises, en perçant la couche d'argile qui les soutient.

Londres et ses environs. — Non seulement le gravier constitue aux environs de Londres un réservoir souterrain facilement accessible, mais au nord de la Tamise, plusieurs petites vallées qui coupent le gravier pénètrent dans l'argile de Londres, de telle sorte qu'une partie de l'eau de ce réservoir s'échappe à la jonction des deux terrains et donne naissance à plusieurs sources, dont plusieurs étaient autrefois très réputées, telles que celle de Bagnigge Well, Notywell, Clerkenwell, etc.

Oxford. — A Oxford[1], dont nous avons déjà cité la nappe phréatique, page 42, un grand banc de gravier supporté par l'argile dite d'Oxford, ayant de $1^m,50$ à 6 mètres d'épais-

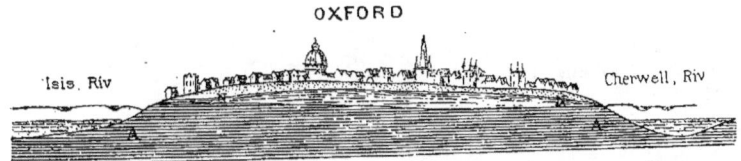

Fig. 42. — Coupe montrant la situation du dépôt quaternaire, auquel est subordonnée la nappe d'eau phréatique d'Oxford. A, argile dite d'Oxford ; NN, niveau de la nappe phréatique.

seur, est très perméable ; on suppose que sur $0^m,68$ d'eau de pluie annuelle il en passe au moins $0^m,30$ pour une surface d'environ 3 kilomètres carrés (fig. 42).

[1] D'après M. Prestwich.

74 CONTACT DES ROCHES PERMÉABLES ET DES ROCHES IMPERMÉABLES.

Irlande[1]. — Les dépôts superficiels, principalement de *drift*, sont si étendus en Irlande qu'en raison de leur perméabilité, ils constituent un réservoir d'eau important. Tel est le cas dans quelques portions des comtés de Kilkenny, Carlow, Kildare, Wicklow et Dublin, où ils recouvrent des roches granitiques. Quand on fait un puits sur une colline de drift, on peut prévoir la profondeur à laquelle ce puits atteindra l'eau, d'après le niveau des sources qui se montrent sur les flancs de la colline.

Palerme[2]. — La plaine de Palerme est d'une étonnante fertilité, par les produits d'horticulture nombreux et variés qui s'y récoltent successivement, jusqu'à dix à douze fois dans une même année et sur un même sol. Le bassin palermitain qui, à cause de cette heureuse circonstance, est

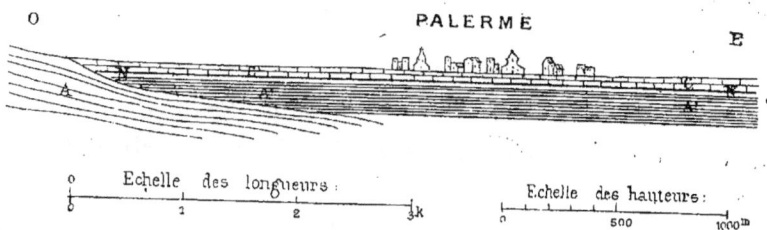

Fig. 43. — Coupe montrant la disposition de la nappe aquifère dans la plaine de Palerme. A, argiles écailleuses bigarrées (éocène moyen). A', argiles quaternaires. C, calcaire quaternaire (panchina). NN, niveau de l'eau phréatique. L'échelle des hauteurs est double de celle des longueurs.

appelé la *concha d'oro*, est formé par un dépôt de calcaire quaternaire (*panchina*) qui repose sur des argiles du même âge. Celle-ci supporte un niveau aquifère dont la profondeur varie de 10 à 20 mètres, et c'est à ce niveau que sont foncés des puits munis de norias (fig. 43).

---

[1] D'après M. Hull.
[2] D'après M. Giordano.

CONTACT PRODUIT PAR LE FAIT SEUL DE LA STRATIFICATION. 75

Upsal[1]. — Les Osar constituent en Suède la formation aquifère par excellence. Ces anciens dépôts glaciaires se présentent souvent sous la forme de collines allongées, presque exclusivement constituées par des sables et des

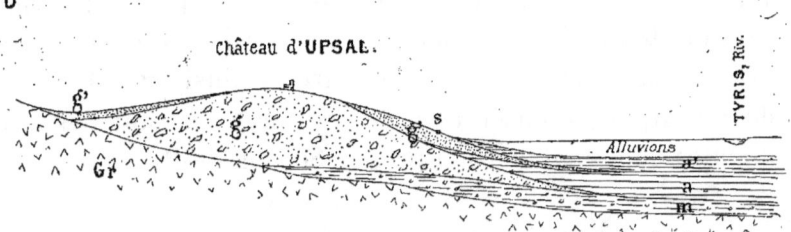

Fig. 44. — Disposition de la source jaillissant au-dessus du château d'Upsal. Gr, granite; m, ancienne moraine de fond; g, gravier (Os); a, argile glaciaire; g', sable; a', argile post-glaciaire; S, source. Échelle $\frac{1}{7.500}$

graviers stratifiés. Au pied de ces Osar se trouvent des sources excellentes, dont l'origine ressort clairement de la figure 44, relative à la source renommée qui jaillit au-dessous du château d'Upsal.

Observation relative à des tufs volcaniques stratifiés. — Il y aurait lieu de signaler ici des sources qui jaillissent de tufs volcaniques stratifiés, par exemple aux environs de Rome. Mais, à cause de leur liaison avec les déjections volcaniques non stratifiées, il a paru préférable de les réunir à celles-ci, au paragraphe 2 du présent chapitre.

Terrains stratifiés

Sundgau. — Une partie de la région de la Haute-Alsace située au sud d'Altkirch, connue sous le nom de Sundgau, est formée de collines de graviers (fig. 45).

[1] D'après M. Tornebohm.

Quel que soit son âge, pliocène ou quaternaire, ce dépôt de cailloux absorbe les nombreux cours d'eau descendant vers l'est[1]. Comme il est superposé à des couches tertiaires imperméables de l'âge de la molasse, il en résulte des sources très nombreuses et très abondantes, qui jaillissent dans presque toutes les échancrures du terrain. Aucune région de l'Alsace n'est plus riche en sources. Ainsi, dans la vallée de la Largue, creusée dans le gravier, elles sont très fréquentes depuis Manspach jusqu'à Seppois-le-Haut; il en est

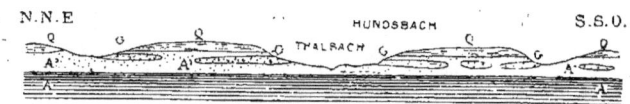

Fig. 45. — Gisement habituel des sources du Sundgau (Alsace). A, argiles et grès tertiaires; A', limon et sables argileux jaunes mélangés de quelques lits de cailloux; G, grandes assises de cailloux mélangés de sable; Q, loess qui constitue le plateau.

de même dans celle de l'Ill. Telles sont celles de Tagsdorf, Schwoben, Hausgauen, Hundspach, Knoernigen, Michelbach-le-Bas, Bourchwiller, Folgensbourg, Steinsultz, Obermanspach et Niedermanspach, Waltighotten, etc. Sur la lisière Est du Sundgau, les belles sources de Blotzheim sortent par une trentaine d'orifices et seraient assez volumineuses pour faire marcher des moulins. Dès que les ruisseaux formés par ces sources arrivent dans la plaine, ils disparaissent en s'infiltrant dans le gravier diluvien.

Dombes. — Dans les Dombes (Ain), des sables et des graviers attribués au pliocène supérieur sont superposés à des marnes; il en résulte de nombreuses sources, très abondantes et à des altitudes qui varient de 170 à 330 mètres[2].

Divers puits profonds vont chercher l'eau potable dans

---

[1] Daubrée. *Bulletin de la Société géologique de France*, 2ᵉ série, t. V, p. 165.
[2] D'après une obligeante communication de M. Tardy.

des sables fins, à travers une puissante superposition de marnes et d'argiles bleues et noires. Ces argiles et marnes, causes de la formation des innombrables étangs de cette région, ont une telle épaisseur qu'aucune source ne peut provenir d'une argile qui lui serait inférieure.

Au-dessous de cette première nappe, il y en a deux autres, dans le pliocène moyen et le pliocène inférieur.

Bastberg près de Bouxwiller. — Un exemple des plus simples de la formation des sources est offert par celle qui jaillit à la base de la colline isolée du Bastberg, près de Bouxwiller (Alsace).

Cette colline est terminée par un cône de gros cailloux de calcaire jurassique, qui sont supportés par le terrain tertiaire palustre, comme l'indique la figure 46.

Dans cette localité, le calcaire d'eau douce est très fissuré, de telle sorte que l'eau y pénètre avec facilité et s'y meut dans les cavités de la roche ; mais elle est arrêtée par les couches argileuses qui supportent le calcaire et recouvrent le lignite. Les sources auxquelles donne lieu cette nappe jaillissent de la base du calcaire d'eau douce, près de l'entrée de la galerie d'écoulement de la mine. Le fond du bassin formé par le plongement des couches s'incline vers le nord-est ; c'est précisément à l'extrémité de la rigole que forme le fond ou le thalweg de ce bassin aquifère et au point le plus bas du calcaire, en s, que s'opère le déversement de la nappe souterraine.

La galerie principale, ouverte pour l'exploitation du lignite, rencontrait la couche calcaire à 60 mètres du jour, mais à un niveau supérieur de $0^m,90$ à celui qu'occupe ordinairement la nappe souterraine. Aussi l'eau ne sortait par cette galerie qu'à la suite des grandes pluies et des fontes de neige, lorsque les orifices des sources ne pouvaient plus suffire à débiter toute l'eau qui arrive dans le réservoir. Lorsqu'au printemps le dégorgeoir de la galerie fournissait beaucoup d'eau, on regardait comme probable que les sources seraient abondantes pendant l'été.

C'est aussi du terrain tertiaire que dérivent les eaux qui,

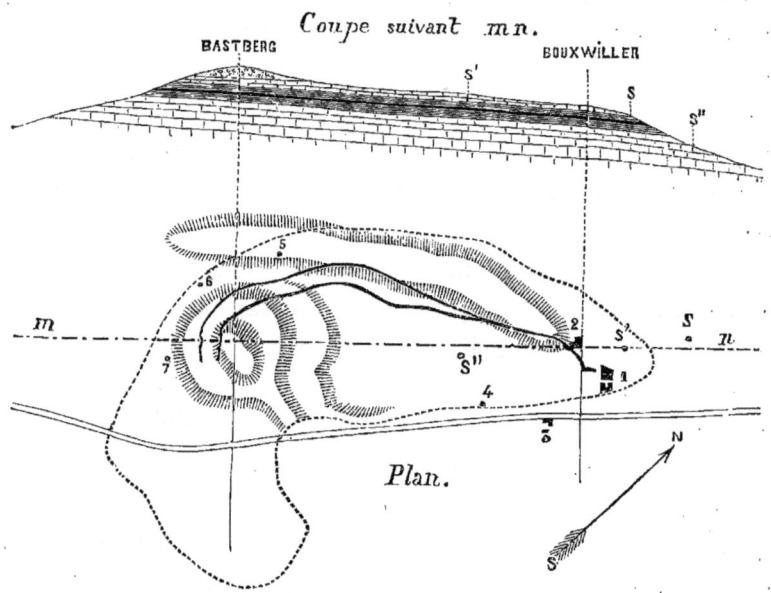

Fig. 46. — Disposition, en plan et en coupe, des sources des environs de Bouxwiller. 1, fabrique d'alun ; 2, église catholique ; 3, tuilerie ; 4, puits dit Machinen-Schacht ; 5, puits d'aérage de la machine à vapeur ; 6 et 7, puits d'aérage. La longue ligne noire courbe et bifurquée partant de la fabrique d'alun, représente les galeries principales d'exploitation du lignite ; S, source sortant du calcaire d'eau douce à son contact avec l'argile à lignite ; S', source plus faible ; S'', source volumineuse, sortant du calcaire oolithique.

à partir de 1844, ont fait invasion dans l'intérieur de la mine de Bouxwiller. Jusqu'au 6 février 1844, les travaux inférieurs à la galerie principale avaient toujours été secs, lorsqu'un petit suintement se manifesta, non loin du pied du plan incliné, au toit d'une galerie déboisée et déjà en partie affaissée. Bientôt l'abondance de l'eau s'accrut, au point que quarante-huit heures après le commencement de l'irruption, il en était déjà arrivé 2500 mètres cubes. L'eau ne tarda pas à gagner la galerie d'écoulement et cessa par conséquent de s'élever; le 27 février, l'affluence n'était plus que d'environ 170 mètres cubes par 24 heures. Ce n'est que le 7 novembre 1847, c'est-à-dire trois ans et demi après l'inondation, que l'on est parvenu, grâce à une machine à vapeur de 6 chevaux, à dessécher complètement et à restaurer les travaux inférieurs; mais depuis lors on n'a pu les empêcher d'être noyés de nouveau qu'à la condition de faire mouvoir journellement les pompes.

Comme l'indique la figure 46, les orifices souterrains qui versent l'eau dans la mine sont verticalement placés au-dessous du cône de cailloux du Bastberg. Cette eau paraît donc principalement provenir des infiltrations qui se font, à partir de la surface, dans les cailloux et dans le calcaire d'eau douce. A la suite d'éboulements produits par l'exploitation, le toit argileux du lignite, qui était imperméable, tant qu'il était massif, a probablement été rompu, et l'eau s'est frayé une voie à travers les fissures.

Le débit quotidien des pompes a varié, en 1851, entre 204 et 1410 mètres cubes; c'est du 1er au 9 avril, à la suite de pluies continues, que se trouve le maximum. L'eau affluait presque en totalité sur un espace très restreint. Pour en saisir d'un seul coup d'œil le régime, j'en ai représenté les variations depuis 1846 jusqu'à 1852, dans une figure où les temps sont comptés comme abscisses, et les volumes comme ordonnées[1].

A moins d'invasion d'eau par de nouveaux orifices, comme celles qui ont eu lieu en juillet et en novembre 1851, c'est en général à la fin de l'hiver que l'eau arrivait avec la plus grande abondance. Le régime des eaux souterraines suit de

---

[1] Description géologique du Bas-Rhin, 1853.

près celui des eaux météoriques ; trente ou quarante-huit heures après une forte pluie torrentielle, on voyait augmenter le volume d'eau dans la mine. Quand le terrain était déjà imprégné d'eau, il suffisait même pour cela de quinze à dix-huit heures, ainsi qu'on l'a constaté en décembre 1849, pour une fonte subite de neige. Ces derniers chiffres expriment donc le temps nécessaire pour que les filets d'eau arrivent de la surface à une profondeur de 30 mètres. L'eau qui affluait d'abord était chargée de limon ; elle ne se clarifiait que plus tard. Le volume annuel des eaux de la mine n'avait pas diminué avec les années ; les canaux, par lesquels l'eau se déversait dans les travaux ne paraissaient donc pas s'obstruer.

L'isolement du Bastberg permet de calculer une limite supérieure de la quantité d'eau météorique qui peut pénétrer dans les réservoirs souterrains auxquels la mine devait son eau ; on arrive ainsi, en la répartissant uniformément sur tous les jours de l'année, à un volume maximum de 753 mètres cubes. Or, la quantité d'eau réellement enlevée par les pompes était moyennement égale, à peu près, à la moitié de ce chiffre. Le reste de l'eau de pluie et de neige que reçoit le sol, ruisselait à la surface du Bastberg, ou s'évaporait, ou enfin alimentait les sources extérieures.

Ces dernières sources ont ordinairement leur plus fort volume en novembre et en janvier ; leur plus faible écoulement a lieu de juillet à septembre. Le minimum annuel est d'autant plus petit que l'hiver a été plus sec, et surtout qu'il est tombé moins de neige, remarque qui est applicable à un grand nombre de sources.

Depuis le mois d'octobre 1850 jusqu'au 23 mars 1851, deux des trois sources de Bouxwiller ont complètement tari, fait qui n'avait pas été observé de mémoire d'homme. Il est probable que cet arrêt n'aurait pas eu lieu, si la mine n'avait pas soustrait une forte quantité d'eau au réservoir commun. Pour obvier autant que possible à une telle pénurie, on a foncé, à côté des fontaines, des puits qui s'alimentent dans la nappe du calcaire oolithique, laquelle est inférieure de 25 mètres à celle du calcaire tertiaire [1].

Bassin de Paris[2]. — Grâce à la perméabilité des calcaires de Beauce et des sables de Fontainebleau, les sources qu'ils alimentent sont toutes situées au fond des vallées les plus profondes, à peu de hauteur au-dessus de la ligne des thalwegs ; les vallées et les autres coteaux sont complètement secs et arides. Elles sont quelquefois très importantes et alimentent, à l'exclusion de toutes les autres eaux, le pays d'Hurepoix et la partie de la Beauce dont les deux versants sont dirigés vers la Seine au-dessus de Paris.

Les marnes vertes qui recouvrent le gypse ou celles qui sont intercalées dans les terrains gypsifères arrêtent la plus grande partie des eaux pluviales absorbées par les sables de Fontainebleau, sur la rive gauche de la Seine, et sur la rive droite, par les meulières et les calcaires de Brie. De là les sources innombrables qui donnent aux coteaux des vallées de la Brie et de la banlieue de Paris et de Versailles leur caractère de fraîcheur et leur aspect pittoresque. Tout près de Paris, le contact des marnes vertes et des meulières, dites de Brie, détermine sur les flancs de toutes les vallées de la Brie, de la forêt de Fontainebleau et des environs de Versailles un niveau d'eau visible de loin à la végétation caractéristique qu'elle nourrit (Ville-d'Avray, Meudon, Bellevue, Louveciennes, Brunoy).

[1] *Description géologique du Bas-Rhin.*
[2] D'après Belgrand

Les terrains perméables, compris entre les marnes vertes et l'argile plastique, ne donnent que des niveaux d'eau d'importance secondaire; tels sont les faibles suintements fournis par l'affleurement des sables moyens, sur les coteaux de la Marne.

Des niveaux d'eau beaucoup plus importants se rencontrent dans le groupe de l'argile plastique, surtout dans les régions, comme le Soissonnais et une partie de la vallée de la Marne, où cette formation est épaisse et comprend des couches sableuses.

Une partie des sources qui servent, depuis les travaux de Belgrand[1], à l'alimentation de Paris, et particulièrement les sources de la Brie, donnent des exemples de plusieurs de ces nappes subordonnées aux terrains tertiaires.

Telles sont, sur la rive gauche de la Seine, les belles sources de la Juine et de l'Ecolle, qui donnent de l'eau excellente à la base des calcaires de Beauce; celles des deux petites rivières, le Durtein et la Voulzie, qui traversent la ville de Provins, et les grandes sources de la vallée de l'Yères, telles que celles de Briant. Dans la vallée de la Marne, on trouve de grandes et bonnes sources. Le Sourdon, affluent du Cubry, est alimenté par la très belle fontaine du Sourdon qui jaillit sur le territoire de Saint-Martin d'Ablois et débite en vingt-quatre heures environ 8000 mètres cubes d'excellente eau. Entre le Cubry et le Surmelin se montrent de belles sources, notamment à Dormans. C'est dans le bassin du Surmelin, sur le territoire de Pargny, canton de Condé, que se trouvent les célèbres sources de la Dhuis, qui a donné son nom à l'aqueduc de dérivation de Paris; elles jaillissent au lieu dit le Moulin de la Source (fig. 47). La vallée du Petit-Morin renferme un très grand

---

[1] *Les eaux nouvelles*, t. IV, p. 100.

nombre de petites sources situées en amont et en aval de Montmirail. Le bassin du Grand-Morin en contient de très fortes, notamment celle du Moulin-au-Comte ou le Comte, située au fond de la vallée, entre Esternay et la Ferté-Gaucher : celle de la Meilleraye, à quelques kilomètres en aval du Moulin-au-Comte, jaillit dans l'intérieur même d'un moulin. Entre La Ferté-Gaucher et Coulommiers, sur la commune de Saint-Remy, se montre une des plus grandes sources

Fig. 47. — Moulin de la *Source*, l'une des sources de la Dhuis, vue prise à Pargny, canton de Condé-en-Brie (Aisne). Vue du bras droit et amorce du bras gauche.

du bassin de la Seine, la fontaine de Chailly ; elle est située au fond de la vallée, à gauche du Grand-Morin, qui d'après Belgrand débitait en octobre 1857 environ 45 000 mètres cubes d'eau en vingt-quatre heures. Un groupe de très belles sources jaillit dans le parc de Mauperthuis, au bord de l'Aubetin, affluent du Grand-Morin.

Malgré l'importance des sources de la vallée du Grand-Morin, Belgrand n'a pas songé à les conduire à Paris, parce que les plus importantes, celles de Chailly et de Mauperthuis, sont à une trop faible altitude.

C'est ainsi qu'on a été conduit à choisir l'eau de la Dhuis et des autres sources du bassin du Surmelin pour alimenter l'aqueduc des services haut et moyen de Paris.

Environs de Laon. — Aux environs de Laon, la couche d'argile plastique placée sous la glauconie grossière qui constitue la base du calcaire grossier, a de $0^m,40$ à 1 mètre d'épaisseur. Elle s'abaisse plus ou moins, tantôt dans une direction, tantôt dans une autre, en formant des espèces de bassins irréguliers, vers la partie inférieure desquels se rendent les eaux pluviales, après avoir filtré au milieu de la masse perméable superposée, pour s'échapper ensuite au dehors. Cette couche aquifère alimente les puits de la ville, ainsi que 29 sources réparties sur le pourtour de la colline, d'un produit estimé à 185 mètres cubes d'eau par vingt-quatre heures. C'est donc à la présence de cette couche mince d'argile que la ville de Laon doit d'exister[1].

Vallée de la Garonne[2]. — Les terrains diluviens de la vallée de la Garonne, aux environs de Toulouse, forment deux plateaux, le premier d'une altitude de 13 mètres, le deuxième de 28 mètres au-dessus du fond de la vallée proprement dite. Ces deux plateaux se composent essentiellement de cailloux roulés, et ils recouvrent le terrain tertiaire qui, étant argileux et imperméable, arrête les eaux d'infiltration.

C'est dans ces conditions que se trouvent des sources abondantes que l'on voit jaillir au bord du plateau de Lardenne et de Saint-Simon, sources qu'on avait eu l'idée de capter pour les conduire à Toulouse.

---

[1] D'Archiac. *Mémoires de la Société géologique de France*, 1re série, t. V, p. 266-267, 1842.
[2] Leymerie. *Géologie de la Haute-Garonne*.

Environs de Bruxelles[1]. — Dans les couches tertiaires des environs de Bruxelles, il existe une alternance, au moins deux fois répétée, de roches perméables et de roches imperméables, disposition très favorable à la formation de nappes d'eau : d'abord une série imperméable, celle des argiles de Landen et d'Ypres ; puis, une série perméable, constituée par des sables variés qui se montrent au Mont Panisel, à Bruxelles, à Laeken, à Tongres, au Rupel ; puis une couche imperméable, l'argile rupelienne ; enfin une nouvelle série perméable formée des sables du Bolderberg, de Diest et de l'Escaut ; de nombreux détails sur ce sujet ont été récemment publiés par M. Rutot[2]. (Voir plus loin, dans le chapitre IV, une figure à ce sujet.)

Environs de Londres[3]. — Un petit nombre de collines peu élevées du London-Clay, au voisinage de Londres, sont recouvertes par des lambeaux de sable de Bagshot, comme, par exemple, Harrow, Hampstead et Highgate, tous sièges d'ancienne habitation. Les sables qui, dans ces localités, atteignent une épaisseur de 10 à 24 mètres, sont très perméables et apportent une ressource en eau, au moyen de puits suffisants pour une population limitée.

Les vingt à trente mètres de sable et de gravier appartenant aux couches tertiaires inférieures qui supportent le London-Clay et qui recouvrent la craie, sont aussi très perméables ; comme ils sont associés à quelques lits d'argile imperméable, ils déterminent un ou deux niveaux d'eau.

Furstenfeld; Styrie[4]. — Sur le revers oriental des Alpes

---

[1] D'après M. Verstraeten.
[2] Explication de la carte géologique de Bruxelles.
[3] Prestwich. *Address of the Geological Society*, 1851.
[4] Stur. *Gisements des couches aquifères de Furstenfeld*.

centrales s'étend un pays de collines, formé de couches tertiaires qui sont aquifères dans plusieurs de leurs parties, notamment dans les couches à cérithes et dans les couches à congéries ou *tegel* qui leur sont superposées; celles-ci renferment des sables aquifères subordonnés à de l'argile.

Telle est la disposition dans la ville de Furstenfeld, où les habitants ont des puits de 25 à 35 mètres de profondeur installés sur les couches sableuses du tegel.

La figure 48 indique par des chiffres romains la superpo-

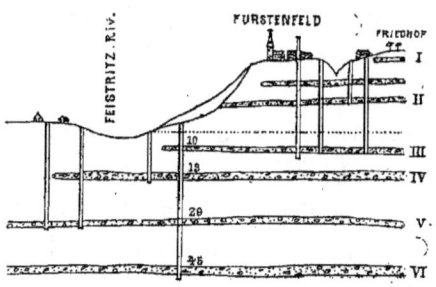

Fig. 48. — Disposition des couches aquifères près de la ville de Furstenfeld (Styrie).

sition de six niveaux aquifères; la profondeur de quatre d'entre eux, au-dessous du niveau de la rivière, est marquée par des chiffres arabes. Plusieurs puits ont fait jaillir l'eau très abondamment jusqu'à 5 mètres de hauteur, mais ils se sont progressivement amoindris.

Les sables subordonnés aux terrains stratifiés de tous les âges donnent fréquemment lieu à des nappes d'eau, aussi bien que les terrains tertiaires. Nous nous bornerons à citer trois exemples appartenant aux terrains crétacés.

La Puisaye (Yonne)[1]. Les sables verts ou ferrugineux, dits de

---

[1] Raulin. *Géologie de l'Yonne.*

la Puisaye, qui supportent des couches argileuses, fournissent plusieurs nappes d'eau. Il y en a une principale à leur base, immédiatement sur les argiles à grandes exogyres, à l'est de l'Yonne. Mais à l'ouest, dans la Puisaye, la puissante assise des sables de ce nom renferme, à diverses hauteurs, des couches interrompues d'argiles, qui donnent des niveaux d'eau partiels fort utiles pour l'approvisionnement d'eau du pays; les puits y sont en général peu profonds. Les sources sont réparties dans une zone assez large, qui passe par la forêt de Pontigny, Appoigny, Toucy, Saint-Sauveur-en-Puisaye; il y a aussi de petites sources ferrugineuses sur quelques points. C'est cet ensemble de nappes qui, se prolongeant sous la craie, alimente les puits artésiens de Paris, dont la profondeur dépasse 500 mètres.

Haute-Marne. — Les sables verts inférieurs superposés au gault, renferment une nappe d'eau importante dans le bassin de Paris, notamment dans la Haute-Marne. C'est ainsi que les nombreuses sources qu'ils fournissent alimentent l'Aisne et la Chée.

Torrent d'Anzin. — L'exploitation de la houille dans le nord de la France a fait reconnaître dans le terrain crétacé une espèce de lac souterrain, d'un caractère tout particulier, dont l'épuisement, d'ailleurs incomplet, a bien fait reconnaître le régime.

Sur les points où le poudingue crétacé connu sous le nom de *tourtia* ne repose pas directement sur le terrain houiller, on rencontre à la base des *morts-terrains*, des dépôts arénacés très aquifères; tels sont les sables inférieurs qui donnent naissance au *torrent* d'Anzin et la couche épaisse de sables fluides traversée au puits Saint-Alexandre de Strepy-

Bracquegnies et à la fosse Bonne-Espérance de la société de Saint-Waast, centre du Hainaut [1].

Cette couche n'est connue au-dessus du terrain houiller que sur un espace très limité. Elle forme, d'après M. Dormoy, une courbe ovale ayant son grand axe dirigé de l'est 15 degrés nord à l'ouest 15 degrés sud, de Saint-Waast à

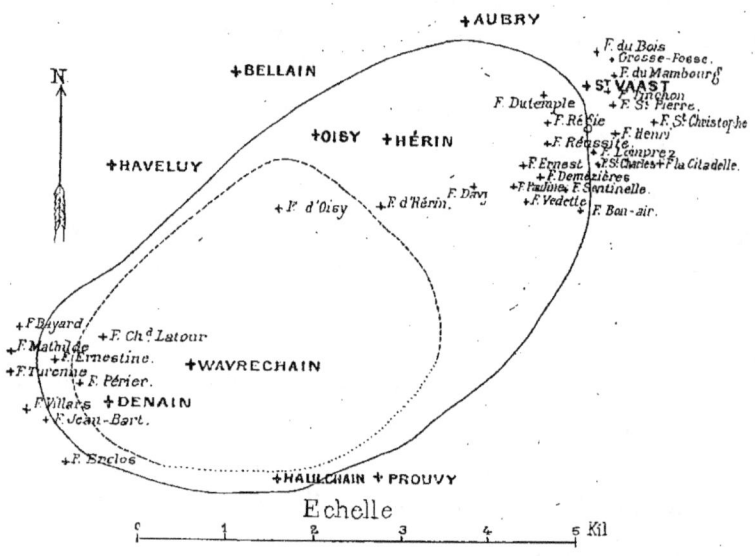

Fig. 49. — Plan du lac souterrain subordonné aux sables supérieurs du terrain houiller et connu sous le nom de *torrent d'Anzin*. La ligne pleine indique le contour du lac avant les travaux d'épuisement, c'est-à-dire vers 1840 ; la ligne ponctuée représente le contour actuel (d'après M. l'ingénieur des mines Olry).

Denain, sur une longueur de 7750 mètres et son petit axe dirigé du nord au sud, d'Oisy à Prouvy sur 4375 mètres de longueur. C'est ce que montre la figure 49, que je dois à l'obligeance de M. Olry, ingénieur des Mines, ainsi que les détails suivants, relatifs au torrent d'Anzin.

La superficie occupée par cette couche est de 26 500 kilomètres carrés. Son épaisseur varie de 2 à 3 mètres jusqu'à

---

[1] Évrard. *Traité pratique de l'exploitation des mines*, t. I, p. 232.

14 mètres; elle est, en moyenne, de 9 mètres. Cette couche renferme beaucoup d'eau [1] et forme un véritable lac souterrain, tout à fait distinct, de la nappe des assises calcaires qui lui est superposée et dont il est séparé par la masse énorme des *dièves*. Il est aussi beaucoup plus gênant que lui; car le torrent se trouvant au-dessous des couches argileuses, on ne peut empêcher ses eaux de pénétrer dans les exploitations. Des puits spéciaux et de puissantes machines à vapeur sont consacrés à l'épuisement, auquel on travaille depuis vingt ans à Denain, et depuis quarante à Saint-Waast.

Comme la couche ne doit recevoir que peu d'infiltrations, il est possible qu'on arrive un jour à son assèchement complet, si, en raison même de l'absence de communication avec la surface qui le prive d'alimentation, ce réservoir ne cesse de s'appauvrir.

Avant le début de l'exploitation, les sables aquifères de cette couche occupaient une étendue superficielle d'environ $24^{k.q.},374$; en 1867, la zone mouillée était réduite à $18^{k.q.},335$; elle n'était plus au 1er décembre 1880 que de $13^{k.q.},225$.

Sur la figure, on a représenté le périmètre correspondant aux sables du torrent, et celui qui comprend aujourd'hui la partie occupée par les eaux.

Trois fosses d'exhaure ont servi spécialement à prendre les eaux directement sur la nappe du torrent. Ce sont les fosses Bon-Air, Vedette et Chabaud-Latour. Elles ont été successivement mises en chômage, la première en 1845, la seconde en 1847, et la troisième en août 1868 (cette dernière avait commencé à épuiser les eaux en 1845) [2]. En outre, les

---

[1] Environ 40 pour 100 de son volume, d'après diverses expériences.
[2] Dormoy. *Topographie souterraine du bassin houiller de Valenciennes*, p. 117.

fosses d'Herin, Ernestine, Joseph Périer et l'Enclos ont contribué à assécher le torrent, dont les eaux pénétraient dans les travaux, malgré les massifs de garantie conservés dans les couches de houille. Les fosses Lomprez et Dutemple ont aussi tiré un peu d'eau, mais beaucoup moins que les précédentes.

On peut évaluer ainsi les quantités d'eau dont la nappe se serait successivement appauvrie :

Années 1856 . . . . 745.000 mètres cubes
1857 . . . . 635.000 —
1858 . . . . 702.000 —
1859 . . . . 791.000 —
1860 . . . . 992.000 —
1861 . . . . 1.800.000 —
1862 . . . . 928.000 —
1863 . . . . 714.000 —
1864 . . . . 1.032.000 —
1865 . . . . 877.000 —
1866 . . . . 800.000 —
1867 . . . . 633.000 —
1868 . . . . 372.000 —

Arrêt de la fosse Chabaud-Latour.

Total en 13 ans. . . 10.229.000 mètres cubes.

Actuellement on tire par an environ 206 000 mètres cubes produits accessoirement par les fosses Joseph Périer, l'Enclos et Hérin. Ce chiffre se répartit de la manière suivante : Joseph Périer, 109 000 ; l'Enclos, 73 000 ; Hérin, 24 000 mètres cubes.

Lors des premiers travaux, on était moins bien outillé qu'aujourd'hui pour creuser les puits ; le mode de fonçage à niveau plein n'était pas connu, et la nappe d'eau constituait un obstacle des plus sérieux à la traversée des morts-terrains entre Saint-Waast et Denain. D'autre part, on devait réserver dans les veines de charbon, contre le torrent, des massifs de réserve assez épais. D'ailleurs, l'épuisement de toutes les fosses en exploitation contribue indirectement au même résultat, puisque la nappe, comme on vient de le voir, n'est pas séparée du terrain houiller par des couches imperméables et y pénètre par des fissures.

Les massifs de garantie réservés contre le torrent correspondent à une hauteur verticale de 40 mètres.

Le bord de la nappe passait par Bon-Air en 1843 et par Vedette, en 1847, époques auxquelles ces deux fosses ont été successivement mises en chômage.

En résumé, il est incontestable que le lac souterrain, désigné sous le nom de torrent d'Anzin, a considérablement diminué d'importance, comme s'il n'avait pas d'alimentation. Ses bords se sont retirés, au point de laisser à sec la plus grande partie de la région de terrain houiller, actuellement occupé par les travaux. Cet assèchement a surtout été produit avant 1867, mais depuis lors il a été continué, quoique plus lentement, et il se poursuit même aujourd'hui.

§ 2. CONTACT PRODUIT PAR DES ACCIDENTS POSTÉRIEURS A LA STRATIFICATION OU A LA FORMATION DES ROCHES.

Roches imperméables désagrégées sur place.

Le granite et le gneiss, ainsi que les roches cristallines qui leur sont associées, sont en général imperméables, au moins lorsqu'ils ne sont pas traversés par des fissures assez peu serrées pour donner passage aux eaux. Le percement du Saint-Gothard a été mentionné plus haut comme une preuve de cette assertion (fig. 1, p. 10).

Toutefois ces roches massives sont souvent désagrégées et

réduites en une sorte de masse incohérente, qu'on appelle *arène*. Cette désagrégation, à laquelle les agents atmosphériques ont souvent pris une part active, est surtout fréquente dans le voisinage de la surface, et les matériaux qui en résultent se sont accumulés de préférence dans certains plis du sol. Comme ces derniers sont fréquemment de nature perméable, ils s'imprègnent d'eau, et donnent ainsi naissance, dans les dépressions de la roche vive, à des réservoirs quelquefois peu étendus et, par suite, à des sources.

Le plateau granitique de la France centrale et les régions qui s'y rattachent offrent de nombreux faits de ce genre.

Ainsi, comme Belgrand l'a montré, le sol du Morvan présente un nombre extrêmement considérable de petites sources dans les dépressions ou plis qui se montrent partout, aussi bien sur les flancs des coteaux que dans le fond des vallées. Mais, en général, il n'y en a pas de considérable. Ces petites sources sont susceptibles de tarir à la suite des sécheresses.

Dans plusieurs de ces régions, le point d'émergence de la source est presque invariablement marqué par un dépôt tourbeux plus ou moins important, où les habitants vont capter la source pour l'amener au hameau.

Irlande. — Cette influence des arènes superficielles est habituelle aux pays granitiques. Nous mentionnerons l'Irlande, où sur des étendues considérables, et jusqu'à de grandes profondeurs, le granite est à l'état d'arène ou de *growan*, suivant ce mot populaire d'origine celtique. De là, d'après M. Hull, des réserves d'eau comparables à celles que contiennent si souvent les alluvions superposées à la même roche.

Schistes de divers âges. — Malgré la différence de nature qui les sépare du granite, les roches schisteuses de tout âge présentent des circonstances analogues.

Observation sur l'éparpillement des populations. — De la multiplicité et de l'éparpillement des sources dans les pays granitiques et schisteux résultent la multiplicité et l'éparpillement des habitations, comme Cuvier l'avait déjà remarqué.

Éboulis.

Quel que soit le terrain en présence duquel on se trouve, des éboulis se rencontrent si fréquemment sur les flancs des

Fig. 50. — Situation de la source du Creux-du-Vent dont l'arrivée au jour est déplacée par un grand éboulement, d'après M. Desor. C_o, calcaire de la grande oolithe; A_o, marnes oxfordiennes; C, oolithe astartienne; A_p, marne astartienne; C_a, calcaire à astartes; C_k, calcaire kimméridgien; C_v, calcaire virgulien; E, éboulis.

coteaux ou vers leurs bases, qu'ils sont à prendre en considération sur le régime des eaux.

Des sources que l'on rencontre dans les terrains imperméables, tels que le granite et le phyllade, sortent quelquefois des éboulis perméables, dont les actions désagrégeantes de la surface les recouvrent peu à peu.

C'est ainsi que la source du Creux-du-Vent (fig. 50) dans les montagnes du Jura neuchâtelois, qui est alimentée par les calcaires oxfordiens, jaillit à la base des marnes oxfordiennes par suite d'un grand éboulement d'environ 500 mètres.

D'autre part, la figure 51 représente une disposition fréquente le long des collines, formées d'une alternance de calcaire ou de grès et d'argile, comme on le voit dans les étages jurassiques.

De tels glissements déplacent fréquemment le niveau normal des sources, qui, suivant la nature perméable ou imperméable des éboulis, peuvent baisser ou élever leur apparition au jour.

Par suite de circonstances de ce genre, le fond des vallons

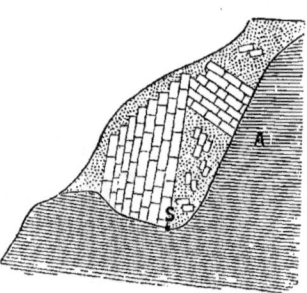

Fig. 51. — Matériaux calcaires éboulés C, qui se sont enfouis dans les argiles sous-jacentes A, de manière à former un bourrelet B, qui constitue comme la digue d'un réservoir d'eau, pouvant donner lieu à la source S. Exemple pris dans Meurthe-et-Moselle, par M. Braconnier.

est souvent recouvert, même dans les points où il n'existe pas de traces d'alluvions, de débris anguleux et peu cohérents. C'est ainsi qu'à une faible profondeur, il circule souvent, dans cette couche meuble, des eaux invisibles à la surface du sol. Des travaux peu dispendieux, ne s'étendant qu'à 5 ou 6 mètres de profondeur, peuvent y ramener ces eaux latentes.

Quand l'eau de pluie tombe, des surfaces convexes font diverger les filets liquides qui se rassemblent dans les surfaces concaves, et ces dernières deviennent de véritables *bassins de réception*.

C'est généralement vers le haut des plis concaves du terrain, c'est-à-dire à la naissance des thalwegs, que l'on peut rencontrer l'eau latente des terrains meubles. Un court examen du modelé du sol suffit en général pour déterminer la position de l'entaille à faire. Perpendiculairement à la ligne du thalweg des vallées, on pratique une rigole transversale que l'on approfondit jusqu'à ce que les eaux y découlent.

Des caractères de ce genre ont été mis à profit de toute antiquité et dans bien des pays, et c'est à la suite de leur étude approfondie que l'abbé Paramelle[1] a formulé des règles qui l'ont souvent conduit au succès.

Boues glaciaires.

Les boues glaciaires, en se plaquant sur les roches, déterminent, de même que des éboulements, des dérivations de sources. Un cas de ce genre a été signalé dans l'Albisbrunn, pour des eaux qui sortent de la molasse.

Scories, coulées de lave et autres déjections volcaniques incohérentes, vacuolaires ou fissurées.

Cônes de scories; exemples au lac Chambon, au lac du Bouchet, à Vourzac, à Fayal et à San Miguel. — En divers lieux, les déjections volcaniques incohérentes et essentiellement poreuses donnent lieu à des filtrations du même genre que celles des terrains de transport et des éboulis.

Le lac Chambon (Puy-de-Dôme), en s'infiltrant à travers les scories du Tartaret, près Murols, produit de nombreuses sources.

---

[1] *L'art de découvrir les sources*, 2e édit., p. 141, 182 et 190.

Le lac du Bourget (Haute-Loire), qui est creusé dans un cône volcanique, n'a aucune issue apparente. Sa forme est à peu près celle d'une ellipse, dont le grand axe est de 825 mètres et le petit de 700 mètres. Sa plus grande profondeur, qui correspond au milieu du lac, a été trouvée de 28 mètres. D'après Henri Lecoq, ce lac présente cette particularité qu'on n'y voit pénétrer aucun filet d'eau, et que nulle part on n'en voit sortir la moindre trace. Il faut admettre des sources intérieures et abondantes au-dessous de la surface de l'eau, tandis que le trop plein s'échappe à travers les bords scoriacés du cratère. Telle serait l'origine des sources abondantes qui jaillissent au pied du cône volcanique. Une source dont l'eau a été conduite à la ville du Puy a sa naissance auprès du village de Vourzac et dans un petit vallon parcouru par le ruisseau qui en porte le nom, à un peu moins de 7 kilomètres de la ville, à l'altitude de 850 mètres. Elle apparaît dans le terrain basaltique au pied d'une butte de scories de forme allongée [1].

D'après M. Fouqué, à Fayal, au fond du cratère, est un réservoir d'eau fermé, de 80 mètres environ de diamètre, dans lequel on peut descendre par un canal vertical de 15 mètres de profondeur. Le réservoir d'environ 80 mètres de diamètre et de 50 mètres de hauteur est sans issue; mais il paraît alimenter une source qui forme un ruisseau descendant sur Horta.

Le lac situé dans l'intérieur du cratère Sete Cidades, à San Miguel, se déverse par infiltration à travers ses parois et donne lieu à plusieurs sources, dont la principale coule vers le sud. Dans la même île, la digue qui termine le lac de Furnas alimente une source et un ruisseau, sur le passage des sources chaudes.

---

[1] D'après M. Tournaire.

CONTACT PAR DES ACCIDENTS POSTÉRIEURS.

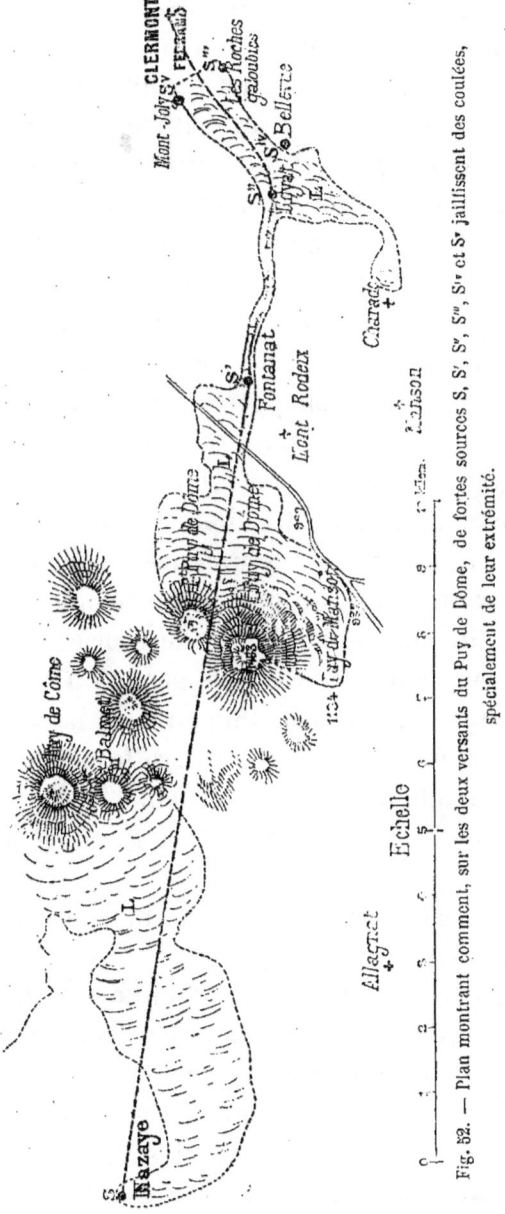

Fig. 52. — Plan montrant comment, sur les deux versants du Puy de Dôme, de fortes sources S, S', S'', S''', S⁴ et S⁵ jaillissent des coulées, spécialement de leur extrémité.

Royat et Fontanat (Puy-de-Dôme). — Les eaux pluviales qui pénètrent à travers les coulées volcaniques modernes, ainsi qu'à travers les pouzzolanes et leurs scories, se réunissent sous les matériaux poreux, en suivant les mêmes vallées, sous la protection des courants et s'échappent abondantes à leur extrémité. De belles sources de cette catégorie se rencontrent dans le département du Puy-de-Dôme[1].

Aux environs de Clermont (fig. 52), les sources de Royat et de Fontanat sortent d'une coulée qui s'est épanchée vers l'est du Puy de Dôme. Elles reçoivent et abritent une partie de l'eau qui est absorbée par la masse imposante du Puy de Dôme et la laissent échapper sur plusieurs points de leur trajet. Parmi toutes ces sources, on peut mentionner l'énorme quantité d'eau qui jaillit à Fontanat, où l'on voit partout sortir de la lave des filets d'eau vive. Au-dessus de Royat, il y a également une source très abondante et à Royat même (fig. 53), dans une grotte charmante, sous une lave prismée, jaillissant de lapillis et de scories par sept ouvertures, les eaux ont entraîné une partie du terrain meuble sur lequel reposait la lave. Un peu plus bas, à l'extrémité de la vallée, s'ouvre une dernière grotte qui fournit le plus d'eau, et alimente la ville de Clermont. L'ouverture de cette grotte a été également creusée par les eaux sous le courant de lave.

La quantité d'eau qui sort de la lave, depuis Font-de-l'Arbre au-dessous de Fontanat, jusqu'à l'extrémité de la coulée, est énorme. Lecoq évalue en moyenne à 1560 litres par seconde, soit 134 000 mètres cubes par 24 heures, le volume d'eau qui sort de cette longue coulée.

Le Puy de Dôme par sa grande surface, par la nature poreuse de sa roche constituante, et surtout par son action réfrigérante, est la cause principale de cette alimentation.

---

[1] D'après Henri Lecoq, *Eaux du plateau central.*

C'est à la coulée de lave qui part de sa base, et non à celle

Fig. 53. — Grotte sous une coulée de lave à structure prismatique d'où sort la source de Roya
D'après M. Gautier

de Gravenoire, qui descend aussi jusqu'à Royat, qu'il faut attribuer l'énorme volume d'eau de ces sources.

Allagnat, Ceyssat et Mazaye (Puy-de-Dôme). — Du côté occidental du Puy-de-Dôme, d'autres coulées partant du Puy de Côme et peut-être aussi du petit Puy de Dôme, ainsi que celles de Barme et de Monchié, fournissent aussi des sources qui présentent une sorte de symétrie avec celles de Royat et de Fontanat (fig. 54).

La masse et l'étendue de la lave du Puy de Côme permettent aux eaux pluviales de s'y infiltrer abondamment. Elles

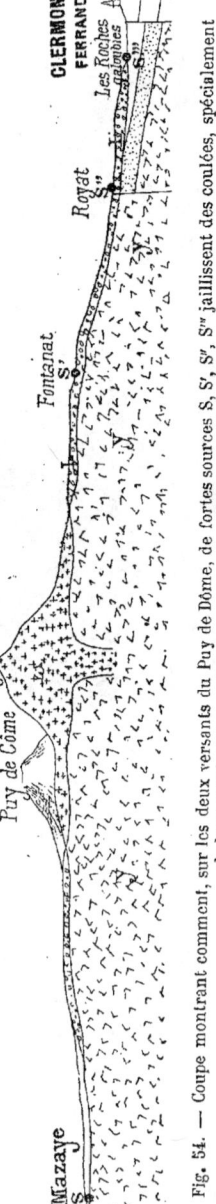

Fig. 54. — Coupe montrant comment, sur les deux versants du Puy de Dôme, de fortes sources S, S', S'', S''' jaillissent des coulées, spécialement de leur extrémité. — D'après une communication de M. Gautier.

sortent très volumineuses à Pontgibaud, au point de refroidir les eaux de la Sioule.

De toutes ces sources, d'après M. Paul Gautier, préparateur à la Faculté des sciences de Clermont, la plus puissante est peut-être celle d'Allagnat (fig. 55); elle sort d'un cirque dont les parois, formées de schistes anciens, supportent d'épaisses coulées de basalte, recouvertes de lave moderne. Tout près de cette première source s'en trouve une autre, un peu moins abondante, celle du Grand-Pré, dont les eaux se réunissent plus bas à celles d'Allagnat et de Ceyssat. La source de Ceyssat est moins forte que les deux premières. Elle s'échappe au-dessous de l'église du village, au milieu d'éboulis de la coulée de Côme et de blocs de roches anciennes.

L'étang de Fung a été desséché il y a une vingtaine d'années et transformé en prairies. Seules les sources subsistent et sont captées en partie par une levée de terre gazonnée, de forme circulaire (fig. 56). L'eau arrive du fond de cette vasque par trois crevasses très profondes, que les habitants appellent des puits, et leur débit varie suivant les années. A côté de la pièce d'eau se trouvent d'autres fissures moins importantes, qui sont également des points d'émergence de sources.

Le groupe de Mazaye (fig. 57) est constitué par trois sources. Deux sont de force moyenne et sourdent, l'une sous l'église et l'autre entre Mazaye-Haute, qui est bâtie sur la

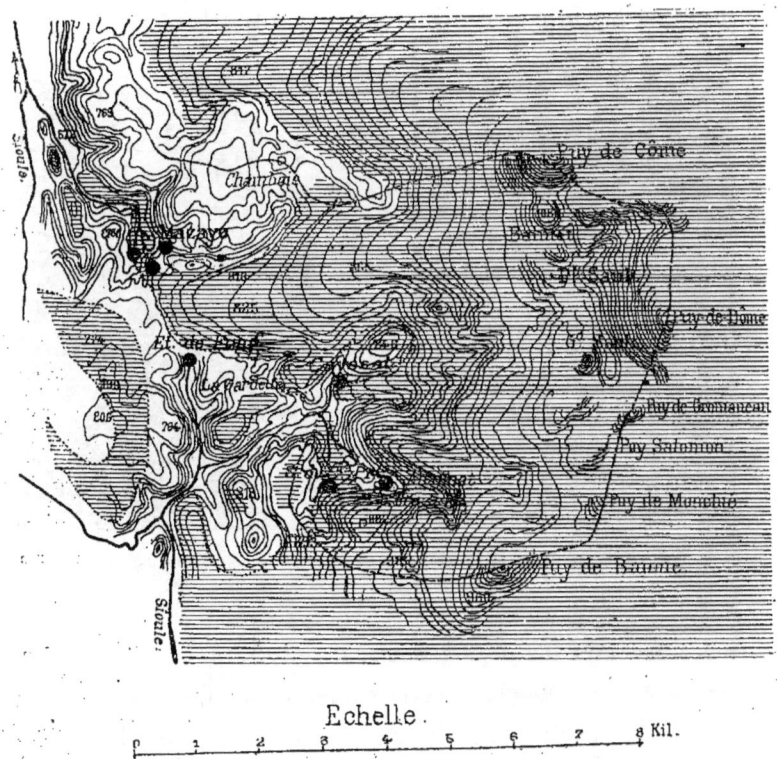

Fig. 55. — Carte du bassin d'alimentation des sources de Mazaye, de Fung, de Ceyssat et d'Alagnat. — D'après M. P. Gautier.

coulée, et Mazaye-Basse, qui est située au pied de cette même coulée. Ces deux sources diminuent beaucoup, et disparaissent même en temps de sécheresse. La troisième, qui est la plus puissante, alimentait autrefois un petit étang, aujourd'hui desséché, et sert de force motrice à deux roues à augets, actionnant ensemble quatre paires de meules. Cette source est intarissable et varie peu. Elle se trouve placée sur une inflexion qu'a dû subir la coulée, à son extrémité inférieure, pour suivre le thalweg de l'ancienne vallée. La lave offre au-dessus de la source un éperon qui semble s'être solidifié subitement en ce point ; la portion de coulée qui continue dans la vallée est mince et peu importante.

Fig. 56. — Vue de Fung : Y, granite ; ω, basalte ; C, C, coulée volcanique d'où sort la source C_r, crevasses du sol. — D'après M. Gautier.

Autres localités du département du Puy-de-Dôme : Gravenoire, Parion, La Nugère, Montsincyre, le Tartaret[1]. — Le Puy de Gravenoire, à 3 kilomètres de Clermont, avec son cône de scories, émet des sources limpides sur le trajet de ses laves, notamment celle qui alimente le village de Beaumont, et la grande source de l'Oradou qui sort aussi de la lave.

L'un des principaux cônes de scories de la chaîne des Puys, le Puy de Pariou, produit aussi plusieurs sources qui descendent jusque dans la plaine, assez près de Clermont.

[1] Une grande partie de cet article est emprunté aux publications de Lecoq.

Déjà, près de la montagne, sort la fontaine du Berger, la source la plus élevée et la plus froide; puis une autre, au hameau de Chez-Vasson. La coulée se divise en deux branches; l'une d'elles descend à Villars et l'on en voit jaillir une belle source, au-dessous du village, dans une prairie; un peu plus bas, une autre dans le bois; enfin à Fontmort sort

Fig. 57. — Vue de Mazaye : C, coulée volcanique; C', retour de la même coulée d'où sort la source S. — D'après M. P. Gautier.

une source considérable à l'extrémité de la coulée. L'autre branche passe au Gressigny et abandonne, après plus de 12 kilomètres de longueur, à Nohanent, un véritable ruisseau où cette source a fixé le séjour des blanchisseuses.

Entouré de plusieurs cônes de scories qui, probablement, conduisent leurs eaux sous ses laves, le Puy de la Nugère représente, suivant l'expression de Lecoq, le plus bel appareil volcanique de l'Auvergne. Des sources très pures et très abondantes s'échappent sur plusieurs points; la plus élevée est celle de Volvic.

La coulée de lave de Montsineyre descend rapidement à Compains, et, en passant à Chaméane, elle émet une très belle source qui se précipite avec la lave au fond de la vallée. Cette eau est dirigée sur les pentes irrégulières que les flots de laves ont formées en descendant à Compains.

Le volcan du Tartaret a donné naissance à une coulée de lave très étendue qui passe à Murols, à Sachapt près de Saint-Nectaire, à Champeix et ne s'arrête qu'à Neschers. Des sources très belles sortent sur plusieurs points de cette coulée et ont été sans doute la cause déterminante de la position de plusieurs villages. Les plus belles sortent de la lave à Sachapt et arrosent de larges touffes de callitriches, fixées sur des scories qui couvrent le fond des ruisseaux et dont la température reste la même en hiver et en été.

Entraigues (Ardèche). — Dans des conditions semblables une source jaillit devant Entraigues (Ardèche), sur la rive droite de la Volane, vers la base de la coulée et dans une sorte de grotte.

Etna, Terceira et Santorin[1]. — Des sources très fortes jaillissent des matériaux scoriacés vers la base de l'Etna. Tel est le Fiume-Freddo, près Giarra, dont la température très basse fait supposer que son alimentation se fait à un niveau fort élevé.

A Terceira, c'est une disposition analogue : l'eau entre dans un boyau formé au pied d'une coulée.

---

[1] D'après M. Fouqué.

Santorin ne possède aucune source ; l'île étant recouverte d'une couche de ponces épaisse en moyenne de 20 mètres, les eaux de pluie y disparaissent et s'écoulent vers la mer, sans laisser de traces à la surface. S'il était nécessaire, on pourrait sans doute les capter vers le bas par une tranchée.

Rome et environs[1]. — Il nous paraît préférable de ne pas scinder ce qui se rapporte aux eaux de Rome, sauf à y comprendre des nappes d'eau et des sources qui n'appartiennent pas, en totalité, aux déjections volcaniques incohérentes.

Rome est située au milieu d'un plateau élevé de 40 à 60 mètres, au-dessus la mer, et sillonné par des ravins plus

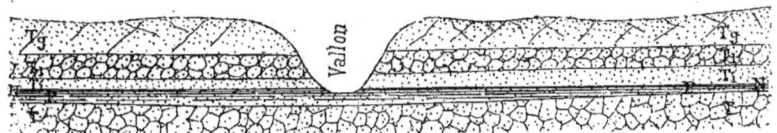

Fig. 58. — Constitution géologique de la campagne romaine, montrant la disposition des sources principales de la contrée. T, tufs divers ; P, pouzzolanes ; T_i, tuf incohérent ; T_l, tuf solide lithoïde ; T_g, tuf volcanique granulaire ; NN, niveau de la nappe. — D'après M. Giordano.

ou moins escarpés, dans lesquels coulent le Tibre et ses affluents. Les collines de la campagne romaine n'en sont que des restes ou lambeaux. Or ce plateau est constitué par des tufs volcaniques, en assises presque horizontales et plus ou moins épaisses. Ces tufs, dont les éléments ont été projetés de volcans sous-marins ou sur les bords d'un ancien estuaire, ont une texture et une solidité assez différentes dans les différentes couches. Une assise de tuf solide employé comme pierre de taille (*tufo litoide*), de 10 à 15 mètres de puissance, alterne avec du tuf moins solide et avec des assises tout à fait incohérentes de pouzzolane. Cette dernière (fig. 58) est

[1] D'après une obligeante communication de M. Giordano.

naturellement fort perméable et donne lieu à une nappe d'eau souterraine qui alimente plusieurs sources et des puits à un niveau assez constant, inférieur à 25 mètres d'altitude.

A quelque distance de la ville, s'élèvent des cônes volcaniques plus récents, recouvrant les tufs. Ils sont formés par des assises inclinées de cendres (lapilli) associées à des laves. Le plus grandiose de ces cônes est celui dit Latial ou d'Albano, à l'est de Rome, couvert de villas et de villages, tels qu'Albano, Aricia, Nemi, Marino, Frascati, Rocca di Papa, etc. — Un tel cône est très perméable, et les eaux pluviales en sortent à l'état de sources plus ou moins abondantes et généralement assez pures.

Au nord de la ville, à 2 kilomètres environ hors de la porte du Peuple, la source gazeuse renommée dite *acqua acetosa* [1], sort au pied des Monts Parioli, formés de tufs volcaniques et de travertins, avec un volume d'environ 60 mètres cubes par 24 heures. A 3 kilomètres et demi au sud de la ville, près de la voie Appienne, dans le petit vallon de la Caffarella, l'*acqua santa* est également gazeuse froide; un peu plus bas, les restes d'une ancienne nymphée romaine s'élèvent près d'une autre petite source où, d'après la tradition, Numa venait consulter la nymphe Égérie et qui ont inspiré Byron.

Les Trois Fontaines (*acquæ salviæ*), près de l'abbaye de ce nom, dans un petit vallon au sud de Rome, ont été captées et conduites sous trois autels dans l'intérieur de l'église de l'abbaye: c'est ce qui a fait croire à trois fontaines différentes, qu'on a même dit avoir des températures différentes et auxquelles une tradition religieuse a donné jadis une certaine célébrité.

Sur les flancs du Janicule jaillissent la plupart des

---

[1] Le pape Alexandre VII y fit bâtir un temple par Bernini.

sables superposés aux argiles pliocènes, les sources dites *Lancisiana*, *Pia*, *Innocenziana*; au pied du mont Vatican, la source *delle Api*; à la base du Quirinal, les sources dites de Saint-Félix del Grillo, etc.

Le sous-sol de la ville basse, formé par des décombres, est traversé par des eaux assez abondantes s'écoulant librement au Tibre, qui n'est pas encore endigué. Une partie de ces eaux est due à la perte des aqueducs distribuant l'eau à la ville. Ledit écoulement souterrain donne souvent lieu à des mouvements dans les fondations des maisons, dont les murs se crevassent assez facilement.

L'eau *Vergine* dite de *Trevi*, du nom de la fontaine mo-

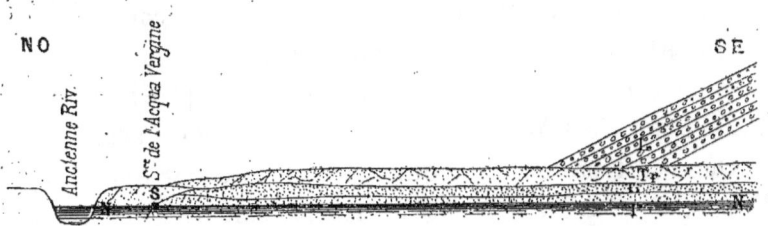

Fig. 59. — Source de l'*Acqua Vergine*.

numentale qui est formée par cette eau dans la ville, est l'ancienne Virgo, si estimée pour sa pureté (fig. 59). Elle surgit du petit vallon de Nona, qui débouche sur la gauche de l'Aniene, à 10 kilomètres de Rome et à 22 mètres d'altitude. C'est une couche de pouzzolane, surmontée par les assises de tuf lithoïde fendillé, qui la fournit. Cette eau peut être considérée comme le drainage d'une partie du cône Latial, ainsi que le fait comprendre la figure. La source est captée et conduite à Rome par un aqueduc de 16 kilomètres, en grande partie souterrain; le volume qui arrive aujourd'hui n'est évalué qu'à 65 mètres cubes par 24 heures, tandis qu'originairement il devait être au moins double.

L'eau *Felice*, à peu près l'ancienne *Alexandrina*, provient du captage de plusieurs sources, aussi à l'est de Rome, aux environs de Colonna, au pied nord du grand volcan Latial et dans les mêmes terrains volcaniques, consistant en une alternance de tufs et de laves.

Le niveau moyen de ces sources atteint 100 mètres d'altitude; aussi l'eau arrive à la ville au niveau de 60 mètres en entrant par la Porta Maggiore, où elle utilise plusieurs arcs d'un ancien aqueduc [1]. Le volume d'eau n'est pas considérable, environ 21 mètres cubes par 24 heures. Elle alimente à Rome d'abord la fontaine du Mosi, la belle fontaine du Quirinal, celle du Triton et passe enfin au Transtevere.

Les sources Vergine ou de Trevi et Felice contribuent à l'alimentation des aqueducs modernes de Rome.

Il en est de même de l'eau Paola, qui provient du lac Bracciano, c'est-à-dire aussi de roches volcaniques.

Quant à l'eau *Marcia*, qui est conduite par quatre aqueducs [2], elle est fournie par des roches calcaires de l'Apennin et elle nous occupera plus loin.

Plus loin de Rome, le lac de Vico (Romagne) mérite aussi d'être mentionné. Ce lac [3], bien qu'ayant un émissaire appelé Rio Vicano, qui fait la richesse de la vallée le Ronciglione, alimente un grand nombre de sources venant sourdre sur les flancs des monts Cimino. Toutes celles de l'est vont, comme celles du même côté du massif de Bolsena, se jeter dans le Tibre à diverses hauteurs, tandis que celles des autres points des deux massifs convergent, en forme de raquette, vers la Marta, qui court à l'ouest se jeter dans la mer Tyrrhénienne, entre Monte Alto et Corneto.

---

[1] L'aqueduc moderne de 33 kilomètres de longueur est l'œuvre du pape Felice Peretti, dit Sixte V, dont il porte le nom.
[2] Il ne subsiste plus que quatre des dix aqueducs de la Rome antique.
[3] D'Armand. *Eaux minérales de Viterbe*, 1852, p. 9.

Irlande. — Les sources sont fréquentes sur les confins des massifs de roches éruptives, ainsi que dans ces roches elles-mêmes, lorsque des masses de tuf y sont interstratifiées. Ainsi Pallas Hill, comté de Limerick [1], qui est composé de mélaphyre carbonifère, avec quelques lits de tuf, est célèbre pour ses nombreuses sources, qui cependant ne sont pas seulement dues aux lits de tuf subordonnés, mais dont quelques-unes sont dues à des paraclases qui disloquent et rejettent ces roches.

Vétéravie [2]. — Quoique le Haut-Vogelsberg soit pauvre en sources fortes et pérennes et qu'il y en ait un peu davantage vers la partie basse, son sol est presque toujours humide. La division du basalte en plaques ou en colonnes et sa nature poreuse, ainsi que l'existence d'un sous-sol argileux résultant de la décomposition des roches volcaniques, permet aux eaux atmosphériques de s'étendre assez uniformément. Plusieurs districts de sources sont décrits dans différentes régions [3].

Syrie; Sources du Petit Jourdain. — A Banias, l'une des grandes coulées basaltiques qui couvrent tout le Jaulan et qui descend dans la vallée, contourne le pied du Jebel-es-Scheikh et s'étale dans la plaine d'Arb-el-Huleh, en laissant échapper des masses d'eau souterraines qui, après s'être frayé un chemin sous cette coulée, vont sortir à Banias et à Tell-el-Kadei : elles y sont connues sous le nom de sources du Jourdain [4]. La source de Dan est souvent mentionnée dans la Bible et dans Josèphe.

---

[1] D'après M. Hull.
[2] Tasche. *Géologie de Schotten*, 1869.
[3] Page 16 de l'ouvrage précité.
[4] Lartet. *Exploration géologique de la mer Morte*, p. 191, avec une figure de cette

Rejets accompagnant les failles

Par le rejet qu'elles ont produit, les paraclases ou failles ont juxtaposé parfois des couches inperméables, qui établissent alors un barrage; de là, un arrêt brusque de la nappe, dont l'eau est contrainte de se déverser, avec un débit souvent très fort.

Cette disposition doit être fréquente dans la nature; mais on ne peut le constater avec certitude que grâce à des circonstances assez exceptionnelles, par exemple, lors de l'exécution de travaux souterrains.

Pour éviter des répétitions, nous placerons ici, parmi les roches perméables, celles qui doivent cette qualité aux nombreuses fissures dont elles sont traversées et dont il sera spécialement question plus loin.

Environs de Loudun[1]. — La faille qui passe au nord de Loudun (Vienne), avec une direction Nord-Ouest à Sud-Est (fig. 60), rompt subitement la continuité des couches crayeuses, à la hauteur de Veniers, Claunay, Maulay et Nueil. En interrompant le plan incliné régulier des étages superposés, à la manière d'un mur infranchissable, cette faille a, entre autres résultats, celui de faire remonter leurs eaux sur quelques points. C'est à cette circonstance que l'on peut attribuer le volume qui est considérable de la fontaine de Son, comparativement aux eaux fournies par le sol crayeux supérieur; car cette source émane très probablement des grès

---

source, pl. III. — Danville prétend que les objets jetés dans le lac Phiala, situé au milieu des coulées du Jaulan et qui paraît être un ancien cratère, reparaissent à Banias, aux sources apparentes du Jourdain.

[1] De Longuemar. *Arrondissement de Loudun*, 1860.

verts abaissés et interrompus par les étages jurassiques, qui les forcent à rejeter au dehors les eaux infiltrées dans leur épaisseur, avec assez d'abondance pour faire tourner des moulins, à peu de distance de leur origine [1].

La même figure peut représenter la disposition du sous-sol de Trois-Moustiers, vers lequel se dirige la même faille. Toutefois c'est surtout l'oxford clay inférieur à *Ammonites anceps* qui constitue le sous-sol de la plaine entre

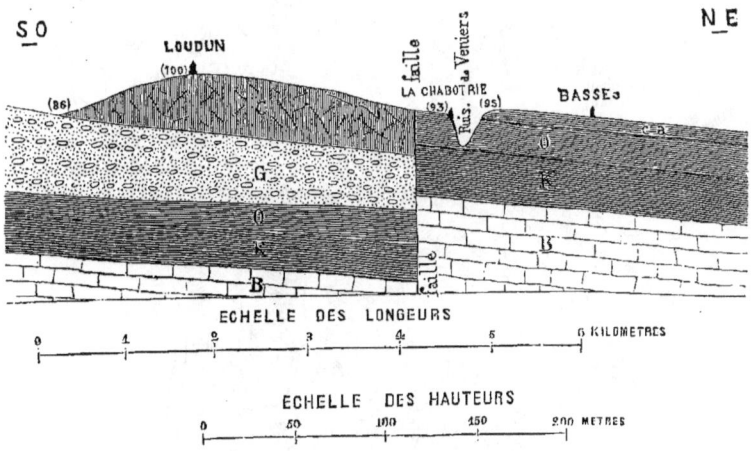

Fig. 60. — Coupe géologique du Loudunois, de la Dive à Loudun, montrant comment la nappe d'eau du terrain crétacé est barrée par l'oxford clay, par suite d'une paraclase. B, calcaire grossier de l'étage bathonien; K, calcaire marneux de l'étage kellovien; O, marne de l'oxford clay; G, sable gris ferrugineux et marnes du terrain cénomanien; C, craie grise et tuffeau. — D'après M. Le Touzé de Longuemar.

Trois-Moustiers et la Dive, l'oxford clay supérieur faisant défaut sur la rive gauche de la Maine [1].

Gorze près Metz. — Pour bien préciser le rôle des failles, nous allons décrire avec détail les conditions dans lesquelles jaillissent, en Lorraine, les abondantes sources de Gorze.

[1] D'après une communication personnelle de M. de Longuemar.

Au sud-ouest de Metz[1], le plateau oolithique est sillonné par une faille qui, partant des environs d'Ars-sur-Moselle, traverse la plaine de Geai, descend à Parfondval par un vallon situé entre le bois de la Croix-Saint-Marc et celui

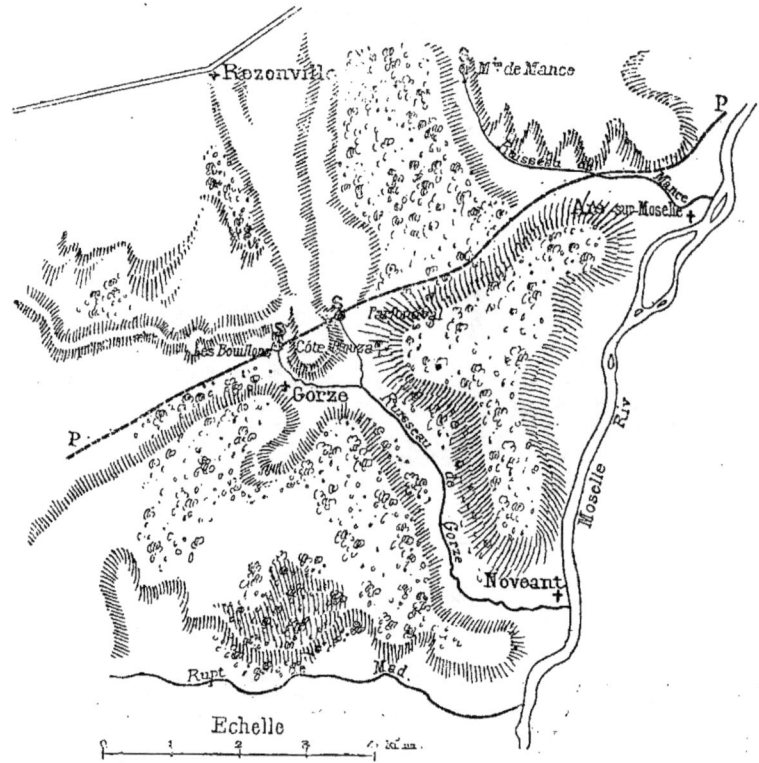

Fig. 61. — Carte des environs de Gorze (Lorraine), montrant comment les belles sources SS de cette localité jaillissent de la grande paraclase PP dite de Saint-Julien, qui traverse le pays. — D'après M. le colonel Goulier.

des Chevaux, coupe le revers septentrional de la côte Mousa, passe derrière Gorze (fig. 61) et se dirige de là, vers Saint-Julien et Charey, par une dépression du sol que le relief de la carte du Dépôt de la guerre met bien en évidence. C'est à Gorze que l'accident paraît avoir le plus d'amplitude.

[1] Jacquot. *Description géologique du département de la Moselle*, 1868, p. 275.

Ce bourg est situé à la limite du lias avec l'oolithe; à la base de la côte Mousa qui le domine, et sur le revers opposé de la vallée, on observe les calcaires gréseux qui constituent les premières couches du groupe oolithique inférieur, tandis que de l'autre côté de la côte, on voit des exploitations dans le calcaire oolithique jaune, et qu'à peine engagé dans le chemin de Mars-la-Tour, on constate la présence de l'assise argilo-marneuse avec *Ostræa acuminata*, *O. costata*, *Clypeus patella*, placée à la base du second groupe de l'étage supérieur.

La faille (fig. 62) a donc eu pour effet de rapprocher, à

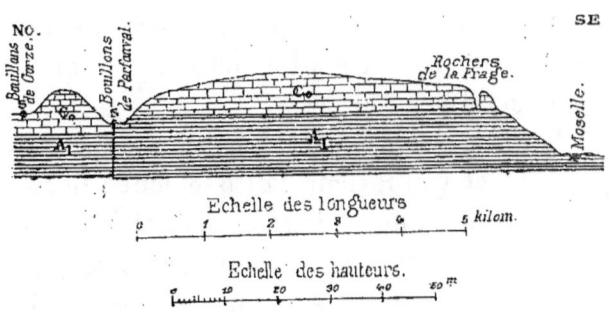

Fig. 62. — Coupe montrant le rejet produit par la paraclase qui, en abaissant d'environ 60 mètres la paroi NO par rapport à la paroi SE, a fait buter le calcaire oolithique C_0 contre l'argile liasique A_1 (d'après M. le colonel Goulier). — L'échelle des hauteurs est 8 fois plus grande que celle des bases.

Gorze, des bancs qui, dans leur situation normale, sont séparés par toute l'épaisseur de l'étage inférieur de l'oolithe, soit par 50 ou 60 mètres au moins.

L'accident est d'ailleurs très accusé dans le relief de la contrée. Le revers septentrional de la côte Mousa, qui se trouve sur la trace de la faille, est un véritable précipice. L'écrasement du sol a, de plus, déterminé la formation, au pied de cette côte, d'un certain nombre de vallons secs qui, remontant dans des directions diverses, jusqu'au plateau, figurent assez exactement une rupture étoilée. (Voir plus haut fig. 61.)

L'hydrographie souterraine de la contrée est également en rapport avec la faille de Gorze; car c'est à cet accident qu'il faut attribuer le jaillissement des magnifiques sources des Bouillons et de Parfondval qui alimentent depuis environ vingt-cinq ans la ville de Metz, où les Romains les avaient déjà amenées par un aqueduc dont il reste d'imposants vestiges. Le nouvel aqueduc est construit pour fournir à Metz 10 000 mètres cubes d'eau en vingt-quatre heures, volume supérieur au débit des sources après les périodes de sécheresse, mais inférieur de beaucoup à ce débit à la suite des périodes pluvieuses. La constitution orographique et minéralogique de leur bassin d'alimentation explique l'emplacement et le débit des sources.

Voici, d'après M. le colonel du génie Goulier, les conditions qui ont déterminé leur jaillissement : Gorze est bâti sur les deux côtés d'un ruisseau, auquel ces sources ont donné naissance et qui, se dirigeant successivement vers l'est, le sud-est, le sud et l'est, conflue avec la Moselle en face de Novéant, après un parcours de 6 kilomètres. La vallée de Gorze, dans laquelle coule ce ruisseau, et trois autres vallées qui se réunissent à elle près de son origine, sont entaillées dans un plateau, dont l'altitude moyenne est de 330 mètres, tandis que celle de la vallée de la Moselle, en face de Novéant, est seulement 178 mètres.

De ces trois vallées tributaires de celle de Gorze, deux viennent du Nord, presque parallèlement, séparées par une arête qui, près de Gorze, se termine par le promontoire de la côte Mousa. La vallée, située à l'est, est appelée de Parfondval; on peut la suivre sur 11 kilomètres jusqu'à son origine vers Vernéville. Celle de l'ouest est plus courte; son origine est à 7 kilomètres de Gorze, vers Villers-aux-Bois.

Mais avec elle conflue, à un demi-kilomètre en avant de Gorze, la troisième vallée qui vient de l'ouest et dont une origine est près de Tronville, à 6 ou 7 kilomètres de son confluent.

Ces trois vallées, la dernière surtout, ont avec évidence les caractères de vallées de fracture. Elles sont entaillées dans des roches calcaires très fendillées et, par conséquent, très perméables aux eaux pluviales. Aussi ont-elles des *fonds plats, sans eau.* Et comme ce sont les voies d'émission naturelles de bassins perméables très étendus, il faut nécessairement que les eaux d'infiltration y coulent souterrainement, soit dans des canaux naturels, soit au milieu des gros débris qui probablement remplissent les crevasses origines de ces vallées.

Mais pourquoi ces eaux sourdent-elles près de Gorze pour former le ruisseau qui les mène à ciel ouvert vers la Moselle, au lieu de continuer leur marche souterraine en aval de Gorze? En voici la cause: A quelques centaines de mètres au nord de Gorze, passe la grande faille dite de Saint-Julien, dont il vient d'être question, qui traverse tout l'ancien département de la Moselle dans la direction de l'E.-N.-E. à l'O.-S.-O. Toutes les couches de terrain ont subi, au nord-ouest de cette faille, un abaissement considérable au-dessous des positions qu'elles occupent au sud-est du même accident, c'est-à-dire dans Gorze et dans la région traversée par sa vallée. Près de Gorze même, la dénivellation est manifeste; car on constate, à 1 kilomètre en amont de son débouché dans la vallée de Gorze, que les pieds des berges de la vallée de Parfondval sont entaillés dans des roches identiques à celles qui couronnent la côte Mousa, à une centaine de mètres au-dessus de la position qu'elles occupent dans le fond de la vallée. Par suite de cette dénivellation, au nord-ouest de la faille, les vallées sans eau sont découpées dans des couches calcaires superposées à des couches marneuses profondément enfouies, tandis que les pieds des berges de la vallée de Gorze sont entaillées dans ces couches marneuses plus élevées, couches que l'on trouve encore à la base de la côte Mousa et aux pieds des berges de la partie de la vallée de Parfondval, située au sud-est de la faille. Ce sont ces marnes qui, formant barrage pour les eaux souterraines des couches calcaires déprimées, forcent ces eaux à sourdre à la surface du sol près de ce barrage, pour s'épancher à travers les échancrures formées par les vallées dans les couches marneuses. Aussi les sources sont-elles toutes situées près de la limite commune aux deux terrains, d'abord en amont de Gorze où elles bouillonnaient dans un bassin appelé *les Bouillons*, puis dans la vallée de Parfondval à 1 kilomètre en amont de son confluent.

Quant au volume d'eau, fourni par ces sources, on s'en rend aussi compte facilement, si l'on admet, comme cela est probable, que les lignes de partage des eaux souterraines, entre les diverses vallées, diffèrent peu de celles des eaux superficielles. Dans ce cas, on peut prendre, pour la superficie du bassin d'alimentation des sources, celle de la partie du bassin de réception du ruisseau de Gorze qui est en amont de ces sources, ou au moins celle qui est au nord-ouest de la faille. Or cette dernière partie a une superficie de 60 kilomètres carrés, divisée en deux portions presque égales pour les Bouillons et les sources de Parfondval.

Pour avoir l'épaisseur de la couche de pluie capable d'alimenter annuellement les sources, il suffira de diviser leur débit annuel par cette superficie. Si l'on admet le débit moyen journalier de 10 000 mètres cubes, pour lequel l'aqueduc a été construit, le débit annuel sera 3 650 000 mètres cubes, et le quotient par 60 000 000 mètres carrés, donnera une hauteur d'eau de 6 centimètres : c'est environ le dixième de la hauteur d'eau qui, année moyenne, tombe à la surface du sol. On conçoit que cette fraction, un dixième, puisse facilement s'infiltrer dans un sol fendillé, surtout à la faveur de la couche spongieuse de débris végétaux existant dans les bois, qui occupent une partie très notable du bassin. Et l'on conçoit en même temps les grandes variations que peut éprouver le débit des sources, à la suite de périodes importantes de temps secs ou pluvieux.

Sassenage près Grenoble. — Les sources non moins connues de Sassenage, aux environs immédiats de Grenoble, nous

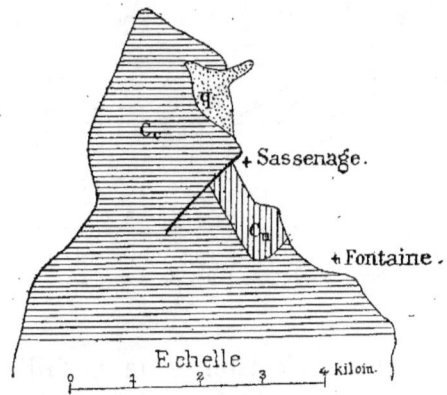

Fig. 63. — Disposition, en plan, de la faille de Sassenage qui donne lieu à la source, en faisan buter la craie blanche à belemnitelles C_c contre les couches argileuses de l'urgonien C_u. — Q amas glaciaire. — D'après M. Lory.

montrent un autre exemple des rôles des failles dans le régime des eaux souterraines.

Comme l'a bien montré M. Lory[1], la craie à silex bute contre les marnes à spatangues du terrain néocomien et il est évident que c'est de cette fracture intérieure que jaillissent les sources (fig. 63 et 64).

[1] *Excursion géologique à Sassenage*, Grenoble, 1858.

Les variations de volume de ces sources, les époques et les durées de leurs crues sont complètement indépendantes de celles de la rivière du Furon, à laquelle elles viennent se joindre. On ne saurait donc considérer ces sources, ainsi qu'on l'a fait quelquefois, comme provenant d'une dérivation souterraine d'une partie des eaux du Furon, en quelque point des gorges d'Engins. Mais si l'on suit avec attention la trace de la faille, dont il vient d'être question, on voit que cette fracture du sol se continue vers le sud-ouest, puis du sud-sud-ouest. Elle passe ainsi à mi-côte sur le versant occidental de la montagne, dans une direction à peu près paral-

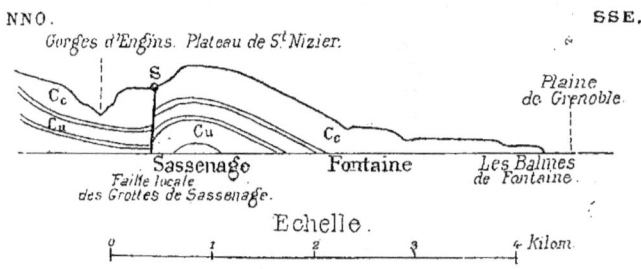

Fig. 64. — Coupe verticale perpendiculaire à la faille de Sassenage qui donne lieu à la source S en faisant buter la craie blanche à belemnitelles, C_c contre les couches marneuses de l'urgonien C_u (d'après M. Lory).

lèle à celle du Furon. L'existence de la faille se manifeste ici par son caractère géologique, par la discontinuité et le défaut de correspondance des couches du sol, des deux côtés de cette ligne; elle tend du reste à devenir de moins en moins marquée et paraît cesser complètement à environ 2 kilomètres de Sassenage.

Malgré sa faible longueur, cette fracture est évidemment la tranchée naturelle où se rassemblent les eaux qui forment les sources. En effet, la montagne de Sassenage se termine supérieurement par un large plateau qui s'étend vers le sud jusqu'au village de Saint-Nizier; le sol de ce plateau, couvert d'une grande quantité de blocs erratiques des grandes Alpes, est formé, soit par les couches fendillées de la craie à silex, soit par un dépôt de molasse et de poudingues tertiaires qui les recouvre à Saint-Nizier. Ce sol, éminemment perméable, boit les eaux pluviales; et l'inflexion des couches, qui forment, sous Saint-Nizier, une gouttière concave dans la direction même de la faille supposée prolongée, concentre naturellement ses eaux à l'origine de cette fracture. Elles s'y engouffrent, la suivent, descendent à mesure qu'elle s'approfondit et arrivent ainsi au niveau des grottes. A ce niveau, le calcaire néocomien supérieur, qui forme le bord oriental de la faille, repose sur les marnes à *spatangues*, première assise de l'étage néocomien inférieur, couches peu consistantes qui ont dû s'ébouler dans la faille et y former un fond marneux impénétrable. Dès lors les eaux arrêtées dans leur chute se sont frayé des passages à travers les roches fendillées de la craie, formant l'autre bord de la faille : de là l'ouverture des grottes, sorte de robinet latéral, par lequel jaillissent les eaux amassées dans la faille et retenues inférieurement au niveau des marnes néocomiennes.

Rohrbach im Graben, Autriche. — La belle source de Rohrbach im Graben, près Vienne (fig. 65), est un exemple re-

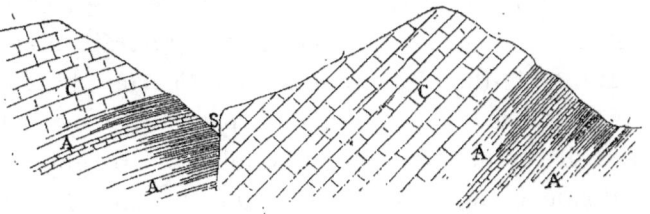

Fig. 65. — Juxtaposition du calcaire C aux schistes de Verfen (triasiques) et à d'autres couche imperméables, d'où résulte le jaillissement de la source S du Rohrbach im Graben. (D'après M. Karrer).

marquable de ce type. Une faille dirigée à peu près de l'ouest à l'est et connue sur une longueur de 11 kilomètres au moins, fait buter en ce point les couches imperméables des schistes de Verfen (triasiques) contre le calcaire, d'où il jaillit de nombreuses sources, entre autres celle du Rohrbach.

Lancashire[1]. — Dans le Lancashire, lorsqu'une faille a juxtaposé des couches imperméables, comme les marnes du keuper ou du terrain houiller, au grès bigarré, la quantité d'eau accumulée sur l'une des parois de cette faille peut être très considérable et donner naissance à une source. Le puits de Flaybrick-Hill, près Birkenhead, fait également ressortir cette disposition ; un tunnel poussé du fond de ce puits, à la profondeur d'environ 50 mètres, a coupé à la distance de 10 mètres une faille, d'où l'eau coulait avec une telle impétuosité que le débit de 1820 mètres cubes par jour fut immédiatement doublé.

Derbyshire. — De nombreuses failles dirigées est-ouest et remarquables par leur parallélisme coupent le calcaire carbonifère du Derbyshire et leur direction commune coïncide avec le plongement moyen des couches.

D'après M. Hopkins, toutes les fortes sources de cette région sont en rapport avec les grandes failles ; l'auteur ne connaît pas une seule exception à cette règle et, partout ou il observait une source puissante, il acquérait la certitude d'une grande faille. L'eau généralement partait de la surface supérieure du *toadstone* qu'elle ne peut traverser et l'étude attentive des conditions dans lesquelles jaillissent ces sources confirme bien l'interstratification des couches de toadstone au milieu des couches calcaires.

La Bourboule (**Puy-de-Dôme**). — Les sources thermales si

---

[1] Hull. *Géologie des environs de Prescot.*

connues de la Bourboule (Puy-de-Dôme) jaillissent d'une grande faille qui traverse le granite et plonge de 60 à 70 degrés vers le sud-est et forme les rochers contre lesquels est adossé le village de la Bourboule (fig. 66). Elle paraît plus ancienne que les tufs trachytiques ou rhyolithiques du

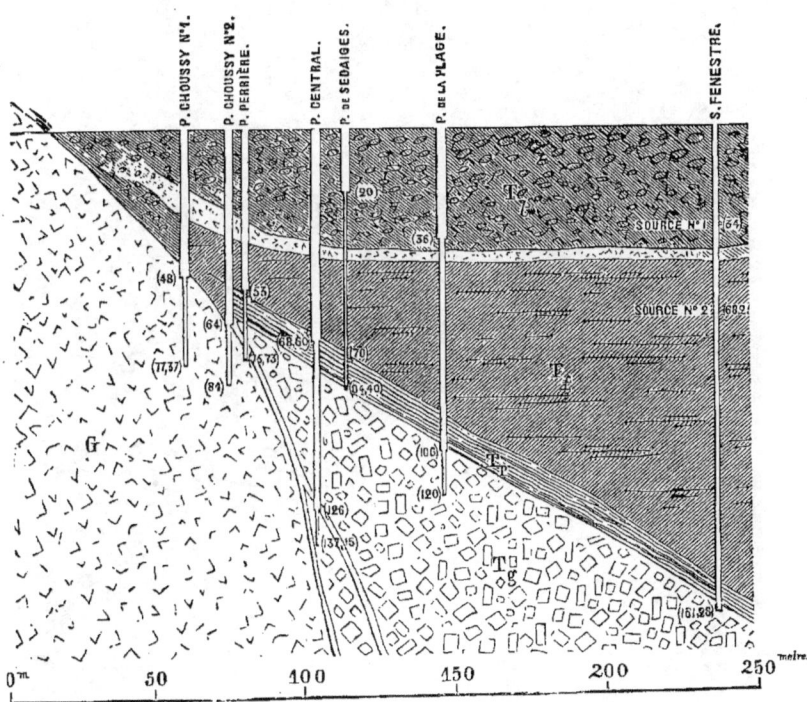

Fig. 66. — Coupe montrant la situation des eaux thermales de la Bourboule aux abords de la faille qui fait buter contre le granite massif G le tuf trachytique dur T_t, le tuf lamelleux très dur T_l, le tuf plastique T_p et le granite fragmentaire, appelé tuf granitique par les maîtres sondeurs. — Echelle de $\frac{1}{2500}$. — D'après M. Bonnefoy.

voisinage, qui sont venus recouvrir le granite au pied de son affleurement.

Une série de sondages a fait reconnaître que l'eau thermale, venant de la profondeur par la faille, se ramifie, bien avant d'arriver à l'affleurement de cette faille, dans un système des nombreuses cassures du granite bréchiforme qui

122 ROLE DU CONTACT DES ROCHES PERMÉABLES ET IMPERMÉABLES

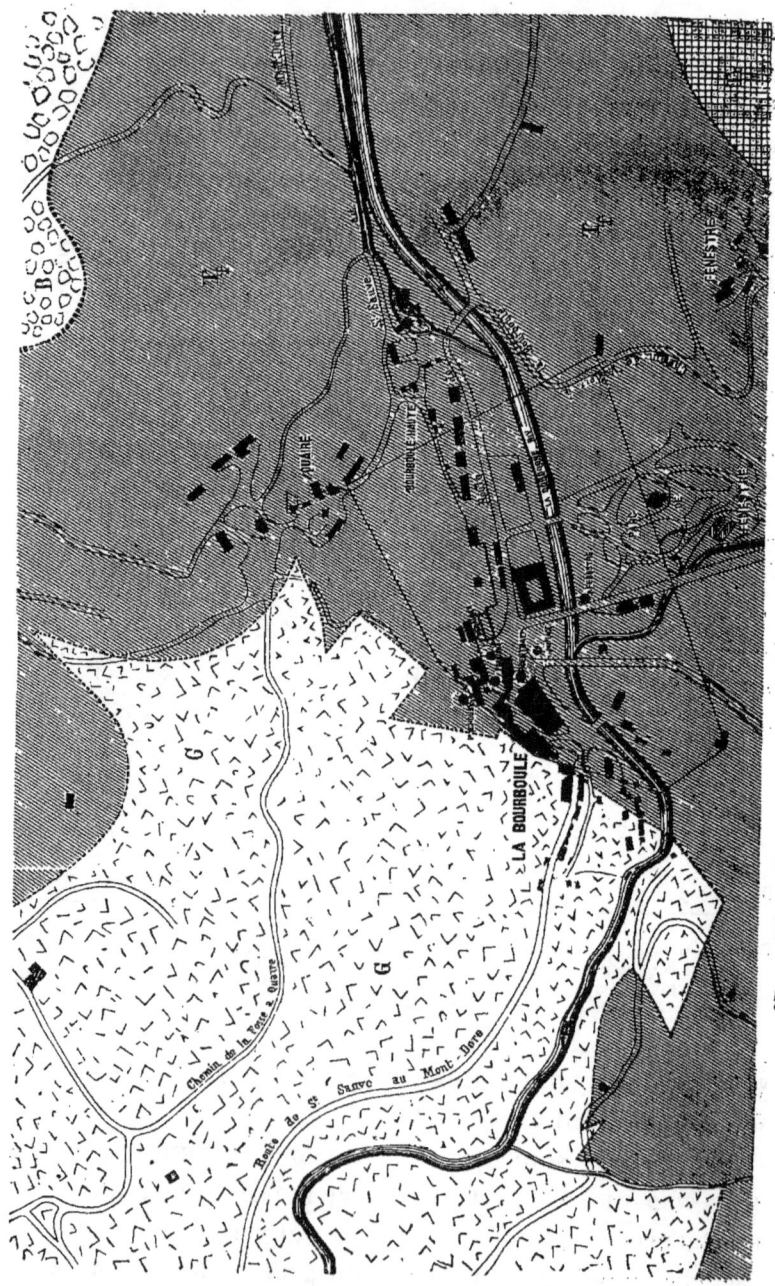

Fig. 67. — Carte montrant la situation des eaux thermales de la Bourboule, aux abords de la faille très irrégulières, qui fait buter les tufs trachytiques T, contre le granite G. Les puits forés, qui amènent ces eaux vers la surface, sont indiqués par leur nom. T, trachyte; B, basalte. D'après un travail du très regretté M. Bonnefoy, ingénieur des mines.

existe au toit de la faille. Les maîtres sondeurs ont désigné sous le nom de *grès* ou de *tuf granitique* cette brèche, dans laquelle les eaux coulent en abondance et se répandent jusqu'à une assez grande distance de la faille. En cheminant à travers cette partie extrêmement fissurée de la roche granitique l'eau atteint la base d'une couche argileuse imperméable dite *tuf plastique*. Au-dessus du tuf plastique se présentent d'autres tufs plus ou moins perméables, dans lesquels les eaux minérales pénètrent, soit en montant par la faille, soit en traversant, par quelques fentes, les bancs imperméables. De là, quelques nappes dites secondaires ou superficielles, d'ailleurs très discontinues.

Autrefois, l'eau thermale s'élevait jusqu'au jour entre le granite et le tuf granitique, en alimentant plusieurs sources situées près de l'affleurement de la faille. Mais ces sources ont disparu, lorsque, par le forage de puits, on a réussi à produire un appel sur les nappes souterraines, dont aucune n'est jaillissante. La carte (fig. 67), a été exécutée par l'ingénieur des mines Bonnefoy, dont le dévouement au devoir a amené la fin prématurée.

Sicile : Sclafani, Palerme, Longy et Alcara [1]. — La source thermale sulfureuse des bains de Sclafani en Sicile, au nord-ouest du groupe des Madonies, dont la surface est de 2 kilomètres carrés, sort au pied septentrional de la montagne de Sclafani (fig. 68). Celle-ci est constituée par des dolomies triasiques, avec des calcaires du lias et de l'éocène, roches assez perméables; mais elle est enveloppée à la base méridionale par les argiles écailleuses bigarrées de l'éocène moyen, et au nord, par les argiles du cénomanien tout aussi imperméables. De ce côté nord, il y a de plus une faille qui

---

[1] D'après une obligeante communication de M. Giordano.

livre passage à la source, dont le point d'émission est ce-

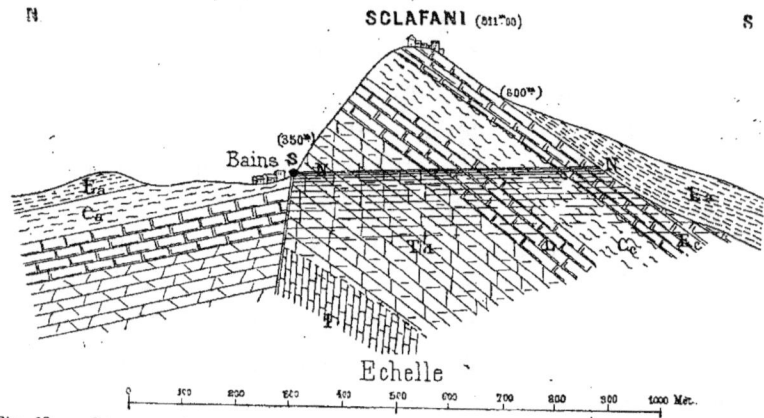

Fig. 68. — Coupe montrant comment la source thermale de Sclafani jaillit d'une faille, faisant buter des roches perméables contre des roches imperméables. T_d, dolomie du trias; L, calcaire du lias; C_a, argiles écailleuses de l'étage cénomanien; C_c, calcaire de l'étage crétacé moyen; E, calcaire nummulitique (éocène inférieur); E_a, argiles bigarrées écailleuses (éocène moyen); I, terrain imperméable; NN, niveau de la nappe; S, source. D'après une communication manuscrite de M. Giordano.

pendant déterminé par le niveau de la bande d'argiles imperméables entourant la montagne.

La Sicile présente plusieurs autres exemples de formations

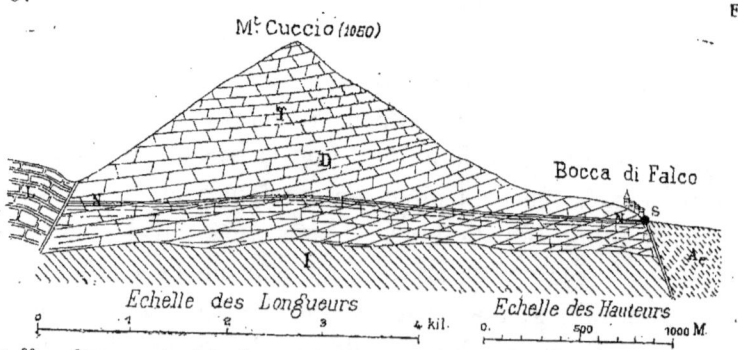

Fig. 69. — Coupe montrant le gisement des sources qui alimentent Palerme. I, terrain imperméable; T_d, dolomie du trias; L, calcaire du lias; A_e, argile écailleuse juxtaposée à cette dolomie, par suite d'une faille; S, source alimentée par la nappe d'eau NN. — D'après une communication manuscrite de M. Giordano.

perméables entourées d'une bande imperméable, qui donnent aussi naissance à des sources.

La source Gabriele, à Bocca-di-Falcò, qui contribue pour 25 litres par seconde, ou 2160 mètres cubes par 24 heures, à l'alimentation de la ville et de la plaine de Palerme, qui tire d'une vingtaine de sources un débit total d'environ 550 litres par seconde.

L'eau sort de la formation des dolomies spongieuses (fig. 69) constituant le mont Cuccio, formation entourée jusqu'à un certain niveau par une bande d'argiles écailleuses eocènes qui sont imperméables. La surface totale de dolomie enfermée dans ladite bande est d'environ 150 kilomètres carrés.

Il est un autre exemple près des villes de *Longi* et d'*Alcara* au nord-est de la Sicile, près de Patte. Le vaste plateau qui

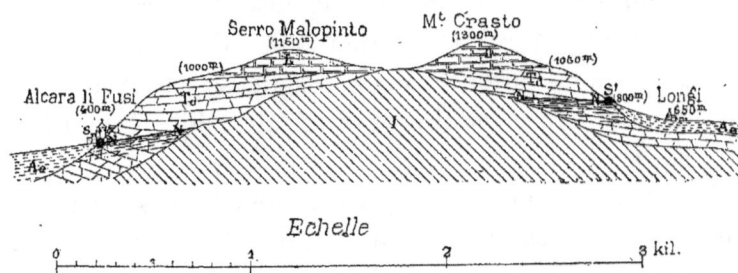

Fig. 70. — Coupe des montagnes calcaires de la province de Messine, indiquant la disposition des sources de Longi et d'Alcara. I, phyllade silurien inférieur ; T$_d$, dolomie du trias; L, calcaire du lias ; A$_e$, argiles écailleuses (éocène inférieur) ; NN, niveau aquifère donnant naissance aux sources S d'Alcara et S' de Longi. — D'après une communication manuscrite de M. Giordano.

sépare les deux villes est formé par un grand noyau de phyllades en schistes anciens, entouré et recouvert de dolomie triasique et de calcaire liasique perméable.

Ce dernier massif est recouvert ou entouré d'argiles éocènes imperméables, du côté est (Longi) jusqu'à 800 mètres d'altitude, et du côté ouest (Alcara) jusqu'à 400 mètres seulement.

Deux groupes de sources paraissent en ces deux points;

les sources plus élevées de l'est débitant seulement 40 litres environ par seconde, tandis que celles de l'ouest, plus basses, débitent 100 litres.

Intrusions de roches

Les intercalations de filons métallifères et de roches éruptives ou cristallines, pourvu qu'elles soient imperméables, peuvent produire des barrages, du même genre que les rejets déterminés par des failles et qui viennent de nous occuper.

On sait que le quartz et d'autres roches s'élèvent souvent aux travers de terrains variés, sous la forme de puissants filons. Au point de vue de l'hydrognosie souterraine, ce sont des barrages naturels qui retiennent les eaux d'infiltration. Leurs salbandes du toit, souvent argileuses, peuvent donner lieu à des nappes aquifères verticales, de même que les failles.

Le même phénomène se produit encore, lorsque la roche intercalée, au lieu de constituer un mur à faces parallèles, se présente en pointements irréguliers.

Alpe du Wurtemberg. — Les plateaux de l'Alpe du Wurtemberg en présentent des exemples, dans les parties où les couches jurassiques sont traversées par des pointements de basalte.

D'après M. le comte de Mandelslohe [1], ces masses se présentent, soit comme des cônes isolés sur le versant nord-ouest de la chaîne, soit comme des filons qui se montrent au jour dans les vallées transversales, ou qui ont percé le

---

[1] *Mémoire de la Société d'histoire naturelle de Strasbourg*, t. II, p. 36 et 37, 1835.

plateau même et s'y étendent sous forme de bandes étroites. Les cônes basaltiques montrent ordinairement à leur pied l'oolithe inférieure et le lias, en couches horizontales et nullement dérangées; la partie supérieure de la montagne est seule composée de basalte et de tuf. Les conglomérats basaltiques sont beaucoup plus répandus que le basalte lui-même, lequel y forme quelquefois des filons.

Le plateau de l'Alpe est généralement privé d'eau. Il est cependant des villages qui font exception à cette règle et qui sont pourvus d'eaux abondantes. Presque tous doivent cet avantage aux roches basaltiques, qui provoquent le jaillissement de sources. Sur l'un des points les plus élevés de l'Alpe, au Sternenberg, on admet que les filons de conglomérat basaltique qui traversent les masses poreuses du coral-rag, s'opposent à l'écoulement des eaux atmosphériques et les forcent ainsi à reparaître au jour, ou du moins de se rassembler dans des puits qui ne tarissent jamais. « Ce phénomène se reproduit d'une manière si constante sur toute l'étendue de l'Alpe que bien des fois, dit M. de Mandelslohe, lorsqu'on me citait une source qui ne tarissait jamais, j'en concluais, sans avoir été sur les lieux, l'existence du terrain basaltique, et je ne me suis trompé que rarement. » Le nom de *Wasserstein* que les habitants lui ont donné est caractéristique.

La raison de ce fait paraît être que les roches voisines de la surface sont fissurées et absorbent l'eau, qui est retenue par les masses inférieures. Cela est particulièrement vrai quand ces roches sont montées de la profondeur. Lorsque ces lieux sont dans des dépressions comme à Zainingen, Wurtingen, Wittlingen, Sternenbrunnen, il en résulte des sources qui ne tarissent jamais. Il faut ajouter que dans l'intérieur de l'Alpe, les couches calcaires renferment une grande quantité de cavités en communication les unes avec les autres qui servent de réservoir. Elles se remplissent dans les années humides, lorsque l'orifice d'écoulement inférieur est trop étroit pour permettre l'écoulement total[1].

Irlande. — Les calcaires carbonifères de l'Irlande sont plus ou moins perméables, et particulièrement le *Fenestella limestone* que l'eau traverse rapidement, sans revenir à la surface, excepté près des affleurements des nappes basaltiques. De même quelques couches de schiste qui traversent la masse arrêtent invariablement l'eau et la ramènent à la surface[2].

Dax et Tercis (Landes), Montpezat (Ardèche), Côte d'Essey (Meurthe-et-Moselle). — Quand on arrive à Dax, département des Landes, après avoir traversé des plaines formées par des couches tertiaires horizontales et à peine accidentées, il y a lieu d'être surpris de se trouver en présence d'une sorte de rivière d'eau chaude, jaillissant du milieu de la ville, qui lui doit sans doute son origine. Cette belle source, aujourd'hui utilisée de nouveau, paraît avoir été largement mise à profit par les Romains. L'explication de sa présence se trouve dans la petite colline dite Pouy-d'Euse qui avoisine la ville et qui est formée de diorite (ophite). Peut-être est-ce un mécanisme du même genre qui donne naissance à la source thermale de Tercis (Landes) située près de l'ophite, aux deux sources très volumineuses sortant du basalte à Montpezat (Ardèche), et à la belle source située au sommet basaltique de la côte d'Essey (Meurthe).

---

[1] Quenstedt. *Explication de la carte géologique d'Urach*, 1869.
[2] D'après M. Hull.

CHAPITRE IV

ROLE DES LITHOCLASES DE DIVERS ORDRES

GÉNÉRALITÉS

Quand on examine attentivement les dispositions indéfiniment variées par lesquelles les lithoclases déterminent et dirigent la circulation des eaux souterraines, on est obligé de reconnaître qu'une classification rationnelle de ces mécanismes est très difficile, sinon impossible, surtout si l'on tient compte de l'impuissance où se trouve l'observateur de suivre ces dispositions jusqu'à une grande profondeur. Aussi s'est-on borné à grouper les faits caractéristiques signalés dans ce chapitre, suivant les terrains et étages géologiques auxquels ils appartiennent. Il ne faut donc pas s'étonner de trouver ensemble des exemples de nature assez différente, qu'au premier abord on serait tenté de disjoindre. Ainsi, à côté de réseaux de cassures qui coupent certains étages des terrains stratifiés et y établissent des couches aquifères plus ou moins continues, comme on le voit dans la craie, les calcaires jurassiques et le grès bigarré, il en est qui donnent naissance à des sources isolées et apportées souvent de profondeurs considérables : c'est ce qu'indique leur thermalité;

par exemple, à Plombières, Bourbonne-les-Bains, Wilbad, Carlsbad. Quelquefois, comme à Ems et Aix-la-Chapelle, les cassures ont été ouvertes sur des plis très prononcés.

Les considérations générales placées à la suite de ce travail feront mieux ressortir les différences auxquelles est soumis le régime des eaux souterraines.

Lithoclases et particulièrement diaclases.

Dans le plus grand nombre des cas, la circulation souterraine des eaux se lie à la disposition des cassures de divers ordres qui leur servent de canaux à travers les roches. Il convient donc avant tout de se faire une idée nette de ces dernières, ce qui oblige à entrer dans certains détails.

Considérées dans leur ensemble les innombrables cassures ou *lithoclases* qui traversent l'écorce terrestre, dans toutes ses parties, peuvent se grouper en trois grandes classes, auxquelles conviennent les noms de *leptoclases*, de *diaclases* et de *paraclases*.

1° **Leptoclases**. — Sous le nom de leptoclases[1], on comprend toutes les cassures qui sont de dimensions faibles, dans les deux sens ou au moins dans un. Elles débitent l'écorce terrestre en menus fragments.

Synclases. — Parfois elles rappellent une régularité géométrique et donnent lieu, par exemple, aux prismes des basaltes, des trachytes, des porphyres, etc., ainsi qu'à ceux de certains gypses et aux polyèdres des argiles et des limons desséchés. Quelle que soit la hauteur des colonnades basaltiques et autres, le nom de leptoclase peut leur être appli-

---

[1] De λεπτός, menu, ténu ; et κλάω, briser, diviser.

qué, parce que leur grande dimension ne s'étend que dans un seul sens. Parfois elles sont irrégulières.

Dans ces diverses circonstances, les cassures sont dues à des actions intérieures ou moléculaires, généralement à un retrait, qui a pour cause, tantôt le refroidissement, tantôt la dessiccation.

Le nom de synclase[1] rappelle bien cette origine par retrait ou contraction.

Piésoclases. — Le plus souvent les leptoclases sont sans aucune régularité apparente.

Elles deviennent particulièrement fréquentes à proximité de la surface du sol et s'entre-croisent en tous sens, comme on le voit dans le *sous-sol* qui est immédiatement recouvert par la terre végétale et cela, dans des roches de toutes sortes, calcaire, grès, quartzite, schiste, granite, gneiss, basalte, etc.

Très fréquemment, elles partagent la roche en fragments si menus qu'il est fort difficile d'y obtenir une cassure fraîche.

Cette sorte de pulvérisation ou de concassement naturel des roches, qui a si puissamment favorisé les érosions n'est pas exclusive aux régions superficielles.

Les alternatives de gelée et de dégel, en faisant éclater les pierres, ne font souvent que rendre manifestes des leptoclases qui y existaient déjà à l'état latent.

D'innombrables leptoclases ressortent non moins clairement dans les réseaux de petites veines, planes ou courbes, concrétées à l'intérieur des roches; par exemple sous forme de calcite dans les marbres veinés, dans les ophicales; de

---

[1] De συν qui ne veut pas seulement dire avec, mais qui désigne aussi une action complexe et simultanée, telle que la contraction, de même qu'en latin la proposition *cum* dans *contrahere*.

quartz, dans les quartzites ou les phyllades; de minerais métalliques, au voisinage de nombreux gîtes métallifères.

Dans des roches de nature variée, les leptoclases s'accusent encore par des surfaces polies et striées (*Slickensides*, *Quetschflaeche*), parfois accompagnés d'une structure fibreuse comparable à celle du bois. La craie en fournit beaucoup d'exemples. Des surfaces polies et striées toutes semblables sont aussi bien connues dans la houille, le lignite, les calcaires, les grès, les argiles (particulièrement les *argile scagliose* de l'Italie), les schistes, les minerais de fer, la serpentine, le silicate hydraté de nickel et de magnésie, désigné sous le nom de noumeïte; dans les météorites sporadosidères du type de Chantonnay et les syssidères du type d'Atacama. Ces surfaces frottées sont des effets de glissements internes, que l'expérience imite complètement.

Le craquelé du marbre ruiniforme de Florence accuse aussi des glissements, ainsi que le craquelé cuboïde de la météorite holosidère de Sainte-Catherine.

Les leptoclases, lors des frottements et des rejets dont il vient d'être question, et dans bien d'autres cas beaucoup plus ordinaires où ces effets ne se manifestent pas, résultent, comme les deux autres grandes catégories de lithoclases, non plus d'actions intérieures comme les synclases, mais d'efforts mécaniques extérieurs, tassements ou autres, qui ont produit des pressions; d'où le nom de *piésoclase*[1] peut leur être appliqué.

La division en parallélipipèdes alignés parallèlement, au milieu de divisions irrégulières, est l'un des caractères auxquels on pourra distinguer les piésoclases des synclases.

2° **Diaclases.** — Parmi les cassures qui traversent en tous

---

[1] De πιεζω, presser ou comprimer (au futur πιεσω), et κλαω, briser.

GÉNÉRALITÉS. 133

sens l'écorce terrestre, la catégorie la plus nombreuse, désignée sous le nom de diaclases, est la moins connue dans ses caractères généraux. Dans les traités de géologie, si elles ne sont pas passées sous silence, elles sont considérées seulement dans quelques cas tout à fait particuliers et complètement méconnues dans leur origine. Cependant elles traversent les terrains et les roches les plus diverses.

C'est surtout dans les terrains stratifiés que leurs caractères ressortent clairement, à cause des couches diverses à travers lesquelles elles se sont propagées.

Leurs caractères, souvent d'une régularité géométrique, se décèlent, lorsqu'au lieu d'en considérer quelques-unes, on les suit dans leur ensemble et sur des étendues suffisantes. Mais

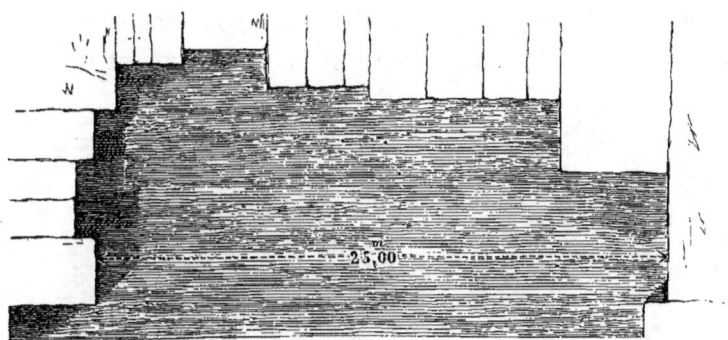

Fig. 69. — Plan du front de taille d'une carrière du calcaire grossier à Arcueil.

cette régularité n'existe pas toujours et fait souvent place à une irrégularité apparente, dont on verra plus loin l'explication.

Parmi les géologues auxquels on est redevable de notions exactes sur les cassures que nous groupons sous le nom de diaclases, on doit citer tout particulièrement : Sedgwick (1821 et 1835), de la Bèche (1838), John Phillips (1837 à 1839), Thurmann (1857), Harkness (1858), Haughton (1858), Jukes (1862), William King (1876).

L'allure des diaclases a été étudiée dans les terrains tertiaires, aux environs de Paris (fig. 69 et 70) et de Fontainebleau, dans la mollasse suisse; dans le terrain crétacé, sur les falaises de la Normandie, aux environs du Tréport, de

Fig. 70. — Vue du front de taille d'une carrière de calcaire grossier à Arcueil.

Dieppe et d'Etretat (fig. 71), dans le département de l'Aisne, le quadersandstein de la Saxe et de la Bohême et celui de la

Fig. 71. — Vue des falaises d'Étretat montrant les diaclases qui les coupent sur toute leur hauteur et qui sont souvent rectangulaires entre elles.

Westphalie, qui se rapporte à l'étage du gault et du néocomien (fig. 72 et 73), — dans le terrain jurassique, dans la chaîne du Jura et de toutes parts (fig. 74) — dans le trias et surtout dans le grès des Vosges, où elles donnent lieu à des rochers, souvent très accidentés et très pittoresques, comme dans le pays de Daun (Palatinat), — dans le terrain houiller pour lequel la régularité des diaclases est particulièrement frappante, dans le pays de Galles, — dans le calcaire carbonifère, pour des localités d'Irlande que M. Harkness a rendues classiques, — dans les terrains dévonien et silurien, où

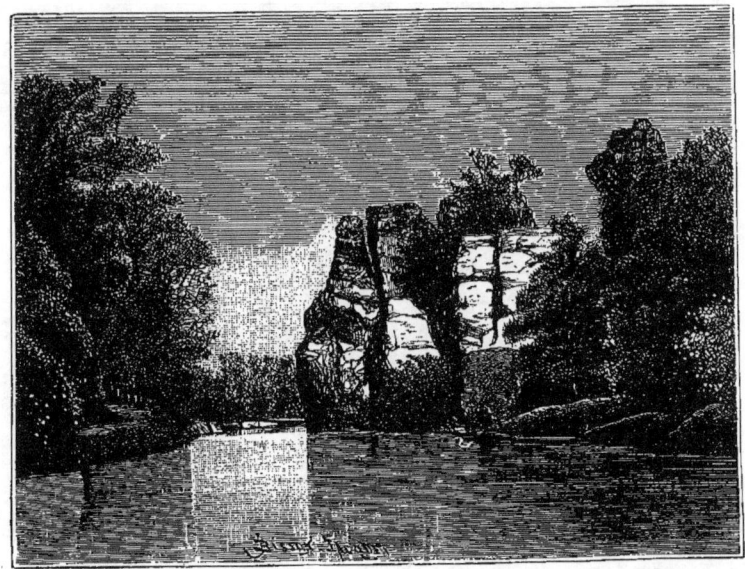

Fig. 72. — Vue d'une partie des roches dites *Externsteine* près Horn, montrant la disposition des diaclases à peu près rectangulaires entre elles qui y coupent des courbes de grès crétacé.

les exploitants d'ardoises les ont déterminées avec la plus grande exactitude[1], — dans le gneiss-granite des Alpes, par exemple au pied du Bietschhorn, — en dehors des terrains stratifiés dans le granite, en Cornwall (Carglaze, Mont Saint-Michel), aux environs de Carlsbad (Scharcher Klippe), etc.

Dans tous les terrains, les diaclases, par leurs intersec-

---

[1] *Géologie expérimentale*, p. 334 et 335.

tions mutuelles, délimitent des polyèdres, tantôt réguliers, tantôt irréguliers.

Très souvent les diaclases ont reçu des incrustations minérales, pierreuses ou métalliques, qui par leur contraste avec la roche elle-même, les font parfaitement ressortir. Comme exemple d'incrustations métalliques on peut citer les diaclases métallifères du Laurium et surtout celle du

Fig. 73. — Vue d'une partie des roches dites *Externsteine* près Horn, montrant la disposition des diaclases à peu près rectangulaires entre elles, qui y coupent des couches de grès crétacé

Wisconsin (États-Unis), si bien décrites par M. Whitney et où on exploite le plomb; elles constituent deux systèmes rectangulaires entre eux.

Diverses études ont appris que les diaclases s'étendent, avec des formes que l'on peut considérer comme planes, très souvent sur plus de 100 mètres dans le sens horizontal.

En outre elles peuvent conserver la même orientation moyenne sur des distances de plusieurs dizaines de kilomètres et au delà.

GÉNÉRALITÉS. 137

Cette persistance se maintient au travers de roches de nature et d'origine différentes; de La Bèche a par exemple reconnu que les diaclases, qui coupent sur de grandes étendues le granite du Cornouailles, ne subissent pas de déviation notable en passant dans la serpentine.

D'après John Phillips dans tous les bassins houillers du sud de l'Angleterre, la direction du « *cleat* » ou « *face* » est

Fig. 74. — Vue d'un escarpement avoisinant Solutré (Saône-et-Loire), montrant une disposition très fréquente des diaclases dans les couches calcaires.

environ N.O.-S.E., quels que soient la direction et le plongement des couches.

Dans le sens vertical, les diaclases, par milliers, coupent perpendiculairement des séries de couches très épaisses. C'est ainsi qu'on les voit traverser les couches crétacées des falaises de Normandie, sur plus de cent mètres et, sur plusieurs centaines de mètres, les roches de maintes localités des Alpes, par exemple dans la vallée de Zermatt, notamment près de Stalden. Des diaclases rectangulaires entre elles tranchent le grès crétacé des Pyrénées espagnoles, dans le massif calcaire du Mont-Perdu, sur plus de 450 mètres de hauteur, comme l'a reconnu M. Schrader sur une longueur de 1200 mètres, dans le cirque imposant du Cota-

Fig. 75. — Vue du cirque de Cotatuero prise des sommets des murailles de la vallée d'Arrasas. Au fond le Taillon, la Brèche de Rolland, le Casque. — D'après M. Schrader.

tuero, contre-partie de celui de Gavarnie (fig. 75). De même dans le Colorado, d'épaisses couches de grès sont découpées de la même manière, par de grandes diaclases que représentent très clairement les belles photographies de M. Whealer.

Elles ont une tendance à se grouper parallèlement entre elles, en systèmes, au nombre de deux ou de plusieurs, et parfois rectangulaires entre eux, comme le montrent plusieurs des figures précédentes. L'un des systèmes est souvent tout à fait prédominant.

Les accidents des parois ne sont pas les mêmes dans les deux systèmes, ainsi que Thurmann l'a remarqué dans le Jura.

Quant à la distance mutuelle des diverses diaclases d'un même système, elle est variable. Aux environs de Paris, elle est ordinairement comprise entre 1 à 3 mètres, et rarement elle excède 10 à 15 mètres. Ainsi les couches horizontales sont découpées en tranches verticales qui, par leur épaisseur et leur régularité, sont parfois comparables aux couches elles-mêmes, au point de pouvoir être confondues avec elles. Souvent la roche paraît ainsi comme laminée.

Ceci explique les passages fréquents de la structure déterminée par de telles diaclases avec le feuilleté proprement dit. Toutefois il y a cette différence que, dans la structure feuilletée, le clivage se manifeste à des distances à peine sensibles, tandis que les joints restent écartés les uns des autres.

Quant à l'origine des diaclases, elle a été généralement assimilée à celle des formes prismatiques des basaltes, et par conséqnent, attribuée à un retrait.

D'un autre côté, leur régularité presque géométrique, si fréquente dans les calcaires, les phyllades, le granite, etc., a conduit à supposer qu'elle résulte d'une force cristalline, et on a cherché à rapprocher les angles des fragments naturels de ceux des cristaux de calcite et de feldspath[1].

Ces analogies ne sont pas motivées, quoique la nature des

---

[1] Harkness. 1850.

roches influe sur le nombre et la nature des diaclases qui les traversent.

Lorsqu'une observation plus attentive eut fait reconnaître que les diaclases se poursuivent sur de grandes étendues, avec une direction à peu près constante, et cela, même au travers de roches tout à fait différentes les unes des autres, on chercha à les rattacher à des actions physiques se produisant dans l'écorce terrestre. Pour de La Bèche, c'était une action polaire, telle que celle dont on faisait alors dériver le feuilleté. Pour Thurmann, qui en fit une étude des plus approfondies, « elles ne peuvent être attribuées qu'au retrait par l'action de la température interne[1] » Pour M. William King[2], c'est une action polaire résultant du magnétisme terrestre.

Cependant, l'intervention des actions mécaniques avait été entrevue par John Phillips; à la suite de ses études classiques sur le Yorkshire.

Cette conclusion ne peut plus faire de doute, surtout depuis qu'elle s'appuie sur des résultats d'expériences.

Ainsi qu'on vient de le voir, leurs formes et leurs allures, tout aussi bien que celles des failles, expriment des ruptures dues à des actions externes.

Il n'est pas douteux que tous ces réseaux de diaclases, à mailles si multiples et si serrées, ne résultent d'actions mécaniques qui ont agi sur les couches depuis leur consolidation complète. Elles sont bien de la famille des cassures de grande dimension, désignées sous le nom de failles ou de paraclases, dont il va être question.

C'est ce qui a conduit à essayer de les reproduire par

---

[1] Essai d'orographie jurassique. *Mémoire de l'Institut national génevois*, t. IV, p. 63. 1857.

[2] Superinduced divisional structure of rocks called jointing and its relations to slaty cleavage. *Transactions of the royal irish Academy*, t. XXV. 1875.

des actions mécaniques très simples de pression ou de torsion telles qu'il a dû s'en produire fréquemment dans la nature :

La ressemblance des réseaux de cassures naturelles avec les réseaux de cassures que l'expérimentation produit est

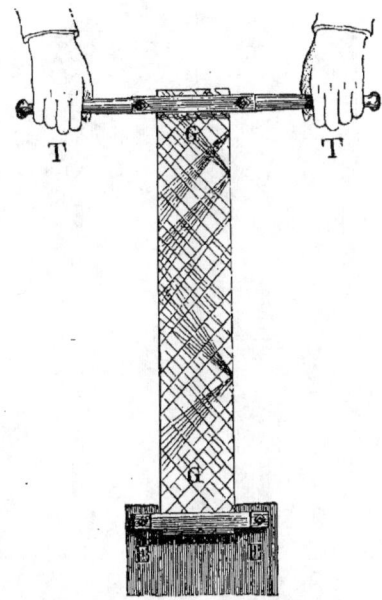

Fig. 76. — Disposition d'une lame de glace destinée à subir la rupture par torsion. — GG, plaque de glace; EE, étau qui maintient l'extrémité fixe; TT, tourne à gauche dans lequel est maintenue l'autre extrémité de la glace. — Échelle de $\frac{1}{6}$. — On aperçoit le double système de fissures dont la glace est comme hachée.

manifeste. Sans revenir sur des détails qui figurent ailleurs[1], je rappellerai seulement deux résultats, l'un obtenu par torsion, l'autre par pression.

Une très faible torsion exercée sur une lame de glace y détermine un double système de fissures, présentant nettement le caractère de parallélisme, caractéristique des cassures

---

[1] *Géologie expérimentale*, p. 289 et suivantes.

naturelles, et de plus, le groupement suivant deux directions à peu près orthogonales, système de fissures comparable à ceux qui traversent beaucoup de roches (fig. 76).

D'un autre côté, la pression exercée, à l'aide de la presse

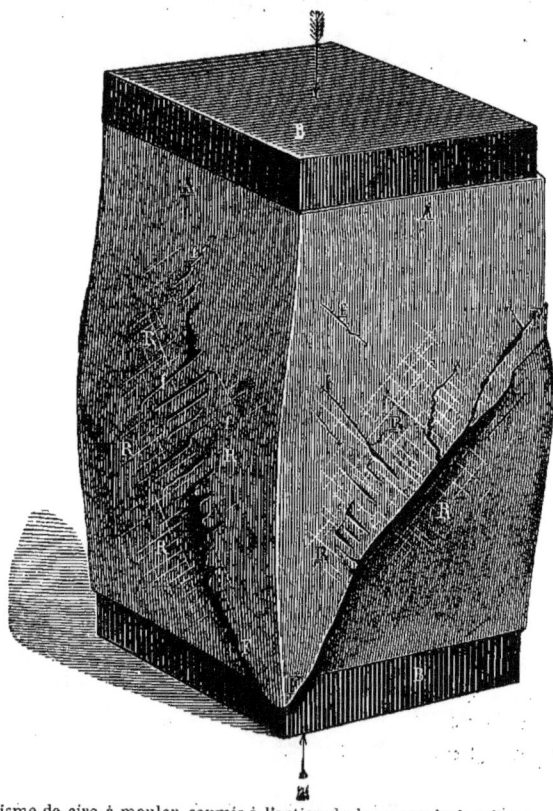

Fig. 77. — Prisme de cire à mouler, soumis à l'action de la presse hydraulique, suivant le sens vertical. BB, plaques de pression en fer, de même section que le prisme ; FF, fentes principales avec rejet ; ff, fentes conjuguées avec la précédente ; RR, réseau de fissures fines à peu près rectangulaires entre elles, développées sur les portions bombées des quatre faces du prisme. — Échelle de $\frac{1}{5}$.

hydraulique, sur des prismes de mastic, à la fois cassants et flexibles, y a fait naître aussi, outre des fentes principales, une très nombreuse série de fissures rectilignes et parallèles qui se groupent suivant deux directions parallèles aux fentes principales et à peu près rectangulaires entre elles (fig. 77).

Dans les expériences, la régularité géométrique ne peut être obtenue qu'au moyen de précautions particulières[1]. A plus forte raison dans des masses hétérogènes, comme celles de la nature, la tendance à la régularité a-t-elle pu être contrariée, surtout lorsque ces masses étaient soumises à des efforts aussi irréguliers que ceux qui ont ployé les couches. Tout exceptionnelle qu'elle soit dans l'écorce terrestre, la régularité mathématique n'y a pas moins la signification très claire que nous venons de lui assigner.

3° **Paraclases**. — Les paraclases[2] ou failles (*faults*, en anglais; *sprunge*, en allemand; etc.), dont les formes se rapprochent beaucoup de celles des diaclases, mais sont plus souvent courbes ou infléchies, s'en distinguent par des dimensions horizontales généralement beaucoup plus grandes, dépassant souvent mille mètres, et surtout, par la grandeur du rejet, indéfini en profondeur, qui les accompagne.

Les failles ont fixé tout naturellement l'attention des mineurs depuis que Werner, à la fin du siècle dernier, a démontré que les filons métalliques doivent naissance à leur remplissage. Dans de nombreux districts de filons, elles ont été étudiées dans leurs moindres détails, et elles ont été figurées d'une manière très instructive, tant dans leur projection horizontale qu'en coupes verticales. En outre, dans les mines de houille, elles arrêtent à chaque instant le champ

---

[1] Le sol de Venise est sujet à des tassements et, par suite, à des ondulations, à des courbures de petit rayon que l'on reconnaît de toutes parts dans le pavé de la basilique de Saint-Marc, ainsi que dans celui de la basilique de Murano. Par suite de ces mouvements, les plaques de marbre ont subi des cassures nombreuses, mais irrégulières et ne ressemblant pas aux réseaux parallèles qu'une torsion proprement dite fait naître.

[2] La proposition παρα qui exprime ordinairement obliquité, latéralité, irrégularité, s'applique bien à une fissure accompagnée de l'abaissement de l'une des deux surfaces, comme celui qui résulterait d'un glissement mutuel.

d'exploitation, à cause du déplacement relatif des couches, qui s'est produit le long de leurs parois ; aussi, dans un grand nombre de bassins houillers, leurs caractères ont-ils été étudiés géométriquement de la manière la plus précise, et il n'en est guère qui n'ait fourni à cet égard des renseignements caractéristiques. Ici, comme dans d'autres cas, la pratique a fourni des données précieuses à la théorie.

En dehors des exploitations de mines, les failles ont été aussi fort étudiées ; car elles jouent un rôle de premier ordre dans l'écorce terrestre, qu'elles divisent en innombrables compartiments, en sortes de voussoirs ; elles forment comme des linéaments, auxquels se coordonnent les traits du relief terrestre.

Dans leurs traces horizontales, considérées à des niveaux différents, de même qu'à leurs affleurements, les failles présentent des configurations semblables à celles qui résultent des expériences précitées.

Comme exemples, je rappellerai le massif de la Côte-d'Or, dans lequel les failles ont été relevées avec beaucoup de soin, tant en plan qu'en coupes verticales ; celles de la Haute-Marne ; celles qui sont figurées sur diverses feuilles de la carte géologique d'Angleterre, etc.

Observations.

A chaque pas, l'exploitation montre au mineur comment les filons métallifères se ramifient en veinules, quelquefois très petites et comparables au chevelu d'une racine. On voit ainsi comment les plus petites cassures ou leptoclases peuvent se rattacher, comme des diminutifs, aux plus grandes : aux paraclases aussi bien qu'aux diaclases.

Par conséquent beaucoup de piésoclases ont la même origine que les diaclases et les paraclases et se sont souvent produites en même temps que ces dernières. C'est ce que témoignent pour beaucoup de piésoclases des surfaces polies et striées, ainsi que des rejets plus ou moins sensibles.

De même, de vrais rejets sont notés à chaque pas le long des diaclases, sur les parois desquelles on observe également des surfaces frottées : exemple le souterrain du canal d'Arschwiller[1].

Néanmoins, de même que dans beaucoup d'autres cas, où il existe des passages, il est nécessaire d'établir une démarcation. Elle est fondée ici sur des différences de caractères géométriques et de dimensions.

Il importe toutefois de remarquer, en présence de cette liaison entre des cassures si différentes par leur dimension, que les synclases constituent un ensemble nettement délimité, et il convient d'autant plus de le faire qu'à première vue, à cause de certaine ressemblance dans les caractères géométriques, on a généralement rapproché les systèmes de cassures qui déterminent des prismes de celles qui déterminent des parallélipipèdes ou des rhomboïdes.

Exemple du rôle des lithoclases relativement au régime des eaux souterraines.

Les lithoclases de divers ordres ont une part évidente dans la circulation des eaux souterraines. On l'a déjà vu à propos de la perméabilité en grand.

Par exemple, d'après les études de Belgrand, la vallée de la Vanne est creusée[2] tout entière dans la craie fissurée ; les sources qui alimentent cette rivière et qui jaillissent au-dessous du village de Fontvannes où est la source de la Vanne, ont

---

[1] *Géologie expérimentale*, p. 332.
[2] *Les Eaux nouvelles*, p. 146 et suivantes.

cela de particulier qu'elles ne sont pas soutenues, à leur point d'émergence, par un terrain imperméable. Les eaux pluviales descendent donc bien au-dessous du thalweg de la vallée, dans les fissures de la craie, soit jusqu'aux argiles sableuses imperméables du terrain crétacé inférieur, soit jusqu'à une masse de craie blanche compacte dépourvue de fissures, ou dont les fissures sont trop étroites pour contenir une grande quantité d'eau. Si le sol était horizontal, comme l'indique la figure 78, les eaux pluviales, après avoir saturé la roche, remonteraient nécessairement jusqu'à la surface du sol, qui deviendrait marécageuse ; tels sont les

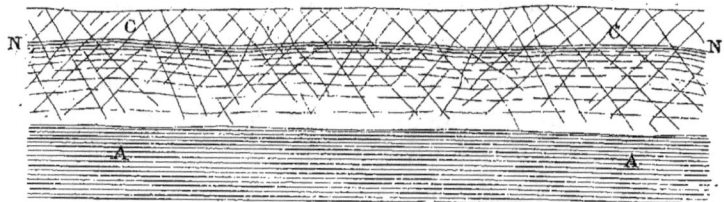

Fig. 78. — Disposition de la nappe d'eau NN dans des couches horizontales de craie fissurée CC supportées par une assise argileuse AA (d'après Belgrand).

marais de Saint-Gond, qui occupent une vaste plaine de 3 à 4000 hectares dans la craie blanche du Petit-Morin.

Quand, au contraire, la surface du sol est découpée par de nombreuses vallées, comme c'est le cas dans le bassin de la Vanne et de la plupart des petites rivières de la Champagne, la nappe d'eau, produite par l'absorption des eaux pluviales, ne peut remonter sur les plateaux jusqu'à la surface du sol, son trop-plein se dirigeant à travers la masse de la craie, et avec une très forte pente, vers la vallée la plus profonde qui forme appel, absolument comme un tuyau de drainage (fig. 79). Il en est de même dans les calcaires oolithiques de la Bourgogne, non moins fissurés.

Le fond de la vallée recevant l'eau par les fissures peut être submergé d'une manière permanente et transformé

GÉNÉRALITÉS.   147

en marais tourbeux qui sont assez fréquents et assez étendus (2173 hectares) pour avoir contribué aux difficultés de la dérivation de la Vanne.

La nappe d'eau souterraine se relève donc dans le sol perméable de chaque côté du fond de la vallée principale. Si

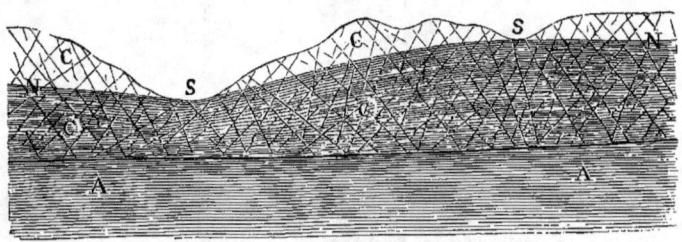

Fig. 79. — Disposition de la nappe d'eau NN, renfermée dans la craie fissurée CC, au voisinage de vallées dans lesquelles elle se déverse sous forme de sources SS. AA, couche imperméable qui soutient la nappe (d'après Belgrand).

l'affleurement de la couche imperméable qui la supporte se fait au-dessus du fond d'une vallée, il y produit une source (fig. 80).

Les sources qui portent en Champagne le nom de *Bîme*

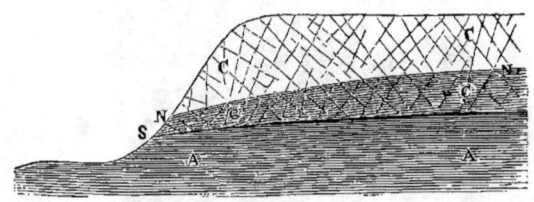

Fig. 80. — Disposition de la nappe d'eau NN, renfermée dans la craie fissurée CC, dans le cas où la couche imperméable AA qui la soutient affleure à flanc de coteau. S, source (d'après Belgrand).

abîme), font bien connaître les allures des eaux phréatiques de la craie ; ainsi le Bîme, qui forme l'origine du ruisseau de Cérilly (fig. 81), source considérable aujourd'hui dérivée à Paris, est à 4500 mètres à vol d'oiseau du thalweg de la vallée de la Vanne à Armentières, et à 26 mètres au-dessus de ce thalweg. Il faut donc une pente de $5^m,78$ par kilomètre pour que la nappe d'eau qui alimente le Bîme s'écoule jusqu'à la Vanne par les fissures de la craie; or dans un aque-

Fig. 81. — Le Bîme de Cérilly, en mai 1876 (d'après Belgrand).

duc de section convenable, cet écoulement se ferait avec une pente de $0^m,10$ par kilomètre. La belle source formant la tête de la partie pérenne du quatrième affluent de la Vanne jaillit, comme l'indique son nom, au fond d'un abîme où gouffre. Autrefois elle remplissait tout le gouffre qui formait le bief du moulin de Cérilly, et, pour la couvrir plus facilement d'une voûte, Belgrand a fait abaisser le plan d'eau, de sorte qu'il ne reste plus qu'un mètre d'eau environ, tandis qu'avant les travaux de captation, la profondeur était de $5^m,06$. L'eau était si limpide qu'on aurait vu une épingle au fond du gouffre; cependant, les gens du pays prétendaient qu'on n'avait jamais pu en trouver le fond.

Ces pentes font comprendre aussi l'existence des sources abondantes de Saint-Mards en Othe, du château de Villemoiron, et de Vareilles, dans les vallées secondaires de la Nosle et de Vareilles.

Quoique ces sources soient à une hauteur notable au-dessus du thalweg de la vallée de la Vanne et qu'elles soient séparées de ce thalweg par des massifs de craie très perméable, elles restent très fortes dans les étés les plus secs.

Ce qui précède explique le petit nombre des rivières et de leurs ramifications, dans les terrains perméables.

A 600 mètres des sources de Saint-Philibert et de Saint-Marcouf jaillissent deux belles sources dont l'une, qui sort du fond d'une grande pièce d'eau admirablement limpide, est qualifiée de *miroir* (fig. 82).

Ces sources sont, après celles d'Armentières, les plus abondantes de celles qui sont conduites à Paris; toutefois elles fléchissent beaucoup en temps de sécheresse.

Les travaux de captation, entrepris à partir de 1868, ont augmenté le débit de toutes les sources en abaissant leur niveau.

En outre, comme l'a fait ressortir Belgrand, l'altitude exerce une influence sur leur régime. Ainsi en considérant seulement les grandes sources, Armentières, Saint-Philibert, le Miroir de Theil et Noé, la première, située à 23 mètres environ au-dessus des autres, a varié du printemps à l'automne, pendant les années humides 1866 et 1867, dans les rapports de $\frac{666}{332} = 2$ et $\frac{907}{399} = 2,77$.

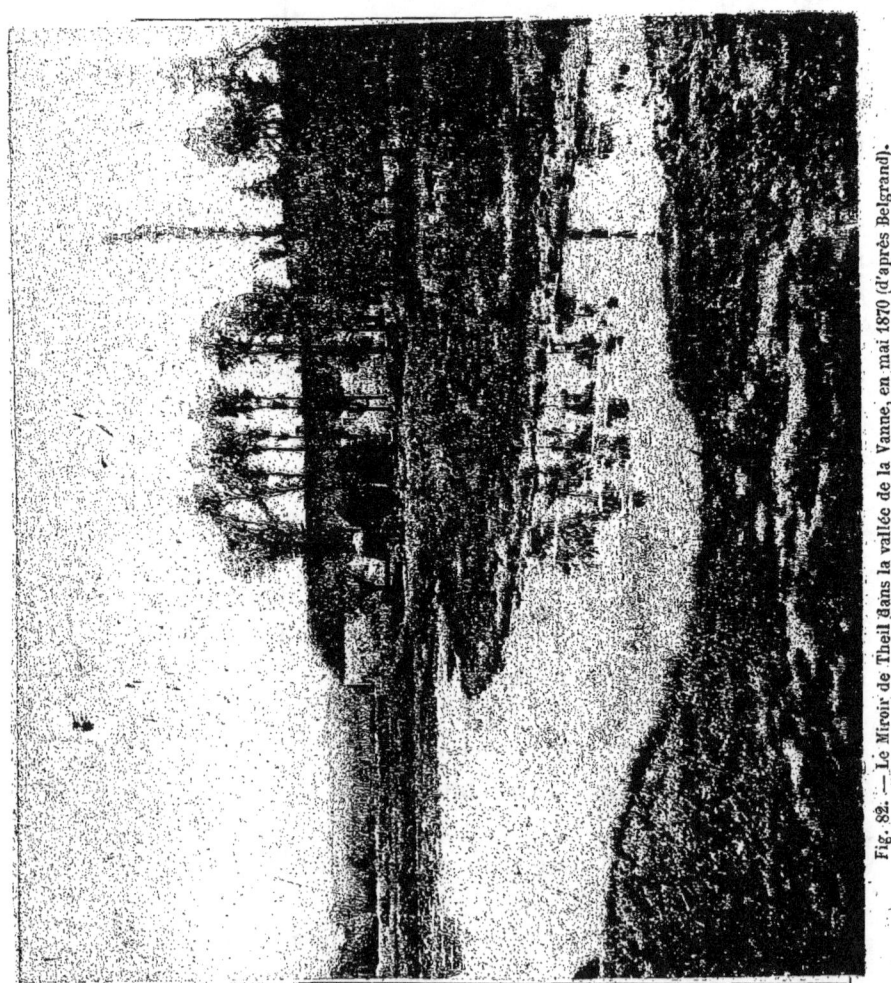

Fig. 82. — Le Miroir de Theil dans la vallée de la Vanne, en mai 1870 (d'après Belgrand).

Les rapports des débits de la plus variable des trois autres sources, le Miroir de Theil, sont notablement plus petits; ils sont, pour ces mêmes années, $\frac{186}{155} = 1,40$ et $\frac{203}{145} = 1,46$.

Le débit des sources de la Vanne est observé chaque jour, à cause de l'intérêt qu'il présente pour l'alimentation de Paris, où elles sont amenées après un parcours de 62 kilomètres.

C'est ainsi qu'on a constaté son accroissement régulier de novembre 1880 à mars 1881, avec un maximum de 1783 litres survenu en mars; elles ont décru ensuite, avec la saison chaude, de façon à donner 1117 litres en novembre 1881, chiffre supérieur au minimum des dix années antérieures.

Elles ont continué à décroître en décembre, à cause de la sécheresse anormale de cette période et n'ont gagné presque rien jusqu'à la fin de l'hiver. Elles se sont relevées un peu au début de 1881-1882, mais se sont mises à baisser à partir du mois de juillet pour atteindre en août leur débit minimum, 945 litres, inférieur à celui des années précédentes[1].

Pour la source de Cerilly en particulier, M. Lemoine a comparé son débit de 1882 à ceux des années antérieures de sécheresse; voici le résultat de cette comparaison :

	1870	1871	1873	1874	1875	1876	1879	1880	1881	1882
Mars	175	»	303	126	173	256	311	240	269	135
Mai	126	188	301	114	127	300	281	209	271	143
Juillet	129	193	259	105	105	213	259	182	213	149
Octobre	101	93	155	72	97	132	237	140	143	95

Les diaclases dont les dimensions dépassent 500 mètres,

---

[1] Ponts et chaussées, service hydrographique du bassin de la Seine organisé par Belgrand : *Résumé des observations pendant l'année* 1881.

servent très souvent de canaux de descente et de remonte. A plus forte raison cela est-il vrai pour les paraclases, qui non seulement par leurs rejets peuvent juxtaposer des terrains de perméabilité différente, comme il a été dit dans le chapitre précédent, mais aussi ouvrir aux eaux un passage plus ou moins facile. Quand, par exemple, des cours d'eau souterrains, cheminant à travers des cavernes, viennent buter contre une issue facile, ils sont dérivés et peuvent parvenir ainsi au jour, sous la forme de sources très volumineuses.

Les lithoclases peuvent aussi déterminer un passage d'un niveau aquifère à un niveau sous-jacent. Par exemple, dans le Jura, l'horizon constitué par les marnes liasiques est alimenté, non seulement par le massif calcaire qui les surmonte, mais aussi par les nappes aquifères supérieures[1].

Percements artificiels des roches : forages artésiens.

A défaut de cassures naturelles, la main de l'homme peut, à l'aide de forages, ouvrir une issue aux nappes souterraines et les faire monter jusqu'à la surface et souvent même jaillir au-dessus du niveau du sol.

L'idée de tels travaux remonte à une antiquité reculée : les Égyptiens y ont eu recours, il y a plus de quarante siècles, et en France, dès 1126, on les pratiquait à Aire en Artois, d'où le nom d'*artésien* qui leur est habituellement donné.

Dans certains cas, le même procédé est mis en usage pour augmenter le volume des sources, particulièrement lorsqu'il s'agit d'eaux rendues précieuses par leur composition ou par leur température.

---

[1] Vezian. *Études géologiques dans le Jura*, t. II, p. 54.

GÉNÉRALITÉS. 153

A part leur utilité pratique, les puits forés apportent des notions précises et en quelque sorte expérimentales, sur le régime des nappes d'eau souterraines.

On avait été conduit à assimiler le phénomène qui nous occupe au mécanisme des vases communicants. Il est plus exact de le rapprocher des conditions réalisées dans la figure ci-jointe[1].

Représentons, dans un premier aperçu, la nappe souterraine par le tuyau droit A'O (fig. 83), à travers lequel s'écoule uniformément l'eau d'un réservoir. Si nous comparons

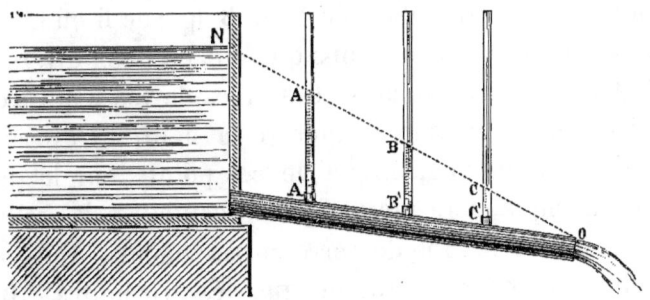

Fig. 83. — Appareil servant à rendre compte des hauteurs diverses auxquelles parvient l'eau d'une nappe artésienne, d'après les distances respectives au niveau du réservoir d'alimentation et de l'orifice d'écoulement.

les pressions qui ont lieu aux points A′,B′,C′ à l'intérieur du tuyau, nous reconnaîtrons qu'elles varient proportionnellement aux distances A′B′,B′C′ comprises entre ces points. Imaginons pour cela des sections transversales faites dans le liquide par les points A′,B′,C′. Les tranches liquides A′B′,B′C′ ont des poids proportionnels à leurs longueurs; les composantes de ces poids, dans le sens de l'axe du tuyau, sont aussi proportionnelles à leurs longueurs, puisque le tuyau est

---

[1] Delaunay. *Cours élémentaire de mécanique*, p. 436, 1851.
L'explication des puits jaillissants a été donnée, en 1691, par Bernardini Ramazzini.

droit, et qu'en conséquence son inclinaison est partout la même. D'un autre côté, les résistances qu'éprouvent ses diverses tranches dans leur mouvement sont également proportionnelles aux longueurs des portions des tuyaux contre lesquelles elles frottent. Donc, d'après la condition de l'équilibre entre les forces qui agissent sur chacune de ces tranches, les différences des pressions qui agissent à leurs extrémités doivent être proportionnelles aux longueurs des tranches; les différences des pressions en A' et en B', en B' et en C', doivent donc être dans le même rapport que les distances A'B',B'C'. Si les distances sont égales entre elles, la pression variera autant de A' en B' que de B' en C'.

Pour mesurer les pressions qui ont lieu aux divers points A',B',C', on peut y implanter des tubes de verre qui s'élèvent verticalement, comme le montre la figure. L'excès de la pression en un quelconque de ces points, sur la pression atmosphérique, sera mesuré par la hauteur à laquelle l'eau s'élèvera dans le tube de verre correspondant. Il est aisé de conclure de ce qui précède que les extrémités A,B,C des colonnes d'eau que l'on obtiendra ainsi seront situées sur une ligne droite. De plus cette ligne droite, prolongée suffisamment, devra passer par l'extrémité du tuyau O, et par le point N, situé sur la surface libre de l'eau du réservoir, verticalement au-dessus de l'origine du tuyau.

C'est ce que l'expérience confirme complètement.

Si l'on suppose maintenant que l'ensemble des couches ait la disposition, très fréquemment observée, d'une sorte de bassin ou de fond de bateau (fig. 84)[1], les affleurements des diverses couches viendront se relever et dessiner à la surface du sol une série de courbes concentriques. Les couches perméables auront laissé s'infiltrer les eaux coulant à la surface

---

[1] Nous ne pouvons mieux faire que d'emprunter textuellement les détails qui suivent à l'excellent *Cours d'exploitation des mines*, de M. Callon, t. I, p. 93.

du sol, d'autant plus facilement qu'en raison même de leur perméabilité, elles ont été souvent les plus faciles à désagréger, et que, par suite, leurs affleurements sont accusés par des dépressions où les eaux du jour tendent à se rassembler. Ces couches seront donc entièrement saturées d'eau.

Si maintenant, ce qui est le cas général, les divers points d'affleurement ne sont pas au même niveau, l'eau s'infiltre par les points les plus élevés, tels que A, et elle sort par les points les plus bas, tels que B, sous la forme de sources jaillissant au jour, ou sous le lit des fleuves ou sous celui de la mer. Les eaux dont est imprégnée la couche aquifère ne sont donc pas stagnantes; elles forment, au contraire,

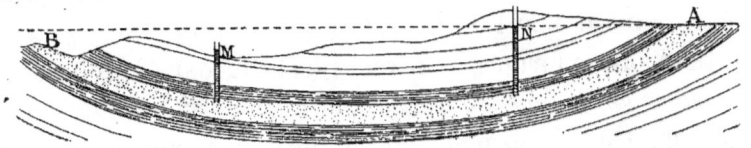

Fig. 84. — Coupe d'un groupe de couches disposées en forme de bassins parmi lesquelles il en est une AB perméable comprise entre deux couches argileuses. MN, niveau auquel l'eau s'élève dans deux frages, exécutés à des altitudes différentes (d'après M. Callon).

des courants souterrains, dont la direction et la vitesse en chaque point dépendent de sa position, en plan et en élévation, par rapport aux affleurements, ainsi que de la perméabilité plus ou moins grande de la couche aux environs du point considéré.

Si l'on isolait par la pensée une petite masse d'eau depuis son entrée dans la nappe aquifère jusqu'à sa sortie, l'enveloppe de ses positions successives serait assimilable à un tuyau de conduite, dans lequel on devrait regarder la section comme irrégulière et brusquement variable d'un point à un autre, et le périmètre de la section comme très grand relativement à cette section; à un tuyau de conduite, en un mot, dans lequel, pour une vitesse donnée de l'eau, il se ferait des pertes de charge par mètre courant beaucoup plus grandes que dans un tuyau ordinaire. Mais cela n'empêcherait pas l'écoulement de s'y faire suivant des lois semblables, qui ne différeraient que par la valeur des coefficients numériques [1]. Supposons donc qu'en un point donné de ce courant souterrain on eût percé un trou et qu'on y implantât, comme dans le cas de la figure 83, un tuyau suffisamment prolongé vers le haut, on aurait une sorte de piézomètre, dans lequel l'eau se tiendrait en dessous du point d'infiltration, à une distance verticale qui servirait de mesure à la hauteur totale employée pour donner à l'eau sa vitesse au point considéré, et, en outre, pour surmonter toutes les résistances et compenser toutes les pertes de force vive éprouvées depuis le point d'infiltration.

En d'autres termes, le niveau de l'eau dans le tube serait *un point de la ligne de charge*[2], et le lieu géométrique de ces niveaux, considérés pour l'ensemble de la nappe souterraine, serait une surface plus ou moins sinueuse qu'on pourrait désigner sous le nom de *surface piézométrique* ou *surface de charge*.

Ceci posé, un puits artésien aboutissant à un point de la nappe aquifère donnerait, ou non, des eaux jaillissantes selon que la *surface piézométrique* en ce point serait *au-dessus* comme en M ou *au-dessous* comme en N du point correspondant de la surface du sol.

On partage ainsi la contrée en deux sortes de zones, que l'on pourrait figurer par deux couleurs différentes. M. Haton de la Goupillière[3] appelle *positives* celles dans lesquelles la surface piézométrique s'élève au-dessus du terrain, et *négatives* celles pour lesquelles elle plonge au-dessous du sol. La

---

[1] Delaunay. *Cours de machines*, n° 136.
[2] Qui était une ligne droite dans les conditions théoriques de la figure 83.
[3] *Cours d'exploitation des mines*, t. I, p. 145.

courbe d'intersection qui les limite devient ainsi la *ligne de partage hydrologique* de la région, au point de vue qui nous occupe.

Cet énoncé constitue comme une sorte de théorème, définissant la condition géométrique à laquelle serait subordonné le succès d'un sondage, qu'on entreprendrait en un point donné, pour créer un puits artésien donnant de l'eau jaillissante.

Cette théorie doit être regardée comme parfaitement établie, et d'accord avec tous les faits observés, faits qu'elle explique et peut même faire prévoir. On en citera ici quelques-uns :

1° Le niveau piézométrique en un point donné, c'est-à-dire le niveau auquel l'eau *s'arrête au-dessous du sol* dans le cas d'un boit-tout, ou *s'élève au-dessus* dans un puits artésien, prolongé par un tuyau d'une longueur suffisante pour que l'écoulement n'ait pas lieu, ce niveau est indépendant du diamètre, et il est généralement plus élevé lorsque le trou est tubé que lorsqu'il ne l'est pas.

2° Le volume d'eau que fournit un puits artésien augmente avec le diamètre du puits, mais non pas proportionnellement à sa section. Le rapport des débits est moindre que celui des sections, et d'autant moindre que, pour un rapport donné, ces sections sont plus grandes en valeur absolue.

3° Ce même volume augmente à mesure que l'on prend l'eau plus près de la surface du sol, ou à une plus grande distance en dessous du niveau piézométrique.

4° Il augmente encore, lorsque, après avoir foré un puits, on vient à le tuber. Cela résulte de ce qui a été dit plus haut, sur les variations du niveau piézométrique. L'écoulement par un puits non tubé équivaut en effet à l'écoulement par un tuyau qui présenterait des fuites sur divers points de sa longueur.

5° Deux puits suffisamment voisins s'influencent de telle sorte que chacun d'eux diminue le produit que donnerait l'autre, s'il était seul ; la somme de leurs débits tend, à mesure qu'ils sont plus rapprochés, à se réduire à ce que donnerait un puits unique ayant une section égale à la somme de leurs sections.

La théorie qui vient d'être donnée explique facilement ce fait bien connu, à proximité des côtes de l'Océan, que l'état de la marée influe sur le débit des puits artésiens. Ainsi on remarque que le niveau de la fontaine jaillissante de Noyelle-sur-Mer (Somme) monte et baisse avec la marée. Le puits de l'hôpital militaire de Lille suit, à huit heures de distance, les oscillations de la marée. A Fulham, près de l'embouchure de la Tamise, un puits foré à 97 mètres de profondeur donne 363 litres par minute au moment du reflux et 273 lors du flux[1]. D'autres puits voisins de la mer sont jaillissants à marée haute et cessent de l'être à marée basse.

La marée haute augmente la charge sur les orifices de sortie qui sont sous l'Océan, en ralentit l'écoulement, relève la surface piézométrique de toute la nappe souterraine et pour certains points peu éloignés de la mer et placés à un niveau assez bas, peut les faire passer du *dessous* au *dessus* de la surface du sol.

Certaines irrégularités de quelques puits artésiens se rattachent à des tremblements de terre. Par exemple, en juin 1863, le forage d'El-Annatt, dans le Hodna, a subi un arrêt momentané coïncidant, non seulement avec un violent ouragan, mais aussi avec des oscillations du sol dans le voisinage.

Comme confirmation de l'existence et du mode d'alimentation superficiel de cours d'eau souterrains, d'où provien-

---

[1] *Comptes rendus*, t. LVII, p. 114, 1863.

nent les eaux artésiennes, le fait suivant est particulièrement éloquent.

A la fin de janvier 1830 on reconnut[1] que dans le puits foré de 110 mètres de profondeur exécuté à Tours en 1829, dans la craie inférieure, l'eau s'étant élevée durant plusieurs heures avec une grande vitesse, avait amené beaucoup de sable fin et de petits fragments d'épines, des graines de plantes, la plupart marécageuses (*Galium uliginosum*), ainsi que des coquilles d'eau douce et terrestres non altérées (*Planorbis marginatus*, *Helix rotunda* et *striata*).

De leur état de conservation et de la maturité des graines, Dujardin pensa pouvoir conclure que ces eaux et les corps étrangers qu'elles avaient entraînés n'avaient pas mis plus de trois ou quatre mois à descendre de quelque vallon humide.

De même, l'eau d'un puits foré à Riemke, près de Bochum, en Westphalie, a amené de 45 mètres jusqu'à son orifice de petits poissons de 8 à 10 centimètres, et sans doute empruntés aux cours d'eau superficiels, dont les plus voisins sont à 10 et 20 kilomètres.

Pour quelques graines, coquilles, poissons, sables ou graviers qui, de ces profondeurs, parviennent à la surface, combien s'arrêtent en route dans les sinuosités des canaux que ces objets finissent par obstruer!

Des faits analogues ont été fréquemment signalés dans les puits artésiens du Sahara.

Certains puits jaillissants de la région d'Ourlana dans l'Oued Rhir rejettent des animaux, et nulle part ce fait ne paraît mieux caractérisé, puisqu'il s'agit ici d'animaux vivants, poissons, crabes et mollusques qui sont loin d'être une rareté.

---

[1] Dujardin. *Mémoire soc. géol.*, 1re série, t. II, p. 248, 1837.

M. G. Rolland cite, comme authentiques, les deux exemples suivants[1] :

Mazer. Sondage n° 3; 8 février 1876. Profondeur, 80^m,35. Hauteur de l'orifice du tube au-dessus du sol, 0^m,80; diamètre final, 0^m,16. Débit total primitif, 3800 litres par minute, à la température de 25°,5; au bout de deux ans, le débit s'est élevé à 4600 litres. Le sondage avait été entrepris à 1 kilomètre de l'ancienne oasis, au milieu d'un terrain nu et inculte, sans rigole ou fossé, ni source ou étang. Or, quelques jours après l'aménagement du puits, le directeur de l'atelier vit sortir du tube un crabe vivant de la grosseur du pouce. Après lui, M. le général Carteret et M. Jus vérifièrent *de visu* que la gerbe jaillissante rejetait des crabes, poissons et mollusques vivants, en même temps que des sables; coiffant d'un filet l'orifice du tube, ils prirent beaucoup de crabes de petite et moyenne grosseur.

Sidi-Amran. Sondage n° 2; 31 janvier 1879. Profondeur 81^m,09. Diamètre final 0^m,12. Débit, 4000 litres à 24°. L'emplacement était situé à une extrémité de l'oasis et n'offrait pas trace d'eau. Dès que la colonne de 0^m,12 fut parvenue à 61^m,73 sur le poudingue calcaire qui recouvre la nappe artésienne dans cette région, le jaillissement eut lieu avec force; du 23 au 28 janvier, tandis qu'on s'enfonçait dans les sables aquifères, l'eau charria au jour une grande quantité de ces sables, ainsi que des cailloux et noyaux calcaires pesant jusqu'à 1200 grammes, soit, en tout, non moins de 400 mètres de matières solides. Or, le 29 janvier, M. Jus recueillit, au milieu des sables qui venaient d'être rejetés et encombraient les abords du tube, beaucoup de petits poissons et mollusques vivants.

Les mollusques sont très communs, tant à Ouargla et dans

---

[1] *Comptes rendus*, t. XCIII, p. 1090, 1881.

l'Oued Rhir qu'au Zab. Dans 39 localités de l'Oued Rhir, les puits artésiens ont ainsi rejeté des poissons, crustacés et mollusques vivants, qui ont été déterminés par M. Sauvage et M. Bourguignat. Les mollusques vivants recueillis, d'après M. Jus, appartiennent aux espèces suivantes : *Melanopsis Maroccana*, Morlet; *Amnicola Pycnocheilia*, Bourguignat; *Amnicola Jusi*, *A. Miloni*, id.; *A. Saharica*, id.; *A. Cossoni*, id.; *Melania tuberculata*, id.; *Paludestrina Jusi*, id.; *P. arenaria*, id.; *P. Peraudieri*, id.; *P. subacerosa*, id.; *Hydrobia Brondeli*, id.; *Cardium edule*, *Planorbis corneus*, id.; *Cardium Saharicum*, id.; *Helix Uthicensis*, id.; *H. pyramidata*, Draparnaud; *H. Sitifiensis*, Bourguignat; *H. specialis*, id.; *H. Critonidis*, Jus, id.; *H. micromphalus*, Letourneur; *H. Kolcensis*, Bourguignat; *Lencochroca candidissima*, Beeck; *Bulimus decollatus*, Bruguière; *B. Jusi*, Bourguignat.

Les crabes ne sont connus qu'en trois points de l'Oued Rhir, savoir, dans les rigoles alimentées par les puits n° 3 de Mazet, n° 2 d'Ourlana, et n° 1 de Tamerna Dyedida. Dans le Zab occidental, ils sont plus fréquents. Les divers individus appartiennent à une même espèce, la *Telphusa fluviatilis* (Rondelet).

Les poissons sont *Cyprinodon calaritanus*, Bonelli; *Hemichromis sahara*, Sauvage; *Hemichromis Rollandi*, *Chromis Zillei*, Gervais; *Chromis Desfontainei*, Lacépède.

On s'expliquera l'origine de ces nombreux végétaux et animaux provenant de la surface, après avoir vu plus loin le régime des nappes souterraines du Sahara.

Boit-tout[1]. Si le niveau d'équilibre d'un puits artésien se trouve au-dessous de la surface du sol, ce puits peut fournir de l'eau, comme les puits ordinaires, à la condition qu'on emploie des moyens particuliers pour l'élever jus-

---

Delaunay. *Cours élémentaire de mécanique*, p. 445, 1851.

qu'à la surface du sol. Mais si, au lieu d'y puiser de l'eau, on y en introduit, au contraire, ce qui tend à y faire monter le niveau, l'équilibre sera rompu. La colonne d'eau contenue dans le puits deviendra trop haute pour être soutenue par la pression qui s'exerce à sa partie inférieure ; et en conséquence elle descendra, de manière à rétablir le niveau où il était précédemment. On pourra donc faire arriver continuellement de l'eau dans un pareil puits sans qu'il s'emplisse ; cette eau s'écoulera dans la nappe souterraine à laquelle il communique ; on aura ce que l'on nomme un *puits absorbant*, ou *boit-tout*.

On se sert très souvent de puits absorbants, tels que ceux dont nous venons de parler, soit pour dessécher des terrains marécageux, soit pour faire disparaître l'humidité du sol dans le voisinage de constructions importantes auxquelles elle pourrait porter préjudice, soit encore pour faire disparaître des eaux malsaines provenant d'un établissement industriel, ou enfin, pour créer de petits fours hydrauliques, comme avec le procédé Haurian[1]. Il existe un exemple remarquable de puits absorbant à Saint-Denis, près Paris. En perçant un puits artésien on rencontra d'abord une couche absorbante ; puis plus bas une nappe d'eau jaillissante ; et plus bas encore une seconde nappe jaillissante, dont l'eau était de meilleure qualité que celle de la précédente. On disposa dans ce puits trois tuyaux concentriques, s'élevant tous trois jusqu'à la surface du sol, mais descendant à des profondeurs différentes. Le tuyau intérieur, fut établi jusqu'à la seconde nappe jaillissante. Le second tuyau, enveloppant le premier, de manière à laisser un espace libre entre eux, descendit jusqu'à la première nappe jaillissante. Enfin le troisième tuyau, enveloppant le second de la même

---

[1] Haton de la Goupillière. *Traité d'exploitation des mines*, t. I, p. 149.

manière ne descendit que jusqu'à la couche absorbante. Par cette disposition, les eaux de la nappe jaillissante inférieure montent par le tuyau central; celles de la nappe jaillissante supérieure montent par l'espace annulaire compris entre le premier tuyau et le second; et l'excédent de ces eaux, qui n'est pas employé pour l'usage de la ville, s'écoule dans la couche absorbante, par l'espace annulaire compris entre le second et le troisième tuyau.

§ 1er. ROLE DES LITHOCLASES SIMPLES.

Terrains tertiaires.

Bassin de Paris. — La variété des terrains tertiaires parisiens ne permet pas d'indiquer d'une manière générale les nombreuses nappes d'eau que l'on y rencontre très fréquemment. Nous nous bornerons à rappeler que les couches tertiaires présentent plusieurs niveaux de sources. Un premier niveau aquifère se trouve dans les marnes et calcaires lacustres supérieurs et un second dans les sables et grès supérieurs, dits de Fontainebleau, qui sont soutenus par les marnes vertes supérieures au gypse. Ces eaux sont rarement ascendantes, parce qu'elles n'ont pas de bassin hydrographique d'une étendue suffisante; utilisées souvent au moyen de puits, elles sortent des flancs des collines, sous forme de sources. Un troisième niveau d'eau, se divisant souvent, existe dans le terrain lacustre inférieur. L'étage des marnes, des calcaires et des meulières, supérieur à ce groupe, l'étage gypseux, l'étage calcaire inférieur, renferment également des eaux souvent ascendantes, quelquefois jaillissantes à plusieurs mètres au-dessus du niveau de la Marne ou de la Seine, notamment dans le département de Seine-et-Marne. Le calcaire grossier contient aussi des couches aquifères qui constituent un quatrième niveau d'eau. Enfin, les sables inférieurs ou le groupe de l'argile plastique, à cause des sables qui lui sont subordonnés, en contiennent un cinquième, le plus important, en ce que les jets qu'il produit sont les plus fréquents et en même temps les plus élevés. Les couches de ce groupe constituent des réservoirs plus étendus que ne le sont ceux des couches précédentes [1].

La présence souterraine des eaux est due à la disposition des couches, qui est telle qu'elles occupent la partie inférieure du bassin tertiaire de Paris, tandis qu'en se redressant elles forment une partie de son pourtour élevé.

On a vu plus haut quelle est leur disposition dans les vallées de la Brie. La figure 47 donnée page 83, représente l'une des sources de la Dhuis.

Considéré dans son ensemble géologique, le bassin de Paris est éminemment propre à la création des puits artésiens. Les couches y sont disposées en forme de cuvettes de grandeur décroissante, placées les unes dans les autres, et dont Paris occupe à peu près la partie centrale. Ces terrains alternativement perméables et imperméables sont très faiblement accidentés; plusieurs niveaux fournissent des centaines de puits artésiens dont la profondeur varie habituellement de 10 à 30 mètres. M. Ch. Laurent a publié des coupes d'ensemble des puits qu'il a forés dans les vallées de la Seine et de la Marne et qui font connaître les ondulations du terrain, ainsi que les différences remarquables qui existent entre les niveaux d'ascension de leurs eaux [2].

Pyrénées-Orientales. — De même que le bassin de Paris, bien

---

[1] Degousée. *Traité de sondage*, 2ᵉ édition, t. II, p. 473.
[2] Degousée et Laurent. *Guide du sondeur*. 2ᵉ édition, t. I, p. 523, planches 42 et 43.

des terrains tertiaires présentent une disposition favorable à la réussite des puits artésiens.

D'après M. L. Ville[1] les eaux du pliocène supérieur jaillissent seulement dans une étendue fort limitée du bassin hydrographique du Roussillon ; en sorte que généralement les puits artésiens vont s'alimenter dans le pliocène inférieur qui est d'origine marine. Quant à la profondeur à laquelle ils sont forés, elle doit naturellement être d'autant plus grande qu'on s'éloigne davantage des montagnes qui limitent le bassin.

L'auteur rapporte les couches aquifères du Roussillon à deux étages géologiques, le pliocène inférieur, et le pliocène supérieur. Ce dernier serait, du reste, contemporain du terrain de Sahara, dont il a, sous certains rapports, les caractères minéralogiques.

Bassin de Londres. — A Londres il existe des puits de ce genre qui se présentent dans des sables subordonnés à l'argile plastique.

Dans le bassin de la Tamise une succession de villes et de villages marque la jonction des couches tertiaires et de la craie, sur laquelle, le niveau des eaux souterraines approchant de la surface, les sources sont nombreuses, comme à Croydon, à Carshalton et dans toute cette ligne de villages qui s'étend jusqu'a Guildford et en outre de l'autre côté de Londres, à Ware, Hertford, Hatfield, Watford et d'autres.

Les sables tertiaires inférieurs ont, dans ces dernières années, contribué à l'alimentation, au moyen de puits artésiens, de Londres, aussi bien que des districts adjacents, dont le sol est formé d'argile imperméable et où l'eau est rare[2].

[1] *Revue géologique de Delesse.*
[2] Prestwich. *Address.* 1851.

En effet ces sables passent sous le London clay, de telle sorte qu'ils sont alimentés d'eau tout le long de leur affleurement dans le Surrey et le comté de Hertford.

Leur niveau à l'affleurement est à peu près à 30 mètres au-dessus du niveau de la Tamise, tandis qu'à Londres ils sont à environ 60 mètres au-dessous. De sorte qu'ils forment une cuvette de 100 mètres de profondeur, dont le centre est rempli d'argile imperméable.

Belgique. — Les terrains tertiaires jouent un rôle important dans le gisement des eaux souterraines de la Belgique,

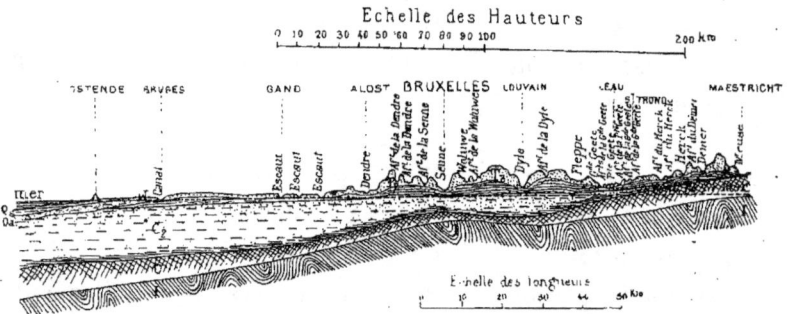

Fig. 85. — Coupe des couches aquifères de la Belgique, dirigée du nord au sud. I, roches dévoniennes quartzeuses et schisteuses; C, couches crayeuses et marneuses, en partie aquifères; C_2, couches crétacées argileuses et argilo-sableuses imperméables dans leur ensemble; s, couches sableuses et sablo-argileuses perméables; Q_a, argile quaternaire; Q_s, sable quaternaire. — D'après M. Verstraeten.

ainsi que l'expriment les deux coupes (fig. 86 et 87) empruntés à M. Verstraeten [1].

Aux environs de Bruxelles les groupes éocènes yprésien et landénien renferment des argiles sableuses, auxquelles correspondent plusieurs niveaux d'eau de régime différent et souvent ascendants.

Les sondages éxécutés dans la vallée de la Dives à Louvain

---

[1] Verstraeten. *Examen hydrologique des environs de Bruxelles.*

et aux environs ont également rencontré des nappes d'eau jaillissantes[1].

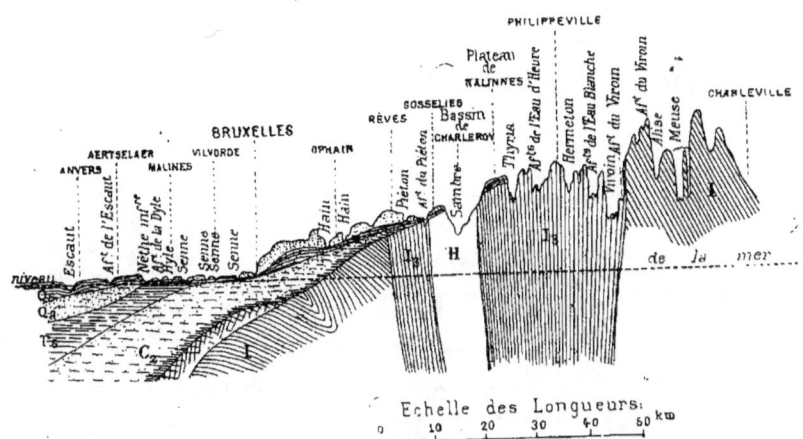

Fig. 86. — Coupe des couches aquifères de la Belgique dirigée de l'ouest à l'est. I_2, roches quartzeuses et schisteuses des Ardennes; I_3, roches calcaires et quartzo-schisteuses du Condroz (dévonien); II, terrain houiller; C_1, roches crayeuses et marneuses imperméables; C_2, couches crétacées, argileuses et argilo-sableuses imperméables dans leur ensemble; T_s, couches tertiaires sableuses et sablo-argileuses perméables; Q_a, argile quaternaire; Q_s, sable quaternaire. — D'après M. Verstraeten.

Vienne, Autriche. — Plus de cent puits dont plusieurs sont séculaires ont déjà été ouverts à Vienne et dans ses environs. Leur profondeur est en général comprise entre 60 et 100 mètres.

Venise. — La situation exceptionnelle de Venise semblait devoir la priver de toute eau douce provenant de son propre sol. A défaut de sources et de puits ordinaires, des puits forés y ont apporté en abondance de l'eau douce; la figure 88 montre la disposition de la nappe qui les alimente.

Département d'Alger : Basse Mitidja; sources jaillissantes na-

---

[1] Bihet. *Puits artésien de Louvain*, 1876.

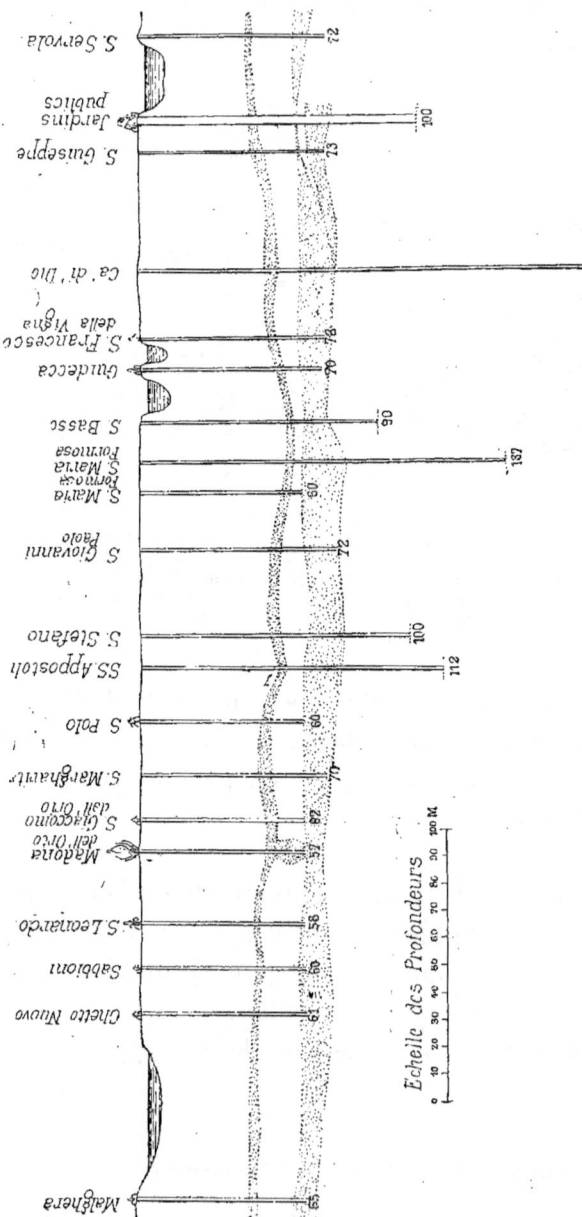

Fig. 87. — Sondages de Venise. — D'après MM. Degousée et Laurent.

turelles et puits forés[1]. — La Basse Mitidja renferme des nappes d'eau souterraines qui se manifestent soit par des sources naturelles, soit en s'élevant dans de nombreux forages; elles sont instructives, particulièrement au point de vue des nappes analogues du Sahara (fig. 89).

Les eaux de l'Harrach supérieur et de son principal affluent, l'Oued Djemâa, sont détournées à leur sortie du terrain crétacé, et utilisées presque entièrement en irrigations sur les territoires de l'Arba et de Rovigo.

Une partie de ces eaux se perd néanmoins dans les cailloux du lit, et on pourrait penser qu'elles circulent souterrainement sous ces cailloux depuis Rovigo ou l'Arba jusqu'au deuxième kilomètre en aval du confluent de l'Oued Djemâa, point où l'eau reparaît dans le lit d'abord par un faible débit qui s'accroît assez rapidement en descendant le cours de la rivière. On avait même basé sur cette idée un projet d'aménagement d'eaux pour la ville d'Alger. Il n'en est pourtant point ainsi en réalité. En 1874 plusieurs sondages que M. l'ingénieur en chef des mines Pouyanne a fait exécuter dans le lit de l'Harrach, un peu en aval du confluent de l'Oued Djemâa, ont démontré que s'il coule réellement un peu d'eau en ce point sous les cailloux du lit de l'Harrach, c'est une quantité insignifiante, ne pouvant nullement expliquer les débits qui passent en toute saison à ciel ouvert dans l'Harrach inférieur. En suivant ce lit pas à pas, en 1874, M. Ville et M. Pouyanne ont pu s'assurer, par de nombreuses mesures thermométriques, par des jaugeages répétés de distance en distance et par la vue directe, que tout le débit de l'Harrach inférieur, en étiage, provient de sources artésiennes naturelles, sourdant pour la plus grande partie dans le lit, mais pour une certaine fraction, aux envi-

[1] D'après une communication de M. l'ingénieur en chef des mines Pouyanne.
[2] Degousée. *Bull. de la Société géologique*, 2ᵉ série, t. V, p. 30 et t. VII, p. 481.

rons et dans le lit des affluents inférieurs. A l'étiage le débit total ainsi produit dépasse un mètre cube par seconde. La presque totalité de ces sources artésiennes sort de terre avec

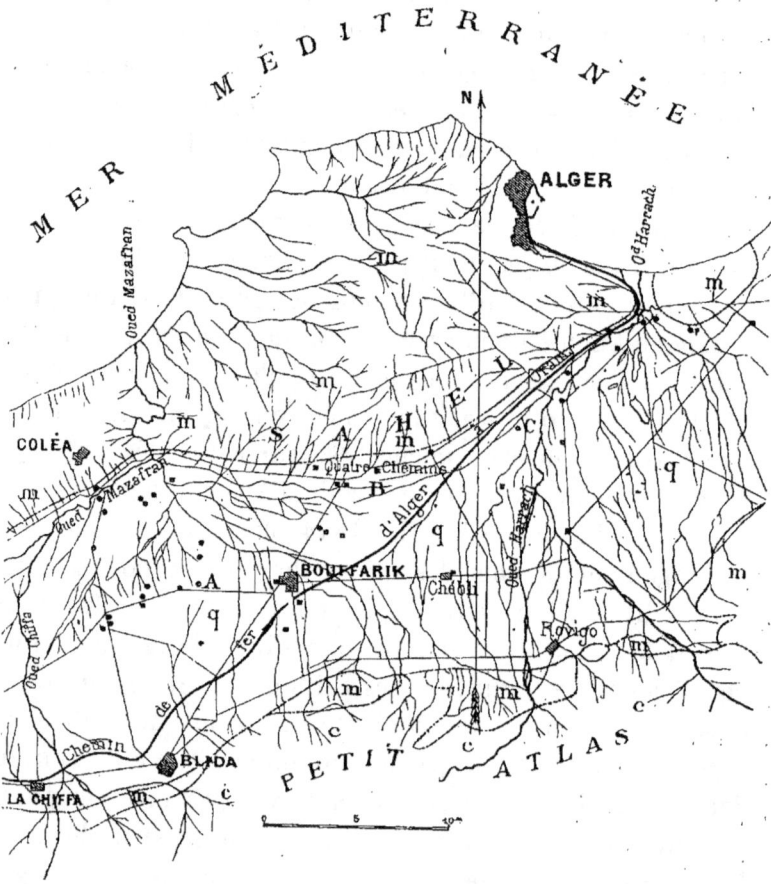

Fig. 88. — Carte de la Basse Mitidja. *c*, terrain crétacé; *m*, terrain tertiaire; *q*, terrain quaternaire. Les sondages à nappes jaillissantes sont représentés par de petits ronds noirs, et ceux à nappes simplement ascendants, par de petits carrés. — D'après M. Pouyanne.

une température de 18 à 19°, à peine supérieure à la température moyenne des lieux qui atteint 17° ou 17°,5. Un très petit nombre de sources seulement, fournissant ensemble un faible débit, sourdent à la température de 21 à 22°.

Les faits ainsi observés prouvent à eux seuls que dans la partie tout à fait inférieure du bassin de l'Harrach, il existe au moins deux nappes artésiennes, l'une à profondeur assez grande, fournissant peu de sources, l'autre à profondeur moindre, fournissant la plupart d'entre elles. Celles de ces dernières qui se font jour au dehors du lit des oueds faisaient autrefois un vaste marais de toute cette partie de la plaine de la Mitidja ; les fossés d'assainissement en ont fait disparaître un grand nombre, ou plutôt leur ont donné un emploi utile tout en supprimant les marécages. Ces phénomènes ne sont pas particuliers au bassin inférieur de l'Harrach, mais on les retrouve aussi dans le bassin inférieur du Mazafran.

L'existence des nappes en question est démontrée, d'autre part, par les nombreux sondages de la basse Mitidja.

La figure montre que la Mitidja est formée par une bande quaternaire s'appuyant au nord sur les collines tertiaires du Sahel, au sud sur le terrain crétacé du petit Atlas et un certain nombre d'affleurements tertiaires qui en bordent le pied. La profondeur de cette bande quaternaire n'est pas bien connue; mais elle dépasse 120 mètres en plusieurs points, comme il résulte de plusieurs sondages. Elle semble, si l'on peut s'exprimer ainsi, n'être au moins dans sa partie supérieure que l'intégrale des cônes de déjection des nombreux torrents venant du petit Atlas. Cela explique pourquoi ce terrain n'est point régulièrement stratifié, au point que deux sondages, même fort voisins, présentent toujours des coupes dissemblables. Le terrain consiste en lentilles plus ou moins étendues composées les unes de cailloux roulés, les autres de sable, d'autres d'argiles sableuses ou caillouteuses, d'autres d'argile à peu près pure, enchevêtrées les unes dans les autres. Les eaux du petit Atlas s'infiltrent dans la partie sud de ce terrain, y descendent à des profondeurs diverses, cheminent par les lentilles perméables, tantôt s'élevant, tantôt s'abaissant, tantôt se partageant en plusieurs nappes, suivant la composition du terrain, et viennent buter contre le pied du Sahel, formé par les puissantes assises du terrain sahélien (miocène supérieur). S'infiltrant aux altitudes de 120 à 150 mètres, elles arrivent au pied du Sahel sous un sol dont l'altitude maximum est de 50 mètres vers les Quatre-Chemins et s'abaisse de plus en plus vers Maison-Carrée d'une part, vers le Mazafran de l'autre. Leur pression hydrostatique est suffisante pour les faire remonter partiellement au jour par une foule de crevasses naturelles. On a pensé qu'elles devaient avoir sous la mer un exutoire direct et cette opinion n'a rien d'invraisemblable.

Beaucoup de sondages ayant fourni des résultats utiles sont compris dans une bande de 36 kilomètres de longueur et 7 à 8 kilomètres de largeur. Tous n'ont pas donné de l'eau jaillissante, et beaucoup ne fournissent que de l'eau arrivant à 5 ou 6 mètres sous le sol. Mais avec des engins élévatoires (norias ou pompes) ils donnent des débits considérables, et beaucoup de particuliers s'accommodent parfaitement de ce résultat.

Presque tous empruntent l'eau de la nappe supérieure qui se rencontre ordinairement entre 25 et 45 mètres de profondeur.

D'autres parties du département d'Alger, ainsi que du département d'Oran, sont riches en sondages.

Hodna et Sahara du département de Constantine. — Dans de vastes régions du globe où il ne pleut pas, il peut exister néanmoins à proximité de la surface, des nappes d'eau qui y pénètrent latéralement de régions éloignées.

Ainsi, les puits artésiens du Sahara, qui jaillissent généralement de couches quaternaires sont alimentés, du moins en partie, comme l'a déjà reconnu M. Dubocq[1], par des nappes subordonnées au terrain crétacé. Ils représentent une véritable imitation artificielle des sources jaillissantes du même pays.

La vaste région qui s'étend du 2ᵉ au 5ᵉ degré de longitude orientale, du 35ᵉ au 32ᵉ degré de latitude, n'est point stérile sur toute son étendue. On y constate des alternances de hauteurs et de dépressions qui viennent fréquemment borner un horizon que l'on croyait sans limites, ainsi que, des dunes de sables et de vastes marécages. Les lacs salés ou chotts et les dunes de sables, à la surface incessamment agitée et remaniée par le vent, sont seuls absolument stériles. Des arbrisseaux rabougris et noueux, retenant le sable ou la terre autour de leur pied, de manière à former une série de buttes naturelles ; quelques graminées, des plantes littorales, qui ne prospèrent que dans les terrains contenant une certaine proportion de sel marin, couvrent le sol du désert, et sont incessamment rongées par les moutons et les chameaux des nomades, auxquels leurs feuilles servent de pâtures pendant les mois de l'hiver.

On rencontre de plus aux abors des cours d'eau qui descendent de l'Aurès, tels que l'Oued Biskra, l'Oued-el-Abiod, l'Oued-el-Arab, d'assez vastes espaces cultivés en céréales, pour lesquelles on utilise les eaux que les torrents fournissent en abondance en hiver et au printemps, jusqu'à la fonte des neiges qui couvrent les cimes de l'Aurès. A ce moment les blés et les orges atteignent leur maturité ; on les coupe et le terrain reçoit, au retour de la saison d'hiver, de nouvelles semences. Les cultures les plus variées prospèrent : des arbres à fruits, tels que le figuier, l'olivier, le grenadier ;

---

[1] *Annales des Mines*, 5ᵉ série, t. II, p. 248, 1852.

des légumes, fèves, oignons, pastèques, le piment indispensable à la cuisine arabe, le henné et le tabac. On plante de plus dans les clairières, de l'orge qui se consomme le plus souvent en vert (djedria) et donne deux coupes successives au printemps, ainsi que quelques blés hâtifs. Leur irrigation exige, d'après des relevés pris aux environs de Touggourt, environ 70 litres par jour; si l'on ajoute une quantité égale pour les cultures maraîchères du jardin, on arrive à 140 litres par vingt-quatre heures, soit à un décilitre par minute et par dattier, en rapportant tout le volume d'eau à cet arbre, qui sert habituellement de terme de comparaison pour apprécier l'importance des cultures des oasis. L'abondance des eaux forme ainsi la seule limite du développement que peuvent recevoir les plantations de dattiers, car les débouchés en sont faciles et assurés.

Dans les plateaux, les eaux qui descendent des montagnes et les nombreuses sources qui prennent naissance au voisinage des couches relevées des montagnes et des assises horizontales du terrain pliocène du Sahara, pourvoient en quantité suffisante aux besoins des trente-six oasis du Ziban.

Dans le désert de sables ou Souf, qui ne compte que huit villages ou oasis, les palmiers sont plantés au fond de trous coniques de 6 à 12 mètres de profondeur, et trouvent dans le sol, à une faible distance, une nappe d'eau qui leur assure une végétation puissante.

D'après M. Ville, dans le Hodna, c'est un terrain tertiaire marin qui donne les eaux jaillissantes. Il y a plusieurs cuvettes souterraines, nettement accusées par la stratification des couches, et dans chacune desquelles le thalweg représente un maximum d'eaux jaillissantes; ce thalweg souterrain renferme lui-même un point de débit maximum. Les principaux cours d'eau superficiels correspondent en général aux thalwegs souterrains. Dans chaque cuvette, il y a un régime spécial de nappes souterraines et par suite, d'eaux jaillissantes; plusieurs nappes sont superposées, à cause de l'alternance fréquente des couches de grès sableux et de marnes. Les eaux de pluie qui tombent directement sur les affleurements des couches absorbantes et les cours d'eau abondants qui descendent des montagnes secondaires ou miocènes limitant au sud et au nord le bassin du Hodna, et qui passent sur les affleurements des couches tertiaires, servent à l'alimentation des nappes souterraines.

Zab : Sources jaillissantes naturelles. — De telles sources émergent fréquemment dans le Zab occidental du dépôt quaternaire saharien[1]. Elles ne peuvent être fournies par les eaux de pluie qui tombent dans l'espace très restreint compris entre les bouillons de ces sources et le pied des montagnes crétacées limitant au nord, le bassin du Sahara; la quantité d'eau de pluie qui tombe annuellement est en en effet très faible, et le bassin hydrographique qui la reçoit est tout à fait insignifiant. La température élevée de certaines sources sortant du terrain saharien montre qu'elles viennent d'une assez grande profondeur; leur alimentation est assurée par les belles sources des divers étages du terrain crétacé, sources dont les unes arrivent directement jusqu'au jour et dont les autres passent souterrainement du terrain crétacé dans le terrain saharien.

Dans le Zab occidental on voit de magnifiques sources jaillissantes émerger soit du terrain saharien, soit du terrain crétacé inférieur, soit du terrain nummulitique à la limite du contact du terrain saharien. Ainsi l'Aïn Oumach surgit par plusieurs bouillons; quelques-uns sortent du terrain

---

[1] Ville. *Bulletin de la Société géologique*, 2e série, t. XXII, p. 113.

crétacé à la température de 27°,33 et débitent ensemble 124 litres par seconde.

Tout près de là, à quelques mètres de distance, il y a plusieurs gouffres, dans le terrain saharien, d'où émergent des sources jaillissantes; la profondeur a été trouvée de plus de 40 mètres pour l'un d'entre eux. Un de ces gouffres débite 10 litres d'eau par seconde à la température de 26°,33. Un deuxième gouffre débite 50 litres d'eau par seconde à la température de 26°,33. D'autres sources émergent sur les deux rives du ravin d'Oumach, qui produit en somme un cours d'eau dont le débit est de 217 litres à la seconde.

Oued Rhir : Sources naturelles et forages[1]. — Les sources artésiennes naturelles de l'Oued Rhir qui sont surtout nombreuses près d'Ourlana se divisent en deux groupes : les *behour* (mers), au singulier *behar* ou *bahr* et les *chrïats*.

Les behours sont de grandes nappes d'eau circulaires d'un diamètre variable, ordinairement 10 à 40 mètres, qui sont en communication avec des nappes situées à diverses profondeurs. Ces behours ont une profondeur considérable, si l'on en juge par la couleur vert foncé de leurs eaux. Ils renferment les mêmes petits poissons qu'on trouve dans les puits jaillissants, ainsi que des paludines des mélanies et des mélanopsides. Le behar de Touggourt est le plus considérable de tous; sa surface est irrégulière; elle a 2000 mètres environ de longueur sur une largeur variable de 200 à 300 mètres; sa profondeur au centre est de plus de 40 mètres. Ordinairement les behours sont dans des terrains tout à fait plats; cependant quelques-uns se trouvent au milieu de terrains légèrement bombés; leurs bords sont coupés nettement et à pans abrupts. Il est impossible d'admettre

---

[1] D'après M. L. Ville.

comme on l'a supposé, qu'ils résultent de l'éboulement d'anciens puits creusés par les indigènes; les puits taris ou puits morts, bien qu'ayant reçu le nom de behours comme les appellent les Rouara, ne produisent que des mares infectes, le plus souvent sans aucun écoulement au dehors. Les chrïats sont des sources existant au sommet de petits mamelons coniques, de 3 à 4 mètres de hauteur au-dessus de la plaine saharienne. Au sommet de ces mamelons, il y a une petite dépression, rappelant un cratère, dans laquelle la source forme une nappe d'eau vive. Une tranchée pratiquée sur le bord de cette cuvette donne écoulement à l'eau qui sert toujours à l'irrigation de quelques palmiers.

Les nappes souterraines ont donc, pour ainsi dire, des évents à la surface, non seulement par la voie directe des puits dont il va être question, mais aussi par le réseau complexe des conduits naturels qui aboutissent aux behours et aux chrïats.

En général il existe une nappe principale, parfois unique, renfermée dans des sables quartzeux et associée à des marnes compactes, marnes sableuses, sables argileux, le tout alternant avec des allures lenticulaires et variables. Sa pression hydrostatique est maxima dans la région d'Ourlana, où les puits ont atteint la nappe vers 70 mètres. L'eau jaillit dès que la sonde a percé la couverture. En maint endroit, l'eau s'est elle-même frayé passage jusqu'à la surface : d'où les sources naturelles.

Dans la zone privilégiée du Sahara qui comprend une quarantaine d'oasis groupées sous le nom d'Oued-Rhir, et dont Touggourt est la capitale, les jardins sont alimentés par quelques sources naturelles et par de nombreux puits artésiens (fig. 90).

La ligne d'eau de l'Oued-Rhir peut être considérée comme

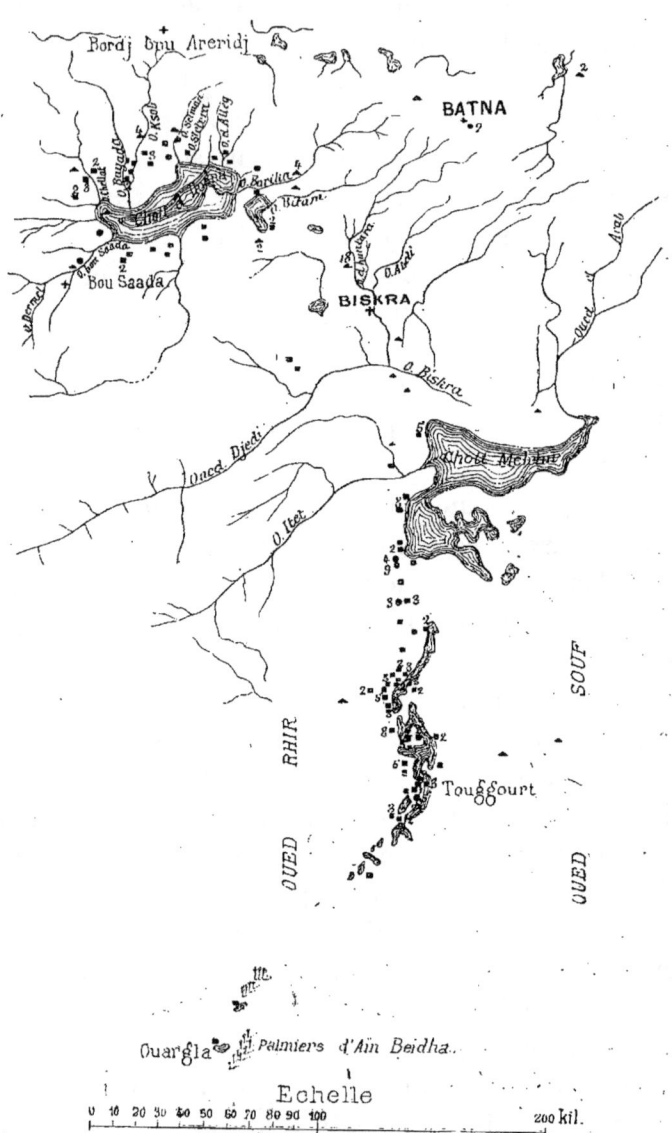

Fig. 90. — Carte des forages artésiens de la province de Constantine (subdivision de Batna). Les petits carrés noirs indiquent les puits forés jaillissants; les triangles, les puits forés donnant des eaux ascendantes; les ronds, les puits abandonnés par les Arabes et terminés par les ateliers de sondages. Les chiffres placés à côté de ces différents signes indiquent le nombre de puits en chaque point. — D'après M. Jus.

reconnue depuis l'oasis d'Ourir, au sud-ouest du chott Mel-Rhir, jusqu'au récent sondage de Schmourra, près de Tougourt, soit sur 120 kilomètres[1]. Elle offre tout son développement aux environs d'Ourlana, où les puits artésiens français ont des débits de 3000 à 3500 litres par minute. Sur toute cette longueur, des recherches suffisamment profondes semblent appelées à fournir des eaux jaillissantes. Elles devraient être faites, non aux oasis actuelles, dont certaines sont mal situées, et où des puits trop multipliés peuvent se nuire, mais en des points convenablement choisis, où se créeraient de nouveaux centres.

Plus au sud, vers l'oued Mya et l'oued Igharghar, il y a également des eaux artésiennes, dans des conditions de moins en moins favorables, à cause du relèvement des couches. A Ouargla, où l'on trouve de nombreux puits artésiens indigènes, les sondages sont assurés du succès.

Les premiers puits artésiens de l'Oued-Rhir sont très anciens. Ebn-Khaldoun, écrivain arabe du quatorzième siècle, en fait mention, et on peut admettre que des puits jaillissants y existaient bien antérieurement; car ce pays était déjà peuplé de Berbères, lorsque Sidi Okba entreprit la conquête de l'Afrique, et il est ainsi assez difficile de supposer que l'emploi des puits artésiens ait été introduit par les Arabes, à la suite de leur conquête. Ces puits ont une section quadrangulaire, d'environ $0^m,80$ de côté; leur profondeur, qui est variable suivant les localités, peut être estimée en moyenne entre 50 et 60 mètres. Pour les creuser les indigènes emploient une sorte de houe a manche très court et très incliné sur le plan de l'outil qui leur sert également pour le travail des jardins.

En 1854, la corporation de ces hommes habiles, surnom-

---

[1] Rolland. *Association française pour l'avancement des sciences*. Reims, 1880, p. 547.

més les *Meallem* (savants) et *R'tassin* (plongeurs), qui avaient créé et vivifié ces belles oasis du Sud, n'existait plus que de nom. Des pertes considérables l'avaient cruellement éprouvée de 1845 à 1854, et, malgré le prestige dont elle était entourée, on montrait peu d'émulation pour apprendre un métier aussi périlleux, et dont la conséquence était la phthisie ou une mort prématurée.

Dès l'année 1844, M. l'ingénieur en chef des mines Fournel avait pressenti le rôle important que la sonde artésienne était appelée à jouer dans la province de Constantine, pour doter d'eau potables les régions sahariennes qui en sont dépourvues sur d'immenses étendues. Il ne put, à cette époque, qu'entrevoir pour ainsi dire, ces vastes plaines que nos colonnes n'avaient pas encore sillonnées dans tous les sens. Aussi, le premier essai de sondage fut-il entrepris, sur la proposition de M. Fournel, auprès de Biskra, c'est-à-dire à la porte même des régions sahariennes. Par suite des difficultés survenues dans l'exécution des travaux, le sondage dut être abandonné, avant d'atteindre la nappe artésienne qui existe probablement à l'aplomb du point choisi.

Ce premier insuccès fit susprendre, pendant plusieurs années, les travaux de sondage dans la province de Constantine.

M. l'ingénieur des mines Dubocq fit, en 1848, un voyage à Touggourt. Il visita les principales oasis échelonnées entre ce point et Biskra, étudia les terrains au double point de vue de la géologie et de l'hydrologie et, dans un mémoire qui fut publié en 1853[1], il fit connaître les nombreux puits jaillissants creusés par les indigènes avec les moyens primitifs dont nous venons de parler. Il démontra sans peine le suc-

---

[1] *Annales des mines*, 5ᵉ série, t. II, p. 249, 1853.

cès que la sonde française remporterait dans les terrains des oasis. M. le général Desvaux[1] embrassa avec enthousiasme l'idée de créer des gîtes d'étapes sur la route militaire de Biskra à Toughourt, de multiplier les oasis dans les solitudes du Sahara, et de rendre une vie nouvelle à des oasis déjà existantes, mais qui dépérissaient par suite de la diminution des débits de leurs puits jaillissants. Les projets du général Desvaux furent mis immédiatement à exécution. Les sondages de l'Oued-Rhir furent d'abord confiés à M. Jus, ingénieur de la maison Degousée et Charles Laurent qui fournit tout le matériel nécessaire.

En 1858, on entreprit, dans le bassin du Hodna, des puits artésiens qui auraient ouvert un vaste champ à la colonisation européenne, s'il eût été possible d'irriguer ses plaines incultes.

Plus tard, quelques sondages furent exécutés dans la partie septentrionale du Tell de la province, à la suite des études géologiques de M. l'ingénieur des mines Tissot.

Dans un ouvrage intitulé : *Voyage d'exploration dans les bassins du Hodna et du Sahara*, publié en 1868, M. Ville a fait l'étude géologique des bassins artésiens de la province de Constantine et a décrit tous les puits artésiens creusés jusqu'en 1864, en indiquant les conséquences générales à déduire de l'ensemble de tous les travaux.

Plusieurs bassins artésiens ont été reconnus dans la province de Constantine; ce sont les suivants en allant du sud au nord.

1° La grande cuvette du Sahara. Le chott Melrhir qui en occupe la partie la plus basse se trouve à 25 mètres environ au-dessous du niveau de la mer, à son extrémité occidentale;

2° Le bassin d'El-Outaïa;

---

[1] Même recueil, 5ᵉ série, t. XIV, p. 421, 1858.

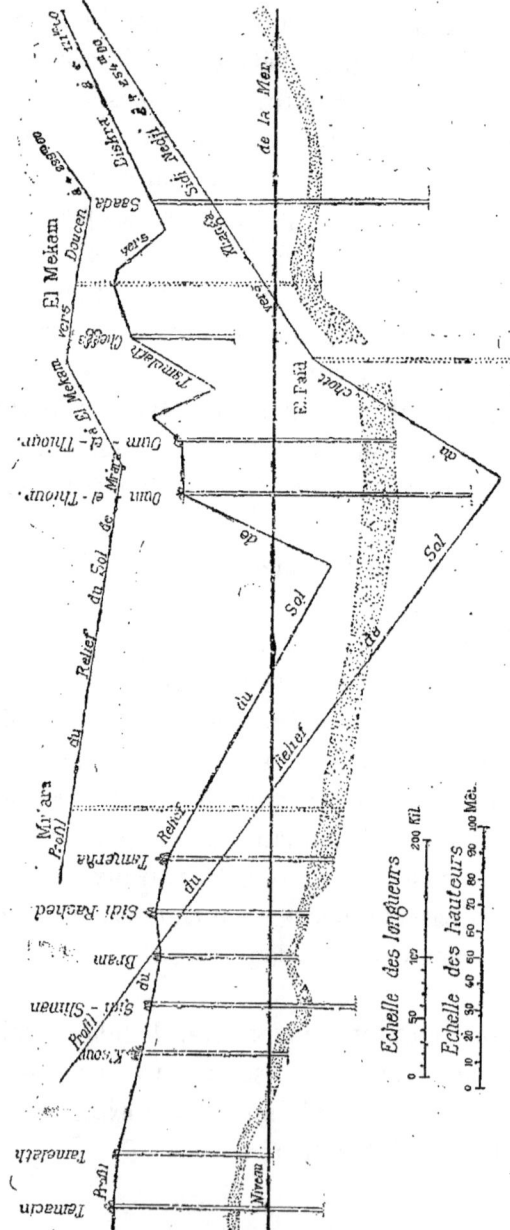

Fig. 91. — Profil donnant la disposition des puits forés entre Tamelaht et Biskra. — D'après MM. Degousée et Ch. Laurent.

3° La cuvette du Hodna ;

4° La région des petits lacs salés, formant une large bande dirigée de l'O. N. O. à l'E. S. E. au milieu du Tell.

5° La zone septentrionale du Tell [1].

Ces différents bassins correspondant à des ondulations dans le terrain quaternaire du Sahara, constituent autant de cuvettes artésiennes distinctes.

La figure 91 indique, d'après M. Charles Laurent[2], la disposition des puits forés entre Tamelath près Temacin et Biskra.

Il n'est pas inutile de comparer ce qu'était l'Oued-Rhir, d'une part en 1856, deux années seulement après la prise de Touggourt et alors que la paix et la confiance venaient de renaître dans le Sahara, et d'autre part en 1880, c'est-à-dire 23 années après l'introduction de la sonde artésienne dans le Sahara.

	EN 1856.	EN 1880.	EN PLUS EN 1880.
Nombre d'habitants	6.672	12.827	6.055
— d'oasis et annexes	31	37	6
— de palmiers	359.300	517.563	158.263
— d'arbres fruitiers	40.000	90.000	50.000
— de puits artésiens arabes	282	434	152
— de behour	21	16	»
— de puits artésiens français		59	59
— de litres à la minute	52.767	124.916	72.149

D'après M. Jus qui a pris une grande part à ces travaux, les

---

[1] On peut voir pour plus de détails le rapport de M. Dubocq sur le Sahara oriental de la province de Constantine. *Rapport du jury de l'Exposition universelle* de 1867, p. 32.
[2] *Bulletin de la Société géologique*, 2e série, t. XIV, 1856.

sondages exécutés dans le Sahara et le Hodna du département de Constantine, de 1856 à 1882, se sont élevés au nombre de 199 représentant une profondeur totale forée de 16 kilomètres 323 mètres et ayant fourni 270 nappes d'eau ascendantes et 352 nappes jaillissantes, débitant ensemble 209 739 litres à la minute, desquels on a capté 194 163 litres à la minute, soit 232 394 mètres cubes par 24 heures.

Les recherches d'eau potable exécutées pendant la même période représentent une profondeur totale forée de 6 kilomètres 457 mètres et ayant fourni 238 nappes ascendantes potables et saumâtres.

Au 1er juillet 1882, la profondeur totale forée dans le département de Constantine était donc de 22 kilomètres 780 mètres.

La dépense totale occasionnée par tous ces travaux s'élève à 3 897 524 francs.

Hammam-Bou-Hadjar ; source thermale [1]. — Parmi les nombreuses sources thermales de l'Algérie, il en est qui sortent de cassures du terrain tertiaire. Telles sont les sources thermales d'Hamman-Bou-Hadjar (bains Père des pierres) situées à 50 kilomètres environ au S. O. d'Oran, près de l'extrémité occidentale du Sebka d'Oran. Elles se font jour à travers quatre longues fentes, à peu près dirigées N. S., qui ont coupé les couches du terrain tertiaire et que l'on peut considérer comme de véritables filons d'eau.

Aïn Nouissy, près Mostaganem. — C'est d'une faille que sort, d'après M. Pouyanne, la source thermale d'Aïn Nouissy près Mostaganem, comme l'indiquent les figures 92 et 93.

---

[1] L. Ville. *Provinces d'Alger et d'Oran*, 1851, p. 258.

Égypte — En Égypte, comme en Algérie, les anciens ont

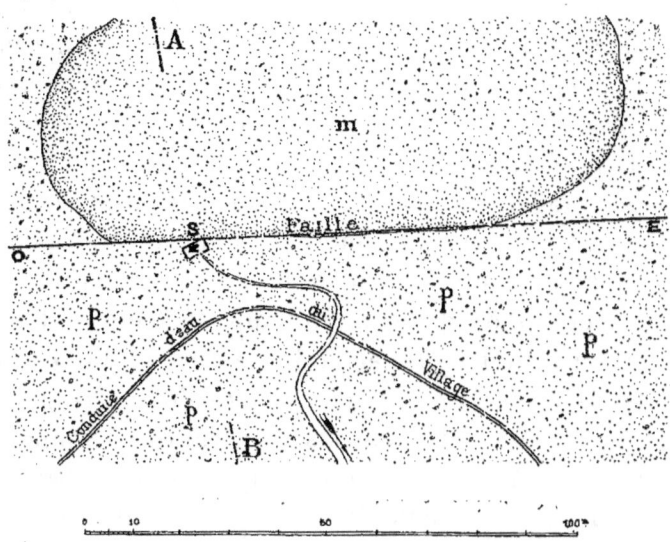

Fig. 92. — Plan montrant la position de la source S d'Aïn Nouissy près Mostaganem qui sort d'une faille dirigée ouest-est; *m*, terrain miocène; *p*, terrain pliocène. — D'après M. Pouyanne

laissé des témoignages de leurs connaissances relativement

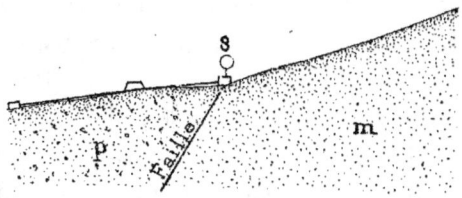

Fig. 93. — Coupe dirigée suivant la ligne AB du plan précédent montrant la position de la source S d'Aïn Nouissy, sur une faille séparant le terrain miocène *m* du terrain pliocène *p*. — D'après M. Pouyanne.

à la « mer sous terre, » courant souterrain qu'on a supposé provenir du Darfour.

C'est ainsi que la grande oasis de Thèbes, de 100 kilomètres de long sur 8 à 16 kilomètres de large, ne peut avoir dû sa fertilité qu'aux puits forés dont son sol est criblé.

D'après M. Schweinfurth, les cultures de cette oasis dépendent actuellement de l'existence de 75 sources d'arrosage, fournies par des puits forés. Elles sont toutes thermales et d'une température variant de 25 à 30°. Ces puits creusés par un procédé inconnu datent, sans exception, de temps anciens ; la profondeur des forages qui varie de 48 à 80 mètres est en général de 60 mètres. Les sources ensablées, dites *aveugles*, se comptent par centaines. Quatre temples dont la construction remonte au moins au cinquième siècle avant J.-C., et sept grands châteaux du temps de l'empire Romain, rappellent l'antique prospérité de ce pays et l'importance qu'il devait avoir aux premiers siècles de notre ère. Des ruines nombreuses de maisons construites en voûtes, des couvents, des métropoles du temps chrétien bâties en briques crues, des colombiers (*borg*) innombrables, tous plus ou moins bien conservés, se trouvent disséminés sur tout le pays[1].

Puy-de-Dôme[2]. — Il est remarquable qu'en Auvergne un grand nombre de villages soient construits sur les argiles sableuses et très rapprochés de plateaux basaltiques. Cette préférence n'est pas due au hasard ; les argiles sont imperméables et l'eau qui s'écoule sous les plateaux de basalte est arrêtée par les argiles et forme des sources. C'est la naissance de ces sources, à la jonction des deux roches, qui détermine la situation des villages.

Toutefois, ces sources qui coulent de la tranche des plateaux basaltiques sont moins abondantes que celles qui naissent à l'extrémité des coulées modernes, dont il a été question plus haut. Les basaltes, en effet, maintenant ré-

---

[1] *Bulletin de la Société de géographie*, 6ᵉ série, t. VII, p. 628.
[2] Lecoq. *Eaux minérales de l'Auvergne*.

duits à de simples lambeaux, permettent à l'eau de s'échapper par de nombreuses issues, tandis que les coulées modernes recueillent et filtrent l'eau de longues et profondes vallées.

Il existe plusieurs sources de cette catégorie aux environs de Clermont.

Telle est celle qui, à Gergovia, sort sous le basalte, du côté de Clermont et qui probablement fournissait l'eau aux Gaulois, pendant qu'ils soutenaient si vaillamment leur position devant César.

Telles sont encore, parmi beaucoup d'autres, celles qui alimentent les fontaines de Besse; celles de Bergonne près d'Issoire, une très belle source près du lac Chauvet, et plusieurs autres dans le massif du Cézalier.

Dans le Cantal, le basalte fissuré verticalement laisse descendre les eaux qui tombent sur le plateau jusqu'aux lapillis basaltiques décomposés et transformés en une sorte d'argile imperméable. C'est le cas, d'après M. Fouqué, pour la source du ruisseau de Faillitoux, l'un des affluents de la rive droite de la Cère, et pour les sources froides du village de Chaudesaigues.

Haute-Loire. — D'autres sources importantes sortent dans les mêmes conditions. Le terrain volcanique du plateau du Velay présente, outre les nappes de basalte pierreux qui sont remplies de fentes, et les scories et cendres à l'état fragmentaire (clappiers), des assises de basalte transformé en terre noirâtre assez compacte, ainsi que des cendres et scories agglutinées, qui arrêtent les eaux.

C'est par la même raison que plusieurs anciens cratères contiennent des lacs, dont le niveau est supérieur à celui de la plus grande partie des terrains environnants; comme le lac de la Godivelle, dans la montagne de Cezalier.

Irlande; contrée d'Antrim. — Un dernier exemple nous sera fourni par les grandes nappes de basalte et de dolérites miocènes du comté d'Antrim en Irlande. Imperméables par elles-mêmes, elles permettent à l'eau, à cause de leurs nombreuses fissures, de s'infiltrer dans leur masse et de descendre jusqu'aux lits argileux qui sont leurs subordonnés, de manière à produire plusieurs zones de sources.

En outre, le dépôt de minerai de fer, qui constitue un horizon à 200 mètres plus bas, contient une argile imperméable avec bauxite, qui provoque aussi un niveau d'eau, et manifeste son affleurement par un grand nombre de sources.

Terrains crétacés.

Dans le nord de la France et dans diverses autres contrées, la base de la craie blanche, vers son contact avec les roches argileuses sous-jacentes, présente un niveau d'eau important, pour les puits qui y trouvent leur alimentation, ainsi que pour les sources qui en jaillissent, lorsque le sol naturel est assez profondément entaillé pour leur donner issue.

Les lithoclases de la craie sont souvent très étendues, ainsi qu'on le voit sur les falaises de la Normandie, où l'œil les suit du haut en bas des escarpements verticaux de 100 mètres. Voir plus haut la figure 71, page 134.

Ces nombreuses lithoclases expliquent comment, jusqu'à une certaine hauteur, variable avec les saisons, au-dessus de la couche imperméable, la craie est comme une éponge saturée; aussi il n'est pas nécessaire de creuser jusqu'à cette couche pour trouver l'eau.

Si les terrains tertiaires donnent, comme on vient de le voir, fréquemment des eaux jaillissantes, les terrains crétacés, en raison de la plus grande étendue de leurs bassins, les surpassent bien souvent par l'abondance de leur débit. Toutefois, et comme on devait s'y attendre, le résultat n'est ordinairement obtenu qu'après des forages plus profonds.

Environs de Châlons-sur-Marne. — Les puits percés dans les plateaux crétacés des environs de Châlons-sur-Marne donnent des notions, quant au régime de l'eau phréatique, comme l'indique page 62, la figure 56. On y voit comment des

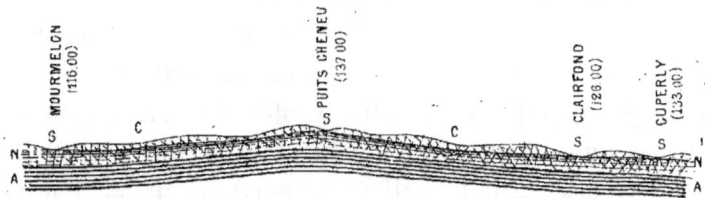

Fig. 94. — Ondulation de l'eau phréatique dans le plateau du camp de Châlons ; NN, surface supérieure de la nappe d'eau à son minimum (septembre); S, S, S, S, sources permanentes ou sommes. CC, craie fissurée; AA, couche de craie marneuse qui arrête les eaux d'infiltration de la craie.

puits qui sont souvent très profonds, rencontrent la nappe à des niveaux très différents, même sur des points voisins; le maximum et le minimum dans chacun de ces puits s'écarte aussi du niveau des eaux courantes : la rivière Soude à Chenier; la Marne au Moulin Saint-Michel, à Vérigneul et à Pogny; le ruisseau de Man au Moulin Picot.

Dans le plateau du camp de Châlons (fig. 94), le niveau général moyen de l'eau phréatique présente des ondulations assez prononcées, en rapport avec celles de la surface du sol; elle s'élève jusqu'à 20 mètres au-dessus du niveau d'étiage, loin des ruisseaux où elle peut se déverser sous forme de sources permanentes, telles que celles de Mourmelon-le-

Grand, de Clairfond, de Cuperly et de Puits Cheneu ; cette dernière consiste en eaux dites *bâtardes* qui tarissent fréquemment.

Département de la Marne et régions voisines[1]. — Si les sources sont rares sur le plateau crayeux, il n'en est pas de même le long de la falaise que l'on appelle les monts de Champagne. La séparation entre la craie et les marnes crayeuses est marquée par des sources nombreuses et assez abondantes. Aussi toutes les communes qui se trouvent au pied des monts de Champagne, Saulces-Champenoise, Vaux-Champagne, Coulommes, Tourcelles, Contreuves, Mont-Saint-Martin, Liry, Manre, sont-elles bien pourvues d'eau.

Comme il arrive dans les terrains perméables, les sources de la craie sortent toutes à peu de hauteur au-dessus des thalwegs des vallées les plus profondes; jamais on ne les trouve à flanc de coteau. Ce sont des sources plus ou moins considérables qui habituellement portent dans la Champagne sèche le nom générique de *Somme*.

Ainsi, dans le département de la Marne, la source de la Suippe s'appelle Sommesuippe; celle de la Vesles, Sommevesles ; celle de la Tourbe, Sommetourbe; celle de la Bionne, Sommebionne; celle de l'Yèvre, Sommeyèvre; celle du Py, Sommepy; celle de la Soude, Sommesoude; dans le département de l'Aube, la source du Puits s'appelle Sompuis; celle de l'Orvin, Sommefontaine, et une autre, Somsous.

« Les eaux pluviales, dit Belgrand à cette occasion, ne ruisselant jamais à la surface du sol, les sources sont bien en effet l'origine, le *sommet* de chaque ruisseau. » Ce nom des sources initiales s'est étendu jusqu'en Champagne humide, où il n'a plus la même signification; car le terrain

---

[1] Belgrand. *Eaux nouvelles*.

étant imperméable, le cours d'eau remonte, en temps de pluie, plus haut que la source désignée sous le nom de *Somme*. Telles sont : la source de l'Aisne (Meuse) Sommaine ; la source de la Voire (Haute-Marne) Sommevoire ; la source d'un affluent de l'Ornel (Meuse) Sommelonne[1].

On doit encore considérer comme dérivant du même mot les noms suivants : source de l'Ain, Champagne sèche (Marne), *Souain;* source de la Laines, Champagne humide (Haute-Marne), *Soulaines.*

Il y a toujours près de ces sources un village ou un hameau qui porte le même nom.

Dans les terrains crayeux, ainsi que dans les terrains oolithiques, les noms *Abîme*, *Bîme* s'appliquent aux sources qui jaillissent d'un gouffre ; telles sont : à Balnot-la-Grange (Aube), le Bîme, source de la Marve ; le Bîme, à Cérilly (Yonne) (voir plus haut, p. 148, fig. 81), une des plus belles sources que la ville de Paris possède dans le bassin de la Vanne ; l'Abîme près Pilliers, vallée de l'Orvanne (Seine-et-Marne). Dans la vallée de la Vanne, ce nom désigne un grand nombre de sources qui jaillissent dans les marais.

Les mots *Cro*, *Gouffre*, *Fosse*, ont la même signification. Ainsi on trouve *les Cros*, à Charmont (Aube), vallée de la Barbuisse, *le Gouffre* de la Prairie, près de Nemours (Seine-et-Marne), vallée du Loing ; la *Fosse* d'Yonne, à Tonnerre, vallée de l'Armançon ; *la Peute-Fosse* (la Laide-Fosse), vers les sources de la Blaise. Ces sources jaillissent toutes d'une excavation profonde.

On trouve encore dans la même région et sur les bords de la Brie, des sources dont le nom dérive du mot *sourdre :*

---

[1] En Algérie, et principalement dans les hauts plateaux du Sahara, d'après une remarque de M. Péron, un grand nombre de petites localités ou de campements arabes situés autour des rares sources de cette région portent le nom de Rôs ; Râs-el-Oued, Râs-el-Ain, Râs-el-Ma, Râs-el-Ayoun, etc. ; ce qui se traduit littéralement par le mot *sommet* ou tête de la rivière.

Source de la Soude, affluent de la Sommesoude, *Soude Notre-Dame*, et un peu plus bas sur le même ruisseau, *Soudron*. Source de Cubry, bord de la Brie, près d'Épernay (Marne) Sourdon[1].

On a encore conservé dans le bassin de la Seine quelques noms gallo-romains qui s'appliquent à certaines grandes sources; en Basse Bourgogne, c'est le nom de Douix, Douille, Duée, Duis, qu'on trouve le plus souvent. Nous citerons notamment les sources suivantes, auxquelles ce nom a été donné : source initiale de la Seine, à Saint-Germain-la-Feuille (Côte-d'Or), *Douix;* la belle source de Châtillon-sur-Seine, *Douix;* grande source de l'hôpital de Bar-sur-Aube, *Dhuis;* source près de Montbard (Côte-d'Or), *Douille;* source près de Monthérie, vallée de la Renne, affluent de l'Aujon, *les Duits*.

Ce nom se trouve aussi en Champagne et en Brie : source dérivée à Bouilly (Aube), *Cro (creux, gouffre)* de *Dhuie;* grande source de Soulaines (Aube), *Dhuis;* source à Aix-en-Othe, vallée de la Vanne (Aube), *Duée;* source de Pargny (voir plus haut p. 83, fig. 47) dérivée à Paris, bassin de la Marne (Brie) *Dhuis*. Ces noms, ajoute Belgrand, sont évidemment dérivés du mot latin *ductus* (aqueduc), dont nous avons tiré aussi le mot *conduite*. Il y a une faute d'orthographe dans le mot *dhuis*, l'*h* devrait être supprimé.

On fait aussi usage, en Basse Bourgogne et en Champagne, des noms suivants, qui s'appliquent à la source initiale d'un cours d'eau : source de l'Arce (Aube), *Fontarce;* source de la Vanne (Aube), *Fontvannes;* grande source des Trannes, vallée d'Aube, *les Fonts*.

Il est évident que la première syllabe de ces noms est déri-

---

[1] Dans le Soissonnais, *les lieux dits* du cadastre qui correspondent aux sources de l'argile plastique portent, presque partout, les noms de Soudray, Soudroy.

vée du mot latin *fons*. Ordinairement le village bâti près de la source porte le même nom.

Dans le bassin de la Seine, le terrain néocomien donne naissance à des sources qui, à cause de la force qui les fait surgir, ont été nommées artésiennes[1]. Les eaux absorbées par les terrains oolithiques sont si abondantes que, lorsque ces calcaires s'enfoncent sous les terrains néocomiens, une partie de l'eau emprisonnée se fait jour çà et là par des puits ou cheminées, au travers des couches argileuses qui les recouvrent. Telles sont les sources de la Barse à Vendœuvres, de la Laines à Soulaine, de la Voire à Somme-Voire, de Sommelonne, de Brousseval. Suivant M. Tombeck, plusieurs de ces sources jaillissent de puits profonds qui descendent évidemment jusqu'au terrain jurassique.

Champagne septentrionale. — Les observations intéressantes que M. Péron a faites en Champagne septentrionale méritent d'être rapportées[2]. Tout autour du plateau de la Champagne septentrionale, dite Pouilleuse, dont l'altitude dépasse rarement 200 mètres, de nombreuses rivières aux eaux abondantes viennent prendre naissance. Telles sont, pour ne citer que les principales, le Fion, la Vière, l'Auve, l'Yèvre, la Moivre, la Vesle, la Noblette, la Tourbe, la Bionne, la Suippe (figure 96).

Dans ces rivières, pas de ramifications du cours supérieur, aucun affluent, une source unique, habituellement puissante, parfois presque vauclusienne, et toujours assez abondante pour faire marcher des moulins, à quelques centaines de mètres de sa sortie de terre.

Autour de ces sources, seuls points habitables de cette

---

[1] Belgrand. *Ouvrage précité*, p. 111.
[2] Péron. *Association française, session de Reims*, 1880, p. 534.

région presque déserte, se sont groupés des villages qui ont pour la plupart emprunté leur nom aux sources auxquelles ils doivent la vie, en rappelant, comme on l'a vu plus haut, en même temps l'origine des rivières qui en sont formées.

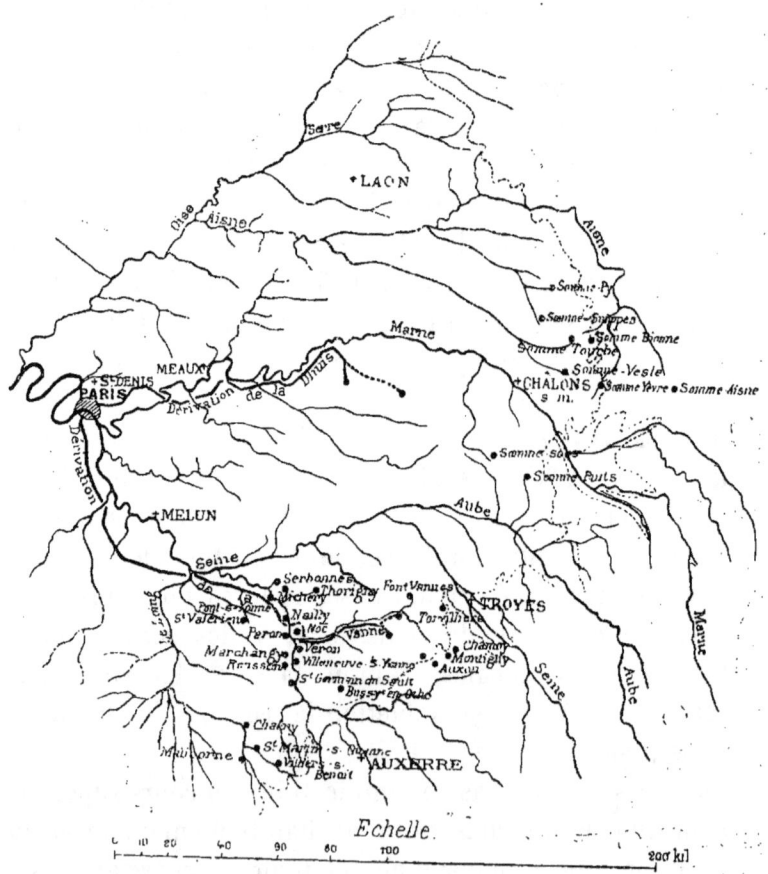

Fig. 96. — Carte montrant la disposition de quelques-unes des principales sources jaillissant des plateaux crétacés dans le N.-E. de la France, ainsi que celles de la Dhuis qui sourdent du terrain tertiaire.

L'explication du phénomène paraît se trouver en grande partie dans la nature et la disposition des divers strates géologiques qui constituent le sol et le sous-sol de cette partie de la Champagne (fig. 97).

La zone de gaize argileuse forme, le long du versant occidental de l'Argonne, le sol de la région déprimée qui s'étend au pied des collines, depuis Sainte-Menehould jusqu'au sud de Givry-en-Argonne. Cette roche imperméable retient toutes les eaux à la surface en empêchant leur infiltration dans le sol, et elle donne naissance à un pays particulièrement marécageux. Son affleurement est marqué par une ligne presque ininterrompue d'étangs et de marais qui s'échelonnent parallèlement à la crête de l'Argonne, c'est-à-dire parallèlement à la direction des couches géologiques. Parmi les principaux, il faut citer l'étang Le Roi, à l'ouest de Sainte-

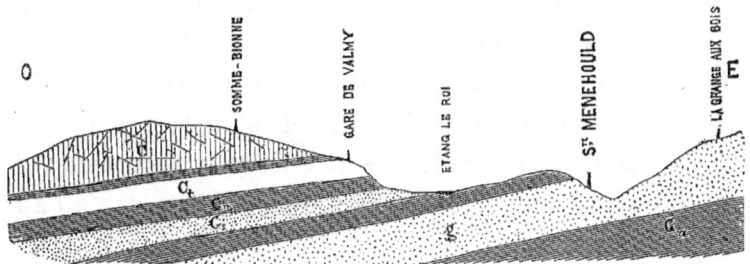

Fig. 97. — Disposition des couches appartenant au terrain crétacé dans une partie de la Champagne. — g, gaize de l'Argonne; C_s, argile de la gaize supérieure; C_v, sable vert à *Pecten aster*; C_m, marne de la craie chloritée; C_t, craie tuffeau; C, craie blanche à *Micraster*.

Menehould, les étangs d'Argers, de Trienval, d'Élize, de Roussi-Pré, des Fosses, d'Oie, de La Lieue, de Noirlieu, de Haronchêne, etc.

Au-dessus d'une assise sableuse superposée à la gaize, les couches de craie forment un sol très ingrat, éminemment perméable, qui absorbe avec la plus grande facilité les eaux pluviales. Une très petite partie de ces eaux peut être arrêtée par les marnes turoniennes et donner lieu, par places, à un petit niveau aquifère secondaire; mais la grande masse des eaux descend et s'arrête dans les sables verts, où elle se réunit aux eaux absorbées directement par les sables eux-mêmes, le long de leurs affleurements.

Ainsi il existe, au-dessous du plateau d'Auve, une puissante nappe aquifère dont les eaux emprisonnées ont une tendance à remonter, par toutes les issues, jusqu'à la hauteur de leur niveau supérieur. Toutes les fractures qui sont si nombreuses dans la craie donnent passage à ces eaux ascendantes, et c'est là, en presque totalité, l'origine des sources si nombreuses et si abondantes que l'on voit tout autour du plateau qui nous occupe.

Il suffit de rapprocher l'altitude de toutes ces sources de celle de l'affleurement extérieur des sables verts et aussi du niveau des étangs qui forment la bordure orientale du plateau pour être frappé de la corrélation qui existe entre ces diverses altitudes. Tandis que celle des étangs est en moyenne de 160 mètres, les sources de l'Yèvre sont à 158 mètres, celles de la Moivre à 150, celles du Fion à 154, celles de la Vesle à 155, celles de la Suippe à 150, celles de la Tourbe à 152, celles de la Bionne à 157, celles de l'Auve à 160, etc.

C'est donc ainsi, à une altitude de 50 mètres environ au-dessous des sommets du plateau que se trouvent toutes les sources. Aucune autre ne paraît se montrer au-dessus de ce niveau général, et cette circonstance s'explique facilement, la force ascensionnelle des eaux étant déterminée et limitée par leur niveau supérieur, lequel ne dépasse guère la cote moyenne de 150 mètres.

Ces sources sont donc subartésiennes, et l'ascension des eaux s'y fait, grâce à l'existence de cassures dans la masse calcaire et marneuse qui surmonte la nappe aquifère. L'existence de ces cassures, à la vérité, n'est pas facile à constater, en raison de l'uniformité des assises crayeuses qui ne permet pas de préciser, par la comparaison des couches juxtaposées, la discontinuité de ces couches et leur dénivellement relatif. Mais tout porte à croire cependant qu'elles existent, et on a pu en constater des traces, notamment près du village de Somme-Bionne. On a prétendu en outre que la plupart des sources sont alignées suivant des directions sensiblement rectilignes, ce qui semble indiquer que divers groupes pourraient devoir leur existence à la présence d'une même fracture.

Un autre caractère de ces rivières, c'est l'uniformité de leur débit et l'absence totale de grandes variations dans leur niveau. Elles ne connaissent ni ces crues subites que déterminent si fréquemment les pluies abondantes dans les rivières à réseau d'affluents très ramifiés, ni la sécheresse habituellement provoquée dans ces mêmes rivières par les chaleurs estivales.

Département de l'Aisne. — D'Archiac a très bien étudié cette disposition dans le département de l'Aisne[1], où les glaises bleues supérieures placées entre la craie à silex et le grès vert sont importantes au point de vue hydrognostique. Outre qu'elles donnent naissance aux sources de la Somme et de l'Escaut (près du Catelet), elles retiennent la nappe qui alimente la plupart des puits percés dans la craie.

Bien que cette nappe aquifère soit fort étendue, son niveau est loin d'être constant; elle n'est pas continue et sa pente n'est pas régulière. Il existe très probablement des bassins en partie circonscrits ayant entre eux des relations plus ou moins directes; il paraît y avoir, à ces profondeurs, des circonstances comparables à celles qui sont connues pour les nappes aquifères du terrain tertiaire[2].

A Saint-Quentin, les glaises forment le lit de la Somme et la nappe d'eau qui alimente les puits de la ville descend au même niveau.

---

[1] *Mémoires de la Société géologique de France*, 2ᵉ série, t. I, p. 328, 1880.
[2] Cette manière de voir est confirmée par le creusement des puits, qui, quoique très

Ardennes : arrondissement de Rethel[1]. — Dans l'arrondissement de Rethel, les habitants des villages de la craie se procurent souvent l'eau au moyen de puits. Quand un puits vient d'être creusé, il a d'abord un faible débit; ce n'est qu'au bout d'un certain temps que l'eau arrive plus abondamment par paroiless.

Ces puits atteignent parfois une grande profondeur. Ainsi, dans les villages élevés comme à Hannogne et Bannogne, ils ont 60 mètres et plus; ils sont alors intarissables. Il est d'ailleurs facile de rendre leur débit plus considérable en les approfondissant ou mieux, en creusant des galeries horizontales qui augmentent la surface de suintement.

Comme on l'a déjà vu, les niveaux auxquels se rencontre l'eau dans les différents puits d'une même contrée, ne se trouvent pas sur un plan horizontal, mais sur un plan incliné vers les vallées. L'inclinaison de ce plan diminue dans les sécheresses et augmente dans les hautes eaux; en sorte que les puits les plus éloignés des vallées sont ceux où le débit commence à baisser. Il en est de même pour les sources; les plus élevées tarissent les premières.

La craie se colmate facilement. Ses pores sont bouchés par les petites particules crayeuses amenées par les eaux, et elle devient alors imperméable. C'est ce que prouve la présence de certaines mares dans les villages champenois; il suffit de curer ces mares et d'enlever la boue crayeuse qui en tapisse le fond pour que l'eau disparaisse. Pour le même

voisins, atteignent l'eau à des profondeurs souvent fort différentes, de même qu'aux environs de Châlons. Dans les temps de grande sécheresse, un certain nombre de puits creusés dans la craie tarissent complètement, tandis qu'à une très petite distance, d'autres ne sont jamais privés d'eau. On a creusé, à l'une des fermes de Ferrières, un puits de 90 mètres sans trouver d'eau, et on a été obligé de l'abandonner, à cause d'un grand dégagement de gaz qui asphyxiait les ouvriers, tandis que dans une ferme contiguë à la précédente, un puits qui n'a que 35 à 40 mètres ne tarit pas.

[1] Meugy et Nivoit. *Carte géologique de Rethel*, 1878.

motif, il faut au contraire curer les puits de temps en temps pour rendre les suintements plus abondants.

Aube et particulièrement bassin de la Vanne. — Le département de l'Aube présente des faits semblables; d'après Leymerie[1], les infiltrations qui pénètrent dans la craie s'arrêtent aux couches marneuses de la partie inférieure et s'y rassemblent en un grand nombre de points avec un volume souvent considérable. C'est ainsi que la base de la falaise crayeuse, l'un des traits principaux du relief du pays, se trouve marquée depuis Racines jusqu'à Chavanges, par une ligne de sources, remarquables surtout du côté de l'ouest par leur abondance, leur constance et leur limpidité. Telles sont les belles fontaines de Blenne et de Forest, près d'Auxon, celle qui est située au milieu de ce village lui-même; celles de Montigny et de Chamoy, qui à leur sortie font tourner plusieurs moulins; la source de la Vanne sous le village de Fontvannes, qui vient contribuer à l'alimentation de Paris; la source de la Vienne près Torvilliers. Du côté oriental, les sources ont un volume moins considérable, mais elles sont également très nombreuses. On en compte plusieurs dans les environs de chaque village. Elles alimentent pour la plupart des ruisseaux qui contribuent pour beaucoup à la richesse des belles prairies qui couvrent l'argile téguline.

Les puits creusés sur le plateau sont en général profonds, ainsi qu'on devait s'y attendre d'après les considérations précédentes; car ils doivent être poussés assez bas pour atteindre les marnes crayeuses. Aussi, tandis que beaucoup n'ont que de 33 à 35 mètres, peut-on en citer dont la profondeur va jusqu'à 100 mètres, comme au moulin de Macey.

---

[1] *Description géologique de l'Aube*, p. 248.

Yonne[1]. — De même que dans les régions voisines, les marnes de la craie inférieure donnent lieu, dans le département de l'Yonne, à un niveau d'eau d'une très grande constance, qui alimente un grand nombre de sources, parfois fort abondantes, situées généralement au pied de la grande terrasse crayeuse du Senonais et du Gâtinais. Les principales sont celles de Neuvy-Sautour, Venisy, Saint-Florentin, Migennes, Lasson, Mont-Saint-Sulpice, Cheny, Chichery, Lindry, Pourrain, Saint-Aubin-Château-Neuf, Fontaines et Saint-Fargeau. Elles alimentent l'Armençon, l'Yonne, le Loing et quelques-uns de ses affluents. Cette nappe, en outre, fournit d'eau les puits peu nombreux qui s'enfoncent dans la craie, au voisinage de la terrasse; leur profondeur, ordinairement assez grande, apporte des données sur l'épaisseur de la craie moyenne. Les sources précitées paraissent dues à un dégorgement des eaux pluviales qui filtrent au travers de la craie et qui y descendent jusqu'au niveau du fond des vallées au-dessous duquel la craie est imbibée, comme on l'a vu pour le camp de Châlons.

L'aqueduc romain de Sens, dont on a reconnu l'existence dans les travaux récemment faits pour l'alimentation de Paris, dérivait au moins trois sources, Saint-Philbert, Le Miroir, Noë, et probablement quatre.

Ces sources proviennent de nappes profondes et arrivent au jour par de véritables cheminées forées dans la craie compacte. Ces cheminées sont remplies de cailloux à Saint-Philbert, à Theil et à Noé, et de limon à Vareilles. Elles ont la plus grande analogie avec ce qu'on nomme en Champagne *bîme*, en basse Bourgogne *abîme*, en Gâtinais *abîme* ou *gouffre;* seulement, pour qu'on lui applique son nom, un

---

[1] Raulin. *Statistique géologique de l'Yonne*, p. 128.

bîme doit être béant, comme celui de Cérilly, et non rempli de cailloux.

Ces sources sont donc sans relation avec la nappe d'eau superficielle des puits. On peut pratiquer des tranchées à une très petite distance de leur point d'émission sans les déplacer, et les relever d'une certaine quantité sans trop craindre de les perdre : c'est ce qu'ont fait les Romains à Noé et à Saint-Philbert. L'eau sortait du pied du mur par six barbacanes ou griffons, dont cinq sont encore visibles. Le dessus de ce mur est d'origine moderne et soutient le chemin de Noé à Theil ; mais le bas, appareillé en petits moellons, est au contraire une véritable maçonnerie romaine.

Le Havre[1]. — Les sources du Havre, qui proviennent du terrain crétacé inférieur (gaize ou gault), ont un régime très simple. La couche imperméable qui les soutient, ayant sa pente vers le nord-est et son bord sud très sensiblement en relief par rapport à la plaine, ne peut être alimentée d'eau que par les pluies locales tombant sur le plateau.

Le sol, qui leur sert de filtre, est considéré comme perméable, bien que formé d'une argile rouge sableuse, généralement imperméable et empâtant d'abondants rognons de silex. La perméabilité n'est donc pas continue ; elle n'existe que sur les parties fendillées et là où les pointements très perméables de la craie affleurent. Dans ces conditions, l'eau de la pluie ne réussit à pénétrer qu'après avoir fait, comme eau sauvage, de longs trajets et subi par évaporation des pertes importantes, d'où il résulte que le débit est faible, en égard à la hauteur des pluies annuelles.

L'écoulement de l'eau fournie aux sources du Havre par

---

[1] Meurdra. *Association française*, 1877.

les pluies des hivers les plus humides et les plus efficaces dure au moins trente mois.

Le bassin souterrain des sources comprend nécessairement des plans inclinés, des paliers, des ondulations, des cuvettes, des poches, des couloirs, etc. Supposons tout d'abord ce bassin complètement à sec. Les premières eaux d'infiltration commencent par imbiber toute la masse filtrante, puis elles s'épanchent peu à peu dans le bassin souterrain; une première cavité les arrête; elles en surmontent bientôt le seuil pour aller remplir la suivante. Après celle-ci une troisième, et ainsi de proche en proche, elles cheminent vers l'orifice. Tant que les eaux affluentes sont tranquilles et peu abondantes, le débit reste faible et régulier. Aussitôt qu'une crue survient, le débit augmente.

Les sources qui sortent du plateau du Havre (sources naturelles de Sainte-Adresse, de Fontaines de Rouelles et de la Bouteillerie; sources artificielles de Bellefontaine et autres comprises entre Graville et Sainte-Adresse) proviennent du niveau imperméable de la gaize. Au delà de la ligne qui passerait par Gournay et Cauville, les sources appartiennent au niveau de la craie marneuse.

Dans l'espace compris entre la faille de Bolbec et Fécamp et le Havre, la stratification de la craie marneuse étant parfaitement concordante avec celle de la gaize, l'eau qui les alimente provient donc exclusivement des pluies locales.

Les sources de Bruneval, de Notre-Dame-du-Bec, de Saint-Laurent sortent de la craie marneuse. Ces dernières, situées à 10 kilomètres du Havre, en tête de la rivière de Gournay, le long du chemin de fer de Rouen, entrent pour les trois quarts dans la distribution de la ville du Havre. Depuis près de trente ans qu'elles sont exploitées, elles ont fourni un débit moyen d'environ 20 000 mètres cubes d'eau par jour, représentant près de moitié dans le débit totalisé des sources de la vallée de Gournay, qui est en moyenne de 45 600 mètres cubes par jour.

Toutes les sources, grandes et petites, qui alimentent le Havre ont le même régime. Plus une source a un débit important, plus son bassin a d'étendue et plus le temps qui s'écoule entre l'origine et la fin d'une crue doit l'emporter sur la durée de la pluie efficace qui l'a occasionnée.

Calvados et Eure. — Dans l'ouest de la France, on observe

Fig. 98. — Source de la Folletière près Orbec (Calvados), jaillissant de la craie glauconieuse.

des faits analogues. Les niveaux d'eau les plus importants se rencontrent, surtout vers la base de la craie glauconieuse, à son contact avec l'argile glauconieuse verte, à nodules phosphatés, qui représente une partie de la gaize dans cette région et dont la couche très argileuse est généralement fort peu perméable[1].

On en voit un exemple remarquable, dans la belle source de la Folletière, située dans la vallée d'Orbec, qui sort avec une abondance extraordinaire (fig. 98) de ces couches crétacées et sur l'affleurement d'une argile se rapportant à la craie glauconieuse.

Des sources de même disposition existent dans le département de l'Eure près Cormel et près Pont-l'Évêque (source de la Calonne).

Charente[2]. — La formation crétacée présente dans la Charente deux niveaux d'eau.

Le plus considérable, qui se trahit toujours par la beauté des prairies qu'elle arrose, est soutenu par des bancs d'argile bleuâtres très propres à la fabrication des briques, contenant en abondance les *Ostrea biauriculata* et *flabellata* qu'on observe surtout dans les arrondissements d'Angoulême et de Cognac. Comme elles sont surmontées par trois étages de composition calcaire, les eaux qui filtrent avec facilité à travers des bancs crevassés sont retenues dans leur marche par les argiles tégulines, d'où elles s'échappent à la surface.

Le deuxième niveau se montre à la base de l'étage santonien, souvent marneux, qui arrête les eaux d'infiltration des coteaux supérieurs. Nous citerons principalement les belles sources de La Palue et de Gensac près de Cognac, et la source de Roncenac, connue sous le nom de Grand'Fontaine.

Bouches-du-Rhône : Bassin de Fuveau[3]. — Le bassin de Fu-

---

[1] Guyerdet. *Texte de la feuille de Bernay.*
[2] Coquand. *Géologie de la Charente.*
[3] Villot. *Annales des mines*, 8ᵉ série, t. IV, p. 5, 1883.

veau se compose d'un ensemble de couches qui, après avoir été supposées tertiaires, ont été reconnues par M. Matheron appartenir à la partie supérieure du terrain crétacé.

Le groupe auquel est subordonné le lignite exploité est principalement calcaire et il contient les calcaires argileux fournissant le ciment dit de la Valentine. L'épaisseur de ce groupe dépasse 200 mètres. Il repose sur des couches attribuées au senonien supérieur.

Les travaux d'exploitation, dans lesquels on doit lutter à grands frais contre les venues d'eau, en ont fait ressortir le régime. Le calcaire est coupé, non seulement par de nombreuses diaclases (*partens*), mais aussi par des paraclases qui remplissent tantôt l'office de barrage, tantôt celui d'une conduite d'eau. Ces dernières sont situées dans la partie sud du bassin. En revanche, le nord jusqu'à Trets constitue la région des diaclases.

Les eaux pluviales arrivent dans les travaux verticalement et, par suite, d'une manière soudaine. On peut avoir une idée des variations très considérables de la nappe souterraine par une figure[1] qui donne, depuis 1868, la hauteur d'eau dans le puisard. En rapportant la quantité d'eau à la quantité de charbon extraite, on a pompé, de 1868 à 1882 inclus, de 6 à 30 mètres cubes et en moyenne 15,5 pour une tonne de charbon sortie, et cela, sans tenir compte des masses bien plus considérables qui sortent des galeries. On s'explique ainsi que les frais d'épuisement aient pu dépasser en certaines années 1 fr. 30 par tonne, 16 pour 100 des dépenses totales, et encore ces chiffres sont-ils au-dessous de la réalité.

La surface de l'eau souterraine est inclinée vers la mer, de façon à se raccorder avec elle. Autour de cette espèce

---

[1] Mémoire précité, pl. III.

de charnière, elle monte ou descend suivant les saisons, comme le prouvent les variations de hauteur, d'autant plus grandes que l'on considère une section de la nappe plus éloignée de l'embouchure : plus on s'avance vers l'est, plus une pluie produit des ascensions d'eau subites et de grande amplitude.

Comme d'ordinaire, des sources jaillissent à la rencontre de cette surface d'eau avec le relief du sol.

Ces eaux doivent avoir un écoulement vers la mer ; car, non seulement la quantité d'eau absorbée par le sol est bien supérieure au débit total des sources, mais encore le long du rivage, entre Marseille et Bandol, jaillissent de nombreuses sources d'eau douce.

Var et Alpes-Maritimes[1]. — Dans le Var et dans les Alpes-Maritimes, les puissantes couches marneuses de la craie à *Inoceramus labiatus* arrêtent les eaux circulant dans les calcaires superposés ; l'une des trois sources venant au jour dans la vallée de Dardennes et qui alimentent Toulon, le Foux, qui produit le Béal, sort de ce niveau.

Dans le voisinage de la source de la Foux existe, au milieu des calcaires blancs cristallins appartenant à l'étage néocomien, un réservoir naturel appelé *ragas*. Ce réservoir renferme toujours de l'eau, et presque tous les ans, à l'époque de la saison des pluies, il déborde en versant dans la vallée des masses d'eau considérables. On a pensé de tout temps, à Toulon, que cette cavité était le regard naturel d'un grand courant d'eau souterrain, et que pour obtenir de l'eau en abondance, il suffirait de pratiquer une galerie allant s'ouvrir au fond du réservoir et aboutissant dans la vallée en un point convenablement choisi.

---

[1] Dieulafait. *Sur la zone à Avicula contorta*, 1867.

Gers[1]. — Les sources thermales du département du Gers sont remarquables par les conditions dans lesquelles elles jaillissent.

Les sources salines et moyennement thermales de Barbotan, commune de Cazaubon, et celles du groupe de Castera-Verduzan, du Masca et du Lavardens sont disposées le long de l'axe d'une grande ride crétacée, dirigée E. 21° S. à O. 21° N., qui traverse une partie du département. Les eaux qui circulent dans la craie rencontrant des fissures dans les terrains supérieurs en profitent pour remonter à la surface, à la manière de fontaines artésiennes.

Bassin de Paris. — En 1833, l'Administration municipale ayant eu connaissance des puits artésiens exécutés à Épinay et à Saint-Denis près Paris, résolut d'en faire exécuter elle-même pour l'alimentation de la capitale. Une somme de 18 000 francs fut alors votée pour l'exécution de deux puits, devant atteindre la formation de l'argile plastique d'où provenaient les eaux jaillissantes de Saint-Denis.

Mais l'examen de cette question fit bientôt reconnaître à M. Emmery, alors directeur du service municipal, que, par suite de l'affleurement de la formation aquifère dans le lit de la Seine, entre Auteuil et le Point-du-Jour, le niveau de la nappe devait se trouver considérablement abaissé et que, par suite, les chances de succès étaient notablement diminuées. Un puits fut néanmoins exécuté au carrefour Reuilly; la formation aquifère fut rencontrée, mais l'eau resta en contre-bas du sol. Les études géologiques faites sur le bassin parisien, quoique peu avancées à cette époque, firent dès lors pressentir qu'il fallait traverser non seulement les terrains tertiaires, mais aussi la craie, pour avoir une eau

---

[1] Jacquot. *Comptes rendus*, t. LX, p. 967, 1865.

jaillissante en atteignant les grès verts inférieurs. Peu de temps après, 40 000 francs furent votés par le conseil municipal pour exécuter un sondage de 400 mètres ; le travail fut mis en adjudication et confié à M. Mulot, le seul des entrepreneurs de sondage existant à cette époque qui se présentât. Il devait être primitivement exécuté sur la place de la Madeleine, mais la crainte d'encombrements sur un point aussi fréquenté fit adopter définitivement la cour de l'abattoir de Grenelle.

Le travail fut commencé au mois de décembre 1833. A 400 mètres, limite fixée pour la profondeur définitive du puits, on était encore en pleine craie. De nouveaux crédits furent alloués successivement, non sans beaucoup d'hésitation, pour descendre jusqu'à 500, 550 et 600 mètres. Enfin, le 26 février 1841, à 2 heures du soir, après un travail de 7 années, des accidents et des péripéties de toutes sortes, on rencontra la formation des grès verts, à la profondeur de 547 mètres, et avec elle, l'eau jaillissante si longtemps et si impatiemment attendue.

Après le succès obtenu à Grenelle, l'Administration projeta le forage de plusieurs puits semblables. L'un d'eux devait être percé à l'abattoir Montmartre et un autre au Jardin des Plantes, pour être spécialement affecté au chauffage des serres et à la création de bains et de lavoirs publics dans le quartier Saint-Marceau. Les événements de 1848 firent ajourner l'exécution de ces travaux.

Plus tard, lors des travaux d'embellissement du Bois de Boulogne, la grande quantité d'eau nécessaire au service de cette promenade (8000 mètres cubes par 24 heures) fit penser à demander un nouveau tribut à la nappe des grès verts. La création à Passy d'un puits semblable à celui du puis de Grenelle fut résolue, et l'entreprise confiée à M. Kind, habile ingénieur saxon.

Le résultat dépassa les espérances. Aussi résolut-on de faire construire deux puits nouveaux, l'un sur l'Estrapade, près du Panthéon, l'autre à la barrière du Trône. Une commission fut nommée par le Préfet de la Seine, et sur ses observations, les positions des puits furent modifiées : celui du Panthéon fut reporté à la Butte-aux-Cailles, près de la barrière Fontainebleau, et celui de la barrière du Trône à La Chapelle-Saint-Denis, de manière à former avec celui de Passy les trois sommets d'un triangle à peu près équilatéral. Le puits de La Chapelle fut confié à MM. Laurent et Degousée, celui de la Butte-aux-Cailles à M. Saint-Just Dru, le successeur de M. Mulot. Ces deux puits devaient non seulement atteindre la nappe rencontrée à Passy, mais descendre dans la formation des sables verts pour recueillir les différentes nappes que l'on suppose y exister, et atteindre même, s'il était possible, les terrains jurassiques.

On sait que Paris occupe le centre d'un vaste bassin grossièrement circulaire, dont le rayon pris dans la direction de la Champagne vers Troyes mesure 160 kilomètres. Les sables verts qui occupent une large zone s'étendant sur le pourtour de ce bassin présentent une pente souterraine égale, en moyenne, à $0^m,003$ par mètre.

La force considérable d'ascension des eaux des grès verts provient de l'altitude à laquelle ils affleurent autour du terrain crétacé.

La coupe détaillée du sondage de Grenelle, dont les échantillons sont déposés au Muséum, a été relevée avec le plus grand soin (fig. 99).

Le puits de Grenelle, revêtu d'un tubage en tôle de $0^m,17$ à la base et de $0^m,235$ à l'orifice, donnait 2200 litres par minute, soit environ 3000 mètres cubes par 24 heures. En 1852, sous la pression des argiles inférieures, une portion du tube ayant été aplatie, on descendit dans le premier tube une seconde colonne de $0^m,10$ de diamètre seulement. Le

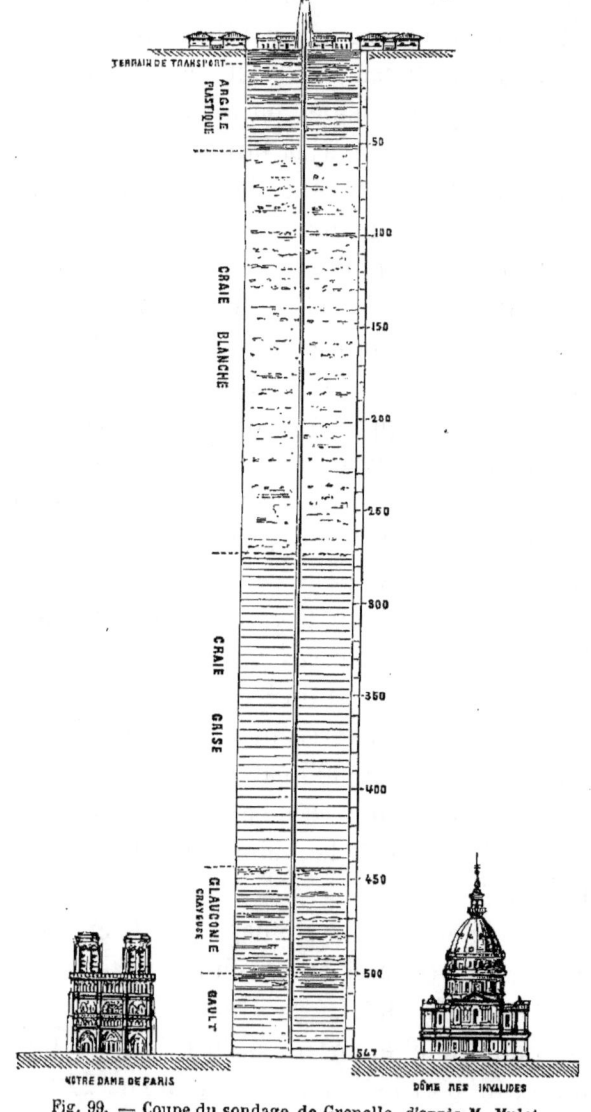

Fig. 99. — Coupe du sondage de Grenelle, d'après M. Mulot.

débit n'en fut point altéré, ce qui prouve qu'il n'est pas proportionnel au diamètre.

Le rendement en 1862 était en moyenne de 472 litres par minute ou de 680 mètres cubes par 24 heures; en 1883, il était constant et seulement de 240 litres par minute, soit 346 mètres cubes par 24 heures.

A Passy, par suite d'accident, le travail a été fort long, très dispendieux ; il a duré onze ans et a coûté 1 064 000 fr. Deux nappes jaillissantes y ont été rencontrées, l'une vers 577 mètres, l'autre vers 586 mètres. On a supposé que la première est la nappe de Grenelle; elle n'a pas monté au niveau du sol, mais s'est élevée jusqu'à 7 mètres en contrebas, pour descendre ensuite à 18 mètres.

En septembre 1861, 22 heures après le jaillissement de la deuxième nappe de Passy, le puits de Grenelle a éprouvé une perturbation dans son débit; ce qui tend à prouver que cette seconde nappe est bien réellement en communication avec celle de Grenelle, quoique coulant à cet endroit dans des sables plus gros et plus perméables. C'est à cet écoulement dans des sables plus gros qu'est dû surtout l'énorme débit du puits de Passy.

A Passy, on a établi un cuvelage en bois, dont les divers tronçons, qui ont $0^m,80$ de diamètre intérieur, sont composés de douves jointives, et la pression augmentant avec la profondeur, les douves ont eu à supporter une pression toujours croissante, jusqu'à 550 mètres, base du tubage en bois; à cette profondeur la pression n'est pas moindre que 55 atmosphères. Les douves ont dû être disjointes, et alors un plan de fuite s'est manifesté entre elles; l'eau a pu dès lors passer extérieurement, monter le long du tube et venir s'absorber dans les couches supérieures du terrain tertiaire[1]. Aussi le débit du puits, qui à l'origine était de 17 000 mètres

---

[1] Oppermann. *Portefeuille économique des machines*, t. IX, p. 186; notice de M. Cassagne.

cubes par 24 heures, était-il réduit, en 1864, à 1500 mètres environ. Du 1er novembre 1881 au 30 octobre 1883, le débit a oscillé entre 6540 et 6588 mètres cubes. Quant aux deux puits de la Butte-aux-Cailles et de La Chapelle, qui avaient à traverser, non seulement tout le crétacé, mais aussi les couches jurassiques qui le supportent, ils n'ont pas eu le même succès que les précédents. On a dû les abandonner tous deux, le premier à 532 mètres, après une dépense de plus de 200 000 francs, le second à 677 mètres, lorsqu'on y avait consacré plus de 1 600 000 francs.

Le puits de l'usine Constant Say, boulevard de la Gare, qui a une profondeur de 580 mètres, débitait en mars 1883 4500 mètres cubes.

Environs de Tours. — Les puits artésiens des environs de Tours alimentés par les mêmes nappes, méritent d'être mentionnés, à cause de leur antériorité sur les autres forages de la même région.

North Downs du Kent et du Surrey. — Le régime des eaux souterraines dans la craie des North Downs du Kent et du

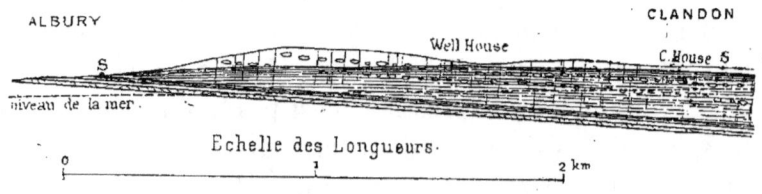

Fig. 100. — Disposition du niveau d'eau de la craie, non loin de Guilford (Surrey). D'après M. Lucas.

Surrey, entre le Darent et le Môle, a été l'objet d'études approfondies de la part de M. J. Lucas [1].

---

[1] *Proceedings of the Institution of civil engineers*, t. XLVII, p. 1, 1877.

Les traits généraux de la région sont analogues à ceux des autres régions crétacées. La figure 100 montre comment la nappe d'eau de la craie qui alimente divers puits donne naissance à des sources.

Il en est de même de la figure 101, qui montre en outre comment prennent naissance les épanchements d'eau connus généralement sous le nom de *bournes*. D'après M. Topley, dans le Kent, on les nomme aussi *nailbournes*, dans le Sussex, *livants*, dans le Dorset, *winterbournes*, dans le Yorkshire, *gypsies*.

Ils jaillissent subitement et seulement après une saison exceptionnellement humide; ils suivent les grandes chutes

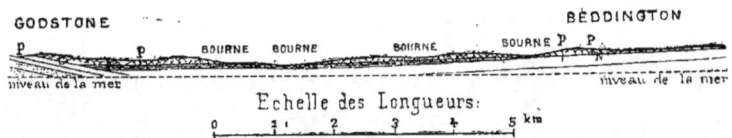

Fig. 101. — Disposition du niveau d'eau de la craie, non loin de Banstead (Surrey), montrant comment prennent naissance des sources connues sous le nom de *bournes*. — D'après M Lucas.

de pluie, après un intervalle de quelques mois, c'est-à-dire après que la pluie a eu le temps de se réunir souterrainement et de s'élever suffisamment. En général ils apparaissent à la partie supérieure des vallées, et s'écoulent dans un lit entièrement sec.

La jonction de la craie inférieure et du gault donne naissance, au pied des North Downs, à une affluence d'eau considérable qui se manifeste aussi par les sources de Wrotham, Godstone, Merstham et beaucoup d'autres. On peut citer celle qui sort du gault, près de Cuxham.

Londres. — Dans le but de suppléer à l'insuffisance de l'alimentation par les sables tertiaires inférieurs, la plupart des puits artésiens forés à Londres dans ces derniers temps pénètrent dans la craie inférieure, qui s'étend au-dessous de Londres à des profondeurs de 50 à 65 mètres.

A cause de sa grande étendue superficielle et de son épaisseur qui varie de 150 à 300 mètres, elle constitue la principale ressource en eau souterraine de Londres. Plus de 31 780 mètres cubes sont journellement tirés de la craie au S.-E. de Londres.

Yorkshire[1]. — Dans le Yorkshire et spécialement aux environs de Holderness, des argiles du diluvium et des dépôts

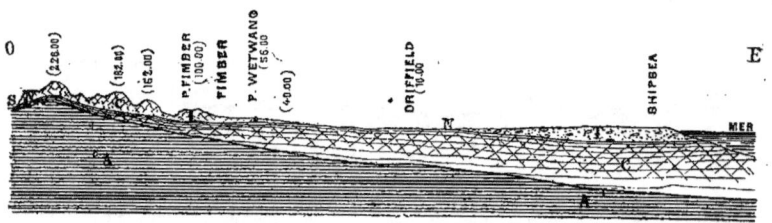

Fig. 102. — Section montrant la circulation de l'eau dans la craie du Yorkshire. A, argile imperméable des étages kimméridgien et néocomien ; C, craie qui lui est superposée et à travers laquelle se meut l'eau souterraine, dont la surface est très fortement ondulée, ainsi que l'indique la ligne N.N. T, argile tertiaire imperméable. — D'après M. Robert-Mortimer.

superficiels couvrent la craie en s'élevant à une altitude de 20^m au-dessus de la mer. L'épaisseur de la craie atteint 250 mètres. Elle repose sur les argiles imperméables des étages néocomien et kimméridien (fig. 102), qui s'élèvent jusqu'à l'altitude de 300 mètres avec une épaisseur dépassant 130 mètres et viennent affleurer au nord et à l'ouest. Les cours d'eau superficiels et souterrains de cette région aboutissent d'un côté à la mer et de l'autre côté sont interrompus par les argiles des étages précités.

La surface de la nappe d'eau intérieure n'est pas horizon-

---

[1] J. Robert Mortimer. *Proceedings of civil engineers of Yorkshire*, t. LV, p. 152, 1864.

tale, mais elle s'abaisse vers le sud et vers l'est, de manière à se rapprocher de la surface de la craie qui la contient.

Hertfortshire[1]. — De même dans le Hertsfordshire, la surface qui limite la nappe d'eau dans la craie est très variable suivant les saisons et la quantité d'eau que lui fournit l'atmosphère ; son niveau varie dans les collines crayeuses, de 10 à 12 mètres, en présentant des inflexions, comme on l'a vu pour les exemples cités en France.

Cette nappe fournit aussi de fortes sources, telles que celles de Chadwell, Hoddesdon, Olter, Carlshalton, Leatherhead et Ospringe. En outre il y a d'innombrables petites sources, comme celles qui sont le long de la Tamise, de Greenhithe à Paversham.

Oxfordshire et Whitshire. — Les collines de craie de l'Oxfordshire et du Whitshire présentent aussi de très belles sources (Prestwich).

La quantité de pluie moyenne qui tombe sur les Chalk Wolds est environ $0^m,68$, dont trois quarts environ pénètrent dans le sol. L'écoulement de ce réservoir souterrain vers la région sud-est du bassin se produit quelquefois avec une force considérable, tant dans la mer que dans la rivière Humber. En quelques points il en résulte des bouillonnements le long du rivage, qu'on a souvent observés près du port de Bridlington et ailleurs, sur le côté oriental, particulièrement dans le lit de la Humber, entre Hull et Hessle. Dans cette dernière localité les bouillonnements sont connus sous le nom de *Hesslewhelps*.

Quelque considérables que soient ces décharges superficielles et souterraines dans la mer et dans la Humber, elles

---

[1] D'après M. Clutterbuck.

sont compensées par la grande masse d'eau qui provient d'une direction opposée. Le long de la limite de la craie, elle produit des sources permanentes et intermittentes de toutes dimensions, depuis un très petit filet jusqu'à un courant assez puissant; plusieurs moulins ont été construits à proximité des sources de cette sorte.

A proximité de la mer, notamment à Hull et à Sunk Island, l'eau des puits percés à travers la craie est habituellement saumâtre, par suite de la pression de l'eau salée de l'Océan. L'eau la moins salée rencontrée à Hull provient d'un puits de 51 mètres de profondeur, et un autre puits situé à 20 mètres du précédent, avec une profondeur de 100 mètres, contient 20 pour 100 en plus de sel; les deux sont dans la craie qui, dans cette région, est atteinte de 15 à 20 mètres de la surface.

Nord de la France. Belgique et Westphalie : environs de Liège.
— Dans les départements du Nord et du Pas-de-Calais, aux environs de Mons, de même qu'en Westphalie, dans le bassin de la Ruhr, les terrains qui recouvrent le système houiller, connu des mineurs sous le nom de *morts-terrains*, appartiennent à la période crétacée. Ils sont formés de couches alternatives d'argile, de marne, de craie et de sable. C'est là qu'on rencontre les plus grandes difficultés pour le fonçage des puits à travers des bancs perméables, fissurés en tous sens et qui renferment de vastes réservoirs où s'accumulent les eaux pluviales.

Les *dièves* ou bancs argileux forment, à la partie inférieure, une base plastique et imperméable, au-dessus de laquelle les eaux sont retenues. Lorsque, par une excavation pratiquée à la surface, on pénètre dans ces bancs aquifères, l'eau s'y précipite et tend à reprendre son niveau hydrostatique.

A part les sources abondantes qui se rencontrent ordinairement au milieu des bancs de craie à silex pyromaque, les bancs fissurés de marne grise, alternant avec des argiles, renferment aussi des niveaux importants.

La quantité d'eau à épuiser dans la traversée des couches crétacées qui recouvrent le terrain houiller est essentiellement variable, non seulement d'un point à un autre du même bassin, mais encore d'un point à un autre de la même concession.

La fosse n° 3 de Ferfay est située à une distance de 1100 mètres environ de la fosse n° 2 ; la première n'a rencontré que des sources insignifiantes, tandis que la seconde avait fourni beaucoup d'eau. La fosse Saint-Pierre, près de Thivencelles, a débité par minute 150 hectolitres. A la fosse de Courrières, la quantité maximum à extraire s'est élevée à 219 hectolitres. A l'Escarpelle, près de Douai, elle a atteint jusqu'à 600 hectolitres. A Havré (Belgique), on a installé sur trois puits foncés simultanément, quatorze chaudières et un ensemble de machines représentant une force de 1550 chevaux, en vue de traverser les nappes aquifères[1].

A Lens (Pas-de-Calais)[2], le puits n° 5, d'un diamètre de $5^m,50$, a été commencé sur le bord de la rive droite de la Souchez (fig. 103), à la fin de 1872. Le creusement était arrivé, en septembre 1873, à la profondeur de $13^m,50$, à laquelle l'eau a commencé à affluer, à raison de 6000 à 7000 mètres cubes par jour. On était alors à $28^m,50$ au-dessus du niveau de la mer, et à 3 mètres au-dessous du niveau des eaux du marais de la vallée. La venue d'eau a augmenté rapidement avec le creusement. A 28 mètres de profondeur, elle atteignait 40 000 mètres cubes par jour, chiffre qu'elle

---

[1] Evrard. *Exploitation des mines*, p. 253-254.
[2] D'après une obligeante communication de M. l'ingénieur en chef des mines Duporcq.

a conservé jusqu'à la profondeur de 38 mètres. C'est seulement alors qu'elle a commencé à diminuer, et à 48 mètres qu'on a pu se rendre maître de l'épuisement, après dix mois d'un travail entouré de difficultés énormes. Six pompes à vapeur avaient été montées sur la fosse pour parvenir à remonter ces 40 000 mètres cubes par jour, d'une pro-

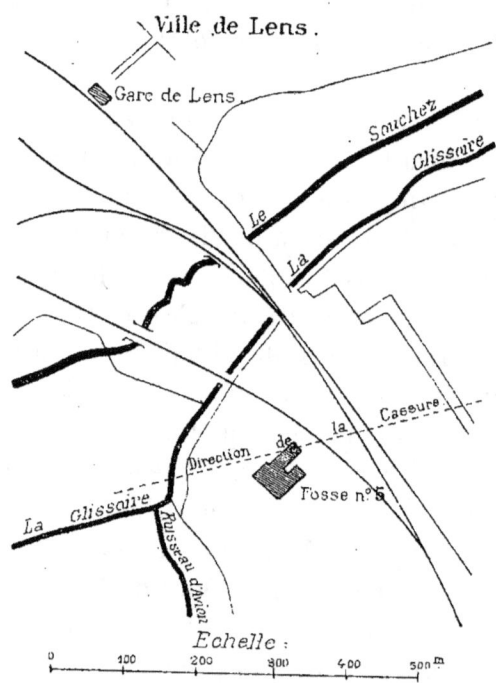

Fig. 105. — Disposition de la fosse n° 5 de Lens, par rapport à la Souchez et à la Glissoire.
D'après M. Duporcq.

fondeur de 28 à 38 mètres. A la profondeur de 72 mètres, dans le terrain bleu, les eaux ont absolument cessé, et à 92 mètres on a installé la base du cuvelage.

La fosse était tombée sur une large cassure ouverte dans la craie blanche et dirigée E. S. E. à O. N. O. Au nord de la cassure la craie était excessivement fissurée et perméable à l'eau; au sud, au contraire, les bancs étaient compacts et fermes. La position et l'inclinaison de la cassure par rapport à la vallée et la nature extrêmement fendillée de la craie conduisent M. Duporcq, ingénieur en chef des mines, à présumer que les eaux venaient principalement de la vallée, sinon de la Souchez et de la Glissoire même, qui coulent sur un terrain plus ou moins tourbeux et assez imperméable, du moins d'eaux imbibant les alluvions sableuses perméables et plus profondes de cette vallée. On remarque d'ailleurs que l'apparition des eaux dans le puits, à 3 mètres en dessous des eaux de la Glissoire, coïncide bien avec la situation de ces alluvions.

D'après M. Van Ertborn, la craie blanche de la Belgique renferme de nombreuses fissures aquifères qui rendent aléatoire le résultat des forages.

A Léau (Brabant), cote 30, on a atteint la craie à 43 mètres sous le sol. Après 10 mètres dans la craie, la sonde s'enfonça dans une fissure de $0^m,40$; une source d'un pouvoir ascensionnel considérable jaillit à la surface du sol, avec un débit de 3360 litres par minute.

La craie a fourni à Velvords, à $29^m,86$, et à Bruxelles, à $5^m,20$, des sources d'un débit considérable.

Il en a été de même dans le nord de la France, à Neuville-en-Terrain et à Tourcoing, où des sondages ont également rencontré des fissures aquifères dans la craie blanche. L'eau se maintient en contre-bas du sol, à cause de l'altitude des lieux; mais à l'aide de pompes, on en puise des quantités considérables.

Aux environs de Liège[1] la craie présente deux horizons aquifères distincts.

L'un est dans le calcaire à peu près pur et perméable à l'eau dont l'épaisseur est d'environ 30 mètres. Outre les joints

---

[1] Gustave Dumont. *Eaux alimentaires de Liège*, 1856.

de stratification, il y existe des fissures verticales et des échancrures, parfois très profondes, comblées par des dépôts plus récents.

L'horizon inférieur est supporté par une marne connue sous le nom de *dielle*, qui par son imperméabilité empêche les eaux des couches supérieures de parvenir dans le terrain houiller.

Les eaux pluviales pénètrent dans les fissures de la craie, après avoir filtré à travers le limon et le sable quartzeux et sont arrêtées par la couche imperméable. Vers les bords méridional et oriental du plateau, ces eaux se répandent, sous forme de sources, dans les vallons qui aboutissent à la Meuse; mais la majeure partie s'écoule vers le sud-ouest, à peu près suivant la ligne de plus grande pente des couches qui forment le terrain crétacé.

L'inclinaison de la surface de l'eau varie suivant les circonstances. Elle est d'autant plus forte que la roche est moins fissurée, ou, en d'autres termes, qu'elle présente plus de résistance au passage de l'eau. Pour des roches différentes, l'inclinaison doit donc varier. Il en est ainsi pour une même roche, suivant la quantité d'eau qui y afflue et suivant la direction que prend le courant souterrain.

Dans toute la partie de la Hesbaye qui s'étend au nord-est de Liège, la profondeur à laquelle se trouve l'eau a été mesurée à différentes époques. Il résulte de l'ensemble de ces observations que la nappe d'eau y est inclinée : partant des bords du bassin et s'avançant vers le Geer, elle donne lieu aux sources qui alimentent cette rivière.

Vers l'est le courant change de direction, parce qu'il s'écoule en partie sous forme de sources dans les vallées de

---

[1] L'auteur a publié une carte où est représentée, par des lignes horizontales, l'intersection de la surface de l'eau avec des plans horizontaux, établis à différentes hauteurs au-dessus de la Meuse. Des flèches marquent la direction du courant.

Vottem et de Hermée, où vient affleurer la couche imperméable. La nappe d'eau s'incline donc rapidement dans cette direction.

Vers le sud, les vallées qui aboutissent à la Meuse, mettant à nu la couche perméable au-dessous du niveau que la nappe aquifère atteindrait pour que son écoulement fût possible vers le Geer, les eaux qui la forment s'échappent en sens contraire en donnant naissance aux sources d'Ans, de Hollogne, etc.[1].

L'inclinaison de la surface de la nappe vers le nord varie de $0^m,005$ à $0^m,009$ par mètre; mais de l'est à l'ouest, elle dépasse généralement $0^m,01$, probablement parce que les fentes de la craie sont principalement dirigées nord-sud.

Depuis longtemps des galeries creusées dans la craie, ainsi que dans le terrain houiller fournissent des eaux à la ville de Liège. En 1856, ces galeries étaient au nombre de six. Celles qui ont été percées autrefois dans le terrain houiller pour l'exploitation de la houille et qui sont au-dessus de la Meuse, après avoir satisfait au but pour lequel on les avait exécutées, sont utilisées, sous le nom d'*arènes*, pour les usages domestiques, à cause des eaux qui en proviennent. Leur utilité est telle que quatre d'entre elles furent mises en *garde de loi*.

Tant que la galerie reste dans les couches imperméables, c'est-à-dire dans le terrain houiller et les argiles, les eaux circulent au-dessus d'elle comme si elle n'existait pas. A son entrée dans la craie, les eaux y affluent de toutes parts et la zone asséchée forme au-dessus d'elle une sorte de cône renversé dont l'angle au sommet est d'autant moins ouvert que la roche est moins concassée et que la quantité d'eau est plus abondante.

La craie fissurée sert de réceptacle à une nappe profonde, où sont forés, à Bruxelles et aux environs, particulièrement dans les parties basses de la vallée de la Senne[1], des puits artésiens dont M. Rutot a étudié les conditions générales de gisement (fig. 104).

On peut aussi signaler une étude de M. Bihet sur les puits

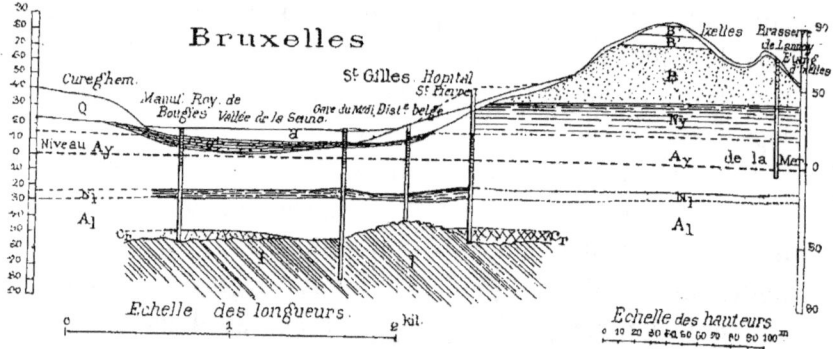

Fig. 104. — Diagramme transversal entre Cureghem et Ixelles, montrant les conditions géologiques dans lesquelles divers puits trouvent de l'eau, soit dans les couches tertiaires, soit dans le terrain silurien. I, terrain silurien ; Cr, terrain crétacé. Les couches superposées appartiennent à différents étages de l'éocène, comme il est indiqué ci-après; A_l, assise inférieure du terrain landénien ; N_l, étage landénien supérieur qui est aquifère; A_y, yprésien; N_y, nappe d'eau dans le sable perméable fin, donnant des sources et alimentant les puits domestiques; B, sable très perméable appartenant à l'étage bruxellien; B', étage laekenien et wemelien; Q, limon quaternaire (Hesbayen); Q', alluvion ancienne; a, alluvion moderne. — D'après M. Rutot.

artésiens de Louvain, dont plusieurs pénètrent dans la craie et atteignent 136 mètres au-dessous du niveau de la mer[2].

Versant nord du Teutoburgerwald et versant nord de la Haar; Paderborn. — La dernière zone de collines du Teutoburgerwald (fig. 105) se compose de calcaires marneux très fissurés appartenant au terrain crétacé (étages turonien et cénomanien) qui sont superposés à du quadersandstein également très fissuré (gault et néocomien).

Les couches de la craie marneuse plongent vers la plaine

---

[1] *Description géologique des environs de Bruxelles*, p. 129, 1884.
[2] Bihet. *Puits artésien de Louvain*, 1876.

de Westphalie, sous un angle moyen de 10° et, à mesure qu'elles se rapprochent, deviennent de moins en moins inclinées.

De grandes fentes verticales, qui sont distantes l'une de l'autre d'environ $0^m,40$, coupent d'autres fentes qui sont parallèles au plongement des masses crétacées, de sorte que toutes les couches sont divisées en rhomboèdres. Les fissures verticales du calcaire marneux se poursuivent dans le quadersandstein sous-jacent. La direction de ces systèmes de

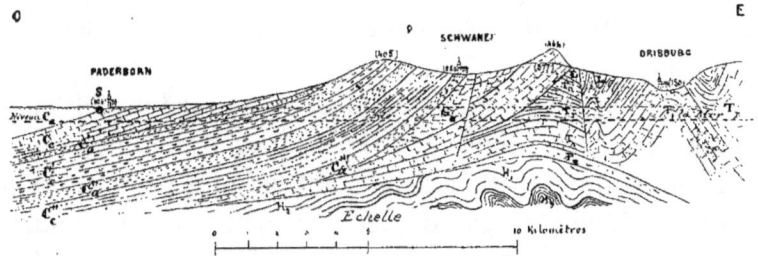

Fig. 105. — Coupe idéale de Paderborn par Schwanci à Dribourg, montrant comment les couches des divers étages crétacés concourent à la formation des belles sources qui jaillissent au pied des collines. i_3, dévonien supérieur; H_1, culm; H_2, grès houiller inférieur, sans couche de houille; F_e, zechstein (permien); T, grès bigarré, grès des Vosges; T_2, muschelkalk; T_3, keuper; L, hills néocomien; G_a, gault, étage auquel se rapporte le quadersandstein du texte; C'''_a, tourtia (couche imperméable); C''_c, cénomanien; C''_a, zone à *Inoceramus labiatus* qui est imperméable; C'_c, marne à *Terebratula gracilis*; C'_a, zone à *Inoceramus Geinitzii*; C, craie à *Micraster cortestudinarum*; C_A, marne de l'Emscher. Les deux lignes horizontales sont le niveau de la mer et le niveau des sources qui jaillissent au pied de la cathédrale de Paderborn[2]. — D'après M. le professeur Schlüter.

cassures parallèles peut être suivie sur des dizaines de kilomètres, et on remarque çà et là, à la surface, des cavités où les eaux météoriques s'engouffrent, et où mugit souvent un cours d'eau souterrain.

La division rhomboédrique se poursuit dans les calcaires marneux, de manière à former de très petits rhomboèdres,

---

[1] G. Bischof. *Neues Jahrbuch der Chemie und Physik von Schweigger-Seidel*, t. VIII, p. 249, 1833.

[2] La partie au-dessus de ces lignes donne la position des couches; mais la partie au-dessous est assez hypothétique pour les détails,

n'ayant que quelques centimètres de côté, à travers lesquels circulent les eaux qui sont arrêtées plus bas.

Près de Horn, dans le Lippe Detmold, les roches dites *Externstein* ou *Eggersterstein* (voir pages 125 et 136 les fig. 72 et 73), au nombre de cinq et atteignant 40 mètres de hauteur, sont coupées par des diaclases; les unes grandes, régulières, verticales, se poursuivant sur toute la hauteur; les autres moins régulières et inclinées. Quand les Externstein formaient encore le noyau d'une grande masse de quadersandstein, les eaux s'y mouvaient, ainsi que l'attestent les formes arrondies des parois et leurs érosions de formes diverses.

Ni le calcaire marneux crétacé, ni le quadersandstein ne renferment une couche continue imperméable. Des couches argileuses qui arrêtent l'eau, tant qu'elles ne sont pas brisées ou déplacées par des soulèvements, se rencontrent, comme l'indique la coupe, à la base du turonien (zone à *Inoceramus labiatus*) et à celle du cénomanien (tourtia).

Les couches crétacées dites *Emscher*, entre le turonien, et le senonien, distinguées par l'*Amm. Margæ* et que M. le professeur Schlüter a reconnues depuis Duisbourg sur le Rhin jusqu'à Paderborn, sont argileuses et imperméables; leur épaisseur atteint 600 mètres. Ces couches sont la cause que les sources prennent naissance en des points où elles recouvrent les couches qui sont remplies d'eau et forment un bassin souterrain. Six forts ruisseaux, de petites rivières, la Becke, le Ellerbach, l'Aa, la Sauer, l'Altona, l'Afte et l'Alme montrent le phénomène. Une ligne droite tirée de Neuenbecken par Dahle sur Grunsteinsheim forme à peu près la limite du cours des quatre premiers de ces cours d'eau.

L'Afte, qui sort du quadersandstein et du grès houiller, se perd en partie; l'Alme, le plus important des ruisseaux qui sort du calcaire carbonifère, perd dans le terrain crétacé, jusque près de son embouchure dans la Lippe, une grande partie de son eau et, dans les années sèches, disparaît entièrement.

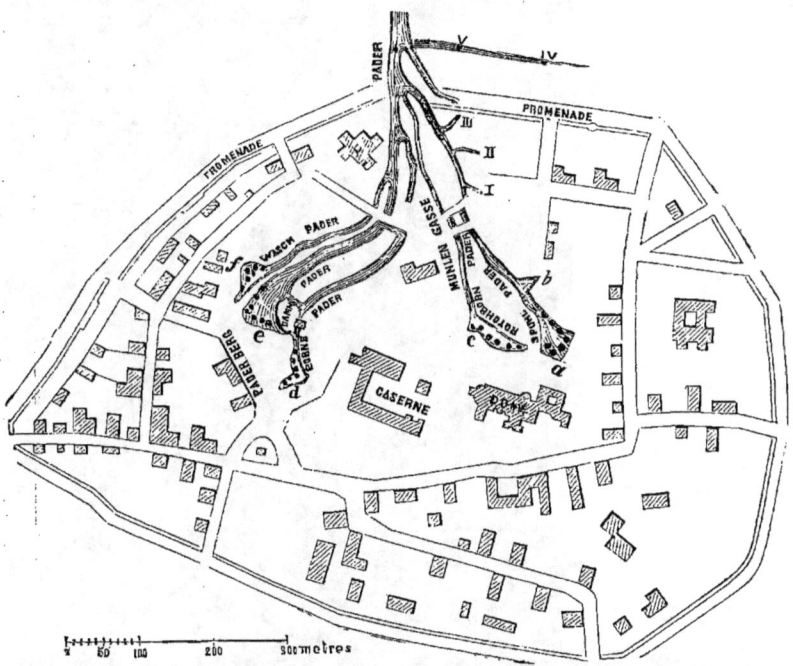

Fig. 105. — Disposition des sources de la Pader, dans la ville de Paderborn. A Spuhl Pader, à 80ᵐ au nord de la cathédrale, sont 24 sources, dont 10 très fortes (*a*) et 14 autres (*b*); entre *a* et *b* sur les deux bords de la Spuhl Pader, 14 sources, dont 3 très fortes; *c*, Rothborn Pader, 40ᵐ à l'ouest de la Spuhl Pader, près de la Muhlengasse, 19 sources, dont 3 très fortes; *d*, Borne Pader, près de la rue Paderborg, à 218ᵐ de la face occidentale de la cathédrale, 41 sources dont 25 très fortes; *e*, Damme Pader à 90ᵐ de *d*, vers le nord-ouest, 12 sources, dont 3 très fortes, à 230ᵐ de la face occidentale de la cathédrale; *f*, Wasch Pader, à 40ᵐ de *e*, 15 sources généralement nommées Warme Pader, à cause de leur température. Vers le nord sont les sources : I, à 230ᵐ N. N. E. de la cathédrale; II et III, qui sont plus au nord; IV, à côté de la promenade, au nord de la ville, à 490ᵐ de la cathédrale; V, à côté de la promenade, à 170ᵐ de IV vers l'ouest. — D'après l'obligeante communication de M. Von Dechen.

La ligne de séparation de toutes ces eaux qui se perdent dans les calcaires marneux, court du pied des montagnes du Teutoburgerwald et de la Haar, depuis Lippspringe jusqu'à Paderborn, Elsen, Saltzkatten, Geseeke, Erwith, etc.

A Lippspringe jaillissent les sept puissantes sources du

226   RÔLE DES LITHOCLASES DE DIVERS ORDRES.

Jordanes (Jourdain), principalement celle de la Lippe. Cette

Fig. 106. — Vue d'une des sources de Paderborn. — D'après une photographie.

dernière sort, avec une grande vitesse et un fort volume, de trois fentes voisines qui traversent le calcaire marneux, et d'une dépression en forme d'entonnoir : la moitié suffit immédiatement à faire mouvoir un moulin à trois paires de meules.

A Paderborn (fig. 105), dans la partie basse de la ville, jaillissent plus de 140 sources, dont plusieurs ne sont distantes les unes des autres que de 1 à 2 mètres. L'une d'elles est représentée par la figure 106. Elles forment un ruisseau qui, à sa rencontre avec la Pader, constitue déjà une rivière considérable, faisant mouvoir non moins de quatorze roues de moulin. Le rendement de toutes ces sources ensemble, au point où la Pader quitte la ville, est de 5, 6 mètres cubes par seconde et va jusqu'à 7 mètres cubes. A part les sources notées sur le plan, il en est quelques-unes qui se trouvent sous les maisons.

Dans trois villages dits *secs*, Dornhagen, Eggeringhauten, Busche, situés sur le turonien, au sud-ouest de Paderborn, les eaux s'engouffrent pour reparaître aux sources de la Pader, à des distances respectives de 7, 5 et de 11 kilomètres.

Quand une chaîne est formée de roches aussi fissurées que le calcaire marneux crétacé et le quadersandstein, on ne doit pas s'étonner qu'on n'y rencontre pas de sources. Cette absence est frappante quand on traverse les régions qui s'étendent de Paderborn vers Hesse-Cassel. A part quelques suintements, qui probablement proviennent de couches imperméables subordonnées aux calcaires marneux, on ne peut citer que des puits, qui, malgré leur profondeur de 30 mètres, tarissent pendant les sécheresses.

Irlande. — Le terrain crétacé, superposé aux couches triasiques et liasiques, est à son tour surmonté par de grandes nappes de basalte très aquifères, comme le montrent les nombreuses sources qui jaillissent à leur base, tout le long des flancs du plateau d'Antrim.

Depuis les environs de Belfast jusqu'à la chaussée des

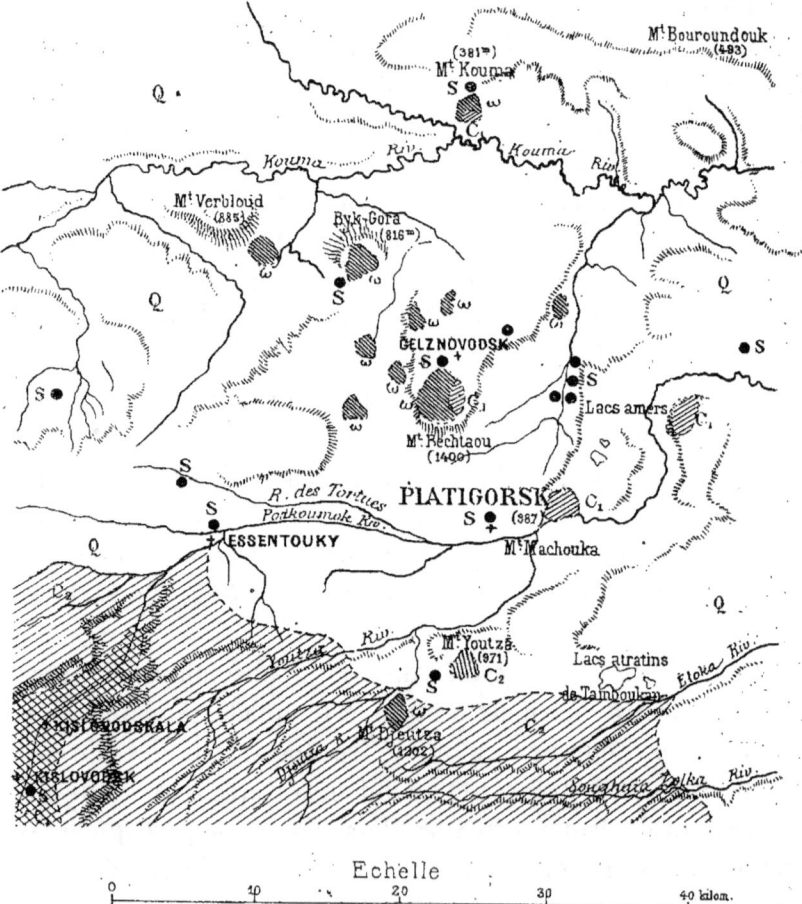

Fig. 107. — Carte géologique des environs de Piatigorsk. C_1, terrain crétacé inférieur ; C_2, terrain crétacé supérieur ; Q, terrains éocènes et dépôts quaternaires ; ω, roches éruptives : andésite, microgranulite et porphyre pétrosiliceux. — D'après M. Abich.

Géants, le nombre très considérable de sources pérennes s'explique parce que les roches perméables de la craie sont supportées par les argiles plastiques du lias et du keuper.

Dans beaucoup de lieux, cette affluence continuelle d'eau

est la cause des paysages si remarquables du voisinage de Carnlough et de la ville de Limavady.

Caucase[1] **: Kislovodsk et Piatigorsk.** — Aux environs de Kislovodsk, d'Essentouky et de Piatigorsk se montrent des couches crétacées appartenant à l'étage du gault et à celui de la craie supérieure (fig. 107).

Près de Kislovodsk, les couches néocomiennes présentent des calcaires dolomitiques jaunâtres, très durs (fig. 108), avec de nombreuses nérinées. Ils sont traversés par de larges fis-

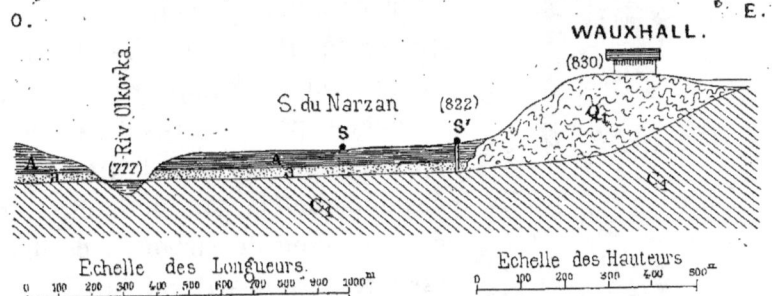

Fig. 108. — Coupe prise aux environs de Kislovodsk, passant par la rivière Olkovka et la butte du Wauxhall, montrant la situation de la source thermale du Narzan, et celle de la source du Moulin. C_1, crétacé inférieur (néocomien); Qt, travertin; a, alluvions. — D'après M. Dru.

sures qui livrent passage à de véritables sources vauclusiennes, comme celle du Moulin de la Berezovaïa. Quelques bancs composés d'un calcaire oolithique jaunâtre ou gris, avec de nombreux fossiles, sont en quelque sorte perforés.

La station de Kislovodsk, la plus fréquentée du Caucase, ne possède qu'une seule source minérale, le Narzan (géant), qui est caractérisée par l'abondance de l'acide carbonique. Elle se trouve dans une vallée pittoresque, au pied des premiers contreforts de la chaîne caucasique, à 800 mètres seulement de la source du Moulin qui vient d'être signalée. Quoique la

---

[1] On connaît les importantes recherches de M. Abich sur la géologie et l'hydrologie des provinces caucasiennes; ce qui suit est emprunté aux *Geologische Beobachtungen auf Reisen im Kaukasus*, Moscou, 1875, de ce savant éminent.

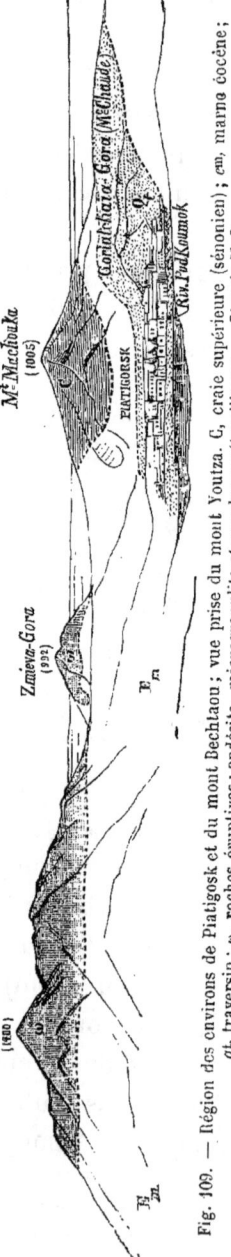

Fig. 109. — Région des environs de Piatigorsk et du mont Bechtaou; vue prise du mont Youtza. C, craie supérieure (sénonien); *em*, marne éocène; *qt*, traversin; *w*, roches éruptives; andésite, microgranulite et porphyre pétrosiliceux. — D'après M. Bru.

roche émissaire du Narzan ne soit pas visible, il est certain qu'elle appartient à ces calcaires dolomitiques que l'on retrouve près de son émergence, dans les berges de la rivière Olkovka.

A Piatigorsk (fig. 109 et 110) les mouvements qui ont poussé au jour les assises crétacées de la Machouka et rejeté sur ses pentes les couches tertiaires, ont en même temps produit des fractures, l'une, principale, E. 35° N., dont profitent les eaux thermales. Les pentes du mont Machouka sont formées de couches peu épaisses d'un calcaire bleuâtre, à texture cristalline, recoupées quelquefois dans leur masse par de petits filons de carbonate de chaux, et séparées par des lits minces de marne feuilletée. L'inclinaison moyenne des bancs varie de 10°, vers la cote 640 mètres, à 55°, vers 746 mètres.

En orientant la direction générale de ces affleurements, que l'on peut suivre sur toutes les pentes de la Machouka, on est conduit à un des accidents géologiques les plus remarquables de la contrée, le Grand-Proval (fig. 111), sorte de gouffre cratériforme, mis en communication avec un chemin d'accès par une galerie de 80 mètres de longueur. Du fond de cet entonnoir émerge une source thermale puissante, à l'altitude de 770 mètres. Ce gigantesque griffon, qui sort du terrain crétacé, est traversé par une fente E. 27° N., à peu près suivant la direction générale des affleurements. Près de cet alignement, une

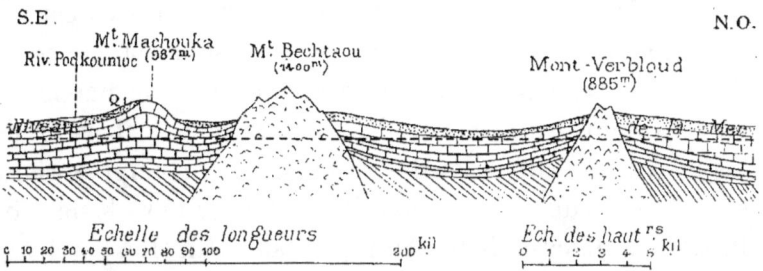

Fig. 110. — Coupe géologique passant par les monts Machouka, Bechtaou et Verbloud (mont Chameau). y, schistes cristallins ; j_1, terrain jurassique inférieur ; j_2, terrain jurassique supérieur ; C, terrain crétacé ; E, terrain éocène ; Q, travertin. ω, roches éruptives : andésite, microgranulite et porphyre pétrosiliceux. — D'après M. Dru.

deuxième fissure bien moins importante, appelée Petit Proval, existe entre la galerie Élisabeth et le Grand Proval ; elle

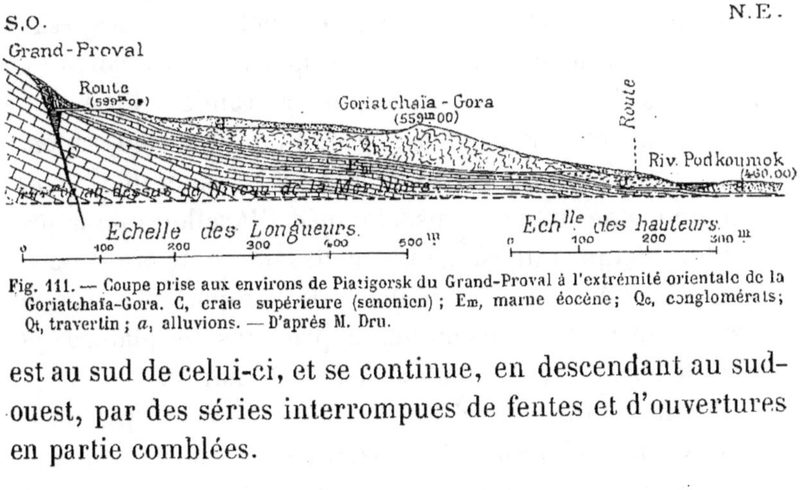

Fig. 111. — Coupe prise aux environs de Piatigorsk du Grand-Proval à l'extrémité orientale de la Goriatchaïa-Gora. C, craie supérieure (sénonien) ; Em, marne éocène ; Qc, conglomérats ; Qt, travertin ; a, alluvions. — D'après M. Dru.

est au sud de celui-ci, et se continue, en descendant au sud-ouest, par des séries interrompues de fentes et d'ouvertures en partie comblées.

Terrain jurassique.

Les terrains jurassiques, avec leurs couches calcaires souvent très fissurées, alternant avec des couches marneuses ou argileuses, donnent lieu à d'assez nombreux niveaux d'eau qui ont été étudiés avec soin dans beaucoup de lieux.

Yonne[1]. — Les marnes supérieures du lias à bélemnites déterminent dans l'Yonne un grand nombre de sources, souvent fort abondantes, alimentées par les eaux qui s'infiltrent dans le calcaire à entroques. Dans les coteaux qui forment le bord de la première terrasse de la Bourgogne, et que, d'Avallon, on voit border l'horizon, la nappe d'eau vient affleurer à une grande hauteur pour s'abaisser dans les flancs des vallées et des vallons. Les principales sources sont à Anstrude, Santigny, Marmeaux, Talcy, l'Isle, Civry, Dissangis, Lucy-le-Bois, Aunay-la-Côte, Girolles-les-Forges, Givry, Domecy-sur-le-Vault, Asquins et Fontenay-près-Vézelay. Un grand nombre de ruisseaux s'en échappent et vont grossir l'Armançon, le Serain et la Cure, au-dessus d'Aisy, de Civry et de Fontenay. En outre, cette nappe alimente, sur le plateau de calcaire à entroques, des puits dont la profondeur est variable, par suite de l'inclinaison des assises.

Un second niveau repose sur les marnes et calcaires à pholadomyes. Les eaux qui traversent la grande oolithe sont arrêtées par cette assise marneuse et donnent lieu seulement à un petit nombre de sources peu considérables, placées sur une zone un peu plus éloignée d'Avallon que la précédente. Quelques-unes, comme celles de Voutenay et du ruisseau d'Asnières, ont cependant de l'importance. Les puits peu nombreux et plus ou moins profonds des plateaux de la grande oolithe sont alimentés par cette nappe.

De plus, dans le fond des grandes vallées, il y a quelques sources considérables à la partie supérieure de la grande oolithe, sous les argiles oxfordiennes inférieures. Les principales sont les fontaines de Lichères, dans la vallée de l'Yonne, de Saint-Moré dans celle de la Cure, d'Arlot à Cry, de Fulvy à la Grande-Fontaine près d'Argenteuil, dans la

---

[1] Raulin. *Description de l'Yonne*, p. 125.

vallée de l'Armançon. Cette dernière, dit Élie de Beaumont, est un nouvel exemple de ces cours d'eau souterrains formés dans l'intérieur du massif calcaire du plateau de la Côte-d'Or, par l'infiltration des eaux pluviales et même de certains ruisseaux. Resserré entre le niveau des eaux de l'Armançon et les couches marneuses et imperméables de l'étage oxfordien, ce cours d'eau souterrain n'a d'autre issue que la vallée même de l'Armançon, dans laquelle il se fait jour.

A un étage plus élevé encore, le calcaire marneux de l'assise oxfordienne supérieure donne naissance à des sources parfois assez abondantes. Toutes les eaux qui se perdent dans le calcaire corallien viennent s'y réunir; les principales sources sont celles de Baon, de Soulangy, près de Tonnerre, Chemilly-sur-Serain, Val-de-Mercy et Courson. Elles donnent lieu à quelques ruisseaux peu considérables qui, en général, se perdent dans le sol avant d'atteindre les rivières. Cette nappe alimente les puits, ordinairement très profonds, creusés dans le calcaire corallien. Dans la partie sud-ouest du département, au delà de Courson, elle existe à peine, l'assise oxfordienne supérieure étant presque exclusivement formée par des calcaires compacts.

Dans le fond des grandes vallées, quelques fortes sources sont alimentées par des bancs supérieurs du calcaire corallien, au-dessus du calcaire marneux à astartés. Les principales sont la Fosse Dionne, à Tonnerre, et les sources de Bellombre, près d'Escolives, dans la vallée de l'Yonne.

Il est un quatrième niveau d'eau dont la constance n'est dépassée que par celle de la nappe superposée aux marnes à bélemnites. Toutefois, comme la séparation du calcaire compact portlandien et des marnes kimmeridgiennes n'est pas tranchée, et que d'ailleurs les calcaires alternent avec les marnes, il y a une succession de faibles nappes situées à diverses hauteurs. Le plus grand nombre d'entre elles et les plus abondantes sont situées sur la pente rapide de la deuxième terrasse de la Bourgogne ou dans les vallons qui y sont renfermés. Ce sont celles de Melisey, Serrigny, Fyé, Fontenay-près-Chablis, Beine, Quenne, Gy-l'Évêque, Vallan (dont une partie des eaux a été détournée pour le service de la ville d'Auxerre), Migé, Mouffy, Ouanne, Loing, près de Sainte-Colombe, Treigny. Plusieurs ruisseaux s'en échappent et viennent grossir l'Armançon, le Serain et l'Yonne. Cette nappe alimente, en outre, sur le plateau de calcaire portlandien, les puits peu nombreux, mais profonds, qui y sont creusés.

A part les sources précédentes, il en est d'énormes à divers niveaux du terrain jurassique[1]. Telles sont, dans la Côte-d'Or, celles de l'Arlot (vallée de l'Armançon), de Laignes (vallée de Laignes), de Courcelles-les-Rangs (vallée de la Seine), de Brion et de Thoires (vallée de l'Ource); dans l'Aube, celle de Montigny (vallée de l'Aube); dans la Haute-Marne, celle de Château-Villain (vallée d'Aujon), de Condes (vallée de la Marne), etc.

Nièvre. — D'après M. Lefort[2], on connaît, dans la Nièvre, plusieurs localités où l'eau minérale a été reconnue, et dont le sol est formé de couches comprises entre le trias supérieur et l'étage oxfordien. Elles sont :

1° A Pougues, en quatre points groupés autour de la gare du chemin de fer ;

2° A Fourchambault, en trois points, entre le passage à niveau de la route de Gorchisy et la Loire ;

3° A Tazières, en trois points à peu près en ligne droite.

De nombreuses cassures ont disloqué la région de Pougues. Des assises diverses se heurtent avec des inclinaisons

---

[1] Belgrand. *Eaux nouvelles*, t. IV, p. 116.
[2] D'après une obligeante communication manuscrite.

différentes, par suite de failles qui donnent un cachet particulier au pays.

Les sources minérales de Fourchambault ont été rencontrées dans des forages, à 20 mètres environ de profondeur. L'eau gazeuse a jailli du puits du Château de l'usine des Forges, à la profondeur de 13 mètres, soit 7 mètres en contre-bas de la nappe aquifère d'eau douce. Non loin de la gare, on a trouvé une source d'eau douce extrêmement abondante à 8 mètres de profondeur.

Au château du Chasnay, le puits ayant été creusé au-dessous de la nappe aquifère, qui s'étend sous les calcaires à entroques, l'eau gazeuse a paru et l'on a dû boucher le fond du puits pour ne conserver que l'eau douce. L'eau minérale monte dans tous les puits, assez près de la surface, mais ne jaillit nulle part.

Dans tout le pays l'eau minérale a été trouvée au-dessous de l'abondante nappe d'eau douce qui alimente les puits de la contrée, et qui provient de la partie moyenne de l'étage toarcien, laquelle est très argileuse, compacte, imperméable et très pyriteuse. L'eau minérale affleure aux altitudes suivantes : Pougues, 190 mètres; Fourchambault, 180 mètres; Tazières, 198 mètres.

Ces sources constituent plusieurs alignements en rapport avec des failles.

Dans le sud du département, plusieurs autres sources bicarbonatées gazeuses se montrent naturellement à Saint-Parizé-le-Châtel et dans le bois des Vertus. Elles sont situées, la première à 28 kilomètres, et la seconde à 38 kilomètres de Pougues. Elles se trouvent aux altitudes suivantes : Saint-Parizé-le-Châtel, 205 mètres; Bois-des-Vertus, 240 mètres.

Elles jaillissent de failles bien nettement accusées à travers les calcaires infraliasiques de la zone dite hettangienne et orientées N. 52° E., comme à Pougues et à Fourchambault.

Meurthe-et-Moselle [1]. — Des dispositions semblables à celles qui viennent d'être signalées dans l'Yonne se rencontrent dans le département de Meurthe-et-Moselle.

La couche marneuse située à la base de l'oolithe inférieure alimente les puits des communes situées sur un grand nombre de lieux des plateaux de l'arrondissement de Briey. Grâce à elle, on voit des communes, telles que Liverdun, bâties au-dessus des escarpements de l'oolithe inférieure, à plus de 60 mètres au-dessus du fond des vallées, posséder des fontaines abondantes.

Dans les arrondissements de Nancy et de Toul, des couches marneuses subordonnées à l'oolithe inférieure fonctionnent comme banc imperméable et déterminent une nappe d'où sortent les plus fortes sources, telles que celles qui avoisinent l'embouchure du Terrouin, en face d'Ingeray, et celle de Frasne sous Villey-Saint-Étienne. Toutefois, entre les grandes lignes de cassure, les calcaires marneux présentent souvent assez d'imperméabilité pour assurer l'alimentation des puits creusés dans les calcaires supérieurs. Pour les coteaux dont la partie supérieure est formée par le calcaire à nérinées et à astartés, une petite couche de marne imperméable détermine en nappe.

Meuse et Haute-Marne [1]. — Une nappe formée par les eaux contenues dans les calcaires caverneux et fissurés du portlandien repose sur les argiles du kimmeridgien (sources de l'Aisne et de la Chée).

En outre, aux environs de Vassy, le calcaire portlandien est percé de nombreux puits naturels absorbants, dus à des failles.

---

[1] D'après M. Braconnier.
[2] Fuchs. *Feuilles géologiques de Bar-le-Duc et de Vassy.*

Lorraine allemande[1]. — L'étage oolithique inférieur, avec ses alternances de couches calcaires fissurées et de marnes argileuses étanches, offre de même, en Lorraine, une disposition éminemment propre à la production des sources. On rencontre dans ce terrain trois nappes principales, qui sont placées ainsi dans l'ordre ascendant : 1° à la base de la formation où la puissante assise de calcaires repose sur les marnes liasiques associées au gîte de limonite oolithique; 2° au contact des marnes argileuses et sableuses à *Ostrea acuminata* et de l'oolithe de Jaumont; 3° aux points, où les calcaires gris à grosses oolithes se superposent aux argiles de Gravelotte. On trouve également quelques suintements dans les couches calcaires intercalées au milieu de ces argiles, mais ils sont peu volumineux et très sujets à tarir pendant l'été.

La première nappe est de beaucoup la plus importante. Correspondant à une puissante assise de calcaires fissurés, et recueillant même une partie des eaux des couches supérieures, elle donne lieu à épanchements très considérables. La plupart des sources qui existent dans les vallées à l'ouest de la Moselle tirent leurs eaux de cette nappe; ce sont, en particulier, les Bouillons de Gorze, dont il a été question plus haut, à propos de la faille qui contribue à renforcer leur volume; les sources de Mance et de Montvaux, celles de Scy, de Lessy, de Saulny, de Marange, de Pierrevillers, de Rombas, la belle fontaine de Clouange dans la vallée de l'Orne, dont les figures seront données dans la seconde partie, les sources de la Fensch[2], de l'Alzette, et des ruis-

---

[1] Jacquot. *Description géologique de la Moselle*.
[2] Les marnes superposées à la couche de minerai de fer oolithique ont une épaisseur de 5 à 40 mètres. Dans les parties où elles sont minces et où elles se brisent à la suite de l'exploitation, elles laissent pénétrer les eaux dans les galeries, particulièrement de novembre en avril : c'est ainsi qu'elles affluent très abondamment dans les mines de Herserange.

seaux de la Côte-Rouge et du Coulmy. La Chiers a également sa source à ce niveau, sur le territoire de Differdange, à une petite distance de la frontière.

Le niveau d'eau qui correspond aux marnes à *Ostrea acuminata*, s'épanche à la surface en sources assez rapprochées, mais peu volumineuses. La plupart des petites fontaines qui prennent naissance sur le plateau, à peu de distance de ses bords, appartiennent à ce niveau; telles sont celles d'Auboué, de Briey, de Beuvillers, de Boulange, de Cosnes, de Lexy, de Tellancourt et de Bromont.

La troisième nappe donne lieu à des sources qui ne manquent pas d'importance et notamment à celles de Saint-Julien-lès-Gorze, Chambley, Tronville, Vionville, Puxieux, et à celles des deux Failly et du Petit Xivry dans le canton de Longuyon. La région de la plaine de Briey, la moins bien pourvue d'eau, est, comme on le voit, celle qui s'étend sur les argiles placées à la base du troisième groupe de l'oolithe : on n'y rencontre que quelques suintements peu volumineux, circonstance qu'il faut attribuer à la compacité de cette assise et au peu d'étendue des couches perméables qui y sont intercalées. Aussi les eaux météoriques s'écoulent-elles à la surface de cette région et se rendent-elles aux cours d'eau, sans pénétrer dans le sol. L'extrême perméabilité des calcaires de l'étage inférieur donne lieu, au contraire, à des phénomènes inverses. Il n'est pas rare de voir un ruisseau, après avoir coulé pendant quelque temps à la surface du plateau, disparaître tout à coup dans ces calcaires. Ces pertes d'eau sont assez communes dans l'arrondissement de Briey; les plus connues sont celles de Havange et du Grand-Bichet, commune de Mercy-le-Bas. Selon toute vraisemblance, les eaux qui disparaissent ainsi, contribuent à alimenter les sources qui prennent naissance dans les vallées voisines à un niveau géologique inférieur.

Pour préciser, nous citerons, d'après l'obligeante communication de M. Simon, comptable aux usines de Hayange, l'exemple des volumineuses sources de la Fensch, dont le débit varie, au cours d'une année normale, de 8000 à 60 000 litres par minute, et a été exceptionnellement jusqu'à 200 000 litres. Ces sources sortent par sept ouvertures dis-

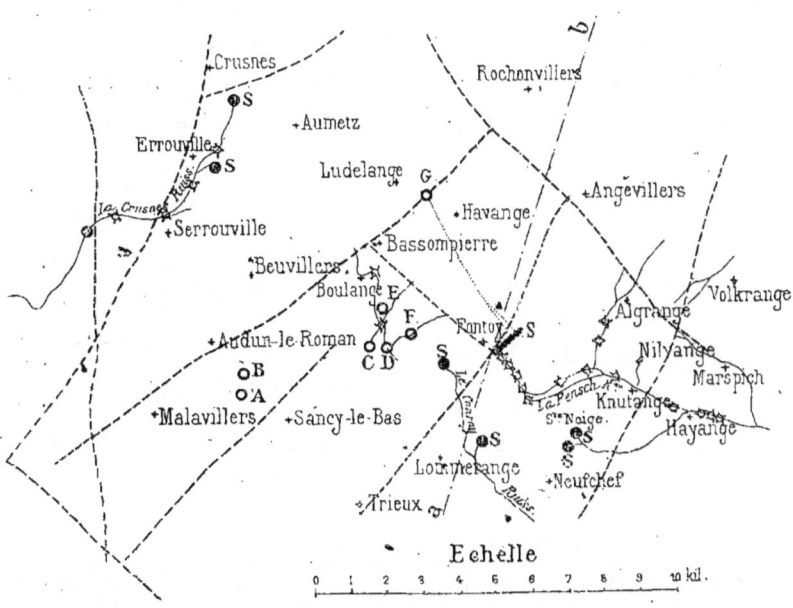

Fig. 112. — Carte de la région de la Lorraine, située entre Aumetz et Hayange, montrant la disposition des failles principales indiquées par des lignes brisées, et celle des sources de la Fensch à Fontoy, avec les pertes d'eau A,B,C,D,E,F,G, auxquelles elles paraissent devoir leur origine, ainsi que les sources S,S,S du Controy, de la Crusne et de Sainte-Neige. — D'après M. Simon.

tinctes, sous l'ancien château de Fontoy (fig. 112 et 113). Elles correspondent à une faille dirigée E. 46° N., qui met les argiles de Gravelotte en contact avec le calcaire à polypiers. A 250ᵐ de leur émergence, ces sources font marcher toute l'année un moulin de quatre paires de meules, et plus bas, sur un cours de 15 kilomètres, jusqu'à son confluent avec la Moselle, elle est utilisée dans dix-huit chutes pour faire mouvoir des roues hydrauliques et des turbines, dont certaines sont très fortes, particulièrement dans les cinq usines de Hayange.

Or sur le plateau d'environ 75 kilomètres carrés qui s'étend à l'ouest de Fontoy, se trouvent beaucoup d'entonnoirs dans lesquels se perdent les eaux. Les plus importants sont marqués sur la figure par les lettres A, B, C, D, E, F, G. Ces trois derniers sont les plus considérables.

L'entonnoir G, situé entre Ludlange et Hayange, reçoit les eaux de la région qui s'étend d'Aumetz à Tressange,

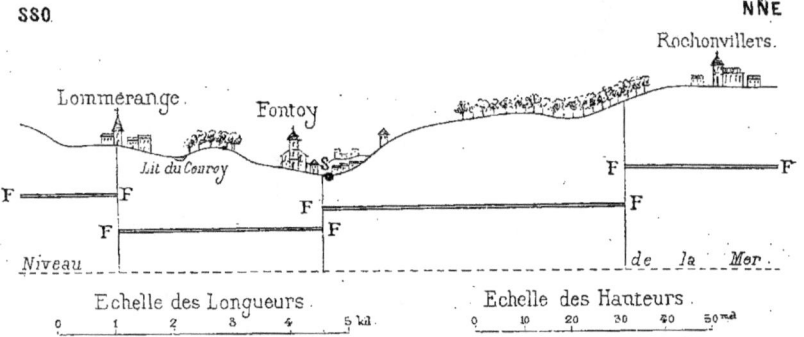

Fig. 113. — Coupe suivant la ligne *a b* du plan précédent, montrant comment les sources S, dites de la Fensch à Fontoy, jaillissent d'une grande faille passant dans cette localité; *fff*, couche de minerai de fer oolithique rejeté par les failles et qui supporte une nappe d'eau, également rejetée et formant ainsi la source de la Fensch. — D'après M. Simon.

Rochonvillers et Havange; autrefois ces eaux formaient un ruisseau appelé le Kellebri, qui se jetait dans le ruisseau de Boulange et qui a disparu depuis vingt-cinq ans environ, époque de la formation de cet entonnoir. En y jetant de la sciure de bois, les paysans ont constaté que les eaux de cet entonnoir forment les deux sources nord de la Fensch, qui restent toujours limpides.

Il y a environ 60 ans, les entonnoirs C, D, E, F n'existaient pas; les eaux du ruisseau de Boulange se déversaient dans le Conroy, au détriment duquel la Fensch en profite aujourd'hui. La source actuelle du Conroy débite environ 50 litres par minute.

Les cinq sources du côté sud correspondent aux entonnoirs C, D, E, F, et probablement aussi à A et B. Chaque fois qu'un orage est localisé sur les hauteurs d'Audun, Sancy et Boulange, sans atteindre Fontoy, l'eau de ces cinq sources se trouble, tandis que les deux autres restent claires.

Ainsi, les eaux des entonnoirs, sans doute par l'intermédiaire des failles et de leurs ramifications, descendent d'une hauteur de plus de 120 mètres pour former les sources de la Fensch. La source de la Crusnes, environ 15 fois moindre que celle de la Fensch, ne provient pas comme ces dernières d'entonnoirs, mais de la dénivellation du sol occasionnée par la grande faille d'Audun-le-Tiche, qui, par suite de l'affaissement du côté oriental, fait aboutir la nappe d'eau à la surface du sol, où elle vient émerger.

Enfin les sources de Sainte-Neige, commune de Neufchef, près de Hayange, proviennent de la grande faille dite de Hayange, par suite de cassures secondaires, dont deux sont à angle droit. Elles produisent environ 120 litres par minute, et, à 50 mètres environ de leur émergence, elles disparaissent en s'engouffrant dans la grande faille de Hayange, pour en ressortir plus bas, peut-être entre Hayange et Knutange, où il y a plusieurs petites sources.

C'est principalement dans l'oolithe que l'on peut remarquer les rapports qui existent, d'une manière presque constante, entre la position des habitations et la distribution des eaux souterraines et des sources. Une première ligne de villages est placée à mi-côte sur la falaise qui termine le plateau ; elle est habituellement alimentée par les sources du premier niveau. Noveant, Dornot, Vaux, Jussy, Lessy, Scy, Plappeville, Saulny, Marange, Pierrevillers, Rombas et une foule d'autres localités, sont situées dans cette position. Sur le plateau, les villages sont groupés au contact des marnes à *Ostrea acuminata* et de l'oolithe de Jaumont, où il existe de petites sources ; mais on en voit aussi beaucoup sur cette dernière assise ; ceux-là se procurent l'eau qui leur est nécessaire, en creusant des puits qui descendent généralement jusqu'aux premières couches du système marneux placé à la base de l'étage supérieur. Il n'y a jamais de groupes d'habitations, au contraire, sur le calcaire à polypiers, parce qu'il faudrait descendre à une trop grande profondeur pour y rechercher l'eau. On ne connaît, dans l'ancien département de la Moselle, que Longwy qui fasse exception à cette règle ; les puits qui alimentent cette ville traversent toute l'oolithe inférieure ; l'eau s'y tient à 60 mètres au-dessous du sol. Mais il faut remarquer que Longwy est une place de guerre, dont l'emplacement a été déterminé bien plutôt par des considérations stratégiques que par la nature. Les villages de la partie occidentale de la plaine de Briey sont, en général, alimentés par la troisième nappe ; aussi la plupart d'entre eux sont-ils placés sur la ligne de contact de l'argile marneuse à *Ostrea costata* et des calcaires oolithiques gris qui la surmontent.

Grand-Duché de Luxembourg[1]. — La vallée de la Syre prend son origine à Syren, à 12 kilomètres de Luxembourg, dans un sol très accidenté. Une sorte d'entonnoir (fig. 114) dans les couches du calcaire infraliasique, que recouvrent les couches très perméables de grès du Luxembourg, donnent naissance à la source la plus volumineuse du pays : elle forme immédiatement un ruisseau qui, à 100 mètres de là, fait marcher plusieurs moulins.

Le ruisseau du Muhlbach, à 2 kilomètres au N. O. de Luxem-

---

[1] D'après M. Siegen, auteur de la carte géologique du Grand-Duché.

bourg, présente une disposition identique à celle de la Syre. Sept sources assez considérables jaillissent sur une super-

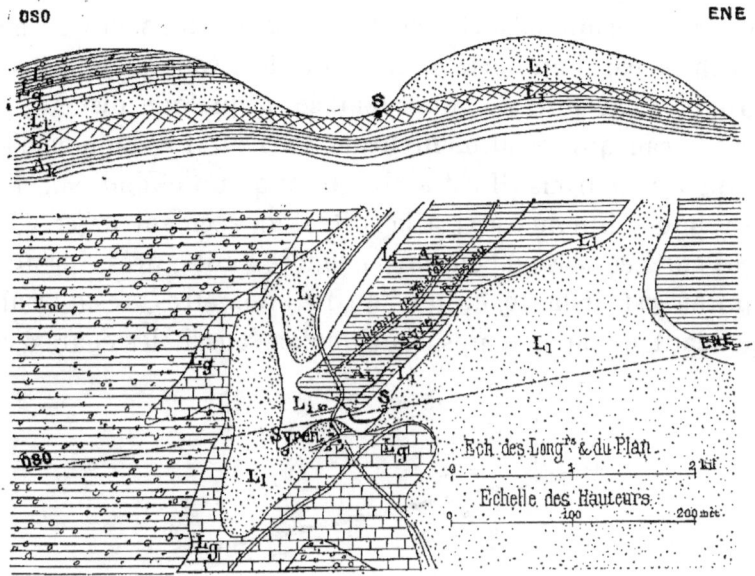

Fig. 114. — Plan et coupe montrant la source de la Syre, à Syren. Ak, marnes irisées du Keuper; Li, marnes infraliasiques; L₁, grès infraliasiques; G, calcaire à gryphées; Lo, marnes à ovoïdes; S, source. — D'après M. Siegen.

ficie de moins d'un are et donnent naissance au ruisseau qui sert de moteur à une importante fayencerie.

C'est le même grès qui alimente les puits de Luxembourg.

Wurtemberg [1]. — Le plateau de l'Alpe du Wurtemberg formé du Jura blanc (séquanien) est tout à fait sec, si ce n'est dans les lieux où il est recouvert de quelques lambeaux de terrains tertiaires ou de tuf basaltique. Cette aridité résulte de ce que les couches sont très fissurées, de sorte

[1] Fraas. *Die Nutzbare mineralien Wurtembergs*, 1860.

que les eaux de pluie s'infiltrent jusqu'à ce qu'elles rencontrent des couches argileuses ordinairement profondes. Toutes les couches ayant un plongement général vers le S.-E., le versant méridional de l'Alpe donne issue à des sources remarquables par leur fort volume. On les voit quelquefois se troubler par suite de pluies tombées à quelque distance sur le plateau qui les alimentent, et sans qu'il soit tombé d'eau dans les environs. Il est arrivé aussi qu'un effondrement les a rendues limoneuses ; à la suite d'un accident de ce genre qui eut lieu à Ennabeuren, la source Smihe près Springen, qui en est distante de plus de 10 kilomètres, resta trouble pendant quelque temps. Quelquefois aussi, les cours d'eau

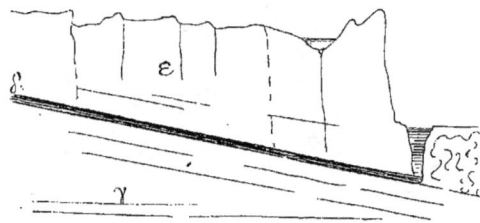

Fig. 115. — Coupe montrant les conditions géologiques qui donnent naissance au pied de l'Alpe du Wurtemberg à la source de Blauberen. — D'après M. O. Fraas.

souterrains alimentant les sources paraissent se déplacer, comme cela est arrivé pour la source de Sondernach, depuis 1849. Dans cette même année, les sources Smihe devinrent si fortes que la vallée se trouva submergée et, depuis lors, le volume des eaux est resté plus élevé qu'autrefois.

La figure 116 représente la source importante qui sort dans la vallée de le Blau, près de Blaubeuren. Ses eaux, après avoir pénétré à travers les couches ε du Jura blanc, sont arrêtées par les bancs imperméables du corallien et elles s'écoulent vers le S.-E. jusqu'à ce qu'elles trouvent une issue par la cassure de Blaubeuren. Entre Tutlingen et Neresheim, il y a des centaines de sources correspondant aux couches argileuses de la partie moyenne du Jura blanc.

Il en existe aussi dans les vallées profondes qui descendent vers le N., particulièrement entre Münsigen et Weissenstein.

Var et Alpes-Maritimes[1]. — En y comprenant les assises crétacées et jurassiques, les couches calcaires constituent, dans les départements du Var et des Alpes maritimes une épaisseur totale de plus de 2000 mètres.

A la partie inférieure des terrains jurassiques, il faut citer surtout, comme principale couche imperméable, les dépôts argileux et finement feuilletés de la zone à *Avicula contorta*, qui occupe une grande étendue.

On peut en effet suivre cette zone depuis Ollioules jusqu'à la vallée de Dardennes, d'où la ville de Toulon tire ses eaux. Mais dans cet intervalle, les couches plongeant assez fortement vers le nord, il n'existe pas de sources sur le versant méridional, seul accessible à l'observation. Dans la vallée de Dardennes, la zone revenant au jour sur une assez grande étendue, les sources reparaissent, et, en même temps, la source de la Baume.

Partout aux environs de Tourves, de Saint-Maximin, de Barjols, de Besse, de Flassans, etc., la zone à *Avicula contorta* joue le rôle de couche imperméable, et produit à peu près la totalité des sources nombreuses et abondantes qui existent dans cette partie du département.

La couche imperméable caractérisée par l'*Avicula contorta* vient au jour sur de grands espaces; mais en général elle plonge sous l'horizon à partir de sa ligne d'émergence. Il résulte de cette disposition que l'eau s'éloigne du bord visible de la zone. C'est seulement par exception que la disposition contraire se présente. Mais alors ce ne sont plus des

---

[1] Dieulafait. *Zone à Avicula contorta*, p. 11, 1867.

sources ordinaires qui sortent de cette zone : ce sont de véritables torrents. C'est ce qu'il est facile de vérifier en plusieurs points de l'arrondissement de Brignoles, à Bargemont, à Seillans, à la Foux de Draguignan, etc.

Buda-Pesth : forages. — Les forages qui ont fait jaillir dans ces dernières années à Buda-Pesth des eaux magnésiennes si remarquables et dont l'un dépasse 970 mètres, les ont rencontrées dans des couches de dolomie et de calcaire attribuées à l'étage rhétien et très perméables, à cause des nombreuses fissures et cavités qui les traversent.

Angleterre : Glocestershire, Lincolnshire, Leicestershire, Northamptonshire (Rutland). — En Angleterre, l'oolithe inférieure et la grande oolithe sont également le siège de sources très volumineuses.

Tel est le cas dans le Glocestershire. D'après M. Prestwich[1] entre Cirencester et Cheltenham sont, dans l'oolithe inférieure : les sources célèbres dites Seven Wells, origine de la Churm et débitant environ par jour 9000 mètres cubes. A Syreford, près Cheltenham, une forte source jaillit à la base de l'oolithe inférieure, d'un volume journalier de 18 000 mètres cubes ; elle forme la source principale de la Colne.

Dans la grande oolithe, les sources sont en général encore plus puissantes et moins variables dans leur débit. Elles sortent pour la plupart sur le banc du fuller's earth, qui sépare la grande oolithe de l'oolithe inférieure. Celle de Ampney Cinas, près Cirencester, donne par jour de 22 500 à 90 000 mètres cubes.

Douze sources sortant du massif oolithique près d'Oxford

---

[1] *Sources des environs d'Oxford*, p. 24.

fournissent un volume moyen de 252 000 mètres cubes par jour.

Des alternances fréquentes de calcaire et de sable avec des argiles donnent lieu à de nombreuses sources bien connues dans le comté de Northampton. Leur sortie à la base des proéminences pierreuses et la verdure qu'elles provoquent à leur sortie les font reconnaître de loin.

Comme il est bien souvent arrivé, la présence de sources a déterminé la situation de villes, villages et même d'habitations isolées. Tel est particulièrement le cas pour des séries de villages en rapport, d'une part, avec la limite de l'oolithe inférieure et du lias supérieur, de l'autre, avec celle du *marlstone-rock* et des argiles du lias moyen. Tandis que des villages ont pris naissance sur de nombreux affleurements de cette sorte, de grandes étendues intermédiaires en sont dépourvues et présentent à peine quelques habitations isolées.

D'après M. Judd, les *Northampton sands* qui sont à la base de l'oolithe inférieure, reposent dans le Rutland et le South-Lincoln sur une surface érodée de l'argile supérieure du lias.

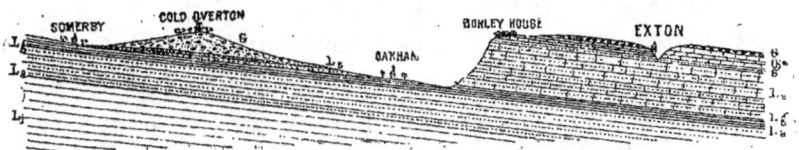

Fig. 116. — Coupe prise dans le Rutland (Lincolnshire) de Somerby à Exton, montrant les deux niveaux d'eau soutenus par les argiles marneuses et supérieures du lias, sur une longueur de 16 kilomètres; G, boulder clay; Oi, oolithe inférieure; L₃, argile du lias supérieur; L₂, *marlstone rock bed*; L₂, sables et argiles du *marlstone*; Li, argile du lias inférieur. — D'après M. Judd.

L'escarpement hardi et abrupt formé de roches oolithiques « cliff » qui s'étend sur 145 kilomètres à travers le Lincolnshire jusqu'au Iorkshire fournit à sa base, vers sa jonction avec le lias, de copieuses sources, parmi lesquelles la belle source Éléonor Cross, à Geddington et celle de Easton.

La figure 116 donne un exemple fréquent dans le Rutland.

Trias et terrain permien.

Lorraine allemande[1]. — Le grès bigarré, quoique fournissant des sources, ne présente pas à proprement parler de niveaux d'eau.

Il en existe au contraire un très abondant au-dessus des glaises bigarrées avec gypse qui forment la base du muschelkalk. Ce niveau donne lieu à un très grand nombre de belles sources et, en particulier, à celles qui alimentent le hameau de Rustroff près Sierk, ainsi qu'un certain nombre de villages placés à mi-côte, dans l'amphithéâtre de collines qui entoure la plaine de Creutzwald, tels que : Berweiler, Remering, Bisten im Loch, Œtingen, Spicheren, Alsting, Hesseling et Zinging. Beaucoup de sources, dans le canton de Rohrbach, prennent également naissance à la jonction des marnes et des glaises du muschelkalk. Un autre niveau se montre, avec une constance remarquable, au contact des couches dolomitiques qui constituent le troisième étage du muschelkalk et des marnes verdâtres sur lesquelles elles reposent. Il s'épanche à la base des plateaux que ces assises recouvrent, aux points où elles commencent à disparaître sous les marnes irisées. Ce niveau est notamment bien accusé dans la région comprise entre les deux Nieds, où le système supérieur du muschelkalk acquiert un développement exceptionnel. Il y a déterminé l'emplacement des villages de Courcelles-Chaussy, Chevillon, Maizeroy, Bazoncourt, Villers-Stoncourt et Servigny-les-Raville qui sont tous alimentés par de belles sources. Les mêmes considérations hydrographiques ont amené la fondation de centres de population plus importants, qui occupent dans le département une situation identique et se trouvent

---

[1] Jacquot. *Géologie de la Moselle.*

dans des conditions analogues, tels que Sarreguemines, Faulquemont, Boulay et Bouzonville.

La contrée occupée par les marnes irisées est mal pourvue d'eau. Les assises marneuses qui prédominent dans ce terrain étant imperméables, les eaux qu'on y rencontre ne peuvent prendre naissance que dans les couches dolomitiques ou gréseuses qui s'y trouvent intercalées ; elles sont peu volumineuses et très sujettes à tarir pendant l'été. Par l'effet de ces conditions hydrographiques, tous les villages appartenant à la région keupérienne sont placés sur la dolomie qui couronne l'étage inférieur, ou un peu en contre-bas de cette assise, et, quand elle ne fournit point d'eau courante, ce qui est le cas le plus général, ils s'approvisionnent dans le grès, au moyen de puits plus ou moins profonds.

Quant au grès des Vosges, il est presque toujours fissuré et n'a aucune assise qui puisse arrêter les eaux ; aussi n'y rencontre-t-on pas de sources sur les flancs des montagnes ; elles sourdent toutes dans le fond des vallées. Elles sont abondantes, fraîches et d'une grande pureté. Dans le pays de Bitche tous les villages sont, comme les sources, groupés dans les profonds replis du sol, et le reste de la contrée est inhabité.

De même que les couches de houille du nord de la France, celles que la sonde a fait découvrir en Lorraine, sur le prolongement du bassin de Sarrebrück, sont recouvertes de couches d'un autre terrain. Ces couches, dont l'épaisseur dépasse 150 mètres, appartiennent au grès des Vosges, qui non seulement est poreux, mais traversé par des fissures nombreuses et quelquefois assez larges. A l'abondance très considérable d'eau, conséquence de cette disposition, se joint la circonstance que la nappe d'eau, au lieu d'être restreinte à un niveau déterminé, comme dans le nord de la France, s'étend depuis la surface jusqu'au terrain houiller, de sorte qu'elle fonctionne comme une colonne d'eau de 100 mètres de hauteur, c'est-à-dire avec une pression de 10 atmosphères. En 1858, vingt et un millions de francs avaient déjà été dépensés à l'exécution de puits à travers ces couches perméables, lorsqu'on se mit à forer dans cette région, comme on l'avait fait ailleurs avec succès, des puits à niveau plein avec cuvelage en fonte, suivant les procédés Kind et Chaudron [1].

Bassin de la Sarre [2]. — Sur la rive gauche de la Sarre, entre Forbach et Merten, la limite du terrain houiller et du grès des Vosges est marquée par un niveau d'eau extrêmement abondant et qui donne lieu à un très grand nombre de sources; l'une d'elles est à une distance de 300 mètres environ du hameau de Schoenecken, qu'elle alimente.

Duché de Luxembourg : Mondorf. — Parmi les eaux jaillissantes, on peut mentionner celle qu'a atteinte à Mondorf (Grand-duché de Luxembourg) à 202 mètres de profondeur, un forage exécuté à travers le trias, dans le but d'y rechercher le sel gemme.

Meurthe-et-Moselle. — Au point de vue des eaux, le grès des Vosges présente les mêmes caractères dans Meurthe-et-Moselle [3] que dans la Lorraine allemande.

Alsace; Soultz-les-Bains et Niederbronn. — La source minérale de Soultz-les-Bains jaillit des couches inférieures du grès bigarré qui se lient au grès des Vosges, dans un vallon, à 4 kilomètres au N.-N.-E. de Mutzig et à 6 kilomètres au S.-S.-E.

---

[1] *Annales des Mines*, 6ᵉ série, t. XI.
[2] D'après M. Jacquot.
[3] Braconnier. Ouvrage précité, p. 108.

du Kronthal, localités dans chacune desquelles le grès des Vosges a été poussé au milieu des couches plus élevées du trias. Le grès bigarré de Soultz-les-Bains est lui-même à un niveau bien supérieur au keuper qui est situé à moins de 2 kilomètres de la source vers l'ouest, ce qui décèle aussi un soulèvement, dont Soultz-les-Bains occupe le centre, et qui présente de l'analogie avec ceux de Mutzig et du Kronthal. Enfin des failles traversent les couches du trias, et les couches jurassiques sont fortement inclinées dans le voisinage.

La source minérale de Niederbronn sort également d'un pointement anormal de grès bigarré au milieu du muschelkalk.

Haute-Marne; Bourbonne-les-Bains[1]. — Les sources thermales de Bourbonne, telles qu'elles étaient connues il y a cent ans, émergeaient sur la rive droite du ruisseau de Borne, au fond de son vallon, au milieu de terres rapportées et de débris d'anciennes constructions. Les moindres excavations dans le sol donnaient lieu à des venues d'eaux plus ou moins chaudes, plus ou moins salées, que les habitants considéraient comme autant de sources thermales indépendantes.

Les travaux de 1783 et 1784 ont montré que l'origine des sources connues jusque là n'était pas aussi naturelle qu'on le supposait : la source dite le Puisard Romain, était enveloppée par un puits en maçonnerie jusqu'à 6 mètres au moins au-dessous du sol où elle émergeait, et les sources militaires appelées Étuve et Bains Patrice provenaient de tuyaux verticaux en plomb profondément enfoncés dans la terre.

Les sources anciennes et modernes ne sont pas indépendantes les unes des autres ; car les nouveaux forages ont tou-

---

[1] Rigaud. *Annales des Mines*, t. XVII, 7ᵉ série, 1880, p. 360.

jours fait baisser le volume d'eau fourni auparavant par les sources romaines.

Des observations établissent l'existence d'une assise perméable placée à la base des argiles bariolées. La nappe d'eau minérale chaude circulant à la surface du grès a percé en plusieurs points la masse superposée des argiles bariolées,

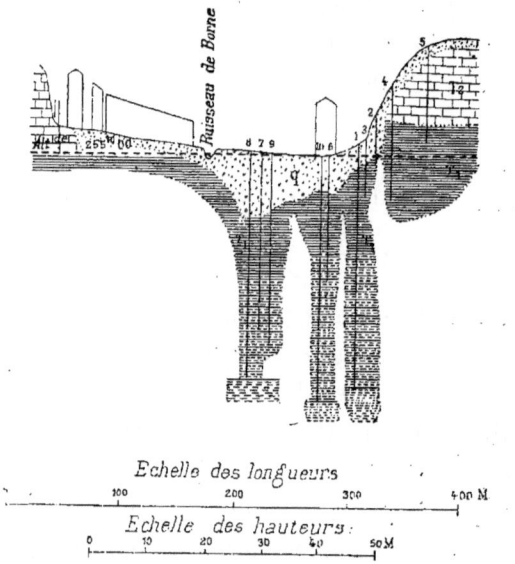

Fig. 117. — Coupe transversale de la vallée de Bourbonne, avec les sondages exécutés à la recherche de l'eau minérale, qui accusent l'existence de failles. T_1 grès bigarré présentant des alternances d'argiles et de grès; T_2, muschelkalk ; q. alluvions et remblais artificiels. — D'après M. Drouot.

probablement en les délayant peu à peu. Elle a formé ainsi des puits à peu près verticaux, dont le plus important est sans doute celui qui a pour issue le puisard romain. Ces cheminées se sont remplies de matières perméables, sur une étendue suffisante pour permettre le passage des eaux affluentes.

Il est constant qu'une faille passe très près des établissements thermaux. M. Drouot l'a constaté avec précision[1]. Cette

---

[1] *Annales des Mines*, X^e série, t. III, 1863.

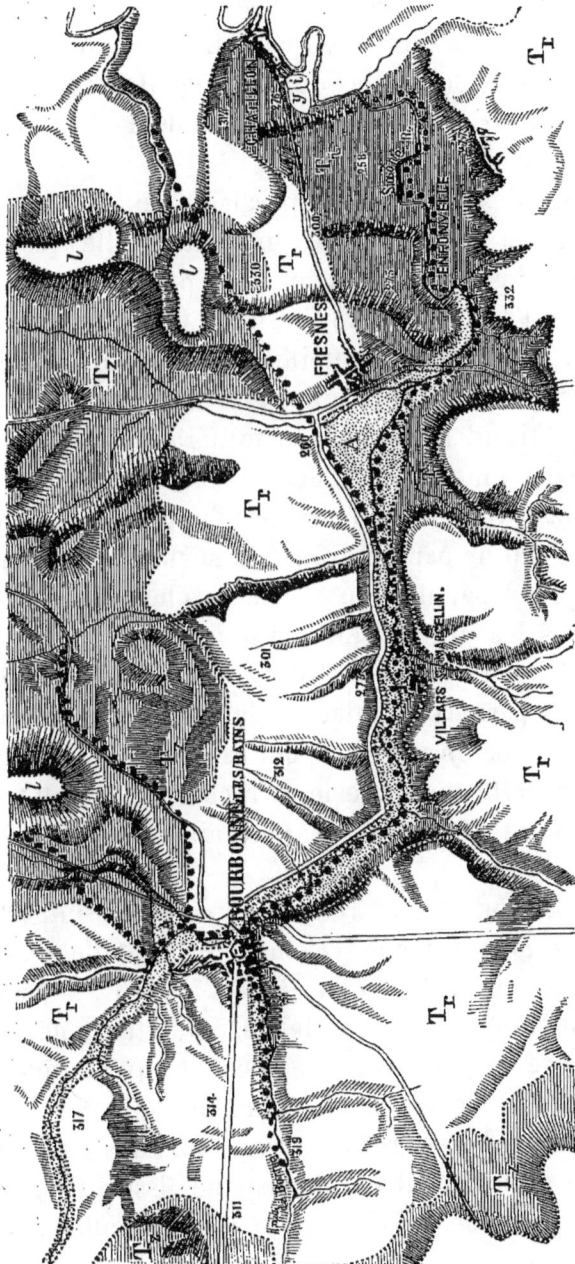

Fig. 118. — Carte géologique des environs de Bourbonne-les-Bains montrant la faille d'où sortent les sources thermales et qui est en rapport avec la formation de la vallée. γ, granite ; i, terrain de transition formant un pointement dans le grès bigarré ; T_1, grès bigarré ; T_2, muschelkalk ; T_3, marnes virisées ; L, grès infraliasique ; A, alluvions. — D'après M. Drouot.

faille n'est pas isolée : elle se trouve en relation à l'est, avec un réseau d'autres fissures assez compliqué et sans grands rejets. Les parties de ces failles qui se dirigent au nord-ouest ne semblent pouvoir jouer aucun rôle dans la formation des sources thermales.

D'après M. Rigaud, les eaux paraissent entrer dans le sol par une faille et en ressortir par une autre faille très voisine de la région des sources. Quant à la première, elle serait dans le lit de l'Apance, entre Fresne et Châtillon-sur-Saône, aux environs d'un centre d'étoilement. Revenant ensuite par d'autres cassures à la surface des grès bigarrés, dans le voisinage du Puisard romain, l'eau minérale s'épancherait en nappe dans les zones perméables situées au contact des grès et des argiles bariolées. Retenue par l'imperméabilité de ces dernières, l'eau ne parviendrait à la surface du sol que par des sondages et par une ou plusieurs cheminées qu'elle a percées dans les argiles. En continuant son ascension par les cheminées naturelles, une partie des eaux s'élèverait jusqu'aux bancs perméables placés à la base des alluvions modernes, sous le béton romain, pour traverser les orifices réservés dans cette maçonnerie et recevoir des infiltrations d'eau douce et froide alimentant ainsi les sources romaines.

Il n'est pas inutile de remarquer que les importantes carrières de grès bigarré, voisines du pont de Châtillon, montrent de grandes fissures orientées N 18° E, et perpendiculairement E 18° S. Les blocs de pierres de taille ne peuvent être tirées de la carrière, sans déchet, qu'au moyen de recoupes menées suivant ces alignements.

Dans les autres carrières de grès et dans les exploitations de moellons du muschelkalk, il existe des fissures régulières, ayant pour direction N 74° E, et la perpendiculaire à cette ligne.

Gard[1]. — Les nombreuses exploitations du département du Gard ont montré combien certaines couches calcaires du trias sont aquifères. Beaucoup de venues d'eau qui tendent à envahir le terrain houiller sont fournies par ce terrain où s'infiltrent les cours d'eau de la surface, comme à Malbos et à Saint-Germain d'Alais. Les mineurs reconnaissent de toutes parts que les failles, qui parfois leur servent de préservatif contre les eaux, souvent ausi amènent celles-ci dans leurs travaux.

Rochefort; puits artésien[2]. — L'eau jaillissante que le puits artésien de l'hôpital militaire de Rochefort, l'un des plus profonds qu'on ait exécutés jusqu'à présent, amène au jour, provient de profondeurs de 816 mètres et de 854 mètres et de couches appartenant au trias.

Wurtemberg; thermes de Wildbad; forages de Berg et de Cannstadt[3]. — Dans la Forêt Noire, le grès bigarré inférieur ou grès des Vosges se comporte comme en Lorraine. Ainsi tandis que les plateaux entre l'Enz et le Nagold manquent d'eau dans les années sèches, un grand nombre de sources jaillissent du fond de leurs vallées. Il en est de même dans la contrée de Wildbad; les plateaux manquent d'eau. Dobel, Neusatz, Rothensol, Bernbach, doivent parfois recourir à des citernes pendant les années sèches, tandis que des sources abondantes sortent au fond des vallées voisines.

Le keuper présente un niveau d'eau important dans la région du grès grossier dit *stubensandstein*. Il y a un autre niveau d'une grande constance, qui correspond aux bancs dolomitiques supérieurs à la Lettenkohle[4].

---

[1] Czyszkowski. *Note sur les eaux du trias dans le Gard*, 1874.
[2] Roux. *Comptes rendus*, t. LXXIII, p. 910, 1871.
[3] Paulus. *Explication des feuilles de Liebenzell et de Wildbad*, 1866 et 1862.
[4] Fraas, ouvrage précité, p. 188.

Quant au muschelkalk, les proéminences qu'il forme aux environs de Stuttgart, par exemple, sont aussi pauvres en sources que les hauteurs de l'Alpe. Mais les vallées fournissent beaucoup de sources; telles sont celles de Strudelbach, au-dessus et au-dessous de Rieth, remarquables par leur limpidité[1].

Les sondages qui dans la vallée de Stuttgart, à Berg et à Cannstadt, apportent des eaux chlorurées accompagnées de beaucoup d'acide carbonique pénètrent aussi dans le trias.

Grand-Duché de Bade; Rothenfels. — Un forage exécuté en 1839 à Rothenfels, par M. le professeur Walchner, dans la vallée de la Murg, à travers le conglomérat du grès rouge, au voisinage d'un pointement de granite, arrivé à 94 mètres de profondeur, a livré passage à une source d'eau thermale, se rapprochant de celle de Bade qui en est distante de 7 kilomètres. Or cette eau jaillit tout à coup, en grande abondance, d'une fissure du conglomérat.

Franconie[2]. — En Franconie, le groupe de l'anhydrite contient une grande abondance d'eau retenue par des schistes marneux dans la dolomie (*oberzellen-dolomit*) qui s'en trouve imbibée, à la manière d'une éponge.

Cette dolomie caverneuse constitue la plus puissante accumulation d'eau souterraine du muschelkalk; elle fournit les énormes sources de la ville de Vurtzbourg et alimente abondamment les puits profonds de toute la contrée[3].

Autriche; Stixenstein et autres sources alimentant Vienne; groupe de Fischau. — Ce que nous avons signalé dans les cal-

---

[1] Fraas. *Carte géologique de Stuttgart.*
[2] D'après M. F. Sandberger.
[3] D'après M. Gümbel, 1872.

caires jurassiques se reproduit dans les calcaires triasiques, et entre autres, pour les fortes sources si bien étudiées par M. Karrer[1] pour alimenter la ville de Vienne.

Deux types fréquents peuvent être représentés par les

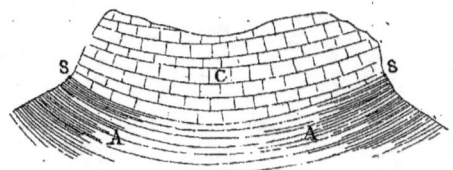

Fig. 119. — Type de source résultant du déversement de l'eau imprégnant le calcaire et arrêtée par des schistes de Werfen. Exemple pris aux environs de Vienne. — D'après M. Suess.

figures 119, 120 et 121 empruntées à M. Suess. Cette dernière

Fig. 120. — Exemple de la source de la vallée de Brichberg, non loin de Vienne, dont le réservoir, situé dans le calcaire, est arrêté à la surface du schiste de Werfen. — D'après M. Suess.

s'applique particulièrement aux sources de Stixenstein.

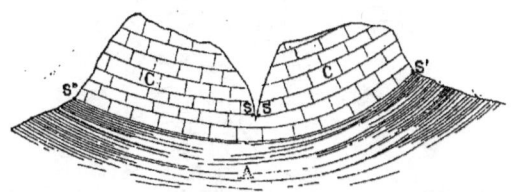

Fig. 121. — Coupe montrant les conditions dans lesquelles les sources de Stixenstein jaillissent au fond d'une vallée entaillée dans le calcaire alpin. C, calcaire alpin ; W, schistes de Werfen. — D'après M. Suess.

Ces dernières, dont la situation est représentée par la figure 122, s'échappent en écumant dans la vallée étroite de Sirning, d'un calcaire jaune rougeâtre, qu'on rapporte au

[1] *Geologie des Kaisers Franz-Josefs-Hochquellen Wasserleitung*, 1877.

trias supérieur. On n'aperçoit pas, d'après M. Suess, de roches imperméables dans le voisinage. Le volume de la source principale et des sources voisines est au minimum, par jour,

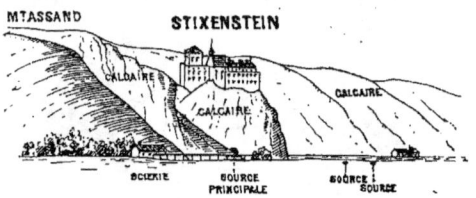

Fig. 122. — Stixenstein. Versant gauche de la vallée. Sources principales situées près du château de Stixenstein, au pied du ruisseau Sirning et captées pour l'alimentation de la ville de Vienne (Autriche). — D'après M. Karrer.

de 38 800 mètres cubes et au maximum de 43 000 mètres cubes.

Le mécanisme de la formation de ces sources tient ici,

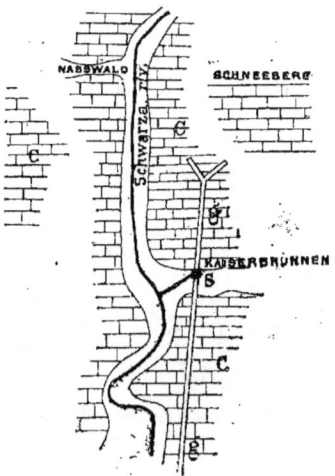

Fig. 123. — Carte montrant les conditions dans lesquelles sort la source S de Kaiserbrunnen, et les galeries gg qui ont été pratiquées pour en augmenter le rendement. C, calcaire que l'on attribue au trias supérieur. — D'après M. Karrer.

comme dans beaucoup d'autres roches calcaires, à la présence d'innombrables lithoclases de tout ordre, qui forment un réseau gigantesque où les eaux circulent avec facilité, qu'elles proviennent de la précipitation atmosphérique ou de la fonte des neiges. Elles y descendent jusqu'à ce qu'elles rencontrent les schistes de Werfen, sur lesquels elles s'accumulent, de façon à déborder çà et là sous forme de sources, comme à Stixenstein et à Kaiserbrunnen.

Le Kaiserbrunnen (fig. 123 et 124) est la plus élevée des sources mises à contribution pour l'approvisionnement de Vienne, par la galerie dite François-Joseph. Le ruisseau de

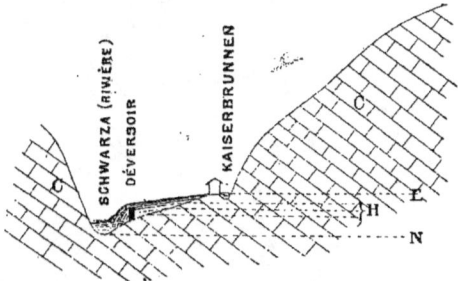

Fig. 124. — Coupe montrant la situation du niveau des eaux phréatiques qui alimentent la source de Kaiserbrunnen par rapport au niveau de la Schwarza. C, calcaire que l'on attribue au trias supérieur ; E, niveau des eaux phréatiques pendant l'été ; H, leur hauteur variable pendant l'hiver ; N, niveau du fond de la Schwarza. — D'après M. Karrer.

la Schwarza reçoit dans le haut de son cours un fort contingent par l'influence des eaux phréatiques ; il tire son origine du calcaire de la région du Schneeberg.

Le rôle des paraclases dans cette même région n'est pas moins manifeste. De nombreuses sources, les unes thermales, les autres froides, sont en rapport avec la faille terminale des Alpes, au sud-ouest de Vienne (fig. 125). Telles sont Mödling, Baden, Wöslau, Fischau et Brunn-am-Steinfeld.

La figure 126 représente, en particulier, la situation de Fischau sur la faille, à la limite de la plaine quaternaire de Vienne. Des sources thermales et des sources froides en sortent, de même qu'à Brunn. Une partie de ces dernières sert à l'alimentation de la ville de Vienne.

Enfin la vue ci-jointe (fig. 127) représente, le long de cette même faille terminale des Alpes, la situation rela-

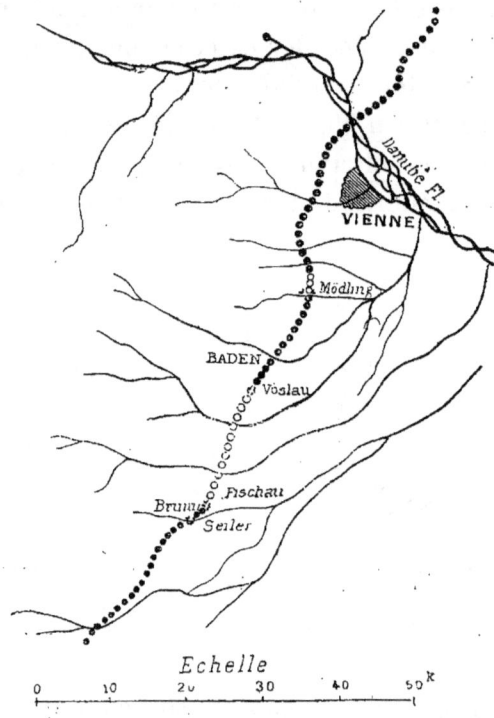

Fig. 125. — Groupe de sources thermales en rapport avec la faille terminale des Alpes, au sud-ouest de Vienne (Autriche). — D'après M. Suess.

tive de deux groupes de sources ordinaires et de sources

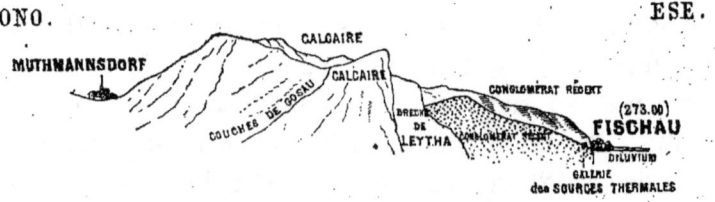

Fig. 126. — Profil montrant la situation de Fischau et de la faille qui donne naissance à des sources thermales et à des sources froides de même qu'à Brunn. — D'après M. Suess.

thermales, entre Wirflach et Fischau, sur une longueur d'environ 11 kilomètres.

Angleterre[1]. — Le new red sandstone renfermant les étages du *bunter* et du keuper inférieur, rivalise par sa perméabilité avec la craie et le lower greensand; aussi présente-t-il à ce point de vue une grande importance.

C'est à sa structure à peu près homogène dans ses sous-étages et à l'absence de lits d'argile ou de marne imperméable que ce terrain doit sa richesse en eau.

Buckland a remarqué que la plupart des grandes villes manufacturières des comtés du centre et du nord de l'Angleterre sont établies sur le new red sandstone. Ce fait, qui pourrait paraître accidentel, tient à des causes naturelles. A part la circonstance que les villes ainsi situées sont généralement à proximité du terrain houiller et de la houille, et de plus, qu'elles trouvent de très bonnes pierres de taille, comme on le voit dans leurs monuments et leurs anciennes églises, elles jouissent de l'avantage de se procurer facilement de l'eau. Toutes les villes bâties sur ces terrains reposent sur des réservoirs naturels d'eaux, filtrées dans des roches éminemment poreuses. C'est ainsi que les emplacements occupés par les villes de Manchester, Liverpool, Stockport, Macclesfield, Leek, Nottingham, Derby, Wolverhampton, Bir-

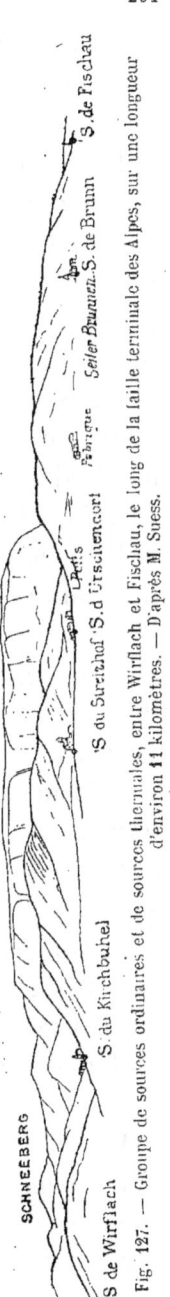

Fig. 127. — Groupe de sources ordinaires et de sources thermales, entre Wirflach et Fischau, le long de la faille terminale des Alpes, sur une longueur d'environ 11 kilomètres. — D'après M. Suess.

---

[1] Hull. New red sandstone and permian sources water supply. *Memoirs of the litterary and philosophical Society of Manchester*, 1861-1862. Le même, 1869-1876.

mingham, Kidderminster, Stourbridge, ont à la fois les avantages d'un accès facile au charbon, à l'eau et à la pierre de construction.

Le volume d'eau que l'on peut extraire des puits est étonnemment abondant.

A Liverpool, la quantité d'eau aspirée de tous les puits, tant publics que privés, peut être estimée à 22 500 mètres, provenant d'une superficie d'environ 51 kilomètres carrés.

A Manchester et à Salford, M. Hull a estimé, en 1863, que soixante et dix puits profonds fournissaient environ 27 000 mètres cubes d'eau par jour. Cette eau, claire et parfaitement adaptée aux usages industriels, correspond à une surface d'environ 17 kilomètres carrés. Les rivières Irwell, Irk et Medlock y contribuent sans doute pour une part par leurs infiltrations.

A Birmingham, sur les 31 000 mètres cubes employés par jour, il y en avant 9000 qui, en 1865, étaient fournis par le new red sandstone.

La présence de l'eau dans celui-ci est non seulement due à la présence de lithoclases et des plans de stratification qui le traversent, comme le savent très bien les puisatiers, mais aussi à sa perméabilité propre, laquelle varie d'un district à l'autre.

On augmente le débit des puits en les approfondissant et en poussant des galeries à partir de leur fond.

Dans le Lancashire, la surface de la nappe dans le grès est faiblement ondulée, et plus haute dans l'intérieur que sur les côtes de la mer.

Au sud des Mendips Hills, les conglomérats sont imbibés d'eau, comme les grès dont il vient d'être question.

Des sources abondantes jaillissent souvent de cette roche, à sa jonction avec les roches paléozoïques imperméables qui les supportent. L'un des plus remarquables exemples est fourni par les sources de Wall-Grange, près Leek, en Staffordshire, qui produisent par jour environ 13 500 mètres cubes.

Irlande[1]. — Le new red sandstone, qui se trouve exclusivement dans le nord-est de l'Irlande, repose sur divers étages de la série paléozoïque et supporte le terrain crétacé et les roches volcaniques miocènes du comté d'Antrim. Comme en Angleterre, les roches de cet étage sont fortement aquifères. Toutefois de nombreux dykes basaltiques apportent un obstacle à la circulation des eaux souterraines (fig. 128).

Fig. 128. — Coupe montrant la disposition des eaux souterraines à Belfast et environs. I, silurien inférieur où l'eau est fournie par des puits ; T_4, grès bigarré (new red sandstone) dont l'eau alimente aussi de nombreux puits ; T_3, marnes irisées (keuper) ; C_1, grès vert supérieur (upper green sand) ; C_2, craie ; ω, basalte en nappes et nombreux dykes et pointements ; G, graviers quaternaires. — D'après une très obligeante communication de M. Edward Hull.

C'est sur ces grès que la grande ville manufacturière de Belfast est construite, et quelques-unes de ses fabriques en tirent une partie ou la totalité de leurs eaux, notamment par le puits artésien de Cromac.

Environs de Loano, près Gênes. — Une formation de calcaires magnésiens triasiques très étendue vers le nord et le nord-ouest de Loano et toute remplie de fissures et de cavernes, donne naissance à de belles sources qui jaillissent à sa base (voir plus haut, page 46, les figures 22 et 23), au contact des schistes talqueux et des gneiss sous-jacents. On peut citer, par exemple, celle de Boissano et celle de Verzi.

---

[1] Hull. *Géologie des environs de Prescot*, p. 36. — D'après une obligeante communication de M. Edward Hull.

Terrains paléozoïques.

Artois. — C'est du carbonifère que sortent les eaux jaillissantes par les forages qui ont, depuis longtemps, rendu l'Artois classique [1].

Mines de houille : La Chapelle-sous-Dun (Saône-et-Loire). — Les exploitations de houille n'apprennent que trop comment l'eau peut jaillir par les lithoclases qui coupent le grès houiller. Nous nous bornerons ici à citer l'exemple des travaux des mines de La Chapelle-sous-Dun [2], où, en 1857, les eaux arrivaient abondamment par les failles, recoupées dans la partie nord des ouvrages des puits Marc et Félicité, ainsi que par la couche de grès qui se trouve au-dessous de la couche de houille, dite de Conchalon, et qui a été traversée, par le dernier de ces puits, au niveau de 235 mètres.

Sardaigne. — Dans le sud-ouest de la Sardaigne, les plus belles sources paraissent au contact du calcaire dit *métallifère* avec les formations imperméables, schistes siluriens et cambriens. Ce calcaire, privé de fossiles, atteint souvent une grande épaisseur. Les exploitations de gîtes métallifères qu'il renferme ne sont jamais gênées par les eaux, tant qu'elles restent au-dessus du niveau des vallées.

Parmi les sources de ce genre, nous citerons celles du Gutturu-Pala, de Su-Mannau (fig. 129) et de Doumsnovas, dont l'altitude est d'environ 180 mètres. Leurs débits moyens par minute sont respectivement de 280, 70, 200 litres. La source de Quoquadraxiu (fig. 130), dans la même région, est

---

[1] Garnier. *Traité du sondeur.*
[2] Drouot. *Notice sur les gîtes de houille de Saône-et-Loire,* p. 311.

le drainage d'une couche calcaire repliée et enchâssée entre des schistes peut-être cambriens.

Les études que l'on a faites, sur la faculté d'absorption des

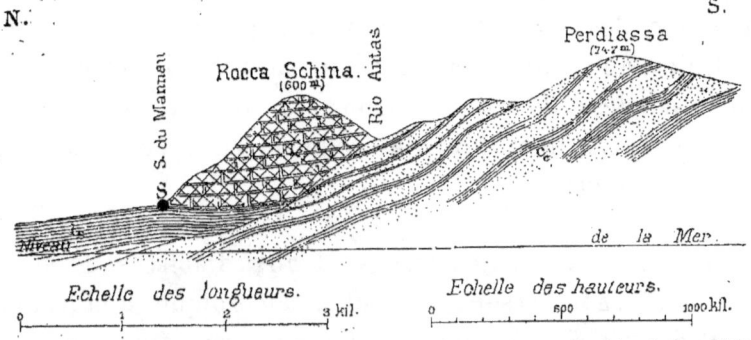

Fig. 129. — Coupe montrant la situation de la source S de Su-Mannau (Sardaigne). Cc, schistes et grès cambriens; Is, schiste silurien; Ic, calcaire silurien. — D'après une communication manuscrite de M. Giordano.

eaux pluviales par les calcaires de ces régions, en comparant

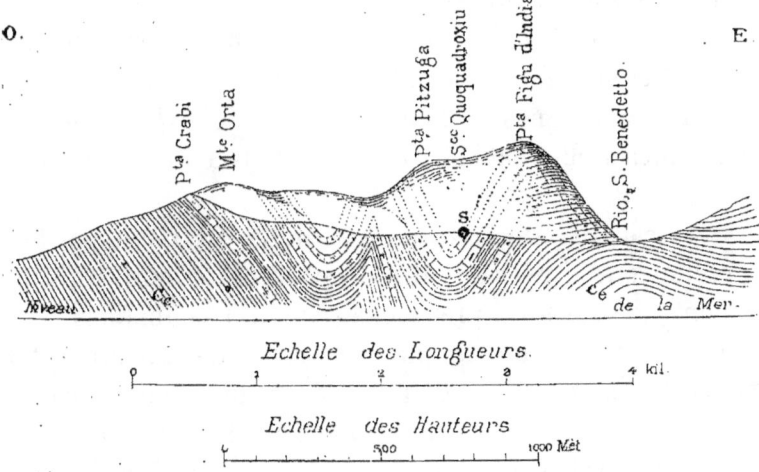

Fig. 130. — Coupe montrant la position de la source S de Quoquadraxiu en Sardaigne. Cc, schistes et grès cambriens, auxquels sont subordonnées des couches calcaires. — D'après M. Giordano.

le volume d'eau de pluie tombée, avec celui des sources, a déjà fourni des données intéressantes et utiles. Le rapport entre ces deux quantités varie de 0,36 jusqu'à près de 0,50. On perce en ce moment une longue galerie d'écoulement devant servir à la mine de plomb de Monteponi, que le gouvernement a vendue récemment. Cette galerie, de plus de 6 kilomètres, desservira en même temps quelques autres mines latérales, en vertu de la filtration naturelle des calcaires, et au moyen des études susdites, on a pu calculer, assez approximativement, le débit probable de la galerie et par conséquent ses dimensions.

Irlande. — Grâce aux failles et aux diaclases de toutes sortes qui les traversent, les roches paléozoïques de l'Irlande, cambriennes et siluriennes, donnent souvent lieu à des sources. C'est ce qui arrive, par exemple, pour les schistes cambriens et cambro-siluriens. Dans les comtés de Mayo, de Galway et de Kerry, les roches siluriennes inférieures ne sont pas aussi fracturées.

On peut citer[1], comme donnant lieu à de belles sources, le *quartz rock* ou quartzite cambrien à Howth, comté de Dublin, dans les montagnes de Forth, comté de Vexford, dans les montagnes de Bennabeola, comté de Galway, et ailleurs.

Aix-la-Chapelle et Borcette (Burtscheid)[2]. — Aix-la-Chapelle et Borcette sont situées sur des couches devoniennes qui présentent une série de plis aigus (fig. 131) semblables à ceux que l'on connaît en Belgique. Au contact des calcaires et des couches schisteuses, jaillissent de volumineuses sources chaudes qui manquent, au contraire, dans les schistes et grès, auxquels le calcaire est associé, ainsi que dans le terrain houiller. L'ensemble des sources présente deux alignements

---

[1] D'après M. Kinnahan.
[2] D'après M. I. Beissel. *Congrès des ingénieurs allemands à Aix-la-Chapelle*, 1876.

évidents (fig. 132), qui coïncident avec ceux du calcaire.

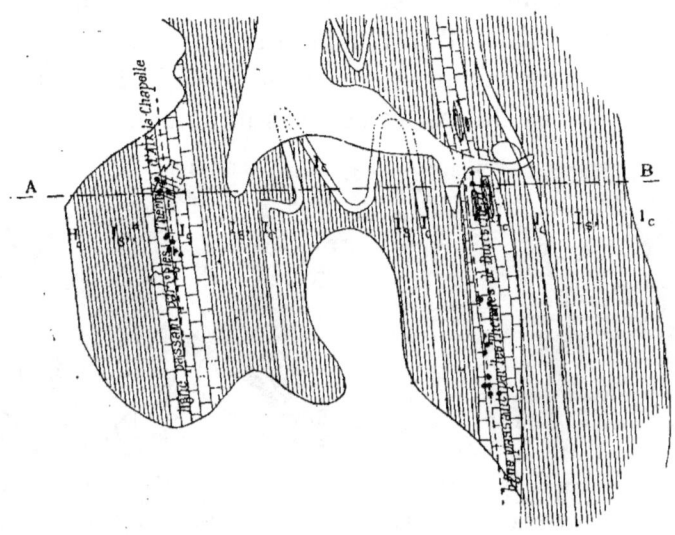

Fig. 131. — Plan montrant les affleurements des couches devoniennes et carbonifères, qui supportent Aix-la-Chapelle et Burtscheid. Ic, calcaire devonien; Is, schiste devonien supérieur; Hc, calcaire carbonifère; Hh, groupe houiller; les sources thermales sont représentées par des points noirs disposés suivant deux alignements parallèles, qui passent par Aix-la-Chapelle et Burtscheid; la ligne de coupe AB coïncide avec la direction nord-sud. — D'après M. I. Beissel.

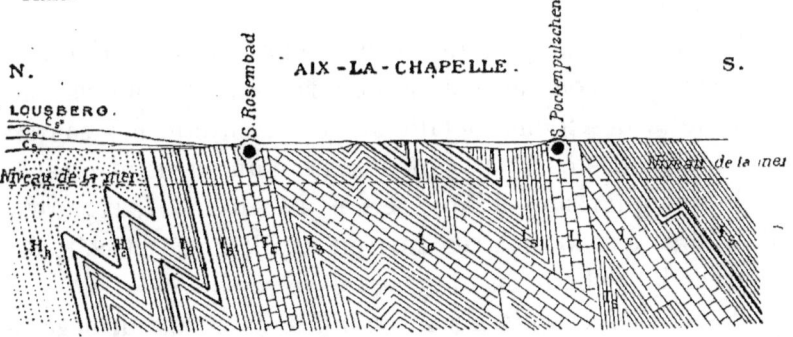

Fig. 132. — Coupe suivant la ligne AB, du plan précédent. Is, schiste devonien inférieur; Ic, calcaire devonien; Is, schiste devonien supérieur; Hc, calcaire carbonifère; Hh, groupe houiller; Cs, sable dit d'Aix-la-Chapelle; Cs', sables verts; Cs''. couches marneuses crétacées. — D'après M. I. Beissel.

Ems[1]. — Les sources thermales d'Ems sortent de fissures

---

[1] Gümbel. *Sitzungsberichte der K. bayer Akad. der Wissenschaften zü München*, 1882.

ouvertes, avec une disposition radiale, dans une voûte de quartzite fortement courbée, dont le rayon n'est que de 50 à 60 mètres (fig. 133). Pour reconnaître s'il y avait une relation entre les filons métallifères et les sources, il fallut faire un relevé exact des allures des couches devoniennes inférieures,

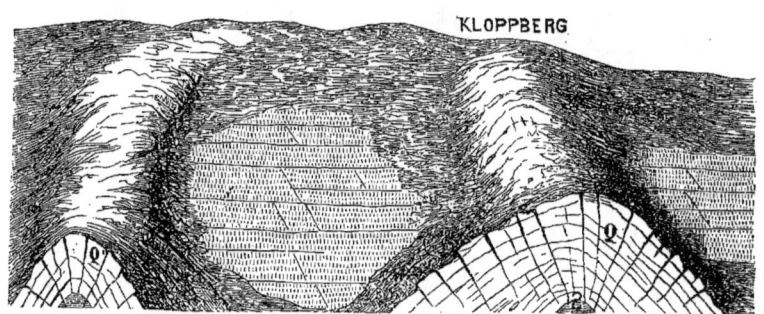

Fig. 133. — Disposition générale des sources thermales d'Ems. Q, selle principale de quartzite et cassures d'où sortent les eaux thermales S, et à l'ouest de laquelle sont d'anciennes exploitations de plomb et d'argent. Q, selle latérale également de quartzite. — D'après M. Gümbel.

ainsi que des nombreuses diaclases qui les traversent. C'est ce que représente la coupe théorique ci-jointe, due à M. Koch (fig. 134).

On voit que le quartzite forme deux cuvettes dirigées du N.-O. au S.-E. comme la plupart des rides du système rhénan : la cuvette des filons métalliques et la cuvette des sources thermales. Ces cuvettes sont séparées l'une de l'autre par la selle des quartzites d'Ems. A son affleurement, la cuvette des filons a 5 kilomètres environ de diamètre et celle des sources $1^{kil},8$. Cette dernière se relève vers le N.-E.

Des roches éruptives sont connues dans le voisinage. A deux kilomètres au N.-E. des bains, au village de Kemmenau, paraît un petit pointement de basalte. D'autres pointements basaltiques sont connus dans la contrée. En outre, le trachyte forme deux cônes aigus à Arzbach, au nord de la mine de plomb et de mercure et de plus, il est assez répandu dans le Westerwald.

RÔLE DES LITHOCLASES SIMPLES.

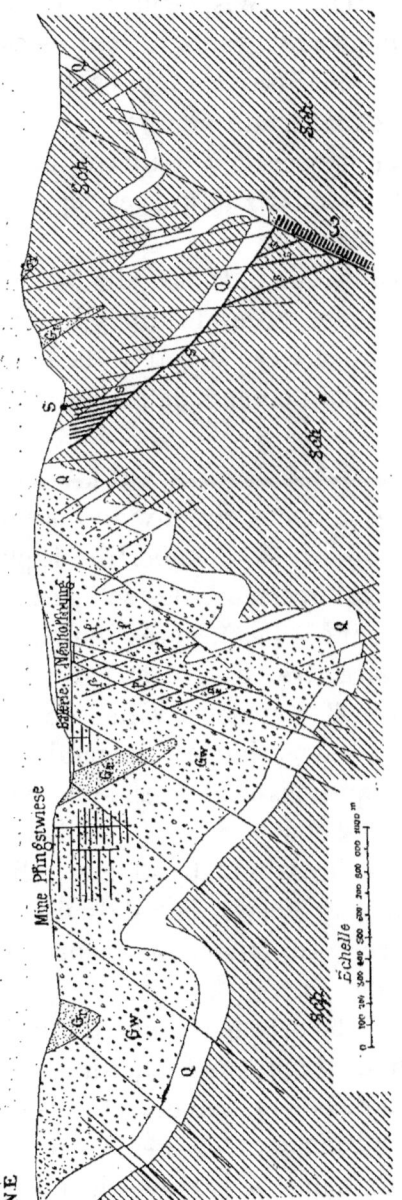

Fig. 131. — Coupe montrant la disposition de la cuvette d'où jaillissent les sources thermales d'Ems, par rapport à celle que traversent les filons métallifères dans le voisinage. Sch, schistes de Wisp ou du Hundsrück; Q, quartzite; Gw, grauwacke (*Plattergrauwacke*); Gr, grès à spiriféres; *a*, filon de basalte se rattachant au pointement de Kemmenau; fff, filons métallifères; SSSS. eau thermale dans son trajet souterrain et à sa sortie. — D'après M. Koch.

Comme le montre la figure, l'eau peut suivre la séparation

du quartzite et du schiste (Wisperschiefer) avant de s'épancher au travers des quartzites. Toute la contrée est d'ailleurs traversée par de nombreuses paraclases et diaclases, dont la coupe représente un certain nombre.

Aucun danger ne paraît à craindre pour les thermes, tant que la selle de quartzite qui les sépare des travaux de mines n'est pas attaquée.

Il est très possible que plus bas, elle longe le basalte, conformément à la coupe ci-jointe; mais le fait n'est pas assez certain pour qu'on ait cru devoir rattacher le gisement de ces sources à des pointements de roches éruptives.

Wisconsin : Sources naturelles et puits artésiens. — Parmi les nappes reconnues à divers niveaux du terrain silurien dans l'État du Wisconsin, par M. Chamberlin[1], le plus remarquable est situé à la partie supérieure des schistes argileux de Cincinnati, qui retiennent l'eau, après son passage à travers le calcaire du Niagara, très fissuré et caverneux. Sur la côte orientale de Green-Bay et de la vallée de Rock-River, cette jonction affleure, à de fréquents intervalles, sur 240 kilomètres, de sorte que des centaines, si ce n'est des milliers de sources, grandes et petites, marquent cet horizon. Quelques-unes de ces sources sont très fortes; elles peuvent être regardées comme des dérivations de ruisseaux, plutôt que comme des sources ordinaires. En beaucoup de lieux elles font tourner des moulins.

De nombreux puits artésiens ont atteint l'eau dans les couches siluriennes du même État, au moins à 6 niveaux différents (fig. 135). Le plus important et le plus utile, quoique le plus profond de ces niveaux est celui du grès de Saint-Pierre (St-Peters), dans la partie orientale de l'État. Ce

---

[1] *Hydrology of Wisconsin*, 1877.

grès est non seulement poreux, mais traversé par de nombreuses cassures, qui permettent à l'eau de le traverser rapidement.

A Sparta, il y a 12 puits artésiens, situés à 3 kilomètres de la ville. Ils tirent leur eau d'une même couche, à 100 mètres de profondeur, et jaillissent à 2 mètres au-dessus de la surface[1]. D'autres puits artésiens ont été creusés, par exemple,

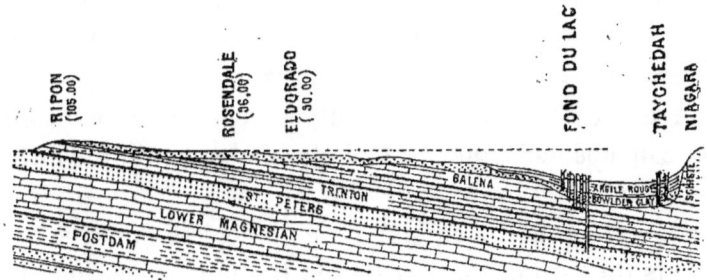

Fig. 135. — Profil donnant, à Fond du Lac, un exemple des puits artésiens du Wisconsin, d'après M. C. Chamberlin; section de Taychedah à Ripon. Échelle horizontale = $\frac{1}{155.000}$; échelle verticale = $\frac{1}{5.000}$.

dans la Prairie du Chien, où l'eau jaillissante provient de plus de 300 mètres de profondeur.

De belles sources sont communes dans la formation de Postdam.

Terrains cristallins.

France centrale. — Lorsqu'on creuse un puits dans le granite ou dans les roches cristallines qui lui sont associées, on ne trouve pas l'eau avec régularité; il faut tomber sur quelque fissure, il n'y a pas de nappes d'eau à proprement parler. Toutefois, lorsque ces roches sont traversées par des fissures

---

[1] Ouvrage précité, t. IV, p. 57.

profondes, il peut en résulter des sources qui se distinguent par un débit plus volumineux et plus constant de celles que fournit l'arène granitique.

Telles sont, dans le département du Puy-de-Dôme : arrondissement de Clermont, d'après Lecoq : celles du Petit Bareix, près Laqueille (micaschiste); celles de Châteauneuf, sous le château même, de Genestine; — arrondissement de Riom : la magnifique source de Giat; celle de Servolles; — arrondissement de Thiers : celle de Bourdier ; — arrondissement d'Ambert : celle de la Bourlhomme, au-dessus de Pierre-sur-Haute; celle de Montgeol, canton de Saint-Amand; celle de Roche-Savine; celle de la Viade, commune de Sainte-Catherine.

Le même auteur en signale d'analogues dans les départements du Cantal, du Gard, de la Haute-Loire et de la Lozère.

Les sources qui sortent du trachyte sont nombreuses, limpides, mais en général d'un faible débit, comme celles qui s'échappent des terrains primitifs et pour la même raison.

Cependant il en est d'abondantes qui résultent non seulement de roches poreuses qui leur sont subordonnées, mais aussi de cassures. Telle est, dans le cirque de Lioran, où affluent les infiltrations, la source de l'Alagnon, la Font-de-Cère, au pied du Plomb du Cantal, et une autre, au pied du Puy-Mary.

Saint-Gothard. — Quelque peu importantes, au point de vue du mouvement des eaux, que soient les lithoclases des roches cristallines aux abords de la surface du sol, elles leur sont encore moins accessibles dans la profondeur, qu'elles s'y trouvent moins nombreuses ou que leurs parois soient plus serrées, plus rapprochées.

C'est ce que montre, en particulier, le percement du massif du Saint-Gothard, d'après les observations exactes dont on est redevable à M. Stapff[1] (voir plus haut fig. 1, p. 10).

Dans ce percement, long de plus de 14 kilomètres, des infiltrations notables (0,4 à 0,8 litre par seconde) ne se sont produites, dans la partie nord du tunnel, qu'entre 1450 et 1500 mètres de l'orifice, position qui correspond à la première traversée de la Reuss[1].

La totalité des venues d'eau de cette partie septentrionale peut être évaluée de 3,5 à 13,5 litres au plus, par seconde.

Dans la partie sud, les venues d'eau ont été plus importantes[2]. Entre le profil 3178 et le profil 7093, qui est à peu près au faîte du tunnel, le débit a été d'à peu près 57 litres par seconde. Ces venues d'eau étaient très inégalement réparties. Du profil 6400 vers l'intérieur, elles sont devenues tout à fait insignifiantes, et le profil géologique en indique la raison. La grande faille principale qui descend du glacier de Sainte-Anne et coupe le tunnel vers le profil 5908, collecte en effet les eaux provenant des couches aquifères voisines de la surface du massif (voisines des deux côtés du Kastelhorngrat) de sorte qu'elles ne peuvent plus déboucher dans le tunnel qu'à travers la zone fissurée comprise entre le profil 5908 et la faille du profil 6530.

Abstraction faite de l'intervention de pareils systèmes de fentes dérivatrices, tous les bassins sourciers connus à ciel ouvert se retrouvent à l'intérieur du souterrain. Nous ne citerons que les venues d'eau les plus importantes. Elles se sont produites aux profils 3921; 4088; 4125 (petit lac de Sella); 4208, environ 1 litre par seconde (grand lac de Sella); 4399; 4456 à 4566, sur le toit des lithoclases du Greno di Prosa, environ 14 litres; infiltrations de peu d'importance à l'intérieur de ces lithoclases jusqu'au profil 4700; puis, plus

---

[1] Stapff. *Profil géologique du Saint-Gothard dans l'axe du grand tunnel*, p. 23.
[2] *Mémoire précité*, p. 46.

fortes à partir de là, jusqu'au profil 4776; 5435; 5446; 5574 (dépression la plus méridionale du Guspisthal); 5871 à 5980, environ 9 litres, amenés par la grande faille principale, depuis les autres bassins sourciers du Guspisthal; 6105; 6214 à 6229, environ 3 litres; 6305 à 6400. Les débits isolés, que nous venons d'indiquer pour quelques sources, donnent un total de 27 litres; toutes les autres infiltrations réunies doivent par conséquent fournir encore 10 litres.

Chamonix. — Près de Chamonix, on voit plusieurs belles sources sortir des diaclases. Par exemple, au-dessous du bourg, aux Gallians, il en est deux qui jaillissent à 12 mètres l'une de l'autre, au fond de la vallée, au pied de deux diaclases que l'on voit couper un escarpement vertical de protogine, sur 50 mètres de hauteur. A 1500 mètres plus bas, auprès de Mont-Quart, se présente un fait analogue.

Wurtemberg; Wildbad. — Au milieu des masses de grès bigarré dont l'épaisseur atteint 1000 mètres, le granite apparaît d'une manière inattendue, au point où est situé Wildbad, et il s'élève, en cette localité, jusqu'à une hauteur de 12 mètres au-dessus du fond de la vallée, recouvert de nombreux blocs anguleux de grès bigarré.

Les sources thermales jaillissent par des diaclases traversant le pointement de granite qui, autant qu'on en peut juger, sont parallèles entre elles et se dirigent à peu près de l'est à l'ouest, c'est-à-dire perpendiculairement à la direction de la vallée, et parallèlement à de petits filons de quartz et barytine coupant aussi le granite. Ces diaclases sont obliques, de telle sorte que le forage vertical offre aux eaux le plus court chemin. Dans le but d'augmenter le débit des sources naturelles, on a exécuté, à partir de 1838, des forages qui, en 1849, étaient au nombre de 28 et atteignaient une profondeur de 31 mètres.

Irlande. — Les basaltes et dolérites miocènes qui, en Irlande, couvrent de grandes étendues sont par eux-mêmes imperméables; mais leurs cassures permettent à l'eau de s'y infiltrer.

Base de l'Etna. Catane. — Aux environs de Catane[1], trois coulées de lave, dont l'une est antérieure à l'arrivée des colonies grecques, une autre du troisième siècle, puis celle de 1669, ont détourné et recouvert le cours de la rivière Amenano qui n'a plus, à l'air libre, que son embouchure au fond du port.

Un autre cours moindre, le Cifali, a eu le même sort.

Par suite, les eaux phréatiques (*acqua di livello, acqua di scolo*) s'étendent sur une large zone, à l'est et au sud de la ville. Elles sont de première importance pour Catane : outre qu'elles satisfont aux usages domestiques, elles ont transformé les laves stériles en fertiles cultures. Partout où l'on creuse un puits, on les rencontre avec un niveau qui varie suivant la hauteur de la mer. Elles circulent dans le sol, à travers les innombrables fissures de la lave.

A proximité de la mer, sur une longueur de 6 kilomètres et une largeur de 50 à 500 mètres, elles sont saumâtres.

Des faits analogues se montrent, d'après une obligeante communication de M. O. Silvestri, à Paterno, à Aci Reale, et à Piedimonte.

Caucase. Gileznovodsk. — Les études approfondies qu'a faites au Caucase M. Abich, sur le gisement des sources

---

[1] Carmelo Santo Patti. Carta idrografica di Catania. *Accademia die Scienze in Catania*, série III, t. XI, 1877.

thermales ont fait reconnaître que c'est un porphyre pétrosiliceux, d'ailleurs masqué par des marnes, qui est réellement la roche émissaire des nombreuses sources minérales

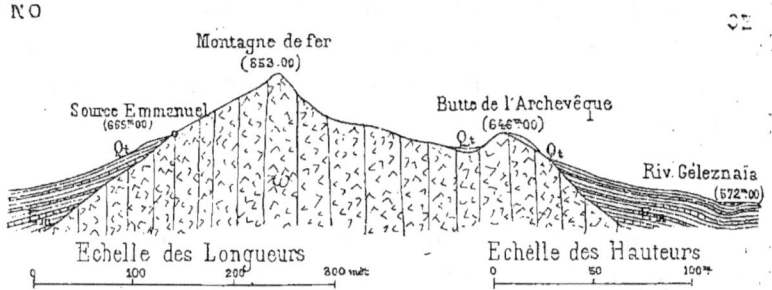

Fig. 136. — Coupe prise à Gileznovodsk, montrant comment la source Emmanuel jaillit de roches cristallines au pied de la Montagne de fer. ω, porphyre pétrosiliceux ; Em, marne éocène. Qt, travertin quaternaire. — D'après M. Dru [1].

de Gileznovodsk (fig. 136). Ce porphyre est analogue aux microgranulites des dykes qui entourent le mont Bechtaou et qui ont soulevé les masses minérales, crétacées et tertiaires

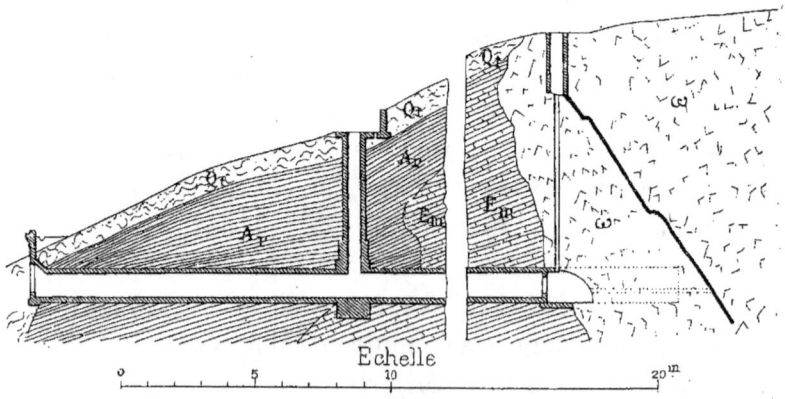

Fig. 137. — Coupe montrant les roches traversées par la galerie de captage de Gileznovosdk (source de l'Ouest). ω, porphyre pétrosiliceux ; Em, marne éocène ; Ar, éboulements argileux ; Qt, travertin. — D'après M. Dru.

des monts Youtza et Machouca. La Gileznaïa-Gora (Montagne de fer), entièrement formée de cette roche éruptive, n'est sé-

---

[1] Dru. *Eaux minérales du Caucase*, 1884.

parée du massif du Bechtaou que par une dépression étroite. La faible épaisseur de ces dépôts récents a permis d'atteindre les eaux minérales au moyen de galeries et de sondages peu profonds (fig. 137).

En outre, des fissures des microgranulites du versant nord du Bechtaou, auxquelles se rattachent les porphyres précédents, livrent passage à des sources froides, dont cinq donnent ensemble 570 mètres cubes par 24 heures.

§ 2. — LITHOCLASES ASSOCIÉES A DES POINTEMENTS DE ROCHES ÉRUPTIVES

Les cassures, qui sont nombreuses dans l'écorce terrestre, ne le sont pas moins à proximité des roches éruptives.

Il n'est pas aussi naturel qu'il peut le paraître tout d'abord de faire une catégorie spéciale pour les sources qui jaillissent à proximité de ces pointements de roches, comme par exemple la source salée de Salies (Haute-Garonne) située au pied d'un typhon d'ophite (fig. 138).

Cependant nous citerons un exemple bien connu de ce genre de gisement.

Gard. — Les filons de fraidronite et les dykes quartzeux jouent dans le terrain granitique du Gard le rôle de drains naturels. Les eaux superficielles s'infiltrent dans les fentes de l'une des salbandes, quelquefois dans toutes deux. Par une galerie à travers banc qu'on perce sur le filon, on donne une issue aux eaux. C'est là une pratique courante dans les arrondissements de Lasalle et de Saint-Jean du Gard. Aussi, dans les Cévennes[1] les habitants, connaissant fort bien ce

---

[1] Emilien Dumas. *Géologie du Gard*, t. III, p. 58.

phénomène, désignent ces filons sous le nom de *carals* ou conducteurs d'eau.

C'est surtout aux environs de Saint-Jean du Gard, où ils sont nombreux, qu'on a su utiliser les filons aquifères. Lorsque, d'un point élevé, on jette un coup d'œil sur les pentes des montagnes qui entourent cette commune, on est

Fig. 138. — Vue de Salies (Haute-Garonne), montrant l'ophite avec la source salée qui jaillit sur la colline de Saint-Martory. 1, ville de Salies. 2, ancienne église. 3, ancien château. 4, ruines de Saint-Pierre. 5, fontaine salée. 6, carrière de moellons sénoniens. — D'après M. Leymerie.

frappé de voir çà et là, répandus avec une espèce de régularité, de petits jardins échelonnés sur les hauteurs ; c'est qu'à chacun de ces jardins correspond une petite source naturelle s'échappant d'un même filon.

Cette observation a été mise à profit et a donné l'idée ingénieuse de percer dans le granite des galeries horizontales, dirigées perpendiculairement à la direction de ces filons, qui remplissent l'office de barrages souterrains ; ce sont comme des puits artésiens horizontaux. Ces travaux ne sont pas coûteux, parce qu'en général, ils sont pratiqués dans un granite friable et décomposé, mais assez solide pour que la voûte se soutienne sans le secours d'aucun boisement.

En 1840, un percement de ce genre entrepris dans la commune de Saint-Jean du Gard, au domaine de la Fabrique, rencontra un grand nombre de filons dont chacun fournit son contingent d'eau. Cette galerie, l'une des plus longues qu'on ait pratiquées dans la contrée, a 150 mètres environ et elle fournit un volume d'eau qui surpasse celui des plus belles sources granitiques de ce canton. Aussi de semblables travaux ont été depuis lors exécutés dans la même commune, sur un grand nombre de points. Au hameau de Saillan, après avoir percé un filon, on a obtenu une belle source, assez abondante pour arroser une propriété dix fois plus considérable que celle pour laquelle on avait entrepris ces recherches. Dans le domaine des Pommarèdes, une forte source a été également rencontrée par le même procédé.

Ces conditions se retrouvent dans un grand nombre de localités granitiques des Cévennes.

Dans la même commune de Saint-Jean du Gard, domaine de Vitrac, il existe une source thermale, sortant d'une manière bien évidente, d'un filon de quartz, et à côté, à une distance de deux ou trois mètres à peine, on voit avec étonnement surgir du même filon une source d'eau froide. On expliquerait ce contraste en admettant que les eaux de la première source, après être descendues à une profondeur assez grande pour y acquérir leur température, remontent, en suivant une nouvelle fissure placée entre le dyke et le terrain granitique, tandis que la source d'eau froide est simplement le résultat d'infiltrations superficielles.

§ 3. — RÔLE DES LITHOCLASES ASSOCIÉES A DES FILONS MÉTALLIFÈRES

Vosges; Plombières. — A Plombières, le grès bigarré est séparé du granite par un poudingue quartzeux très grossier, qui paraît le représentant du grès des Vosges. Le fond de la vallée est entaillé dans un granite porphyroïde, quelquefois

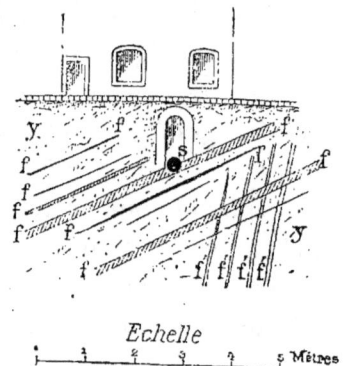

Fig. 139. — Groupe de filons et de veines de fluorine, d'où jaillit la source Simon S à Plombières; y, granite; ff, filons ou veines de spath fluor; f'f' filons ou veines de quartz.

parsemé d'amphibole, qui forme une partie de la chaîne des Vosges.

De nombreux filons coupent le flanc gauche de la vallée de Plombières, dans la région d'où jaillissent les principales sources tièdes ou savonneuses. Le percement de la galerie des sources tièdes, et une tranchée qui a été faite pour la rectification de la route nationale de Metz à Besançon, ont fait reconnaître, vers 1856, la disposition de ces filons.

Les filons dirigés à peu près N. O. à S. E se composent principalement de quartz et de spath fluor. Certains filons sont presque exclusivement formés de fluorine; dans d'autres le quartz prédomine. C'est précisément de ces filons que jaillissaient alors les principales sources tièdes de la rive gauche. La source tiède la plus remarquable, qui est connue sous le nom de source de Simon, jaillit au milieu d'un réseau de filons de fluorine, comme le représente la figure 139. Le filon principal, qui a 0^m,20 à 0^m,30 d'épaisseur se dirige E. 30° S. à O. 30° N. et plonge de 25° vers N. 30° E. La fluorine a en outre pénétré dans d'innombrables fissures du granite, de sorte que les fragments détachés de cette roche sont souvent enduits de fluorine sur toutes leurs faces; c'est comme une espèce de stockwerk de fluorine. Ses princi-

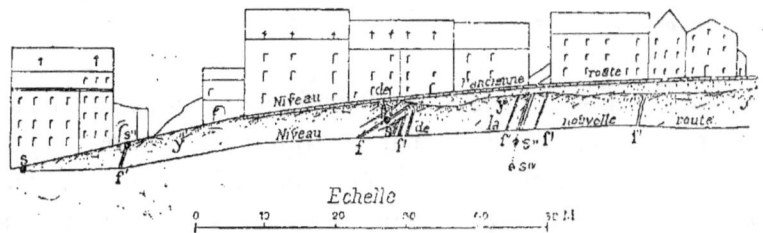

Fig. 140. — *Association des sources thermales SSS aux filons métallifères à Plombières (côte de la Gendarmerie)*; y, granite; ff, filons ou veines de fluorine; f'f', filons ou veines de quartz; S', source Simon; S'', source de Luxeuil; S''' et S^{iv}, sources du Jardin, aujourd'hui taries.

pales veines se dirigent parallèlement au filon principal; beaucoup d'autres ont la même direction, mais plongent de 65 degrés. Les grands cristaux de feldspath, qui rendent le granite porphyroïde, sont souvent si nettement coupés par ces veines de fluorine que les deux parties du même cristal, situées de chaque côté de la veine, peuvent se raccorder exactement.

La source savonneuse, dite de Luxeuil, située à 35 mètres au nord-est de la source Simon, sort de veines de même nature, mais moins développées.

Un troisième filon, situé à 20 mètres au sud-ouest du filon de la source Simon, donnait issue à deux sources situées dans le jardin de la Préfecture. Ces sources ont tari parce qu'une galerie a été percée à un niveau plus bas; mais les cinq sources que cette galerie a rencontrées jaillissent également d'un groupe de petits filons de quartz et de fluorine et le long de plusieurs d'entre eux. La figure 140 représente cette association remarquable, telle qu'on pouvait l'observer dans la tranchée de la route, c'est-à-dire à un niveau supérieur d'environ 10 mètres à celui de la galerie. Sur moins de 40 mètres, il y a six filons; deux d'entre eux sont juxtaposés. Les filons sont plus nombreux encore dans la galerie. Ce rapprochement établit comme une filiation immédiate entre les sources thermales actuelles et les filons métallifères[1].

Loire : Sail-sous-Couzan. — Parmi les exemples du même genre que présente le plateau central, on peut citer, d'après Gruner, la source de Sail-sous-Couzan[2], qui jaillit d'un filon plombo-barytique. L'eau minérale sort des fissures et cavités du filon, ainsi que l'ont montré les travaux de captage exécutés sur la source Fontfort.

Hérault : La Malou. — De nombreux filons métallifères formés de quartz et de barytine, autrefois exploités pour cuivre et plomb, se montrent aux environs de la Malou-le-Haut et de la Malou-le-Bas, commune de Villecelle. Ces filons sont nombreux et en rapport avec un gros filon quartzeux dirigé à peu près nord-sud. Plusieurs sources minérales en sortent, ainsi que l'ont appris des galeries et des puits exécutés dans deux buts distincts : le captage des sources et l'exploitation des minerais métalliques.

En faisant, il y a vingt-cinq ans, les travaux de captage

---

[1] Les sources du thalweg, dont le point d'émergence n'est pas masqué par l'alluvion, sortent des fissures du granite.
[2] *Description de la Loire*, p. 725 à 728.

de la Malou-le-Bas, on a rencontré successivement trois filons aquifères. De plus, il s'y trouvait des fragments de quartz et de barytine, cimentée par de la barytine de formation plus récente, et qui, selon toute probabilité, a été précipitée par les sources de l'époque actuelle.

A la Malou-le-Haut, quand on a foré le puits dit des Anglais, il en sortait en abondance de l'eau minérale ayant la composition de celle de l'établissement et que les buveurs utilisèrent. Sur ce point, le puits avait rencontré un filon quartzo-barytique du type de la Malou-le-Bas. Les travaux d'exploitation ont dû être arrêtés pour ne pas compromettre l'exploitation de l'établissement voisin.

Haute-Loire : Brioude[1]. — Aux environs de Brioude il existe une très grande quantité de sources acidules froides. Celles du Breuil, près de Lamothe ; de Clémensat, près d'Auzon ; de Barèges, près d'Ardes ; d'Aurouse, etc., jaillissent à travers des fractures N. 50° O. ; souvent elles sourdent des filons métallifères eux-mêmes.

Ardèche : Vals, Desaigues, Mayres. — Les sources de Vals, sortent aux bords de la Volane, du lit de laquelle on voit s'échapper de nombreuses bulles de gaz.

Elles jaillissent, sur la limite du gneiss avec pegmatite et des terrains secondaires, d'un filon étendu et puissant orienté à peu près N. E. à S. O. et dont on retrouve, à 1500 mètres au sud, des affleurements escarpés.

Ce filon, principalement formé de quartz avec pyrite, s'est lui-même formé sur une grande faille, de même orientation, qui s'étend jusqu'à la Voulte et qu'il ne remplit que sur une petite partie de sa longueur.

---

[1] Dorlhac. *Filons de Brioude*, p. 23.

A Desaigues, arrondissement de Tournon, une source gazeuse sort également d'un filon avec pyrite un peu arsenifère, fluorine et barytine.

Dans le même département, la source de Mayres s'écoule aussi d'un filon pyriteux [1].

Autres localités du plateau central. — Des relations de même genre entre des filons métallifères et des sources thermales ou gazeuses se montrent à Néris et à Bourbon-Lancy (Allier), à Sylvanès (Aveyron), à Trebas (Tarn), à Balaruc (Hérault) et à Chaudesaigues (Cantal).

Grand-Duché de Bade : Rippoldsau et Badenweiler. — Les sources acidules de Rippoldsau sont en rapport avec des filons métallifères [2], auxquels on a attribué une partie des sulfates qu'elles tiennent en dissolution. Tel est le cas pour la source Léopold.

Des sources jaillissent aussi des ramifications latérales du filon Prosper. La source Joseph, qui avait tari pendant qu'on travaillait sur ce filon, a reparu quand on en a abandonné l'exploitation. Lorsqu'en 1787 on voulut reprendre les travaux, l'eau minérale y pénétra, ainsi qu'une énorme quantité d'acide carbonique, et l'irruption fut si subite qu'un homme y périt et que ses compagnons ne durent leur salut qu'à la fuite. Depuis lors, tout travail a cessé dans le voisinage des sources.

A Badenweiler, une source minérale sort à quelques mètres d'un filon de quartz et de galène.

Prusse rhénane : Mine de Kautenbach, près de Trarbach, sur

---

[1] Parran. *Annales des mines*, 3ᵉ série, t. X, p. 25.
[2] F. Sandberger. *Renchbäder*, 1863, p. 39 et 40. Une carte annexée à ce travail montre bien la connexion dont il s'agit.

la Moselle[1]. — Près de Trarbach (Prusse rhénane) dans le filon de plomb et de cuivre de Kautenbach, d'une épaisseur de $1^m,25$ à $1^m,75$, qui se dirige N. 130. E. avec un plongement d'environ 57° vers l'ouest, on avait trouvé, il y a un siècle environ, dans un puits, à la profondeur d'environ 30 mètres, une source thermale de 40° qui était employée à une papeterie. Plus tard, en 1824, une galerie atteignit, dans un quartz stérile, une autre source de 35° que les mineurs et les étrangers utilisèrent en bains. La mine ayant été abandonnée en 1860, cette source devint inaccessible; cependant, malgré son mélange avec de l'eau froide, la source continua à arriver avec une température de 27°,50 à 28°,75, et en 1864 on établit un bain à l'orifice de la galerie.

Saxe : Freyberg. — En perçant une galerie dans le filon d'argent de Churprinz près Freyberg, en 1821, on a découvert, à 160 mètres de profondeur, une source thermale volumineuse dont la température excède 26 degrés.

Bohême : Carlsbad et Marienbad. — Quelques-unes des lithoclases qui coupent régulièrement le granite de Carlsbad sont remplies de quartz corné (hornstein). Plusieurs des sources de Carlsbad sortent de ces filons quartzeux, comme Cotta l'avait déjà reconnu[2]. D'après M. von Warnsdorff, un de ces filons, d'environ $1^m,30$ d'épaisseur, qui traverse le granite décomposé (fig. 141), donne naissance par ses fissures à une source thermale de 29 degrés.

Les lithoclases de ce granite porphyroïde (fig. 142) affectent deux directions, l'une N. E.-S. O., l'autre N. O.-S. E.

Ce double système de cassures n'est pas moins caractéristique dans la direction des nombreux filons de quartz et

---

[1] D'après une communication personnelle de M. Groppe, employé des mines à Trèves.
[2] *Leonhards Jahrbuch*, 1835, p. 53.

de hornstein et dans la position des sources chaudes que dans la formation des vallées de Carlsbad (Teppelthal Pragergasse, Tgal et Petit-Versailles).

Le centre d'éruption des sources chaudes de la région des

Fig. 141. — Croquis géologique des roches mises à nu, en 1878, au marché de Carlsbad par la démolition de la maison « zum weissen Adler ». y granite; c,c, calcaire déposé par les sources (sprudelstein) de diverses variétés; ff, filons de quartz (hornstein) par lesquels les eaux thermales S (I, II, III, IV) surgissent en plusieurs points; b,b, brèche de hornstein. — D'après M. von Hochstetter.

sprudels se trouve au croisement des deux systèmes. Toutes les autres sources paraissent devoir leur existence à des communications plus ou moins indirectes avec la cassure principale des sprudels (fig. 143.)

L'ensemble des sources de Carlsbad constitue deux alignements parallèles que M. von Hochtetter a désignés sous les noms de Sprudel-Hauptzug et de Muhlbrunnen-Nebenzug, en montrant que ces deux groupes correspondent à deux

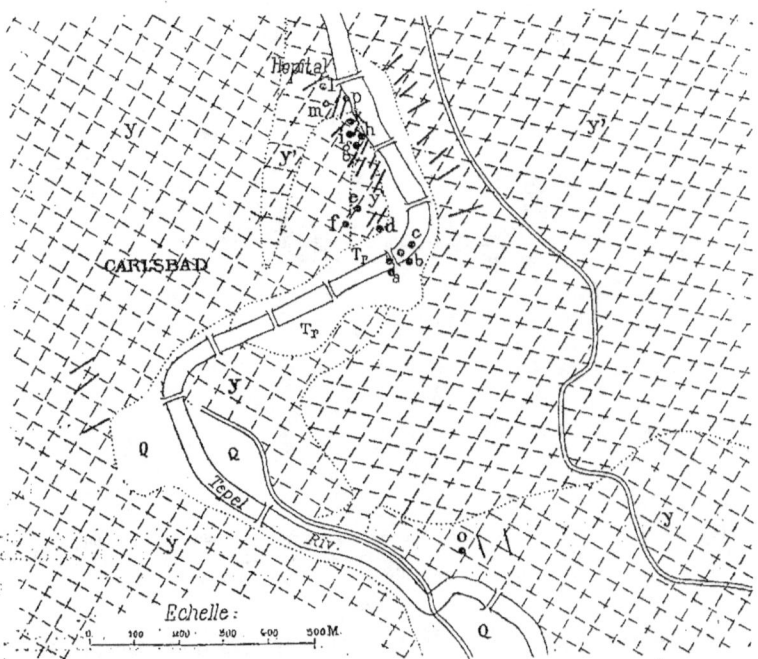

Fig. 142. — Carte des environs immédiats de Carlsbad. y, granite à gros grains; y', granite à grains fins; Q, diluvium; Tr, calcaire déposé par les sources (sprudelstein); a, sprudel; b, source d'Hygie; c, source dans le lit du Topel; d, Marktbrunnen; e, Schlossbrunnen; f, source de la « Russischen-Krone »; g, Muhlbrunnen; h, Neubrunnen; i, Theresienbrunnen; k, Bernardsbrunnen; l, Hospitalbrunnen; m, Hospital Sauerling; n, source au « rothen stern »; o, source gazeuse; p, Stephans-Quelle. — D'après M. von Warnsdorf.

systèmes de fentes que l'on peut reconnaître à la surface du sol.

Cet alignement est en rapport avec les deux systèmes de diaclases qui coupent le granite dit de Carlsbad.

On voit donc que, comme à Plombières, les sources de

---

[1] *Mémoires de l'Académie de Vienne*, t. XXXIV, 1878.

288   ROLE DES LITHOCLASES DE DIVERS ORDRES.

Carlsbad, sortent les unes, de simples diaclases, les autres de diaclases parallèles incrustées de matériaux filoniens.

Il en est de même à Marienbad[1] où les sources gazeuses sortent de lithoclases orientées suivant plusieurs directions et dont

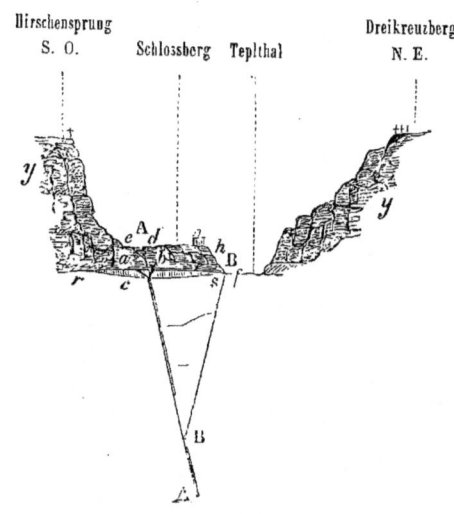

Fig. 145. — Coupe de Carlsbad. AA, fente principale du sprudel ; *rs*, dépôts du sprudel ; *a*, springer ; *b*, source d'Hygie ; *d*, Schlossbrunn ; *e*. source « zur russischen Krone » ; BB, fente latérale du Muhlbrunn ; *f*, Muhlbrunn ; *h*, Theresienbrunn. — D'après M. von Hochstetter.

quelques-unes, par suite de remplissages antérieurs, constituent aujourd'hui des filons de quartz. Ainsi le Kreutzbrunnen est à peu près au croisement de deux systèmes de cassures et les sources Caroline, Ambroise et Marie sont alignées comme le gros filon quartzeux de Schneedrang.

Italie : Pereta et Selvena ; Tolfa. — En Toscane, il se dégage encore des filons d'antimoine de Pereta et de Selvena des exhalaisons d'hydrogène sulfuré, qui déposent journellement du soufre et forment du gypse, comme M. Coquand l'a signalé[2] :

---

[1] Von Warnsdorf. *Leonhards Jahrbuch*, p. 385, 1846.
[2] *Bulletin de la Société géologique de France*, 2ᵉ série, t. VI. p. 91.

Des sources thermales jaillissent à côté des filons de galène et des gîtes d'alunite de la Tolfa.

Algérie. — Parmi les exemples d'association du même genre que l'on connaît en Algérie, je mentionnerai seulement à Hammam-Rhira près Milianah, province d'Alger, une source thermale qui sort d'un filon de cuivre pyriteux, lui-même d'un âge très récent, puisque, comme d'autres de la même contrée, il traverse le terrain tertiaire moyen[1].

[1] Ville. *Notice sur les provinces d'Oran et d'Alger*, p. 193.

CHAPITRE V

ROLE DES CAVERNE

INTRODUCTION

Dans la circulation souterraine des eaux, les cavernes se comportent à la manière des cassures, mais avec une activité plus grande. Le développement considérable qu'elles prennent, dans beaucoup de contrées calcaires, en leur procurant un rôle hydrognostique de premier ordre, a nécessité pour elles un chapitre spécial.

Les noms de *cavernes* ou de *grottes* désignent des cavités de formes très irrégulières, tantôt des chambres plus ou moins spacieuses, tantôt des boyaux étroits en communication entre eux et formant des couloirs qui peuvent s'étendre sur des centaines et des milliers de mètres[1].

Les fissures des roches ou diaclases sont parfois très larges, tantôt parce qu'une action mécanique a écarté leurs parois, tantôt parce que celles-ci ont été attaquées par les eaux souterraines, le plus souvent parce que les deux actions

---

[1] M. Desnoyers a publié, en 1845, dans le *Dictionnaire universel d'histoire naturelle de d'Orbigny*, des recherches géologiques et historiques sur les cavernes, qui constituent un excellent tableau des faits connus alors sur ce sujet.

se sont superposées. C'est ainsi qu'elles peuvent passer par degrés à de véritables cavernes, qui d'ailleurs peuvent résulter également de cassures fort irrégulières, ainsi que du décollement de couches contournées.

Fig. 131. — Grotte de Jupiter à Naxie.

La figure 131 représente le dernier cas pour la grotte de Jupiter à Naxie.

D'autres cavités de formes variées, telles que les *puits naturels*, *gouffres*, *abîmes*, *ragagés* (Provence), *dollines* (Frioul), *entonnoirs*, *bétoires*, *puisards*; *schasmata* chez les anciens Grecs; *katavothra* chez les modernes; *schlotten* en Thuringe; *swallow holes* dans le nord de l'Angleterre, *ponor* chez les Slaves, se rattachent aux cavernes par toutes sortes d'intermédiaires et jouent un rôle important dans l'économie des eaux souterraines.

Parmi les entonnoirs, nous nous bornerons à citer ceux qu'a reconnus récemment M. l'ingénieur Roche, dans le

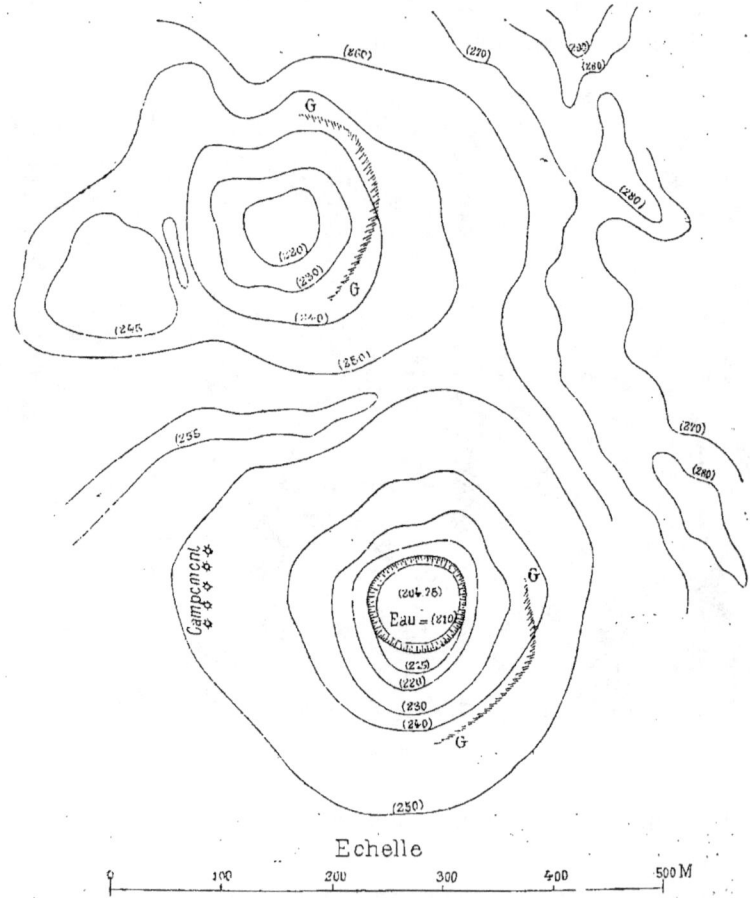

Fig. 132. — Plan de deux entonnoirs situés à Aïn-Taïba, au milieu des dunes, dont un seul contient de l'eau. GG, affleurement de grès. — D'après M. l'ingénieur des mines Roche.

Sahara, lors de la seconde mission Flatters[1], de si tragique mémoire.

Les entonnoirs d'Aïn-Mokhanza et Aïn-Taïba (voir les fig. 132 et 133) sont situés au milieu des dunes ou des

[1] *Relation*, p. 215, 1884.

gassis. Ils ne sont certainement pas excavés par la main de l'homme ; mais ils sont l'effet d'effondrements dus proba-

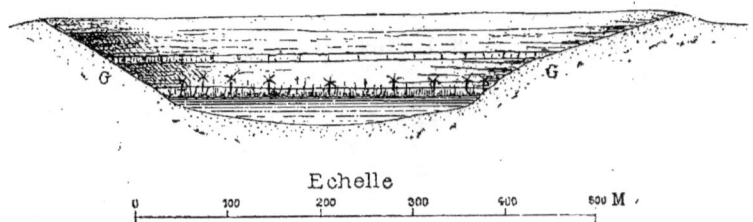

Fig. 133. — Coupe montrant la disposition de l'entonnoir aquifère du plan précédent. GG, couche de grès à ciment calcaire ayant, au-dessus et au-dessous de lui, d'autres couches de grès. — D'après M. l'ingénieur des mines Roche.

blement à la dissolution de certaines masses de gypse par les eaux souterraines. C'est surtout dans les calcaires de tous les âges que se trouvent les cavernes.

Pour donner une idée de ces accidents, de leur groupement et de leur fréquence, il n'est pas inutile d'entrer dans quelques détails pour plusieurs exemples

§ 1. CARACTÈRES GÉNÉRAUX DES CAVERNES ET DES CAVITÉS ANALOGUES

Yonne : Arcy-sur-Cure[1]. — La grotte d'Arcy-sur-Cure, la

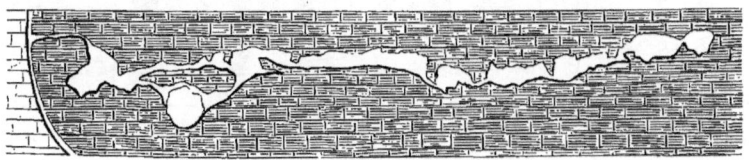

Fig. 134. — Plan des grottes d'Arcy-sur-Cure.

plus remarquable des nombreuses cavernes connues dans le calcaire jurassique du département de l'Yonne, se compose,

---

[1] Raulin. *Géologie de l'Yonne*, p. 721.

294   ROLE DES CAVERNES.

sur plus de 800 mètres, d'une série rectiligne de salles, parfois très grandes, réunies par des parois étranglées (fig. 134).

Il est probable que les roches qui constituent le promon-

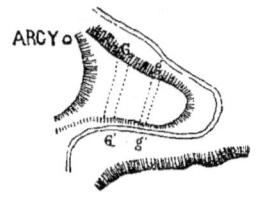

Fig. 135. — Plan du promontoire traversé par les grottes d'Arcy-sur-Cure.

toire, traversé par les grottes d'Arcy, sont interrompues par des fissures GG', gg', à peu près verticales (fig. 135) que les eaux auront suivies et agrandies.

Vienne : berges du Clain à Poitiers[1]. — Il suffit d'avoir gravi, à Poitiers, la voie pittoresque du Porteau, sur la rive gauche du Clain, pour avoir été frappé d'une série d'excavations

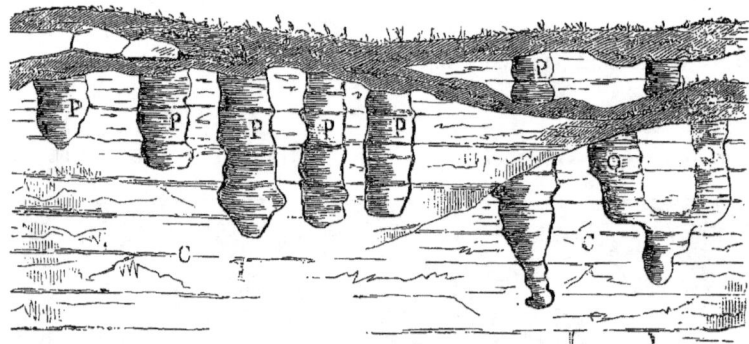

Fig. 136. — Série de puits naturels P et Q le long des falaises calcaires C du Porteau, situés sur la rive gauche du Clain, près Poitiers. — D'après M. de Longuemar.

cylindriques et verticales, pratiquées dans la paroi du rocher principal (fig. 136), et rangées en file. Une ancienne exploi-

---

[1] De Longuemar. *Géologie de la Vienne*, t. I, p. 396, 397.

tation les a rendues visibles, en enlevant la partie antérieure des bancs. Cette première file de cylindres naturels, dont les diamètres varient de 1^m,50 à 3 mètres, est doublée, en arrière et en avant, par d'autres excavations semblables ; les unes masquées par les talus et la partie supérieure de l'escarpement ; les autres visibles, mais tronquées par les carriers sur la terrasse inférieure qui précède la grande muraille. Ces cavités présentent des renflements et des étranglements alternatifs résultant de l'action des remous d'eaux animées d'une grande vitesse et s'attaquant à des roches, dont les diverses parties, calcaires ou siliceuses, offraient une résistance inégale à leurs efforts. C'est évidemment ainsi que, le long des berges, on constate souvent la communication directe des puits naturels avec les grottes. Les uns et les autres sont, en outre, en relation directe avec les sillons creusés horizontalement le long des berges calcaires, et dont les parois, polies par le frottement, ne sauraient être confondues avec les sillons produits sur certains lits de roches tendres et gélives, par suite des délitements d'origine atmosphérique. Il est à remarquer, en effet, que l'orifice supérieur des puits, qui sont intacts, s'évase notablement, et, qu'à ce niveau, viennent aboutir quelques-uns des sillons échelonnés le long de ces berges ; comme pour marquer la décroissance successive des eaux qui creusèrent progressivement les vallées.

Les cavités dont il s'agit se retrouvent également dans la partie supérieure de la craie jaune (près de Mondion et autour de Saint-Remy notamment), et jusque dans les couches résistantes du gisement falunier de Mirebalais.

Aveyron[1]. — Le calcaire oolithique qui, à l'altitude

---

[1] Boisse. *Esquisse géologique de l'Aveyron*, p. 207, 208.

moyenne de 650 à 800 mètres, forme le sol des grands plateaux de l'Aveyron connus sous le nom de *causses*, tels que celui de Larzac, présente à sa surface, qui est tantôt plane, tantôt ondulée, de nombreux accidents.

Ce sont :

1° Des affaissements coniques, vulgairement connus sous le nom de *bétoires* ou *entonnoirs ;* dépressions naturelles, le plus souvent elliptiques ou circulaires, sur le pourtour desquelles on voit les affleurements des couches éboulées former une série de gradins, qui rappellent les ruines des arènes antiques. Ces dépressions abondent, surtout dans la partie nord-ouest du causse de Coucourès, aux environs de Solsac.

2° Des *abîmes* ou *puits naturels*, à parois verticales ou même en surplomb, dont la profondeur atteint parfois plus de 30 mètres; comme l'abîme dit le Tindoul de la Vayssière (canton de Marsillac), le Tindoul ou Abenc de Courinos, près de Compeyre.

3° Des *crevasses* ou *fissures verticales*, tantôt vides, tantôt remplies d'une terre rougeâtre, mélangée de minerai de fer en grains, et de fragments de roches agglutinés par des concrétions calcaires.

4° Un grand nombre de *cavernes*, dont quelques-unes très étendues, et parmi lesquelles on cite les grottes de Boucherolland, de Salles-la-Source, de l'Estang, près de Saint-Saturnin, de la Poujade, du Monna, de Sorgues, etc. Toutes ces grottes présentent des circonstances de gisement à peu près semblables; elles ont leur ouverture au pied des escarpements qui entourent les plateaux, dans les couches inférieures, souvent magnésiennes, et s'étendent à peu près horizontalement, tantôt se développant en salles immenses, tantôt formant des galeries étroites et basses, où un homme peut à peine se glisser en rampant.

Gard[1]. — De même que l'oolithe de l'Aveyron, le néocomien du Gard est souvent percé de grottes, parfois très spacieuses et de nombreuses cavités, en forme de gouffres ou d'abîmes, désignés dans le pays sous le nom d'*avën* ou de *calavèn*[2].

Des cavités très remarquables existent dans l'arrondissement d'Alais et dans le massif néocomien de Bouquet. La grotte de Tharaux, située sur la rive droite de la Cèze, est l'une des plus intéressantes du département du Gard, par sa grandeur et la beauté de ses stalactites; on cite encore la grotte de Bellegorge, près Navacelle; celle dite la Grande Baume, dans la commune de Brouzet, et une autre dans le voisinage, d'une profondeur de 50 mètres, servant aux bergers à remiser leurs troupeaux pendant les fortes chaleurs; la grotte de Seynes, qui domine le village du même nom et dont on voit, sur un rocher à pic, les deux ouvertures communiquant ensemble par un couloir de 20 à 25 mètres; celles situées au nord d'Euzet, au quartier dit les Arenas, qui servirent de retraite aux camisards pendant les guerres de religion.

L'étage néocomien supérieur est également percé de plusieurs grottes dans l'arrondissement d'Uzès : telle est la Baume de Magdeleine, dans la commune de Baron. Dans la commune de Lussan, au quartier des Concluses, on en trouve trois assez vastes, dites las Tres Pouses, le Maigre et la combe Saint-Martin; et près de Saint-André de Roquepertuis, la grotte de Soulié, sur la rive gauche de la Cèze. Telles sont encore, près de Roquemaure, dans la commune de Saint-Geniès de Comclas, sur la petite chaîne dite la

---

[1] Émilien Dumas, t. III, p. 340.
[2] Ce mot paraît provenir du celtique *avain*, ruisseau, de même qu'*avin* en écossais et en irlandais, et *awen* en bas-breton. Dans la langue celtique *caraw*, creux, et *aven*, rivière, sont, d'après M. E. Dumas, l'origine du mot languedocien *calawen*.

Roque, la Grande Baume ; près du pont du Gard, la grotte de la Sartanette. Dans la commune de Dions, où l'étage supérieur néocomien est très développé, plusieurs ouvertures profondes dans les parois verticales de la roche, au pied de laquelle passe le Gardon.

La plupart des grottes qui viennent d'être citées contiennent, sous une croûte de stalagmite ou dans le limon qui couvre le sol, des restes de l'industrie des anciens âges.

Près du village de Dions, on visite beaucoup une grande dépression en forme d'entonnoir, au fond de laquelle se trouve une grotte assez profonde. Sa dénomination latine s'est conservée presque pure dans le pays, où on la désigne sous le nom d'Espeluca[1].

Un peu en amont des sources dites les Fonts de Collias, on observe dans cette commune l'entrée de la Baume de Pasque, dont le plein cintre surbaissé a environ 7 à 8 mètres de hauteur sur une base d'une quinzaine de mètres. Au-dessus et en face du moulin de la Baume existe une grotte, dont on a fait une chapelle : elle a deux ouvertures séparées par un intervalle de 150 mètres. C'est à peu près à 100 mètres en amont de ce point que surgissent les sources abondantes du moulin de la Baume. Dans le même groupe néocomien, sur la montagne du Bois-des-Lens, des grottes assez vastes sont désignées sous le nom de grottes de Macassargues, et près de là, vers le nord-est, un avèn ou abîme, d'un mètre d'ouverture, mais très profond, si l'on en juge par le bruit prolongé que rendent les pierres qu'on y précipite.

Ardèche : Pont d'Arc. — Le pont d'Arc, dans l'Ardèche, est à rapprocher des accidents précédents.

---

[1] *Spelunca*, grotte.

Isère[1]. — Dans le petit massif jurassique du nord de l'Isère, la célèbre grotte de la Balme, près Crémieu, est ouverte dans un escarpement de calcaire bathonien, qui forme la lèvre supérieure d'une grande faille limitant à l'ouest ce massif.

Observations théoriques.

Origine des cavernes des massifs calcaires et dolomitiques. — Bien que les eaux aient agi d'une manière évidente dans la formation des cavernes des massifs calcaires et dolomitiques, dont il vient d'être question, il importe de remarquer que le premier rôle revient aux cassures souterraines.

Lors des mouvements qui ont brisé les couches, à toutes les époques, aux diaclases se sont souvent associés d'autres modes de cassures et, par suite, des cavités de formes diverses. Cela explique pourquoi les cavernes et autres cavités s'alignent souvent avec les dislocations du sol.

À la manière de ce que présentent les excavations artificielles, les cavités, grandes ou petites, ont exercé un véritable appel sur les eaux de la surface ; de là, sont résultés des ruisseaux et des torrents souterrains, que l'approfondissement graduel des vallées a successivement déplacés. L'action de ces eaux a été et est encore à la fois mécanique et chimique.

La présence de matériaux de transport, galets, sables et limons, celle de cavités taraudées, analogues aux marmites des géants (grotte d'Arcy) sont une preuve d'une usure mécanique.

Quant aux actions chimiques, elles se trahissent par certaines formes qu'elles seules ont pu produire : par la nature

---

[1] Lory : *Bull. Soc. géol.*, 1851.

corrodée et comme pourrie des parois et surtout par les stalactites et stalagmites qui y abondent.

Ces actions des eaux, avec ou sans le concours de l'acide carbonique, se sont manifestées souvent, même dans des cavernes aujourd'hui complètement à sec. On reconnaît que leur dessèchement est relativement récent et résulte sans doute de la formation ou de l'approfondissement de vallées voisines, qui ont joué le rôle de drains.

C'est par centaines que l'on pourrait cataloguer les cavernes connues dans certaines régions de la France, quoiqu'une faible minorité seulement se décèle par leur affleurement accidentel : la plupart restent inaperçues.

Aux cavernes se rattachent des effondrements, qui sont innombrables, dans les régions montagneuses de la Carniole, de l'Illyrie, de la Croatie et de la Dalmatie.

Origine des cavernes produites par l'entraînement des matières arénacées. — A part les cavernes produites par les amoncellements de blocs, telles qu'on en voit de si nombreuses dans la forêt de Fontainebleau, il en est qui résultent de l'entraînement, par les eaux d'infiltration, des parties sableuses de couches partiellement agglutinées en grès.

Origine des cavernes produites par l'érosion du gypse et du sel gemme. — Une simple érosion souterraine de roches solubles dans l'eau, comme le gypse et surtout le sel gemme, a produit des cavernes et, par suite, des effondrements de la surface. Les environs de Pesey, en Savoie, et différentes localités de la Thuringe, du Harz et du Lünebourg en présentent des exemples.

Pour le sel gemme, la nature ébouleuse des couches argileuses encaissantes provoque le remblai de ces cavités, au fur et à mesure de leur production. On en a vu tout récemment encore une démonstration évidente dans les effondrements qu'a provoqués, dans la vallée de la Meurthe, l'exploitation du sel par dissolution artificielle, notamment à Arth-sur-Meurthe, le 9 novembre 1876. La crainte du retour de pareils accidents a motivé une décision ministérielle du 15 mars 1877, et on règle le minimum de distance du chemin de fer et du canal, auquel les puits de dissolution doivent être établis.

Origine des cavernes dues à des glissements superficiels. — Citons les cavernes qui résultent de l'accumulation de grands blocs, à la suite de glissements superficiels. Il y en a un exemple

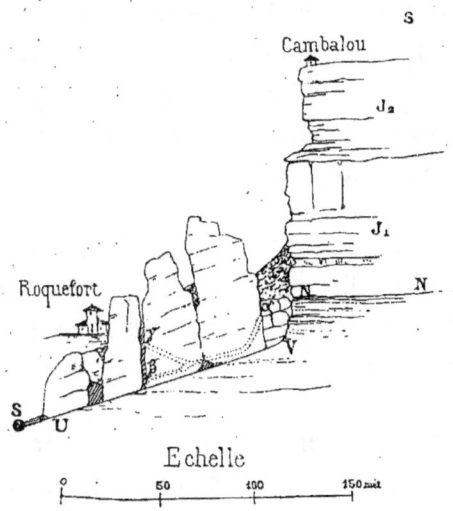

Fig. 137. — Coupe de la montagne de Combalou, versant de Roquefort (Aveyron) montrant comment la démolition et le glissement des couches calcaires ont déterminé la formation de cavernes (caves de Roquefort). J_1, oolithe; J_2, oxfordien; N,N, niveau d'eau; S, source α, orifice d'entrée du courant d'air qui ressort par les points β et γ; U,V, talus argileux. — D'après M. Parran.

particulièrement connu dans les caves de Roquefort (fig. 157)[1].

A cette catégorie de cavernes se rattachent même des

---

[1] Parran, *Annales des Mines*, t. X, p. 110.

accumulations de petits blocs, qu'on ne mentionnerait pas, s'ils n'avaient été le théâtre de découvertes intéressantes, au point de vue de la faune quaternaire, comme M. Desnoyers l'a montré pour les blocs de gypse des collines de Montmorency et pour les blocs de grès de la colline d'Auvers.

Origine des cavernes excavées par la mer dans les falaises. — Partout où le littoral de la mer est constitué par des escarpements de roches plus ou moins cohérentes, on y rencontre des cavernes et autres excavations dues à l'action mécanique des galets ou d'autres fragments rocheux, poussés par les vagues. Nous nous bornerons à rappeler la figure 71, p. 134, pour Étretat, ainsi que les exemples connus aux environs de Dieppe, du Tréport; dans les granites de Bretagne (Piriac) et de Jersey; dans le basalte de Staffa (grottes de Fingal); à Sorrente, etc.

Origine des cavernes des coulées volcaniques. — Il n'y a pas lieu de revenir sur les cavernes que présentent souvent les coulées volcaniques, comme on l'a vu page 99, pour Royat, par exemple et comme il en existe à Lancerotte, à Ténériffe et en Islande.

Le docteur Eugène Robert a signalé dans ce dernier pays[1] des sources abondantes qui sortent, comme en Auvergne, des extrémités de courants de laves. Quelquefois c'est une petite rivière qui s'échappe, après avoir parcouru des canaux tortueux.

Origine des cavernes paraissant résider dans les flancs des montagnes volcaniques. — Parmi les coulées boueuses aux-

---

[1] *Voyage en Islande*, 1re partie, page 225.

quelles donnent lieu les éruptions volcaniques, toutes ne proviennent pas de la mise en mouvement des eaux de la surface et de pluies torrentielles ou d'une fonte partielle de neiges, comme il est arrivé trop souvent, lors des éruptions du Cotopaxi. Il est des volcans dont les coulées boueuses paraissent provenir du déversement d'eaux souterraines, renfermées dans la montagne, et dénoter ainsi l'existence pro-

Fig. 138. — État du Carguairazo depuis son écroulement; contraste de sa forme avec celle du Chimborazo. — D'après Humboldt.

bable de vastes cavités intérieures, qui sont à rapprocher des cavernes.

Tel est le cas pour diverses coulées de boue, acidifiées par l'acide sulfurique (*buah*) que l'on a vu sortir des volcans de Java. Ainsi l'éruption du Galong-Gong, le 8 octobre 1822, produisit des eaux chaudes et sulfureuses, dont l'éruption dura deux heures. Le 12 octobre, les mêmes faits recommencèrent.

Tel est le cas aussi pour certains courants boueux (*moyas*) des volcans de la Colombie. Plusieurs éruptions du volcan de Ruiz ont donné des coulées de boue, avec sulfate de fer et acide sulfurique, par exemple, le 12 mars 1595 et le 19 février 1845[1].

Ce qui confirme l'existence de vastes cavités intérieures et, par suite de lacs souterrains, c'est l'écroulement du Carguairazo (fig. 138) qui a eu lieu le 20 juin 1698, et la forme de cône tronqué qu'il a prise alors, en abandonnant également beaucoup de boue, dans laquelle se trouvaient de petits poissons (*Pymelodes cyclopum*).

§ 2. INFLUENCE DES CAVERNES SUR LE RÉGIME DES EAUX.

Jura : Départements du Doubs et du Jura[2]. — Le premier plateau du Jura, formé presque exclusivement par le premier étage des terrains oolithiques compacts (jurassique inférieur), constitue, par sa nature perméable et par ses vides intérieurs, un réservoir d'une énorme épaisseur qui alimente les cours d'eau du Vignoble et de la Bresse. Les seules marnes que ce massif renferme sont les marnes à foulon, précieuses pour l'agriculture, mais d'une étendue minime, par rapport à celle du plateau et, pour cette raison, d'une faible importance hydrologique.

A part les sources qui sortent au-dessus des assises marneuses, beaucoup d'autres jaillissent de cavités et de fissures souvent très vastes du jurassique inférieur.

---

[1] *Comptes rendus de l'Académie des sciences*, 27 avril 1847. — *Bull. Soc. géol.*, 2⁰ série, t. VIII, p. 489.
[2] Lamairesse. *Études hydrologiques sur les Monts Jura*. — Vezian. *Études sur le Jura*.

Un grand nombre de très longues lignes d'enfoncements anciens ou de formation actuelle, existent le long des lignes de failles. Ainsi s'oriente une série de grandes escavations, en forme de puits, qui passe à l'ouest de Mournans, puis se dirige sur Onglières, Plenisette et Plenise.

Dans une partie des monts Jura, des ouvertures coniques et béantes, désignées sous divers noms, sont dues à des tassements du sol et à des effondrements, qui sont la conséquence d'érosions souterraines.

Fournet a cité les environs de Lons-le-Saulnier, comme une des localités les plus remarquables sous ce rapport. Cette ville est établie sur un calcaire jurassique, supporté par des marnes argileuses et une formation salifère. Un premier effondrement eut lieu dans cette ville, en 1703; d'autres s'y sont produits en 1712, 1738, 1792, 1814, 1830. Pendant l'affaissement de 1792, des eaux souterraines, interceptées dans leur cours par la descente du sol, s'exhaussèrent en même temps dans un puits, d'où l'on extrayait l'eau salée.

Dans la commune de Châtelaine et dans les forêts d'Arbois, on connaît treize entonnoirs de toutes formes, échelonnés dans une direction générale du nord-est au sud-ouest.

Les grottes de Baume, ouvertes dans le terrain jurassique inférieur, où elles font suite à l'échancrure la plus haute, la plus profonde, la plus étroite et la mieux dessinée du Jura, donnent issue à la source principale de la Seille. Elle correspond à une série d'entonnoirs et d'enfoncements, dans le prolongement des cavernes où naît la rivière. Les sources pérennes qu'elle produit ont pour complément, en grandes eaux, une source temporaire qui sort par déversement.

Le Lison du département du Jura reçoit, en amont du

Moulin Croton, deux affluents; l'un, le Bief des Joncs, perd dans un entonnoir une des deux branches dans lesquelles il se divise, un peu avant son confluent. Les eaux du Moulin Croton, dérivées du Lison, se perdent également dans un entonnoir, de sorte que le ruisseau est le plus souvent à sec, à l'aval de la prise d'eau de cette usine. Toutefois son cours se continue et aboutit, à 4000 mètres à l'aval du Moulin, dans un puits placé en tête du bief des Laizines : on désigne ainsi une longue fente très large, à bords abrupts, d'une profondeur de 4 mètres environ à l'origine, dans laquelle il n'existe de cours d'eau que lors des grandes crues. A une distance de 3 kilomètres de l'origine de cette dépression, il sort du sol un cours d'eau, prolongement du Lison, qui a coulé souterrainement sous les *laizines*. Ce cours d'eau, après un parcours de 860 mètres, tombe dans le lit d'un bief venant de Villeneuve.

La source du Lison du Doubs, à un kilomètre au-dessous de Nans-sous-Sainte-Anne, s'échappe d'une belle grotte dans le roc vif et forme une cascade de 10 mètres au fond d'un cirque. Elle fait mouvoir immédiatement un moulin. Ses eaux sont attribuées au puits Billard, situé à 400 mètres, et au marais de Villeneuve. Elles sont très boueuses, parce qu'elles se sont engouffrées dans des entonnoirs et des laizines.

Parmi les sources qui sortent du rocher sans descendre jusqu'aux marnes, une des plus remarquables est celle du Doubs (département du Doubs). Son orifice est situé dans la paroi presque verticale d'un rocher. Elle jaillit, en toute saison, avec une direction horizontale, comme la veine fluide d'un vase percé latéralement. En sécheresse, on peut pénétrer dans cet orifice sur plus de 10 mètres de profondeur; on voit les eaux sortir de fissures et l'on entend un bruit de chutes lointaines. Située à la base du mont Bizon, cette source paraît être la décharge de vastes plateaux portlandiens dépourvus de cours d'eau.

Au-dessus de Saint-Claude, est un abîme sans fond, d'où le ruisseau de ce nom sort par le haut.

La Loue, commune d'Ouhans, jaillit d'un rocher qui a 600 mètres de haut, à 20 mètres en contre-haut. On le considère comme le débouché des eaux qu'absorbent les gouffres des plateaux de Gouy (gouffres de la Crête de René, de Sept-Fontaines, de Levier).

Le lac de Joux, alimenté par l'Orbe, a une décharge souterraine et communique aussi avec le Valorbe.

Quelques sources temporaires sont alimentées par l'infiltration d'eaux pluviales, tombées sur des surfaces fort éloignées, en sorte qu'elles grossissent ou diminuent sans cause apparente, à la grande stupéfaction des habitants de la localité, qui les désignent sous le nom de *calamiteuses*. Certains bancs qui affleurent par le haut sur la chaîne de l'Euthe et par le bas, au pied du premier plateau, à une distance de près d'un myriamètre, donnent lieu à des sources de cette espèce. D'autres sources qui déversent à l'extérieur, par siphonement, les eaux de certaines cavités intérieures sont dites *affameuses*.

Meurthe et Moselle[1]. — Des cours d'eau souterrains assez importants circulent dans les fissures de l'oolithe inférieure; on peut citer celui qui forme la belle source du Château de Dieulouard, et ceux que produisent le ruisseau de Thuilley et l'une des branches du ruisseau de Gemonville.

Vosges[2]. — Sur les plateaux calcaires du département des Vosges, il y a des enfoncements coniques, à ouvertures cir-

---

[1] Braconnier, *Meurthe-et-Moselle*, p. 352.
[2] D'après M. Hogard.

culaires, de 10 à 30 mètres de diamètre, peu profonds, désignés sous le nom de *mares* ou de *mortes;* dans quelques-uns il y a toujours de l'eau, même en été. Le muschelkalk, dans la forêt de Padoux, en présente des centaines. Il y en a d'autres dans le bas. Il en est encore qui servent de réceptacles aux eaux de pluie ou de ruisseaux, et qui ont les noms de puisarts, de puits, de pertes; d'autres paraissent obstrués; d'autres, enfin, au lieu d'absorber, servent à dégorger le trop plein des eaux souterraines. Il en est près d'Autreville, dans le fond de la vallée, connus sous le nom de *fosses*, qui sont bordés de buttes coniques, formées de détritus rejetés par les eaux. La plus grande a 40 mètres à sa base et 4 mètres de hauteur.

Aube[1]. — Dans le département de l'Aube, les plaines du calcaire à spatangues présentent, aux environs de Vendeuvre, de Vauchonvilliers, Trannes, Levigny, Fresnay, Ville-sur-Terre, etc., des trous souvent très larges et très profonds, auxquels les habitants ont donné les noms de *gouffres* ou de *fosses*. Leur forme ordinaire est celle d'un conoïde ou d'une pyramide quadrangulaire renversée, ayant quelquefois à la surface plus de 80 mètres de périphérie, et 10 à 12 mètres de profondeur. Quelques-uns de ces gouffres absorbent les eaux pluviales, qui disparaissent ensuite par des canaux souterrains, et vont contribuer à alimenter des fontaines abondantes. D'autres se comblent en partie et deviennent le refuge d'une végétation vigoureuse. Enfin, il en est où se conservent les eaux qui s'y rendent, et souvent les remplissent dans les temps de pluie, de manière à se déverser dans les ravins environnants. Ces trous sont dus à des effondrements.

---

[1] Leymerie. *Aube*, p. 204-205.

Côte-d'Or[1]. — Aux environs de Montbard, le gouffre de Vaugimois est un ensemble de bétoires où disparaît la rivière de Vilaines-en-Duemois. Non loin de là, plusieurs ruisseaux se perdent de même dans les sillons du grand plateau calcaire, qui forme la pente septentrionale de la Côte-d'Or.

Haute-Saône : environs de Vesoul[2]. — Les plateaux de l'oolithe inférieure, au sud de Vesoul, sont absolument dépourvus de sources ; l'écoulement des eaux s'y fait par des conduits souterrains, communiquant parfois avec le jour par des puits naturels, qui servent de déversoirs après les grandes pluies (Fontaine de Courboux, trou de Fondremand). Ces canaux, à leur arrivée au jour, peuvent former des cours d'eau importants (Source de la Romaine).

Ain : Perte du Rhône à Bellegarde. — D'après M. Tardy, le sol, au point précis où se perd le Rhône, à Bellegarde (fig. 139) présente trois couches successives de calcaire urgonien, étudiées par M. Renevier[3]. C'est sous le banc inférieur n° 3 que le Rhône disparaît dans les basses eaux, c'est-à-dire de février à juin ; autrefois, le banc supérieur n° 1 recouvrait le lit du fleuve, comme un pont naturel, qu'on a fait sauter, vers 1830, pour faciliter le flottage des bois.

Calvados[4]. — Dans le Calvados, l'Aure et la Dromme se perdent insensiblement à Fosse-Souci, au pied de la butte d'Escures, dans la vallée de Maisons, à 6 kilomètres au nord de Bayeux, entre les strates du calcaire marneux du niveau de l'argile de Port-en-Bessin, presqu'au point de contact de

---

[1] *Explication de la Carte géologique de France*. t. II, p. 387.
[2] *Carte géologique détaillée* ; feuille de Gray.
[3] *Bull. Soc. géol.*, t. III, 3ᵉ série, p. 706.
[4] De Caumont. *Essai sur la topographie géognostique du Calvados*, p. 226.

Fig. 139. — Vue de la perte du Rhône à Bellegarde, prise du milieu du pont de Lucet. On voit, sur la rive droite du fleuve et vers le haut, un barrage qui a été établi pour la prise d'eau des turbines.

cette roche avec l'oolithe inférieure. Après s'être réunies, les rivières se divisent en deux courants : en été, on voit disparaître l'un d'eux dans l'espace de 40 mètres environ ; en hiver, quand les eaux sont plus abondantes, ils se perdent sur une longueur de plus de 80 mètres. Partout où les eaux sont absorbées, on entend un bruit sourd, et on les voit ressortir à marée basse, au pied des falaises, entre Port-en-Bessin, Commes et Marigny, à 4 kilomètres de distance : les couches d'où elles surgissent sur la côte sont identiques avec celles qui les reçoivent à Maisons.

Charente : Tardouère, le Bandiat, la Touvre[1]. — Le terrain jurassique présente, dans diverses parties du département de la Charente, de nombreuses dislocations qui ne se traduisent pas seulement par de simples ruptures de couches ou par des failles, mais souvent aussi par des effondrements, des gouffres plus ou moins profonds, dont les bouches sont béantes à la surface du sol, et qui jouent un rôle important dans la circulation des eaux souterraines.

La Tardouère ou Tardoire, depuis Montbron, perd ses eaux dans des cavités, de sorte que dans son état ordinaire, elle est réduite à la moitié de son volume à la Rochefoucauld. Elle ne parvient au pont d'Agris qu'après des pluies abondantes, et il faut des crues extraordinaires pour que cette rivière coule jusqu'à la Bonnieure. Les gouffres dans lesquels elle se perd sont quelquefois vides et apparents ; d'autres fois, ils sont recouverts par des matériaux incohérents ou par des couches de sable à travers lesquels les eaux s'infiltrent. Le sol d'ailleurs, dans les cantons de Montbron, de la Rochefoucauld et de Mansle, porte les traces de fortes dislocations, et beaucoup de bancs approchent de la verticale.

[1] Coquand. *Géologie de la Charente* 1863, p. 264 et suivantes ; p. 292.

La commune de Pransac présente, sur la rive gauche du Bandiat, dont le cours est sensiblement parallèle à celui de la Tardouère, un gouffre dans lequel pénètrent les eaux de la rivière. Ce gouffre, entr'ouvert dans une faille, est situé au pied de roches coralliennes très fissurées. En aval, comme en amont de Pransac, le Bandiat se perd dans une multitude d'entonnoirs. A part les grottes de Rancogne, le gouffre le plus apparent est celui que l'on rencontre à 2 kilomètres du pont de la Bécasse, près du village de Chez-Roby. C'est une crevasse béante, dont le fond présente un amas de rochers écroulés et entassés sans ordre les uns au-dessus des autres. Elle engloutirait toute la rivière, si celle-ci n'était retenue par une forte digue. Pendant l'été elle ne dépasse pas le gouffre de la Caillère, dans lequel on la voit se précipiter avec fracas. La coupe qui a été faite dans le coteau du village de la Chabanne, pour la traversée de la route, au sortir de la plaine de la Rochefoucauld, montre des rochers inclinés en différents sens, laissant entre eux des cavités plus ou moins considérables. C'est ainsi que sous le village de Lacoux, il existe, au bas d'une saillie de rochers, un gouffre recouvert par des quartiers de pierres énormes.

La forêt de la Braconne contient aussi plusieurs de ces gouffres, qui pénètrent jusqu'à une profondeur considérable. Ainsi on rencontre dans la commune d'Agris une de ces excavations, désignée sous le nom de Dufaix, qui s'ouvre, sous forme de galerie tortueuse, dans les bancs du corallien supérieur, dont les couches s'inclinent vers le gouffre. On peut citer, dans la même localité, la Fosse Mobile, qui commence par une cavité sinueuse, s'engage ensuite à travers une voûte, et débouche sur un puits presque vertical, la Fosse Limousine, dont la cavité inférieure se continue dans l'intérieur de la montagne, au moyen de grottes; les bords supérieurs du précipice sont formés par le calcaire à astartes. Le gouffre le plus grand et le plus tourmenté est la Grande-Fosse, au milieu de la forêt de la Braconne, et qui est entièrement ouverte dans le calcaire à astartes. C'est une vaste caverne circulaire, de 3 à 400 mètres de diamètre, à parois verticales, et présentant des couches brisées; un cône, qui s'élève à peu près au milieu de la dépression, a une hauteur de 30 mètres environ.

On comprend comment, dans une région aussi fracturée, les eaux se perdent successivement dans les gouffres béants qu'elles trouvent sur leur passage.

A l'inverse de la Tardouère et du Bandiat, qui disparaissent dans des gouffres, la Touvre sort en bouillonnant, avec le volume d'une rivière et une largeur de 80 mètres, de couches appartenant au sous-étage virgulien.

Ces magnifiques sources de la Touvre, comme la fontaine de Vaucluse, les rivières de la Loue et du Lison, jaillissent d'un gouffre dominé par des rochers taillés à pic. Elles prennent naissance dans deux bassins principaux : le Dormant et le Bouillant, dont les deux noms rappellent l'aspect. Le premier a 24 mètres et le second 12 mètres de profondeur.

On doit considérer aussi comme une des sources de la Touvre la fontaine bouillonnante de la Laiche, que l'on rencontre à 1000 mètres au sud du gouffre, et qui forme une nappe d'eau, ayant plus d'un hectare d'étendue.

La Touvre doit incontestablement son origine aux deux rivières de la Tardouère et du Bandiat, qui, comme on vient de le voir, se perdent en entier à la hauteur de la Rochefoucauld, dans des crevasses ouvertes au milieu de leur lit, et dont les eaux se dirigent vers le sud-ouest, suivant le plongement des couches. Leur communication souterraine est attestée d'abord par une observation que l'on a souvent occasion de faire. Il n'est pas rare de voir les eaux de la Touvre devenir troubles et limoneuses dans la plus belle saison de l'année, sans que l'on se soit aperçu de la moindre pluie. Ce phénomène n'a d'autre cause que les orages locaux, qui salissent les eaux du Bandiat et les transmettent en plus grande quantité dans les gouffres destinés à les recevoir.

Les dénivellements que l'on remarque dans les bancs à *Ostrea virgula*, depuis les gouffres jusqu'au-dessus de la Laiche, démontrent que les escarpements, au pied desquels jaillissent les sources, ont été produits par une faille qui, formant un barrage intérieur, limite vers l'est les cavernes souterraines, et force le trop-plein à s'écouler par cette vanne naturelle.

Hérault[1]. — Dans le département de l'Hérault, les calcaires offrent le caractère de présenter quelquefois à la surface, indépendamment de leurs pores toujours béants, de vastes ouvertures résultant le plus souvent d'effondrements (la croix de Miège), plus fréquemment des trous plus ou moins spacieux, appelés *events* ou *boit-tout*, ou bien encore des fissures plus ou moins étroites, qui se prolongent bien avant dans leur intérieur et aboutissent à de larges cavités susceptibles de fournir aux eaux des bassins de réception. Ces bassins communiquent avec l'extérieur par des canaux plus ou moins sinueux, et donnent un écoulement d'eau d'un volume exceptionnel (source du Lez).

La source de la Vis, située au moulin de la Fou, près du hameau de Novacelle, est un énorme bouillon, d'un volume de deux mètres par seconde, qui change immédiatement le torrent en une belle rivière aux eaux limpides. Il paraît provenir d'infiltrations dans le plateau de calcaire oolithique du Larzac[2].

---

[1] D'après M. de Rouville.
[2] Lequeutre. *Annuaire du Club Alpin français*, 1883. p. 331.

Isère et Drôme[1]. — Les calcaires à caprotines qui forment toutes les crêtes principales et presque tous les grands plateaux rocheux des massifs de la Chartreuse, de Lans, de Royans et du Vercors (Isère et Drôme) sont très compacts et ne se dégradent que très lentement par les agents atmosphériques.

Mais ils sont toujours plus ou moins crevassés, de telle sorte que les eaux ne séjournent point à leur surface et s'infiltrent rapidement à travers toute l'épaisseur de ces calcaires, jusqu'à ce qu'elles rencontrent une assise marneuse qui les arrête : ce sont des marnes néocomiennes à spatangues ; puis elles ressortent souvent par des grottes, en sources volumineuses et souvent intarissables, dont les positions sont déterminées par les inflexions des couches néocomiennes.

Telles sont, dans les montagnes de la Chartreuse, les sources du Guiers-Vif et du Guiers-Mort, alimentées par les pluies et les neiges de la chaîne du Haut-du-Seuil. Presque toutes les grottes qui ont une certaine célébrité dans la région sont situées dans les calcaires à caprotines : telles sont le Trou du Glaz, sur la montagne du Petit Som, les glacières de Proveysieux, de Corençon, celle de Fondeurle-en-Vercors, etc.

Dans les parties basses des grands plateaux du Vercors (Lente, Vassieux, etc.) on voit souvent les crevasses des calcaires néocomiens converger vers des entonnoirs ou fontis, désignés sous le nom de *scialets*, où les eaux s'engloutissent. Pendant les grandes pluies, il arrive quelquefois qu'un scialet est insuffisant pour absorber l'eau qui se rassemble dans une partie basse du plateau : il se forme un lac temporaire, dont le niveau s'exhausse jusqu'à la rencontre d'un scialet

---

[1] Lory. *Dauphiné*, p. 316-317.

placé plus haut. Ces faits ont été étudiés dans le Vercors, par Fournet et Duval-Jouve [1].

Dans la Drôme, en particulier, la falaise dite du Robinet, près Viviers, entre Donzère et Châteauneuf, est perforée de nombreuses cavernes. La grotte de Dieu-le-Fit, qui porte le nom particulier de Tom-Jones, est remarquable par son étendue et par la présence d'énormes cailloux roulés qui n'ont pu y être amenés que par des courants rapides ; celle de Mollans est située sur la limite de cette commune vers Malaucène.

Var et Alpes-Maritimes[2]. — Des grottes se trouvent à chaque pas sur les flancs élevés des escarpements calcaires du département du Var, auprès de Grasse ; sous le plateau de Saint-Vallier, près de Toulon, sous l'escarpement du plateau d'Orves. La célèbre grotte de la Sainte-Baume est ouverte dans les flancs de la montagne de ce nom, qui fournit des eaux pures et abondantes, parmi lesquelles la source de Saint-Pons : celle-ci, qui jaillit en bouillonnant du rocher, pourrait, dès sa sortie, porter des bateaux. Les grottes de Barfols, sous le plateau calcaire du Gaud, sur la rive droite de la Siagne d'Escragnolles, sont également bien connues.

Les *ragagés*, les gouffres et les crevasses sont des cavités verticales, ouvertes aussi dans les calcaires secondaires des plateaux, qui présentent des analogies avec les grottes.

Il existe plusieurs gouffres qui déversent dans la mer les eaux qu'ils ont prises à la superficie. Ainsi le gouffre de Cuges qui reçoit toutes les eaux de ce bassin ne paraît les restituer que dans les flots. Ainsi les calcaires poreux et

---

[1] *Bulletin de la Société géologique* 2ᵉ série, t. XI, p. 731. Fournet. *Sur les effondrements.* Académie de Lyon 1852.
[2] De Villeneuve. *Géologie de la Provence*, p. 306.

siliceux du plateau de Roquefort, à Biot, ne peuvent se décharger de leurs eaux que dans le golfe d'Antibes.

Une grande source sous-marine se manifeste dans le petit golfe de Cannes, vis-à-vis la partie du rivage formée de muschelkalk; cette source se trahit pendant les temps calmes, par un bouillonnement. Elle est située vers le point du cap Croisette, où le rapprochement de la ligne sans fond indique un rivage abrupt, dont la pente moyenne est de 27 pour 100.

Plusieurs sources analogues existent très probablement dans le golfe Jouan, près Antibes, et dans le golfe de l'embouchure du Var.

Lorsqu'on examine la composition du littoral, de Nice à Gênes, on retrouve toutes les circonstances caractéristiques des sources sous-marines, terrains perméables arrivant jusqu'au contact des flots et rapide dépression du fond de la mer vers le littoral. Aucun cours d'eau important n'établit d'ailleurs un grand centre de réunion aux eaux absorbées. On trouve, en effet, au sud de Menton, des sources tellement abondantes qu'elles adoucissent l'eau marine.

Dans la partie occidentale du département du Var, les sources sous-marines ne se montrent plus qu'au contact des masses calcaires avec la mer, vers Saint-Nazaire et Bandol et près du golfe de Lèques. Sur un point, l'affluence de l'eau douce est tellement connue qu'il y a auprès de la plage de Portissol, à l'ouest de Saint-Nazaire, un avancement nommé *pointe de la Source*. Au nord de Bandol, les eaux intérieures sont si abondantes, qu'un trou de sonde percé, en 1828, à la Cadière, dans un puits de recherche de mine, amena une affluence d'eau qui nécessita l'abandon du puits inondé. Plus à l'ouest, les eaux de sources sous-marines se présentent en plusieurs points. Aux Capucins, près la Ciotat, elles réduisent de trois quarts la salure de l'eau. A Cassis apparaît la grande source sous-marine de Port-Miou, qui émerge du roc par une ouverture de 2 mètres carrés au moins. La force d'impulsion de cette eau se manifeste par un courant, entraînant des corps flottants jusqu'à plus de 2 kilomètres du rivage. Une sonde tenue en suspension dans un puits creusé près de l'émergence de cette source sous-marine, ne peut pas demeurer verticale sous la charge de 16 kilogrammes ; il faut armer la sonde de 38 kilogrammes pour qu'elle résiste à l'entraînement.

Ajoutons, d'après M. de Villeneuve, que cette grande source sous-marine de Cassis s'aligne, d'une part, avec la source sous-marine de Cannes, parallèlement au système de la Sainte-Baume, et de l'autre, avec la grande source de Vaucluse, suivant N. 22 O., parallèlement au système du Viso, qui est équivalent à celui de la Sainte-Baume.

Bouches-du-Rhône[1]. — Auprès de Marseille, toutes les eaux des terres basses de Gémenos, après avoir été retenues par les argiles tertiaires, viennent s'engouffrer dans les puits absorbants offerts par les calcaires à chama, qui bordent au sud le petit bassin de Gémenos à Aubagne. Ces puits absorbants sont connus en Provence sous le nom d'*embucs*. Ils suivent les alignements des sources : c'est ainsi qu'un même alignement, parallèle aux eaux thermales de Gréouls, à Digne, couvre les sources de Sorps, de Barjols, de Seillons, de Sainte-Zacharie, de Géménos, et la source sous-marine de Cassis. Comme les embucs de Gémenos, les puits absorbants déversent les eaux des petits bassins imperméables, sans écoulements apparents. Ainsi s'échappent, vers la mer, les eaux du bassin de Cuges ; ainsi les eaux du bassin tertiaire d'Artignosc, celles du bassin de Saint-Julien le Montagnier, une grande partie des eaux des petites vallées tertiaires de Rians

---

[1] De Villeneuve. *Géologie de la Provence*, p. 464.

à Esparron et Ginasservis, viennent grossir le volume des eaux filtrées à travers les calcaires secondaires qui les encaissent.

Dans la chaîne de Sainte-Victoire, on remarque la belle source du Tholonet, que les Romains avaient recueillie dans un aqueduc. Jouques, situé dans un vallon comme celui de Saint-Pons, possède aussi plusieurs belles sources, et entre autres, celle de la Traconade, que les Romains ont conduite jusqu'à Aix, en perçant plusieurs chaînes montagneuses. Toute la partie de la Trevaresse qui tourne vers la Durance est arrosée par des sources abondantes. La chaîne de l'Étoile fournit aussi de belles eaux.

Cette même chaîne verse dans le bassin de Marseille les sources des Eygalades et de Plombières, sans compter plusieurs autres moins considérables.

Excepté quelques villages situés sur les hauteurs, comme le Vernègue, Aurons, Miramas, Eguilles, la plupart des communes du département ont des sources qui alimentent leurs fontaines, et les villes de Marseille, Aix, Arles, Tarascon, Saint-Remi, Aubagne n'ont rien à désirer sous ce rapport.

Vaucluse; Fontaine de Vaucluse [1]. La fontaine de Vaucluse sort au pied d'un rocher taillé à pic (fig. 140) dont la hauteur est de 200 mètres et qui ferme brusquement un vallon étroit [2]. Elle jaillit d'un vaste bassin presque circulaire et en forme d'entonnoir, qui aboutit à une caverne profonde, ouverte en arcade.

L'aspect de la source varie beaucoup suivant l'abondance des eaux. Lorsqu'elles sont à leur maximum, ce qui a lieu

---

[1] Gras. *Description géologique du département de Vaucluse*, p. 28.
[2] L'étymologie de Vaucluse est probablement *vallis clausa*, vallée close.

au printemps, époque de la fonte des neiges, la voûte de la

Fig. 140. — Vue de l'escarpement calcaire au pied duquel sort la Fontaine de Vaucluse.

caverne est cachée, et une nappe d'eau tranquille remplit

le bassin jusqu'à son orifice. Au mois d'octobre, au contraire, lorsque les eaux sont à leur minimum de hauteur, la voûte de l'antre apparaît tout entière et laisse voir un lac dont l'étendue se perd dans une profonde obscurité. On peut descendre, en prenant des précautions, le long de l'entonnoir et arriver jusqu'à la surface de cette nappe d'eau limpide, qui remplit un abîme dont on n'a pu jusqu'à présent mesurer la profondeur. La source en sortant n'est pas bouillonnante, comme on pourrait le croire ; rien n'altère le calme parfait ni la transparence cristalline de sa surface. Son trop-plein, lorsqu'il ne surmonte pas les bords du bassin, s'échappe par les nombreuses fissures du roc calcaire. Il en résulte, à quelques mètres de là, vingt ruisseaux bruyants qui tombent en cascade (fig. 141) et produisent des flots d'écume en se brisant sur les rochers. Une autre source remarquable, celle du Grozeau, analogue à la Fontaine de Vaucluse, sort également du pied du massif calcaire.

Suivant l'intéressante étude qu'en a faite M. Bouvier[1], pour arriver à la fontaine, on pénètre par une ouverture unique, dans le cirque où elle prend naissance et que dominent, de tous les autres côtés, de hautes falaises calcaires. Cette masse liquide dont la fraîcheur, l'abondance et la limpidité contrastent avec l'aridité et la sauvagerie du paysage, atteint un volume de 120 mètres cubes par seconde : elle gagne bientôt le seuil de rochers qui lui sert de déversoir et en tombe sous forme de cascade (fig. 142).

Le cours de la Sorgue commence au pied de cette cascade. Elle se divise alors en une multitude de bras, jusqu'à ce que, après avoir mis en mouvement plus de 200 usines et avoir irrigué plus de 2000 hectares, elle vienne se mêler au cours du Rhône, aux environs de Sorgues et d'Avignon.

---

[1] *Association française pour l'avancement des sciences*, Montpellier, 1879.

322　　　　　　　ROLE DES CAVERNES.

Lorsque les pluies ont été rares dans la région, le débit

Fig. 141. — Débouché de la Fontaine de Vaucluse à sa sortie de la grotte : au-dessus de la cascade on voit le niveau de l'eau dans le réservoir.

diminue successivement, et dès qu'il descend au-dessous de

22 mètres, le niveau de la source cesse d'atteindre le seuil de son déversoir; la cascade cesse en même temps d'être alimentée, et les eaux, abandonnant bientôt la cavité extérieure, se retirent dans une grotte qui lui fait suite et qui est creusée dans la falaise. Si la sécheresse persiste, la baisse continue et on arrive enfin à n'avoir plus devant les yeux qu'une petite nappe liquide, contenue tout entière dans une espèce d'en-

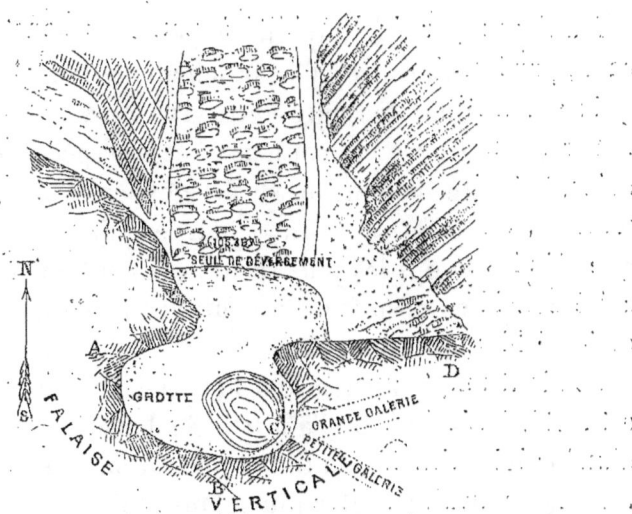

Fig. 142. — Plan correspondant à une section placée près du sommet de la grotte de la Fontaine de Vaucluse. Échelle approximative de 0,0005 par mètre. — D'après M. Bouvier.

tonnoir, dont le diamètre supérieur et la profondeur ne dépassent guère 10 à 12 mètres.

Lorsqu'il en est ainsi, la limpidité de l'eau permet de distinguer nettement tous les contours de cet entonnoir et d'apercevoir dans le fond, à l'est de la paroi, une sombre ouverture qui forme l'issue de la galerie d'amenée des eaux. Cette situation extrême ne se produit qu'assez rarement, et à la suite de grandes sécheresses.

Le zéro de l'échelle de la Sorgue correspond à l'abaissement considérable, signalé le 17 novembre 1869.

En dehors de ces faits exceptionnels, le niveau de la fontaine subit régulièrement, chaque année, une dépression assez sensible ; la cascade est à sec et les sources qui surgissent à son pied alimentent seules la Sorgue. Le débit est cependant encore considérable dans les cas extrêmes, comme en 1869 ; il ne descend pas au-dessous de $5^{mc},500$ par seconde, et il n'est pas inférieur, en étiage ordinaire, à 8 mètres cubes.

D'ailleurs par la limpidité à peu près constante de ses eaux, par l'uniformité et la fraîcheur de leur température, qui se maintient toujours entre 12° et 14°, la fontaine est naturellement très poissonneuse, et les espèces les plus estimées, la truite, l'anguille, s'y développent à plaisir avec l'écrevisse, en acquérant une chair exquise. Aussi paraît-il que, dès les temps les plus reculés, la Fontaine de Vaucluse, a été considérée, suivant la coutume païenne, comme une divinité bienfaisante.

Pendant longtemps, la question de l'origine de ces eaux est restée irrésolue. On l'a attribuée d'abord à l'échappement d'un lac lointain. L'idée d'une dérivation souterraine de la Durance pouvait paraître plus plausible.

L'explication du phénomène a été donnée en 1855 par un ancien ingénieur en chef de Vaucluse, M. Bouvier, parent et l'un des prédécesseurs de l'auteur que nous venons de citer.

« Le terrain néocomien qui circonscrit le mont Ventoux, dit-il, se continue au sud et à l'est de cette montagne et occupe un espace très considérable, qui s'étend de la Fontaine de Vaucluse à Sisteron, c'est-à-dire règne sur 70 kilomètres de longueur et dont la largeur varie entre 26 et 5 kilomètres. C'est là, à mon avis, le bassin de la Fontaine de Vaucluse et j'ai été conduit à l'admettre en reconnaissant qu'on ne trouve, ni sources, ni puits, sur toute cette étendue ; que, comme pour le Ventoux, les ravins y sont constamment à sec, si ce n'est dans des cas tout à fait exceptionnels; que les eaux de

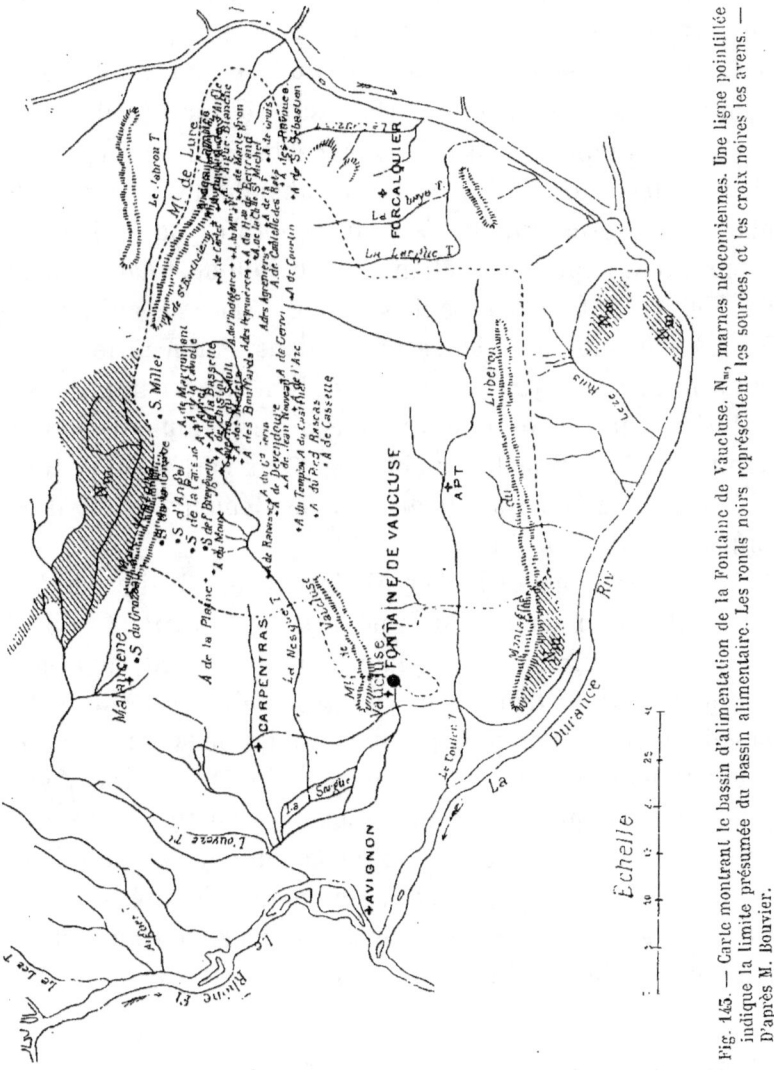

Fig. 145. — Carte montrant le bassin d'alimentation de la Fontaine de Vaucluse. N., marnes néocomiennes. Une ligne pointillée indique la limite présumée du bassin alimentaire. Les ronds noirs représentent les sources, et les croix noires les avens. — D'après M. Bouvier.

pluies, alors même qu'elles tombent sur des cônes renversés, sont immédiatement absorbées, et que les quelques villages qui sont bâtis sur cette espèce de désert ne sont alimentés que par des eaux de citernes. Cela admis, le bassin de la Fontaine se trouve naturellement circonscrit par les limites du terrain néocomien, et par le ravin très profond de la Nesque, qui le sépare du mont Ventoux (fig. 143). J'ai mesuré très exactement cette surface sur la carte géologique, et j'ai trouvé qu'elle est de 96 500 hectares. C'est un plateau élevé où les eaux doivent être plus abondantes que dans la plaine : je prendrai $0^m,85$ pour le chiffre de la hauteur d'eau qui y tombe annuellement. Le volume total est donc de 850 250 000 mètres cubes; en divisant ce chiffre par 31 531 000, nombre de secondes dans l'année, je trouve pour le débit moyen des sources alimentées par le bassin 26 mètres cubes, volume qui satisfait évidemment, soit au débit de la Fontaine de Vaucluse, soit aux pertes qui peuvent résulter de l'évaporation ou des écoulements, dont il est impossible de tenir compte. »

Les observations de la Commission météorologique de Vaucluse ont pleinement confirmé cette explication[1]. Elle a installé, en effet, sur le plateau dont il s'agit, plusieurs stations pluviométriques, placées à des altitudes différentes et à des distances de plus en plus grandes de la Fontaine. Les indications qui y ont été recueillies, de 1874 à 1883, graphiquement représentées au-dessus des hauteurs correspondantes de la courbe des débits de la source, ont permis de voir avec quelle régularité et avec quelle rapidité les variations de la pluie, à chacune de ces stations, se transmettent à la courbe des débits de la source (fig. 144 et 145)[2]. Un

---

[1] Voir les *Comptes rendus* annuels de cette commission.
[2] Ces figures permettent encore de constater qu'avec les eaux basses, des pluies d'une certaine importance ont pu se produire dans le bassin de réception, sans déterminer de surélévation dans a courbe des débits et sans même arrêter sa décroissance; c'est ce qui a eu lieu notamment en 1878, entre les 5 et 10 janvier,

intervalle de 24 heures ou de 48 heures au plus, suivant l'éloignement, suffit à cette transmission qui, sauf un léger

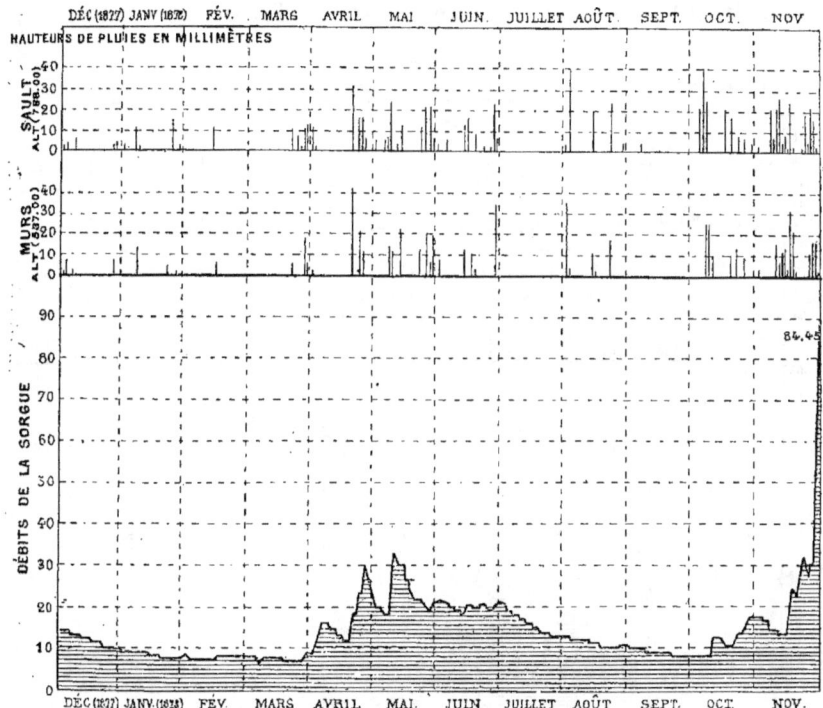

Fig. 144. — Tableau graphique des observations sur le régime de la Fontaine de Vaucluse comparé au régime des pluies en des points de la surface du sol où elle s'alimente, pendant l'année 1877-78. L'échelle des débits par seconde de la Sorgue est de $\frac{1}{3}$ millimètre par mètre cube; les hauteurs de pluie sont représentées au $\frac{1}{4}$ de grandeur.

ralentissement dû aux difficultés de la circulation souterraine, s'opère avec la même ponctualité que s'il s'agissait

1er et 5 août et le 15 août. Il paraît difficile d'en trouver l'explication autrement que dans l'hypothèse de vastes réservoirs souterrains, où les eaux de pluies trouvent facilement à s'emmagasiner, lorsque le niveau est bas, sans que les écoulements en soient influencés d'une manière immédiate et apparente. L'existence de ces mêmes réservoirs semble également pouvoir seule expliquer comment il se fait qu'après une absence absolue de pluie, pendant tout le mois de septembre et les premiers jours d'octobre, la fontaine n'ait cessé d'écouler un volume de 7 mètres cubes par seconde, qui est resté constant jusqu'à ce que des pluies abondantes soient survenues et l'aient fait rapidement augmenter.

d'un bassin ordinaire et d'un cours d'eau à ciel ouvert. Il n'est donc pas douteux que ce plateau, où les eaux de pluies s'infiltrent presque instantanément, ne forme le bassin ali-

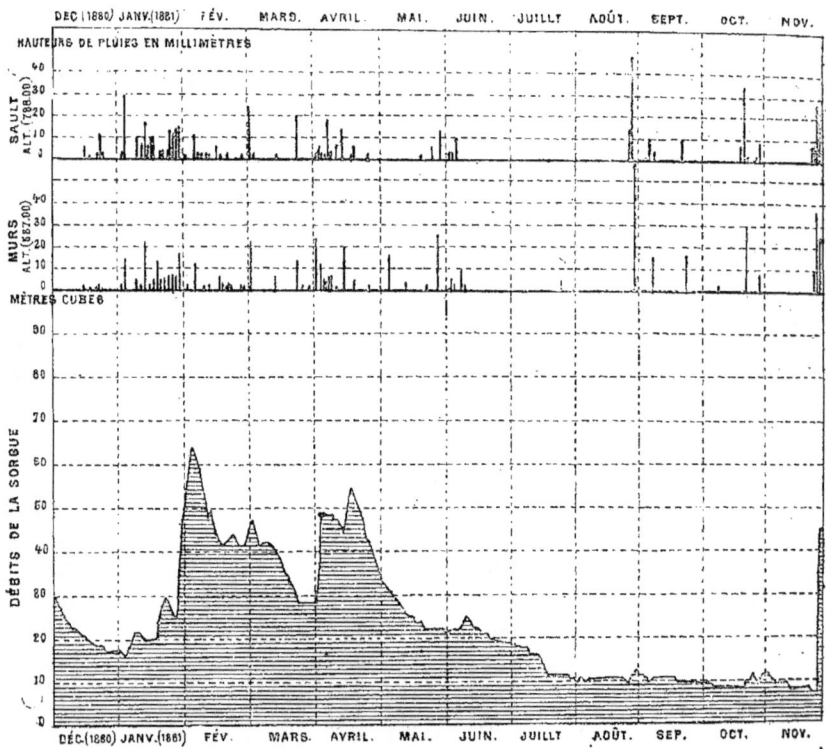

Fig. 145. — Tableau graphique des observations sous le régime de la Fontaine de Vaucluse, comparé au régime des pluies en des points de la surface du sol où elle s'alimente, pendant l'année 1880-81. L'échelle des débits par seconde de la Sorgue est de $\frac{1}{2}$ millimètre par mètre cube; les hauteurs de pluie sont représentées au $\frac{1}{4}$ de grandeur.

mentaire de la Fontaine, et la seule difficulté est d'en déterminer les limites précises.

On sait que le calcaire néocomien est formé de couches puissantes, traversées par des fissures, des crevasses, des conduites en forme de tuyaux irréguliers et des cavernes qui communiquent les unes avec les autres et dont l'allure est indépendante de la stratification, comme il arrive dans beaucoup de départements du sud de la France.

Le terrain néocomien s'étend en masses puissantes depuis Sisteron, à l'est, jusqu'à la plaine du Comtat. Il repose au nord sur les assises compactes du calcaire oxfordien ; il est délimité de ce côté par la vallée profonde du Thoulourenc, sur le versant gauche de laquelle, à une grande hauteur, apparaissent les assises marneuses qui forment la couche inférieure du néocomien et dont l'imperméabilité s'oppose à l'écoulement des eaux souterraines. Au sud, la rive droite de la Durance, où apparaissent successivement les assises compactes de l'oxfordien, les couches marneuses du néocomien et les dépôts tertiaires, lui sert de limite. Enfin, à l'ouest, il est recouvert à son pied par des dépôts tertiaires qui vont rejoindre la plaine du Comtat. Il forme donc un vaste triangle, ayant son sommet à Sisteron, ses côtés sur les versants rive gauche et rive droite du Thoulourenc et de la Durance, sa base sur la ligne supérieure des dépôts tertiaires de la plaine.

Entre ces limites est concentrée une puissante masse néocomienne, fissurée et crevassée dans tous les sens, et toute disposée pour recevoir, dans de vastes cavités souterraines, les eaux de pluies qui tombent à sa surface. Elle repose sur un fond d'assises marneuses imperméables, et elle est bordée de toutes parts de terrains également imperméables. Il est évident dès lors que les eaux de pluies doivent s'y réfugier et s'y emmagasiner jusqu'à ce qu'elles puissent trouver une issue par le point le plus bas de la ceinture qui les renferme. Ce point bas, c'est la Fontaine de Vaucluse et on conçoit que, dans de pareilles conditions, cette fontaine, tout en étant soumise aux variations de la pluie sur la surface du bassin alimentaire, reste toujours largement alimentée et qu'elle conserve sa limpidité.

Qu'on imagine une vaste éponge, pourvue de larges et nombreuses cellules, posée sur un fond imperméable et entourée d'un mastic également imperméable, qui s'élève tout autour d'elle à une grande hauteur, et dont l'arête ne s'abaisse que sur un seul point; qu'on suppose ensuite qu'on verse de l'eau d'une manière discontinue sur cette éponge, et on aura la représentation de ce qui se passe dans le bassin de la Fontaine. L'éponge commence par s'humecter; puis le fond du bassin se remplit jusqu'au niveau du point bas; ensuite un écoulement constant s'effectue par ce point; il variera sans doute avec la quantité d'eau versée, mais il subsistera pendant longtemps, quoique le versement de l'eau ait cessé, et l'introduction d'eaux troubles pourra ne pas altérer sa limpidité.

Ce bassin occupe une surface totale de 165 000 hectares. Comparée à la hauteur moyenne des pluies constatées aux stations météorologiques, laquelle a été de $0^m,55$, de 1874 à 1878, et au débit moyen de la Fontaine de Vaucluse, lequel a été de 17 mètres cubes pendant la même période, elle fait ressortir un volume d'infiltrations souterraines qui représente 60 pour 100 de la hauteur d'eau tombée.

La surface du calcaire néocomien est criblée de puits naturels, abîmes souvent insondables, qu'on désigne tantôt sous le nom de « tindouls » tantôt sous celui « d'avens ». C'est cette dernière dénomination qui a prévalu dans le Vaucluse, et les avens, dont beaucoup ont des noms connus, jouent un rôle important dans les histoires et les légendes locales.

Parmi les plus remarquables, est celui de la Cruis (fig. 143) situé près du village de ce nom, arrondissement de Forcalquier, dont le diamètre à la surface atteint 35 mètres. D'après M. Vial, l'aven du Toumple, qui est situé à 1 kilomètre et demi au nord-ouest du château de Javon, et dont l'ouverture est rectangulaire, mesure 1 mètre sur 4 mètres :

sa profondeur dépasse 95 mètres. L'aven du Grand-Gérin, qui est situé dans le voisinage de la Devandoure, dans un ravin aboutissant à la combe Malavard, présente la particularité de deux ouvertures jumelles, séparées d'abord par un rocher sur 10 mètres de profondeur, et n'en formant qu'une ensuite; la sonde a pu y descendre aussi jusqu'à 95 mètres. Enfin, pour l'aven de Jean-Nouveau, qui est situé à 2 kilomètres au sud-ouest de Sault, la sonde y est descendue à 180 mètres; son orifice a la forme d'un entonnoir, dont le diamètre d'abord de 10 mètres, n'est plus que de $2^m,50$ à 5 mètres de profondeur.

Le nombre des avens qui apparaissent à la surface est considérable; mais il en existe encore beaucoup qui sont invisibles, soit qu'ils aient été fermés naturellement, sous l'action des apports charriés par les eaux de pluies, soit qu'ils aient été bouchés par les habitants.

Le 22 mars 1878, à la suite d'une sécheresse à peu près absolue, qui avait régné depuis le commencement de décembre, le niveau de la fontaine était descendu à la cote $0^m,56$ du sorguomètre; dans un sol aussi facile à traverser, toutes les infiltrations avaient certainement disparu, et l'alimentation ne se faisait plus qu'au moyen des réserves souterraines. Cependant, jusqu'au 28 mars, c'est-à-dire pendant sept jours consécutifs, le débit s'est uniformément maintenu à $6^{mc},10$ par seconde, tandis que le niveau ne s'est abaissé que de $0^m,11$; l'écoulement total a donc été de 3 689 280 mètres cubes pour un abaissement de $0^m,11$ dans les nappes alimentaires, d'où l'on est amené à conclure que la surface de ces nappes était au moins égale, à ce moment, à $\dfrac{3\,689\,280}{0.11} = 3\,350$ hectares. Tout porte à croire, et l'expérience au scaphandre, dont il va être parlé, le démontre, que ces nappes ont de grandes profondeurs; on peut juger par là de l'importance des volumes d'eau qui restent enfouis dans le sol sans être utilisés.

Ces nappes sont probablement accumulées dans le voisinage de la source; mais il en existe aussi à des étages plus élevés, et on en trouve la preuve en visitant un travail intéressant, récemment exécuté dans le voisinage de Ferrassières, au pied de la montagne de Lure, à une altitude d'environ 1000 mètres. Là, sur un sol aride, comme le sont tous

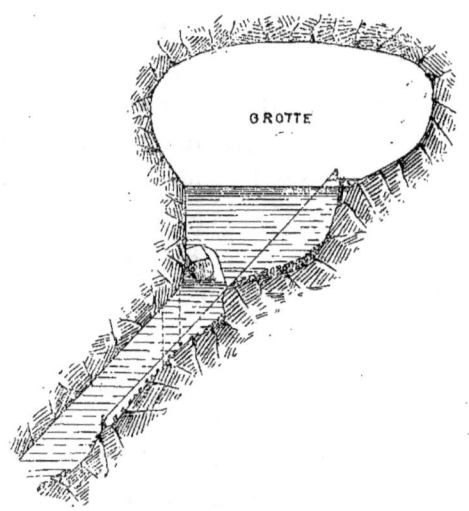

Fig. 146. — Coupe de la *Grotte de Vaucluse* suivant la ligne A.B.C.D. du plan (fig. 142), d'après M. Bouvier. Elle montre aussi la position du plongeur qui l'a explorée, en 1878, pendant les basses eaux. La corde de sûreté avait 20 mètres de longueur. — Échelle approximative 0,0025 par mètre.

ceux du bassin alimentaire de la Fontaine, un propriétaire a eu l'ingénieuse idée de chercher à utiliser les eaux d'une couche aquifère, dont l'existence lui paraissait attestée par la présence constante de l'eau au fond d'un aven situé dans son domaine. Après de laborieux efforts, il est parvenu jusqu'à cette couche par une galerie souterraine, et il a mis au jour une source précieuse, dont le débit, en étiage, n'est pas moins de 2000 litres par minute.

Pour étudier le régime souterrain de la fontaine de Vaucluse, M. Bouvier profita des basses eaux de 1878. L'eau était très claire, et on distinguait très nettement dans le fond, creusée dans la paroi orientale, l'ouverture de la galerie d'amenée des eaux (fig. 146), en partie masquée par un énorme bloc légèrement incliné qui ne laissait libre, de chaque côté, qu'une ouverture en forme de segment circulaire. Un plongeur intrépide pénétra plusieurs fois dans le conduit souterrain et fournit ainsi les indications nécessaires pour dresser le profil approximatif de la galerie.

Lot. — Les faits relatifs aux sources ont été particulièrement bien observés dans le département du Lot, par l'abbé Paramelle[1]. De toutes parts le calcaire renferme des bétoires. C'est ainsi que tous les ruisseaux du canton de la Capelle-Marival, qui se forment dans les terrains granitiques et schisteux, arrivés au bourg de Thémines, Théminette et Issendolus, où commence la formation calcaire, se précipitent dans trois cavernes, se réunissent sous terre, reçoivent un très grand nombre de ruisseaux cachés et vont, après un trajet de 25 kilomètres, former, près de Souillac, la source de Louysse.

Dordogne. — Dans le département de la Dordogne les sources de Salibourne, de Bourdeilles, du Toulgou, et surtout celle de Sourzac, sont de véritables ruisseaux sortant de plusieurs des nombreuses cavernes creusées dans le calcaire. Quelques autres sont intermittentes.

Eure : Pertes de l'Iton[2]. — L'Iton prend sa source dans un

---

[1] *L'Art de découvrir les sources*, 2ᵉ édition, p. 246.
[2] Ferray. *Les Pertes de l'Iton*. Évreux 1885.

endroit voisin de celle de l'Avre, à Rouxou (Orne) à une altitude de 280 mètres, entre dans le département de l'Eure à Chaise-Dieu du Theil, arrive à Villalet, où il se perd dans les périodes sèches, passe à Evreux, et va se jeter dans l'Eure à Acquigny, après un parcours de 88 kilomètres, dans le seul département de l'Eure.

Sur la rive droite se rencontre l'étage cénomanien et sur la rive opposée l'étage sénonien; d'un côté craie blanche,

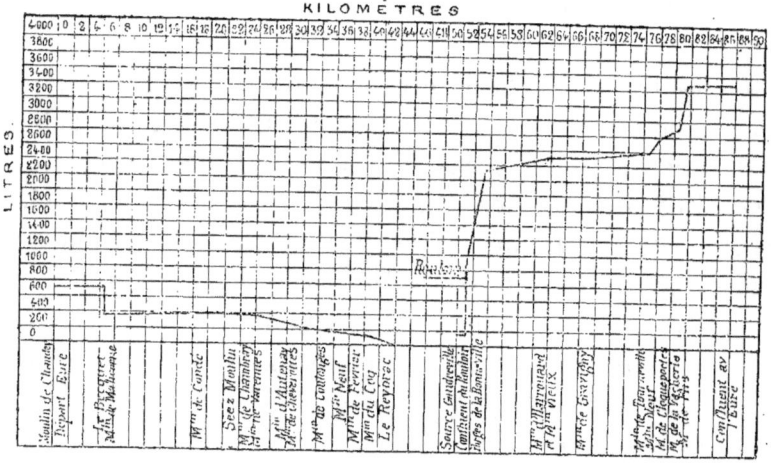

Fig. 147. — Courbe du débit de l'Iton à partir de son entrée dans le département de l'Eure, montrant les pertes qu'il y subit, d'après M. Ferray. — Échelle des distances horizontales $\frac{1}{1\,000\,000}$.

de l'autre craie chloritée. Ainsi que Guettard l'avait déjà signalé, en 1758, l'Iton, à Villalet, cesse de couler pendant l'été, et toute la portion de son lit, depuis ce point jusqu'à Gaudreville et quelquefois au delà, reste complètement à sec, d'où le nom de Sec-Iton donné à cette partie de la rivière.

La figure 147 donne clairement, sans qu'il y ait besoin d'explications supplémentaires, la courbe de débit de l'Iton, à partir de son entrée dans le département de l'Eure jusqu'à son confluent. On y voit avec quel soin son régime a été étudié.

Guettard avait aussi remarqué dans le lit de la rivière des entonnoirs ou bétoires, dans lesquels l'eau s'engouffre. En outre, il en existe une série non interrompue dans la forêt d'Évreux. Les uns et les autres paraissent former une ligne presque droite, partant du moulin de Verrières à Coulonges pour aboutir à la source de la Fosse-aux-Dames. L'un des bétoires les plus considérables mesure 80 mètres de diamètre et 16 mètres de profondeur. Cet effondrement du toit du canal souterrain de l'Iton indique que la capacité de la caverne sous-jacente n'est pas moindre que celle de ce vaste entonnoir, soit de 25 à 30 000 mètres cubes.

Sur le territoire des Boscherons, des ouvriers, occupés à ouvrir une carrière pour l'exploitation de la marne, ont mis à jour, en 1860, à une profondeur de $18^m,70$, un canal large de $2^m,90$, profond de $1^m,75$, creusé dans la craie, et dans lequel passe un cours d'eau dont la vitesse est de 6 mètres à la minute, et le débit de 507 litres par seconde. Le plan d'eau de ce canal est à $5^m,16$ en contre-bas de l'eau ordinaire de la rivière d'Iton sur ce point. Il est à noter que la marnière des Boscherons se trouve exactement sur la ligne de bétoires citée plus haut, comme allant de Coulanges à la Fosse. Déjà, en 1857, M. Lapeyruque, conducteur des ponts et chaussées, signalait, à 500 mètres en amont du point précédent, un autre cours d'eau souterrain, à plus de 8 mètres en contre-bas du plafond du lit.

Le mode de formation des bétoires ressort, par exemple, de l'effondrement observé, en mars 1880, sur le même parcours qui, sur le bord d'un chemin à flanc de coteau, produisit instantanément un puits profond de 20 mètres, à parois cylindriques et bien verticales, de 6 mètres de diamètre.

Tout d'abord le ciel de la caverne s'effondre; la mince couche crétacée qui le surmonte diminue peu à peu par les infiltrations, et n'a plus la force de soutenir la masse de sable avec silex qui le surmonte. La cavité, d'abord cylindrique, devient, avec le temps, conique.

Immédiatement dans le voisinage du puits, si subitement ouvert, sept ou huit entonnoirs, dans la direction nord, c'est à dire en aval, se succèdent sans interruption, sur une distance de 200 à 300 mètres environ.

D'après M. Ferray, tout le plateau de 24 kilomètres qui sépare la vallée de l'Eure de celle de l'Iton, doit renfermer de vastes cavernes, qui sont des réservoirs d'eau où s'alimentent les sources voisines, ainsi que la rivière souterraine qui suit la vallée, et où puisent les pompes de l'établissement des eaux de la ville d'Evreux. On aura une idée de son débit par les 500 à 600 litres à la minute que fournit une seule galerie de 60 mètres de longueur.

Ces faits ont été constatés à l'aide de la fluorescine versée au Reybrac.

La Rille disparaît dans le canton de Beaumont-le-Roger (Eure), et, après un certain parcours, reparaît dans la même vallée. L'Iton, qui s'engouffre à Villalet (Eure), va ressortir à Bonneville.

Loiret : Val d'Orléans. — Le Val d'Orléans, situé sur la rive gauche de la Loire, fournit un exemple remarquable de cavités souterraines traversées par des cours d'eau : il a été récemment fort bien étudié par M. Sainjon, ingénieur des ponts et chaussées[1].

A la suite d'un éboulement qui eut lieu subitement en juillet 1841, sur le chemin de fer d'Orléans à Vierzon, pres-

---

[1] *Comptes rendus de l'Académie des sciences*. T. XCI, p. 262. 1880.

que au sortir de la première de cette ville, un déblai d'environ 1300 mètres cubes s'effondra et disparut. Des travaux d'exploration exécutés à cette occasion, sur 2 kilomètres de longueur, amenèrent la découverte de nombreuses cavités, dont deux avaient 6 mètres de hauteur.

C'est par une cavité de ce genre que sort le Loiret.

On sait que le val d'Orléans est sillonné par des courants souterrains, auxquels sont directement empruntées les eaux qui alimentent la ville d'Orléans depuis l'année 1864. C'est également à ces courants qu'est liée l'existence des sources fort connues du Loiret (fig. 148).

Les eaux souterraines dont il s'agit proviennent de la Loire elle-même, mais elles y rentrent toutes, après un trajet relativement peu considérable.

Le point où commencent les premières pertes souterraines de la Loire est situé près du hameau de Bouteille (commune de Guilly), à 41 kilomètres en amont d'Orléans. Il ne peut y avoir de doute à cet égard; car des jaugeages comparatifs faits avec le moulinet de Woltmann ont accusé une diminution sensible à peu de distance en aval de ce point.

On peut également indiquer et même préciser le point où la rentrée en Loire des eaux perdues s'est intégralement effectuée; ce point coïncide avec l'embouchure du Loiret (9 kilomètres en aval d'Orléans); immédiatement en aval de cette embouchure, on retrouve les mêmes débits qu'en amont de Bouteille, ainsi qu'il résulte de nombreux jaugeages.

La restitution à la Loire des eaux qu'elle a perdues n'a pas uniquement lieu à ciel ouvert par le Loiret; elle a lieu, en outre, par des rentrées de fond, dans le lit même de la Loire; mais ces rentrées ne commencent qu'auprès d'Orléans, de sorte que c'est là que le fleuve est réduit à son minimum de débit, ou, en d'autres termes, c'est au droit

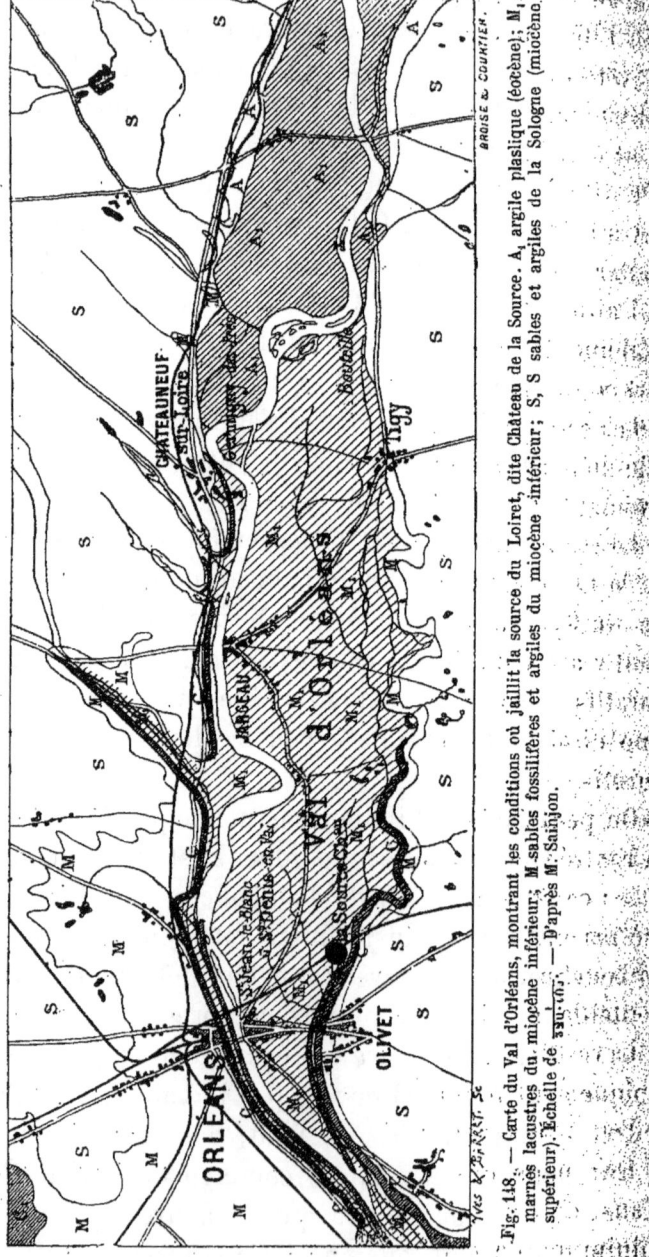

Fig. 118. — Carte du Val d'Orléans, montrant les conditions où jaillit la source du Loiret, dite Château de la Source. A, argile plastique (éocène); M_1 marnes lacustres du miocène inférieur; M sables fossilifères et argiles du miocène inférieur; S, S sables et argiles de la Sologne (miocène supérieur). Échelle de 1/320000. — D'après M. Sauljon.

d'Orléans que la somme des courants souterrains du Val atteint son débit maximum.

La Loire a donc, entre Bouteille et le confluent du Loiret, deux cours, l'un à ciel ouvert, le long des escarpements qui règnent presque sans interruption sur la rive droite, l'autre à travers le Val d'Orléans, et celui-ci est souterrain, ou du moins, en grande partie souterrain, puisqu'une fraction seulement des eaux dérivées devient visible au Loiret.

Quant au Val d'Orléans, il se présente sous la forme d'une grande dépression, d'une superficie de 14 400 hectares, dont le niveau moyen est seulement de 4 à 5 mètres au-dessus des plus basses eaux de la Loire, et il est limité sur la gauche par des coteaux. C'est au pied de ces coteaux que coulent d'abord le petit ruisseau du Dhuy, puis le Loiret, qui n'est que la continuation du Dhuy, mais du Dhuy brusquement transformé par les sources abondantes provenant de la Loire.

Cette configuration topographique est la conséquence de la dislocation qui accompagne la faille dans laquelle s'est établi le cours de la Loire; la Loire coule dans la branche droite, le Loiret dans la région la plus accentuée de la branche gauche, et l'îlot compris entre ces deux branches s'est affaissé pour former le Val d'Orléans.

Vers Bouteille, les dépôts lacustres de l'étage miocène inférieur, dont fait partie le calcaire de Beauce, succèdent brusquement à l'argile plastique. Ces dépôts lacustres, marnes et calcaires, deviennent apparents à partir de Tigy, sur le versant des coteaux de la rive gauche, et, à partir de Châteauneuf, sur la tranche des escarpements de la rive droite. Dès Châteauneuf, ils se montrent aussi dans la Loire et à une profondeur peu considérable, sous les sables et les graviers; ils émergent dans le lit même du fleuve, depuis Combleux (6 kilomètres en amont d'Orléans) jusqu'au confluent du Loiret et au delà. Enfin on retrouve également des affleurements de ce calcaire lacustre dans presque toute l'étendue du lit du Loiret. La présence de ces mêmes couches a été, comme on doit s'y attendre, constatée dans le Val d'Orléans. Les sondages ont appris de plus qu'il y existe de nombreuses fissures et mêmes des cavernes.

Voici quelques détails sur la manière dont s'effectuent les pertes et les rentrées d'eau.

Là où les couches fissurées affleurent, au fond même du lit, les choses s'expliquent d'elles-mêmes. Rien de plus simple aussi partout où les fissures sont directement en contact avec les sables et graviers. Mais le plus souvent, les sables et les graviers sont séparés des couches fissurées par des dépôts argileux ou argilo-sablonneux, et la communication n'est alors possible que sur les points accidentels où ce toit imperméable a disparu.

Il est probable d'ailleurs que ces cheminées de communication correspondent plutôt à des cavités ou cavernes qu'à de simples fissures ; car il ne se passe guère d'année où l'on n'ait à signaler dans le lit de la Loire des effondrements partiels, qui donnent lieu soit à des pertes, soit à des rentrées d'eau, suivant la région dans laquelle ils se produisent, et ils se présentent presque toujours sous la forme d'entonnoirs circulaires ou cônes renversés, à talus réguliers, par le fond desquels le terrain meuble de la surface disparaît presque instantanément ; or la rapidité de cette disparition serait incompréhensible s'il n'existait pas dans le calcaire sous-jacent des cavités dans lesquelles tout le déblai d'éboulement s'est facilement logé. Les gouffres qui s'ouvrent ainsi en Loire restent béants pendant quelques jours ; mais les sables roulés par le fleuve finissent par les combler et en effacer la trace.

Il faut sans doute attribuer ces effondrements, moins à

l'action du courant de la Loire qu'à celle des courants souterrains, minant à la longue la couche imperméable qui les isolait de l'extérieur. En effet, des faits du même genre se sont produits et se produisent encore dans le Val d'Orléans, et par conséquent en dehors de la Loire, par exemple en 1846, lors de la construction du chemin de fer de Vierzon. Les entonnoirs d'ancienne date, aujourd'hui plus ou moins comblés, qui sont si multipliés sur le territoire des communes de Saint-Denis en Val et de Saint-Jean le Blanc, n'ont pas une autre origine.

C'est à cette catégorie de sources qu'appartient la rentrée d'eau connue sous le nom de source du Loiret, mais qui n'est en réalité que la première en amont des sources de ce cours d'eau. Cette source bouillonne d'une façon très marquée lorsque les eaux sont basses, circonstance qui lui a valu depuis longtemps une grande notoriété (fig. 149).

C'est également à cette catégorie qu'appartient le petit gouffre ($3^m,50$ de diamètre seulement) de rentrée d'eau qui s'est ouvert dans la Loire, pendant les gelées du mois de décembre 1871, à mi-distance entre les deux ponts d'Orléans et tout près de la rive gauche (fig. 150). Il avait 12 mètres de profondeur, et dans les premiers jours le fleuve était assez bas pour que la rentrée d'eau se fît avec un bouillonnement sensible ; la transparence de la source permettait d'apercevoir très distinctement les roches calcaires du fond, ainsi que des couches d'argile verte, à 8 mètres de profondeur.

Ce gouffre, qui a subsisté pendant toute la durée de la gelée, a été comblé par la première petite crue qui est survenue ; il n'est donc plus visible. Il en existe certainement à peu de distance d'autres, qui sont également masqués par les sables ; car lors des froids exceptionnels du mois de décembre 1880, non seulement cette région de la rive gauche de la Loire est restée constamment libre de glaces, mais de plus elle était couverte d'abondantes vapeurs, indice évident

Fig. 149. — Vue de la source du Loiret (Château de la Source).

de la température relativement élevée et par conséquent, de la provenance souterraine de ses eaux.

Ardennes : Signy-l'Abbaye[1]. — A Signy-l'Abbaye une magnifique source, le Gibergeon, fournit au moins 400 litres d'eau par seconde (autant que les sources de la Vanne) et fait mouvoir toute une grande filature. Cette source sort du calcaire oolithique, à proximité de gouffres qui traversent

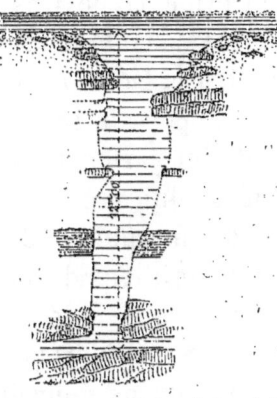

Fig. 150. — Coupe d'un petit gouffre observé en Loire, à Orléans, en décembre 1871, à travers des couches de calcaire siliceux, de sable et d'argile. Échelle $\frac{1}{300}$. D'après M. Sainjon.

la même roche et qui absorbent les eaux pluviales. Le calcaire oolithique qui affleure dans le bas-fonds de Signy, est recouvert sur les plateaux environnants par l'argile oxfordienne. On rencontre souvent sur ces plateaux des entonnoirs d'un plus ou moins grand diamètre.

Belgique ; environs de Dinant ; Bleyberg-ès-Montzen. — Aux environs de Dinant[2], à Bleyberg-ès-Montzen, il arrive, comme il est fréquent dans toutes les régions calcaires, que le sol s'enfonce sur de petits espaces, et qu'il s'y forme des puits ou entonnoirs naturels qui portent dans le pays le nom d'*aiguigeois*.

---

[1] Meugy, *Géologie des Ardennes, Association française*, 1880.
[2] Voir pour plus de détails l'*Explication de la carte de Dinant* de M. Dupont, Bruxelles 1883.

Ces accidents sont dus à l'existence de longues cavernes, dans lesquelles circulent des cours d'eau souterrains, tels entre autres que la Lesse, qui s'engouffre dans la grotte de Han et y suit un cours souterrain de plus de 1100 mètres.

L'exploitation du filon de plomb de Bleyberg-ès-Montzen, près Moresnet, met en évidence de très fortes infiltrations d'eau, exceptionnellement considérables, contre lesquelles la lutte est très dispendieuse. La venue d'eau dans les mines s'est élevée, d'après un rapport de 1878[1], à 33 mètres cubes par minute, et elle a atteint parfois le chiffre de 45 mètres cubes, après de grandes pluies et des fontes de neiges. La quantité annuelle d'eau épuisée d'une profondeur de 182 mètres représente 18 millions de mètres cubes. La dépense d'épuisement obtenu avec une machine de 500 chevaux s'est élevée, en 1878, à 500 000 francs[2]. En 1879 elles s'accrurent au point de ne pouvoir être combattues, et noyèrent une partie de la mine. L'exploitation, qui était arrivée à la profondeur de 180 mètres, dût être abandonnée, mais elle a pu être reprise.

Les calcaires et les dolomies sont traversés par la rivière la Gueule, dont le cours moyen est parallèle à une fracture, et par des affluents qui suivent les lignes de jonction des terrains ou des dépressions provenant d'arrachements latéraux à la déchirure principale. Les eaux de pluie, ainsi que celles des rivières, passant sur des roches brisées et des terrains perméables, se perdaient en partie ou en totalité et augmentaient considérablement les quantités à épuiser.

On a dû rendre imperméable le lit de tous ces cours d'eau. La rivière la Gueule a été canalisée, sur une longueur de

---

[1] *Industrie minérale belge*, page 263.
[2] Devaux. *Annales des Mines de Belgique*, t. XXI.

4000 mètres, avec une section transversale de 25 mètres carrés. Des affluents ont été l'objet du même travail, sur une longueur totale de plus de 12 000 mètres. On a rendu imperméables les lits de ces cours d'eau, par des revêtements en argile protégés par des perrés en pierres calcaires.

Le détournement provisoire de la rivière fit découvrir, dans le calcaire de l'ancien lit, de véritables *agolinas*, c'est-à-dire d'énormes crevasses autrefois remplies de sables et d'argiles bigarrées, se dirigeant normalement au cours de l'eau et dont quelques-unes présentaient des dimensions assez fortes pour permettre aux hommes d'y pénétrer jusqu'à une dizaine de mètres de profondeur.

Suisse : Canton de Neuchâtel ; environs de Kandersteg. — La fréquence des cavernes dans les couches calcaires du massif du Jura, sur une épaisseur de plus de 500 mètres, contribue pour beaucoup au caractère vauclusien que présentent beaucoup de sources de cette région : telles que celles de l'Areuse, de l'Orbe, de la Loue, de la Serrières.

Comme exemple, nous choisirons le canton de Neuchâtel, qui a été l'objet de travaux approfondis de la part de M. le docteur Jaccard, à l'obligeance duquel nous sommes redevables de communications manuscrites.

Deux grandes sources, celle de l'Areuse (ou la Reuse) à Saint-Sulpice (altitude 780 mètres) et celle de la Noiraigue fournissent à elles seules la plus grande partie de l'eau qui s'écoule par le Champ du Moulin et les Gorges vers le lac de Neuchâtel (fig. 151). En outre, un grand nombre de sources, dont beaucoup sont considérables, jaillissent dans la vallée. L'Areuse coule sur la nappe phréatique du Val-de-Travers, dont elle éprouve plus ou moins les fluctuations. Les quatre cinquièmes du bassin, sont constitués par le calcaire jurassique, essentiellement caverneux, dans lequel l'eau pénètre

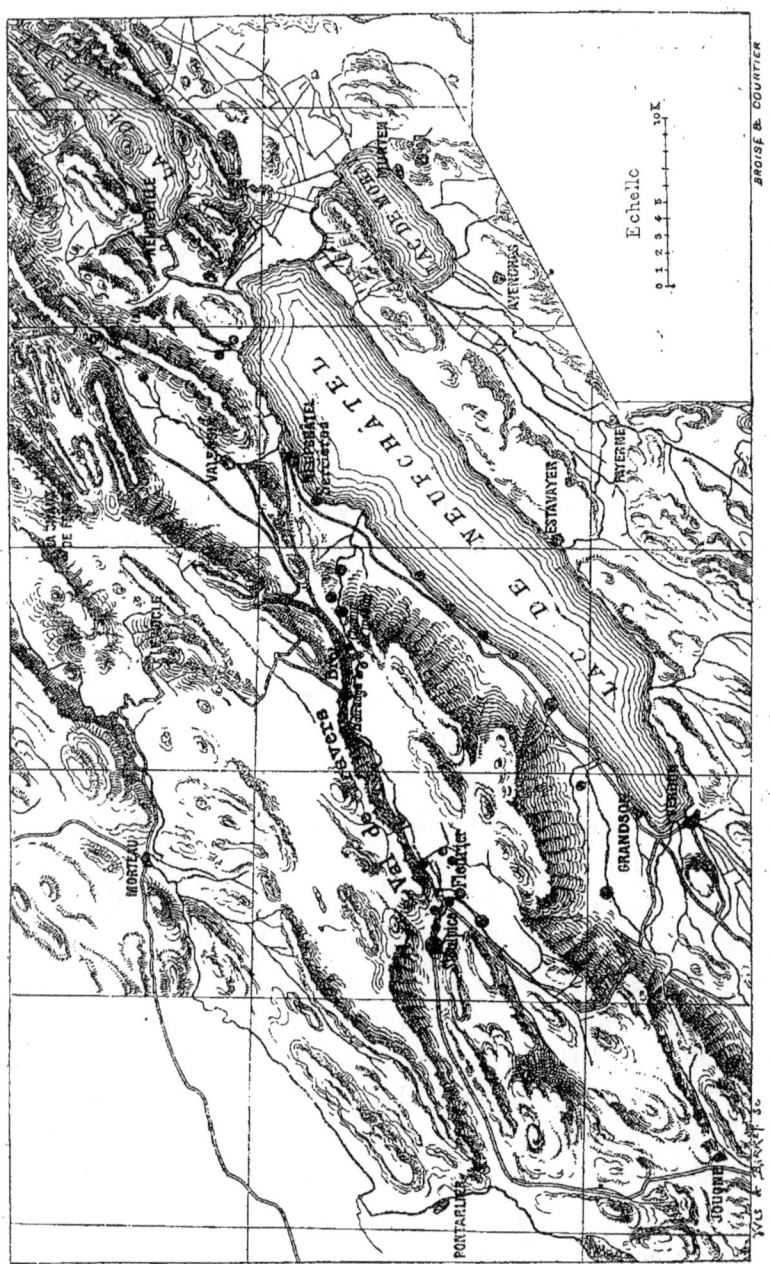

Fig. 131. — Carte montrant la disposition des principales sources du bassin de l'Areuse et de quelques autres du bassin neuchâtelois. D'après M. le Dr Jaccard.

avec une grande rapidité. Elle y circule et en ressort non moins rapidement, puisqu'on a vu le débit de l'Areuse qui était à l'étiage, de 1 mètre cube par seconde, s'élever, dans l'espace de trente-six heures, à 100 mètres cubes, à la suite de pluies abondantes dans les vallées supérieures.

Toutefois, un certain nombre de sources échappent à ces fluctuations et sont même remarquables pour l'invariabilité de leur débit.

L'Areuse reçoit du bassin des Granges de Sainte-Croix un contingent tout aussi capricieux dans son débit; car on l'a vu s'élever, à son passage à Buttes, à 10 mètres cubes par seconde, tandis qu'en certaines saisons, l'eau disparaît dans les graviers et se mêle à la nappe phréatique du Val-de-Travers. De même à Motiers et à Couvet s'ouvrent des gorges profondes par lesquelles débouchent, de temps en temps, des torrents furieux, dont le lit est à sec pendant la plus grande partie de l'année.

La vallée des Ponts[1], située à environ 1000 mètres d'altitude, est un vrai type de haute vallée jurassique à fond tourbeux, mais sans rivière qui s'en échappe. Bien différente des vallées plus basses, du Val-de-Travers où serpente l'Areuse, du Val-de-Ruz où coule le Seyon, elle ressemble aux vallées plus élevées de la Brévine et de la Chaux-de-Fonds. Les eaux, ne pouvant s'échapper de ces dépressions sans issues, se rassemblent sur les couches calcaires horizontales qui forment le fond de la cuvette; une couche d'argile, par son imperméabilité, détermine un vaste marais qui envahit la vallée tout entière et la transforme en tourbière : la tourbe atteint en général une épaisseur de 6 mètres.

Mais l'écoulement des eaux, impossible au fond de la

---

[1] Desor. *Les Emposieux de la vallée des Ponts*, p. 38.

vallée, est possible sur les bords. Là des couches calcaires se sont brisées, de telle sorte que les eaux, en atteignant ce niveau, trouvent des issues. Ces issues sont les *emposieux* (fig. 152), vastes entonnoirs où les eaux pluviales se préci-

Fig. 152. — Coupe hypothétique montrant comment les *emposieux* de la Vallée des Ponts paraissent donner naissance au ruisseau de la Noiraigue (canton de Neuchâtel); Ka, calcaire astartien; Kp, calcaire ptérocerien; Kv, calcaire virgulien; P, purbeckien; C, néocomien; t, tourbières. D'après Desor.

pitent et où se perdent quelques petits cours d'eau alimentés par les faibles sources des pentes voisines. Les emposieux sont rarement isolés; ils forment des groupes, fréquemment alignés suivant les failles qui traversent le pays. Leur grandeur est inégale : quelques-uns n'ont que 20 mètres de diamètre; d'autres, non loin du village des Ponts, ont jusqu'à

100 mètres à leur ouverture supérieure. La forme est celle d'un entonnoir ou d'un cône renversé des plus réguliers. Au fond, on distingue, au milieu des hautes herbes et des plantes aquatiques, dont l'ombre et l'humidité favorisent la végétation, l'orifice par lequel l'eau peut s'écouler. Le groupe de Combe-Varin, à l'extrémité orientale de la vallée des Ponts, en fournit un exemple remarquable.

Voici les principales sources du bassin de l'Areuse reconnues jusqu'à ce jour : Rive gauche : source de l'Areuse (la Doux); Saint-Sulpice; la Sourde ; Couvet; Grand-Fontaine; la Noiraigue; Brot; Rochefort. — Rive droite : sources du Pont-de-l'Areuse; des Rayes; la Raisse de Fleurier; sources du Pré-Marceau; de Motiers; du Champ-du-Moulin; de Combe Garot ; de Frément.

Le Doubs, dont la source est près de Mouthe, à la cote de 937 mètres, est grossi à 200 mètres plus bas et se transforme en un lac profond et tranquille : le lac de Chaillexon. Pendant les basses eaux de 1870, M. Jaccard a vu le fond de ce lac donner issue à une rivière distincte, allant mêler ses eaux à celles du courant principal, à une trentaine de mètres de la source.

Le fond de la vallée est plus plat. Les emposieux correspondent par conséquent au point où les couches cessent d'être horizontales pour s'incliner ; en d'autres termes, où les roches calcaires du sous-sol se sont brisées. Les eaux arrivent ainsi au travers des calcaires portlandiens, sur la première couche imperméable qui vient affleurer dans la combe de Noiraigue, au pied de l'escarpement des Blanches-Roches, de 300 mètres de hauteur. « Il existe donc, dit M. Desor, une liaison intime entre les marais et les grandes et belles sources de notre Jura. Sans les marais de nos hautes vallées, nos rivières seraient à sec en été et deviendraient des torrents dévastateurs dans la saison des pluies. »

L'eau qui s'engouffre dans les emposieux de la vallée des Ponts va reparaître dans la vallée de l'Areuse, à une altitude moindre de 274 mètres, pour former la source de la Noiraigue, près du village auquel elle a donné son nom. Le trajet qu'elle parcourt n'étant pas très long, elle n'a pas le temps de s'épurer complètement; elle conserve encore en partie sa nuance primitive en reparaissant au pied des rochers de la Clusette : c'est pourquoi elle s'appelle *noire aigue* ou noire eau.

Déjà Saussure a appelé l'attention sur l'Orbe, qui, au sortir du petit lac de Joux, se perd dans des rochers calcaires, au pied d'un escarpement de même nature.

Non loin de Kandersleg[1], le lac de Daube, à plus de 2000 mètres au-dessus de la mer, n'a pas d'écoulement visible, quoiqu'il soit alimenté par le torrent du glacier du Laemmeren. Mais à 400 mètres plus bas et à environ 3 kilomètres sur la Spitalmatt, entre Kandensteg et la Gemmi, il existe plus de cinquante sources qui très probablement résultent d'une infiltration du lac à travers les calcaires très fendillés de la Gemmi.

Œsel[2]. — Dans la Baltique, le calcaire et les dolomies en couches horizontales qui constituent l'île d'Œsel contiennent beaucoup de cavités, à travers lesquelles les ruisseaux prennent un cours souterrain, qui pour l'un d'eux est de 4 kilomètres.

Angleterre. — Presque toutes les cavernes de l'Angleterre, à part quelques-unes du Devonshire et du Somersetshire, sont dans le calcaire carbonifère, et donnent lieu souvent à

---

[1] Ischer. *Feuille géologique*, n° XIII.
[2] Eichwald. *Société impériale de Moscou.* T. 27, p. 78.

des pertes et à des apparitions subites de ruisseaux et de cours d'eau. Celles de Ingleborough et de Castleton, dans les environs de Bristol, s'ouvrent dans des gorges étroites où sont engloutis beaucoup de ruisseaux (*swallow holes*). C'est ainsi que dans le sud du pays de Galles, le ruisseau le Lwchwr jaillit tout à coup.

Irlande [1]. — En Irlande, le calcaire carbonifère a une épaisseur de 800 à 1000 mètres; sa portion moyenne contient généralement des lits d'argile schisteuse et n'est pas très aquifère; mais les portions supérieure et inférieure, qui consistent en calcaire pur avec des lits accidentels de silex, sont fortement pénétrées par les eaux. Des cavernes et des canaux souterrains, à travers lesquels elles circulent, se sont produits dans diverses parties du pays, particulièrement dans les comtés de Clare, de Limerick, de Gallway, de Sligo, de Fermanagh et de Donegal.

L'une des plus remarquables peut-être de ces rivières souterraines est celle qui transporte les eaux de Lough-Mask à Lough-Corrib, dans le comté de Gallway. Lough-Mask est un lac considérable, ayant 16 kilomètres de longueur du nord au sud, qui reçoit de nombreux cours d'eau, tant du district montagneux de l'ouest que du pays plat qui le borde à l'est. Toutes les eaux ainsi réunies passent par un canal souterrain sinueux, d'environ 4 kilomètres de longueur, et aboutissent à la tête de Lough-Corrib, où elles jaillissent en une série de magnifiques sources, à la base des escarpements de calcaire et au village de Cong.

Dans les comtés de Sligo et de Fermanagh, où le calcaire carbonifère occupe des plateaux élevés, il y a beaucoup d'exemples intéressants de rivières souterraines, dont quel-

---

[1] D'après une communication manuscrite de M. Ed. Hull.

ques-unes cependant ne donnent de l'eau qu'après de fortes pluies.

Comme exemple de ces rivières souterraines, celle qui jaillit au Marble-Arch, près Florence-Court, est d'un intérêt spécial (fig. 153). L'étage du calcaire supérieur forme une terrasse, limitée par un escarpement à pic regardant l'est, dont la base est constituée par les lits schisteux du groupe moyen. Au-dessus de ce plateau s'élève une colline formée de millstone-grit et des couches de Yoredale atteignant, à Cuilcagh, une altitude de 650 mètres. Les cours d'eau qui

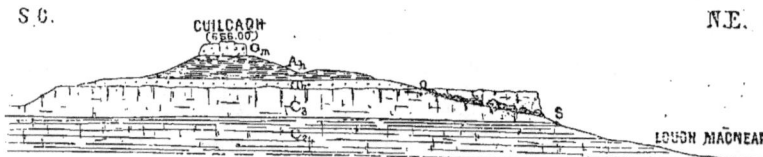

Fig. 153. — Section par Cuelcagh, comté de Fermanagh, montrant la disposition d'un courant souterrain à travers le calcaire carbonifère supérieur, qui alimente, entre autres sources considérables, celle qui jaillit en S, au pied de l'escarpement du Marble Arch. C_2, calcaire carbonifère moyen; C_3, calcaire carbonifère supérieur; G_1, grès et argile de Yoredale; A_1, schist de Yoredale; G_2, millstonesgritt; O, orifice supérieur du conduit souterrain. — D'après la très obligeante communication de M. Edward Hull.

descendent les pentes de cette petite chaîne de collines coulent jusqu'au plateau de calcaire, où ils disparaissent dans des cavités étroites. Alors elles courent souterrainement, jusqu'à ce qu'elles jaillissent à la base du calcaire supérieur, comme on le voit, par exemple, au Marble Arch. Après une pluie violente, quand tous ces canaux souterrains sont pleins d'eau, la ligne de sources se précipitant le long de l'escarpement au-dessus de la rive méridionale du Lough-Erne, présente un spectacle remarquable.

D'après M. Kinahan [1], les cavernes du calcaire carbonifère supérieur, outre les rivières souterraines qui les traversent, sont en rapport, à la surface du sol, avec beaucoup de

---

[1] *Geology of Ireland*, p. 325.

petits lacs sans issue apparente, appelés *blind lakes* ou du nom celtique *turloughs*, qui sont pleins d'eau en hiver et secs en été.

Les *sluggas*, non moins caractéristiques, sont associés aux turloughs et aux rivières souterraines, et ils résultent de l'effondrement de portions de rochers, dans les cavités sous-jacentes où coulent ces rivières. On peut ainsi quelquefois en suivre le cours. Les sluggas sont dispersés irrégulièrement sur une étendue considérable, de manière à faire supposer que le sous-sol est traversé par de nombreux cours d'eau souterrains. Quelques-uns sont des trous abrupts très profonds; d'autres sont de faibles dépressions, et quand l'eau, durant les averses, coule dans ces dernières, elle déborde dans les terres voisines formant des turloughs, qui deviennent des pâturages pendant l'été. Un slugga est ordinairement circulaire et a des parois verticales.

Dans la vaste région calcaire située entre l'embouchure du Shannon et la baie de Killala, les rivières et les cours d'eau sont plus ou moins souterrains, et les meilleurs exemples se voient aux environs de Gort. La rivière Beagh sort du Loch-Coster. Après avoir eu, sur 3 kilomètres, un cours à découvert, elle s'engouffre dans le calcaire sous un bourrelet de cailloux; mais sa course peut être reconnue, grâce à ses sluggas, qui ont reçu différents noms, entre autres ceux de Devil's punch bowl, Black weir, etc., jusqu'à la caverne de Polduagh, d'où il revient de nouveau à la surface. C'est alors, sur environ 4 kilomètres et demi, une rivière à ciel ouvert; puis il s'engouffre de nouveau au sud-est de Killarten, reparaît au jour à l'ouest du village, pour se perdre et apparaître plusieurs fois, jusqu'à ce qu'enfin il trouve une voie dans le Coole-Lough, qui s'écoule à la mer par un canal souterrain. Il serait facile de citer, dans la même région, d'autres faits du même genre.

Espagne[1]. — Dans la région de la Sierra de Cazorla (provence de Jaen) où prennent naissance le Guadalquivir et la Segura, on observe au pied d'un escarpement de calcaire caverneux, une très volumineuse source jaillissante. Elle s'élèverait, d'après une mesure prise le 15 août 1881, à 10 mètres de hauteur verticale, et l'on assure qu'à la suite d'hivers pluvieux, ses dimensions sont encore plus considérables. L'origine de cette source paraît se rattacher aux puits absorbants qui, sur plusieurs kilomètres, s'échelonnent le long de la route par laquelle on pénètre dans la vallée de la Segura.

Le cours souterrain du Guadiana, dans la province de la Manche, est classique.

Italie[2]. — Les Apennins, de même que la plupart des pays calcaires, absorbent facilement les eaux et, par suite, donnent lieu à des sources très volumineuses qui sortent çà et là au fond des vallées et forment l'origine de cours d'eau. Dans l'intérieur de ces grands massifs, il s'établit des courants souterrains en sens divers, dont la direction correspond souvent à celle des eaux coulant à la surface.

L'eau Marcia[3], conduite la première fois à Rome par le préteur Quintus Marcius, en l'an 608 avant Jésus-Christ, est encore de la première importance pour la Rome moderne. Ses sources dites Serene se trouvent sur la gauche de l'Aniene supérieur, à 20 kilomètres au-dessus de Tivoli et à un niveau de 320 mètres au-dessus du niveau de la mer;

---

[1] D'après une communication manuscrite de M. de Madrid d'Avila.
[2] D'après une communication manuscrite que je dois à l'obligeance de M. Giordano.
[3] Une société, un peu avant 1870, avait entrepris de ramener ces eaux à Rome. L'aqueduc en maçonnerie jusque auprès de Tivoli peut débiter 100,000 mètres cubes par vingt-quatre heures. De Tivoli, à 186 mètres au-dessus de la mer, un siphon de 26 kilomètres et demi apporte l'eau à Rome, sur la place de la station, à la cote de 60 mètres, mais avec une force ascensionnelle de 80 mètres. De là elle est distribuée, sans pression, aux différentes parties de la ville.

jaillissant en abondance des flancs calcaires de la vallée, elles peuvent être considérées comme le drainage d'une partie de la chaîne de l'Apennin.

Les montagnes calcaires de la Sabine, généralement de calcaire jurassique et crétacé, sont également remarquables par leur perméabilité, et les grandes sources plus ou moins constantes qu'elles produisent dans les vallées alimentent les rivières du Velino et de la Neva, principaux affluents du Tibre. Aussi ce fleuve, quoique peu considérable en lui-même, jouit d'un caractère de fixité dans son débit, dont le minimum en été n'est guère au-dessous de 170 mètres cubes par seconde. Le Velino est formé lui-même par les grandes sources sortant des flancs calcaires des montagnes d'Antvodoco et autres de la Sabine et atteignant quelquefois un débit total de 50 mètres cubes par seconde. Cette masse d'eau tombe tout à coup dans la Neva, un peu au-dessus de Terni, et forme la cascade dite delle Marmore, à cause des nombreuses incrustations qu'elle forme (fig. 154). Cette cascade magnifique, de 160 mètres de hauteur totale, se fait d'abord à pic, puis en un vaste éventail; elle représente une force motrice de 50,000 chevaux. De plus, la Neva, très rapide sur plusieurs kilomètres, en pourrait donner encore au moins autant.

Les montagnes de Tivoli, également calcaires, produisent par leur drainage l'Aniene (Anis) ou Teverone, confluent du Tibre à l'entrée même de Rome. Son débit est souvent de 40 à 50 mètres cubes, et au minimum de 15 mètres cubes par seconde. En débouchant des montagnes de Tivoli vers la plaine, cette rivière tombe du niveau de Tivoli même, qui est à 200 mètres, jusqu'à celui de la plaine sous-jacente qui est de 60 au plus, en formant les fameuses *carcaterelles* et les *cascatelles* (fig. 155).

On peut encore mentionner, aux environs de Rome, les

Fig. 154. — Chute du Velino au-dessus de Terni, dite *Cascade delle Marmore*, donnant une idée du volume considérable des sources qui l'alimentent.

grandes sources qui sortent du pied occidental de la chaîne

INFLUENCE SUR LE RÉGIME DES EAUX. 357

calcaire des monts Lepini, sources débitant plusieurs mètres

Fig. 155. — Cascade et cascatelles de Tivoli.

cubes par seconde et qui, débouchant dans les marais Pontins, alimentent les grands canaux d'eau claire qui rendent cette basse région si caractéristique par son régime hydraulique.

Le Sarno, à 40 kilomètres à l'est de Naples, mérite aussi d'être cité, comme source rentrant dans la même catégorie.

Dans le massif du mont Alburno (province de Salerne), qui est formé de calcaire compact crétacé, la conformation du plateau explique l'énorme volume d'eau qui s'y engouffre. Parmi les sources qui en jaillissent, la plus importante est

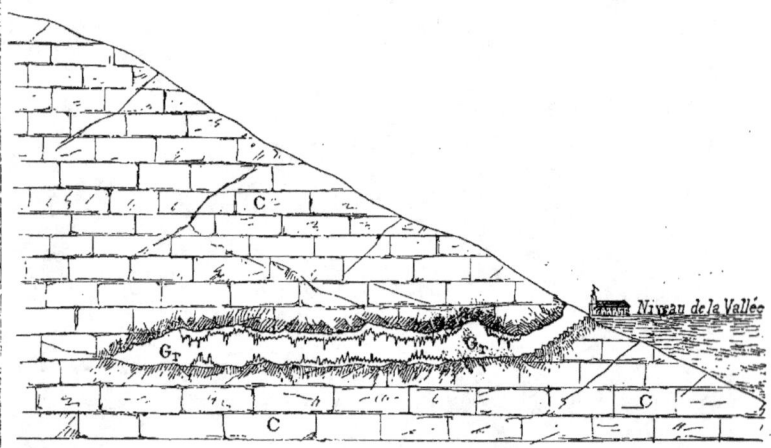

Fig. 153. — Grotte de Monsumano, Toscane. Coupe longitudinale. C, calcaire grisâtre rapporté au lias inférieur. — D'après M. Giordano.

celle de la grotte de l'Aviso, à 1500 mètres d'Ottati; elle fait mouvoir plusieurs moulins et se jette dans la rivière de la Fasanelle.

A Monsumano, dans le val de Nievole, en Toscane, existe une source d'eau chaude saline et calcarifère, assez semblable à celle des thermes de Montecatini, qui se trouvent à peu de distance au S. O. Un petit établissement construit près de cette source est avoisiné par une grotte naturelle, qui sert de *tepidarium* humide pour les malades, et a une température d'environ 36 degrés. Découverte en 1849 seulement, cette grotte (fig. 156 et 157) est ouverte dans une crevasse ou faille des couches calcaires liasiques. Son fond est inférieur de 5 à 6 mètres à la vallée et on y entre par un escalier. Elle n'est praticable qu'en été, à cause des eaux qui l'envahissent l'hiver. La longueur de la partie accessible est de 200 mètres environ, sur une largeur variable de quelques mètres. Toutes les parois, ainsi que les aspérités du

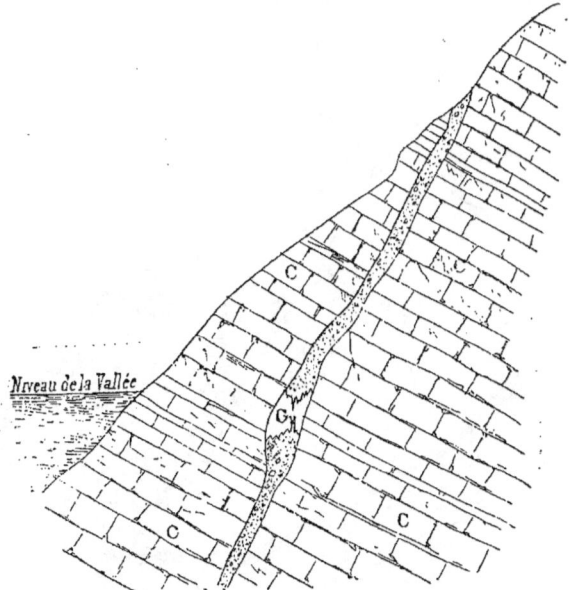

Fig. 157. — Grotte de Monsumano, Toscane. Coupe transversale. Mêmes lettres que pour la figure précédente. — D'après M. Giordano.

fond, sont tapissées de cristaux de calcite, ce qui lui donne un aspect fort agréable.

Il y a lieu de mentionner encore la Polla de Cadimare, source sous-marine au fond du golfe de la Spezia, tout près des constructions du grand arsenal. Une forte colonne d'eau douce y surgit au milieu de l'eau salée, d'une profondeur d'environ 18 mètres, et vient former à la surface un champignon qui repousse les petits bateaux. Il y a encore d'autres sources analogues, mais moins remarquables, qui sont alignées dans la direction N. O. à S. E. du promontoire limitant le golfe (fig. 158 et 159). On avait fait jadis le projet de l'utiliser pour les besoins de l'arsenal, en la captant et en l'amenant au-dessus du niveau de la mer, par un gros tuyau implanté dans le fond.

L'origine de ces sources sous-marines se trouve à 4 kilo-

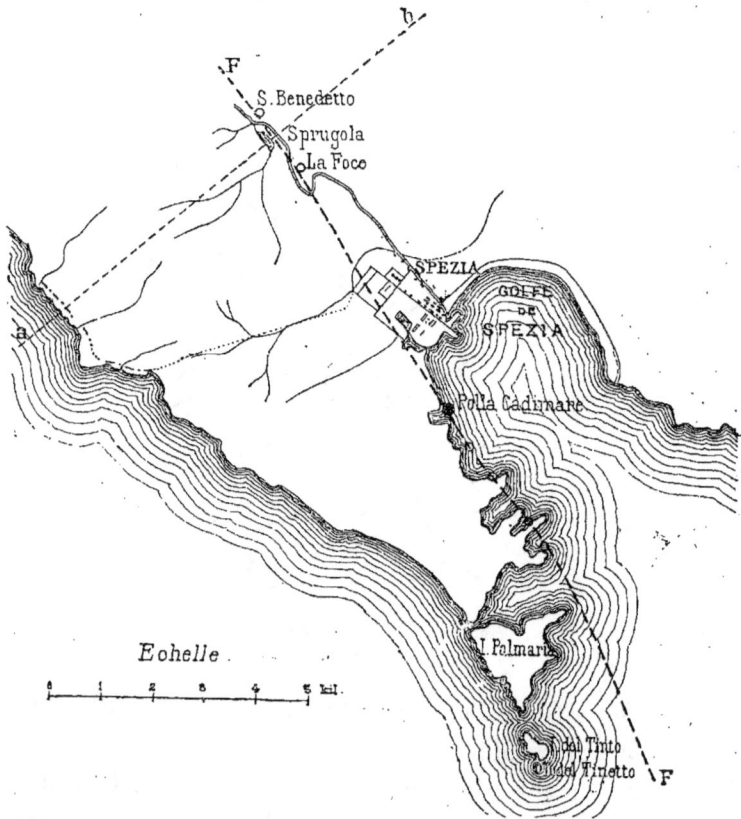

Fig. 158. — Situation de la source souterraine de Cadimare (Polla) dans le golfe de la Spezia. FF, faille sur laquelle sont alignées plusieurs sources et les infiltrations qui les alimentent, notamment à San Benedetto. — D'après une communication manuscrite de M. Giordano.

mètres 1/2 environ, dans l'intérieur des terres, près de San Benedetto. Des entonnoirs absorbent les eaux pluviales, qui se trouvent sur l'alignement d'une grande faille ayant la même direction N. O. à S. E. du golfe, et faisant buter l'éocène contre les calcaires caverneux du trias et de l'infralias. Les sources sont sur le prolongement sous-marin de cette faille; et, comme les entonnoirs absorbants sont à un niveau très élevé, environ 200 mètres au-dessus de la mer, on s'explique facilement la vigueur du jaillissement.

La grotte de Doums-Novas près du chemin de Cagliari à

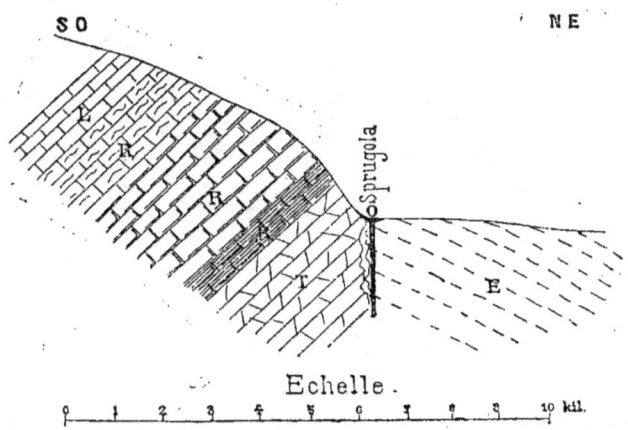

Fig. 159. — Coupe suivant AB de la figure précédente, passant par Spragola, à proximité des infiltrations d'eau qui alimentent la Polla et les autres sources sous-marines du golfe de la Spezia. T, trias; R, infra lias (rhétien); L, lias; E, éocène; FF, faille. — D'après une communication manuscrite de M. Giordano.

Iglesias, dans le sud-ouest de la Sardaigne (fig. 160), est fort remarquable par sa longueur, ainsi que par sa beauté, à cause des stalagmites qui forment des séries de bassins échelonnés. Les sources sortant des calcaires sur les schistes siluriens, dans la vallée de Barrascuitta, avec un délit qui varie de 80 à 400 litres par seconde, forment un fort ruisseau qui traverse ladite grotte, à côté d'un chemin pratiqué par les voitures, comme dans un tunnel, et qui sort au débouché de la grotte.

Moravie. — Le calcaire dévonien des environs d'Adamsthal et de Blansko, en Moravie, non loin du massif de syénite, constitue un plateau qui a environ 40 kilomètres de long sur 4 à 6 kilomètres. Les eaux y descendent dans de nombreux gouffres et se perdent dans des cavernes, pour suivre un cours souterrain à travers ce calcaire. Ce cours souterrain des eaux est accusé à la surface par une série de dépressions,

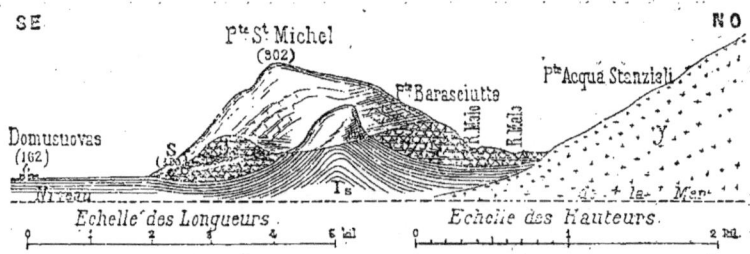

Fig. 160. — Coupe montrant la situation de la source et de la grotte de Doums-Novas, dans le S. O. de la Sardaigne. y, granite; Is, schistes siluriens; lc, calcaire silurien. — D'après une communication manuscrite de M. Giordano.

en forme d'entonnoirs, et dont le célèbre Mazocha, non loin de Blansko, a 55 mètres de profondeur.

On peut citer[1] au-dessous d'Ostrow, à une altitude supérieure à 400 mètres, un lac de plusieurs kilomètres de longueur qui, par son écoulement, alimente une rivière.

Bosnie et Croatie. — D'après M. V. Mojsisovics[2] ces caractères se retrouvent dans la Bosnie occidentale et la Croatie turque. Là aussi de vastes cavités en forme d'auge (*poljé* dans la Turquie slave) déterminent dans les roches des cours d'eau souterrains.

Il en est de même en Albanie et en Dalmatie.

Grèce[3]. — Au point de vue qui nous occupe, la Grèce offre des exemples classiques. Les calcaires y constituent des

---

[1] Martin Krïz. *Geologische Reichsanstalt* 1883, p. 253.
[2] Mojsisovics. *Géologie du Karst*, 1880.
[3] Boblaye et Virlet. *Géologie de la Morée*, p. 320.

bassins fermés, dont les eaux, au lieu de s'écouler librement, comme dans les vallées ordinaires, sont retenues par des barrages naturels. Chacun de ces bassins fermés possède un ou plusieurs gouffres, par lesquels se dégorgent les lacs et se perdent les eaux des torrents; on les désigne aujourd'hui dans toute la Grèce sous le nom de *katavothra*; les anciens les nommaient *zerethra* et *chasma*. Ils sont situés en général au pied des montagnes qui forment l'enceinte des bassins, et on reconnaît toujours, dans les rochers qui les surmontent, des fentes ouvertes, des fractures, et souvent beaucoup de désordre dans la stratification. Lorsque l'ouverture se présente au milieu de la plaine, comme à Kavaros (Pyrrhicus) dans la presqu'île du Ténare, et à Tripolitsa, on ne la reconnaît en été qu'à un dépôt rougeâtre tout crevassé. Mais lorsqu'elle est située dans les rochers, au pied des montagnes, elle est souvent assez spacieuse pour qu'on puisse y pénétrer : tels sont les gouffres du lac Stymphale, du lac Copaïs dont l'assèchement a été l'objet d'études[1], et celui de Tsipiana près Mantinée, dans l'intérieur duquel est construit un moulin, pour profiter de la chute d'eau. On y reconnaît des chambres à parois lisses, des couloirs étroits et des lacs qui sont une ressource pour les bergers, sur ces plateaux arides.

De ces pertes d'eau résultent de fortes sources nommées *kephalowrysi*, caractérisées par leur intermittence; le fleuve sous-marin de l'Anavolo, mentionné par Pausanias, sous le nom de Dine, présente un intérêt spécial. A 300 ou 400 mètres du rivage, on voit, dans un temps calme, quoique la mer ait de 8 à 10 mètres de profondeur, les flots dessiner de grands arcs concentriques autour d'une partie très bombée, et les sables du fond bouillonner sur une étendue considérable.

[1] Sauvage. *Bull. Soc. géologique*, 2ᵉ série. T. II, p. 27.

Le rivage présente des indices d'un effondrement de cavernes, correspondant au cours souterrain du fleuve. La plaine d'Argos est entourée de ces kephalovrysi, dont les eaux produisent les marais pestilentiels que la fable a personnifiés dans l'Hydre de Lerne.

Crimée. — La relation des sources avec les cavernes des calcaires jurassique et crétacé, a été également signalée en Crimée[1].

Algérie[2]. — A 2 kilomètres de l'Aïn Djerob, aux environs de Zerguin, se trouve une source thermale dite Ain-el-Hammam. Elle n'a pas d'écoulement visible du dehors. Son bouillon est situé à 17 mètres environ au-dessus de la surface

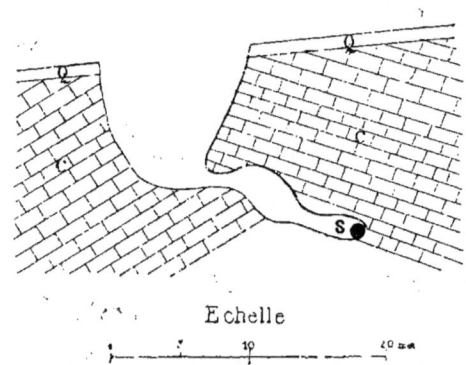

Fig. 161. — Sources de Ain el Hammann. C, calcaire tertiaire; Q, dépôt quaternaire. D'après M. Ville.

du sol et l'eau s'écoule souterrainement, à travers les fissures de la roche crétacée. On y pénètre par une première excavation à ciel ouvert, de 10 mètres de profondeur sur 10 mètres de diamètre.

L'entonnoir (fig. 161) communique avec une première

---

[1] Dubois de Montperreux.
[2] Ville. *Exploration géologique du Beni Mzab et du Sahara*, p. 297.

grotte souterraine, en forme de couloir incliné de 10 mètres de long, 5 mètres de hauteur verticale et 3 mètres de large. A la suite vient une deuxième grotte de 7 mètres de long, 2 mètres de haut et 1^m,50 de large. Au fond se trouve un petit bassin de 0^m,30 de profondeur, 1^m,30 de long et 1 mètre de large, rempli par l'eau thermale. C'est là que se baignent les femmes. Ce bassin communique par une ouverture, qui a 1 mètre de haut sur 0^m,80 de large, avec une troisième grotte souterraine dans laquelle se prolonge le réservoir d'eau thermale et où se baignent les hommes. L'air de la grotte intérieure a une température de 30° et l'eau thermale de 42°.

La roche dans laquelle sont contenues ces grottes est tantôt un calcaire gris, compact, se divisant en petits fragments irréguliers, reliés par une gangue argileuse grise ; tantôt c'est une dolomie de couleurs variées et très géodique.

Syrie ; Nahr-el-Keb[1]. — Parmi les sources remarquables sortant de calcaires à cavernes, on peut citer celle de Nahr-el-Keb (rivière du chien), l'ancien Lycus, qui aboutit à la mer près Beyrouth.

Un très fort volume d'eau sort d'une grotte pittoresque (fig. 162) rappelant tout à fait, d'après M. le duc de Luynes, la fontaine de Vaucluse, et dans laquelle on entend mugir des eaux, d'où vient peut être son nom. La source s'élance avec impétuosité et grand bruit au pied d'un rocher, d'une hauteur de 10 à 15 mètres, où abondent des natices et autres fossiles crétacés.

C'est en ce point que M. Louis Lartet a découvert d'abord des couteaux de silex.

Beaucoup d'autres sources très fortes sont signalées comme

[1] Duc de Luynes. *Voyage à la mer Morte.*

sortant de grottes; telles sont celles, au nombre de six,

Fig. 162. — Nahr-el-Keb (rivière du chien), l'ancien Lycus. — D'après M. le duc de Luynes.

du Wady Mousa, celle du Nahr-el-Asi et celle du Wady Hasbany[1].

États-Unis : Kentucky et Indiana[2]. — Les eaux souterraines des cavernes du Kentucky et de l'Indiana, ont leurs cascades, comme les rivières ordinaires, et on peut y naviguer sur de grandes distances. D'après M. Dana, on a reconnu plus de 100,000 kilomètres de chambres souterraines dans le calcaire subcarbonifère du Kentucky (shales), plusieurs milliers dans celui de l'Indiana, et d'autres, mais moins étendus, dans les calcaires siluriens. Des rivières se perdent dans ces cavernes,

[1] Duc de Luynes. Ouvrage précité, p. 153 et 720, et Planche LIX.
[2] Dana. *Manuel of Geology*, p. 663-1880.

tandis que d'autres orifices débitent tout à coup de grands cours d'eau, tel que le Lost-River, dans le comté d'Orange (Indiana). De nombreux entonnoirs (*sink-holes*) près Saint-Louis, dans l'état de Missouri, doivent provenir d'effondrements du toit des cavernes, de même que les dolines et d'autres cavités, dont il a été précédemment question.

CHAPITRE VI

EAUX POUSSÉES PAR DES GAZ COMPRIMÉS

Au lieu d'être amenées au jour par l'action de la gravité, comme dans les exemples qui nous ont occupés précédemment, les eaux souterraines sont parfois poussées par la tension de gaz.

Ce rôle est ordinairement dévolu à l'acide carbonique, si abondant dans les régions profondes; parfois aussi, dans les terrains pétrolifères, c'est l'hydrogène protocarboné, pouvant être accompagné d'autres carbures d'hydrogène, qui sert de moteur. Celui-ci est plus rarement l'azote.

§ 1. EAUX POUSSÉES PAR L'ACIDE CARBONIQUE.

Sondage de Montrond, Loire. — Un forage exécuté à Montrond, canton de Saint-Galmier, pour la recherche du terrain houiller, a présenté des phénomènes intéressants, au point de vue des eaux souterraines, et surtout des mouvements que peuvent leur faire subir les gaz qui y sont associés.

Après les sables tertiaires supérieurs du Forez, la sonde a traversé, sur 40 ou 50 mètres, des marnes blanches ou vertes de l'étage miocène inférieur; puis, des argiles verdâtres alternant avec des bancs arénacés, qui ont été assimilés au terrain permien, mais que M. Gruner considère comme analogues aux schistes ardoisiers anciens des environs de Saint-Galmier.

Ce sondage, d'après les nombreux documents que je dois à l'obligeance de M. F. Laur, a rencontré trois nappes principales : 1° à 23 mètres une eau douce jaillissante; 2° à 180 mètres dans des sables verts, une eau thermale minéralisée avec un peu d'acide carbonique; 3° à 502 mètres une eau thermale également minéralisée et très chargée d'acide carbonique, dont la proportion augmente avec la profondeur. Des tubages ont été introduits successivement les uns dans les autres, pour maintenir les parois (fig. 163); leur diamètre, et leur profondeur sont indiqués par les chiffres suivants : 1° de $0^m,410$ prenant pied à 23 mètres; 2° de $0^m,360$, id. à 100 mètres; 3° de $0^m,310$ id. à 225 mètres; 4° de $0^m,260$ id. à 419 mètres; 5° de $0^m,210$ id. à 473 mètres. Ce dernier aboutit à une dernière nappe, très chargée d'acide carbonique, qu'amène au jour un tube central d'un diamètre de $0^m,125$.

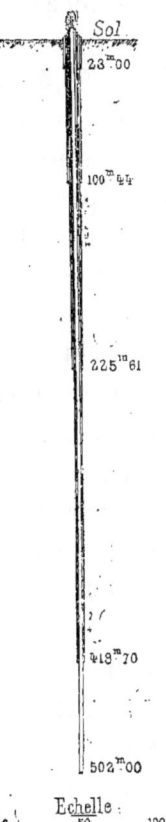

Fig. 163. — Coupe du sondage de Montrond. — D'après M. F. Laur.

Cette abondance d'acide carbonique rappelle les eaux

bicarbonatées sodiques de Saint-Galmier et de Montbrison, qui sont en rapport avec des masses basaltiques.

L'écoulement normal a toujours eu lieu dans l'espace annulaire laissé par le tubage de plus grand diamètre et de plus bas niveau. Ainsi avant que la source de 23 mètres fût bétonnée, l'eau coulait entre la colonne de $0^m,440$ et celle de $0^m,360$. Dans la colonne centrale de $0^m,210$ le niveau d'eau était toujours un peu plus bas que dans les espaces annulaires. L'eau se rapprochait toujours des parois et sortait par le point le plus bas.

Normalement les sources réunies de 180 et de 502 mètres, et dans les conditions d'émergence qu'on leur a faites, débitaient 576 mètres cubes d'eau par vingt-quatre heures.

Le 23 septembre 1881, on était arrivé à la profondeur de 475 mètres, quand il se produisit une première éruption qui fut suivie d'autres, dans les circonstances suivantes (fig. 164).

L'espace annulaire de la colonne de $0^m,360$ donna alors un débit inusité, qui projeta à 2 mètres de hauteur des gerbes d'une eau écumeuse. Cette *éruption annulaire*, qui avait passé par un maximum, diminua et cessa presque totalement. L'eau s'abaissa ; les espaces annulaires et la colonne centrale de $0^m,210$ fortement agitée faisaient entendre un grand bruit, occasionné par un très fort dégagement gazeux. Peu d'instants après, le liquide s'éleva dans cette colonne centrale, avec une vitesse de $0^m,05$ par seconde environ, déborda assez tranquillement au-dessous de ce tuyau central ; puis, après 10 ou 12 secondes, s'élança en deux ou trois saccades ou pulsations, sous forme d'une gerbe qui atteignait 35 mètres de hauteur. Le jaillissement restait à cette hauteur pendant 5 minutes, puis commençait à décroître : au bout de 20 minutes environ *l'éruption centrale* était terminée et il régnait un calme apparent ; le

Fig. 164. — Sondage de Montrond. Fin du jaillissement annulaire et début du jaillissement central. C colonne centrale ayant $0^m,21$ de diamètre; j jaillissement annulaire à sa fin; j jaillissement central à son début. La photographie a inscrit les différentes saccades $S. S. S. S$ du jet et enfin le jet b, qui commence à devenir rectiligne. — D'après M. F. Laur.

débit des sources, presque annulé, ne commençait à redevenir notable qu'au bout de cinq minutes.

Ce phénomène s'est reproduit plusieurs fois; puis il a cessé, pour reprendre à la profondeur de 497 mètres, dans une autre couche de sable quartzeux, toujours avec la même durée de 20 minutes pour l'éruption centrale.

Ainsi, on voyait se succéder : 1° une éruption annulaire; 2° après cessation de ce débit annulaire, une éruption centrale pendant 20 minutes; 3° après un repos extérieur de 5 à 10 minutes, reprise du débit annulaire normal.

La photographie a été prise à la fin du jaillissement annulaire et au début du jaillissement central.

La figure 165, prise en février 1883, représente le jaillissement depuis le captage, qui a lieu non plus par le tube de $0^m,210$, mais par le tube de $0^m,125$ allant jusqu'au fond. Il n'y a donc plus de jaillissement annulaire, les autres nappes ayant été obturées. La cheminée en bois par laquelle il s'échappe en O, avait un mètre carré. On voit par les ruissellements d'eau e, e, quel volume était débité, et par la verticalité, quelle puissance avait le jet. De gros morceaux de planche étaient lancées bien plus haut que l'eau, jusqu'à 50 ou 60 mètres de hauteur.

Lors des grandes éruptions, deux jets se succédaient à 10 minutes d'intervalle : le premier durait 15 minutes et le second 20 minutes. C'étaient deux éruptions jumelles. Dans ce cas, beaucoup de sable vert était rejeté sur le sol.

Le mécanisme des éruptions et des intermittences de Montrond a pu être produit et dirigé expérimentalement par divers procédés, dont les résultats ont été notés par M. Laur; mais leur exposition nous entraînerait trop loin.

Les baisses barométriques paraissent avoir une influence sur ces jaillissements[1].

---

[1] *Comptes rendus*, t. XCVI, p. 1426, 1883.

L'acide carbonique en se séparant, lorsque la colonne

Fig. 165. — Sondage de Montrond. Jaillissement observé en février 1883. Le jet dépasse le cadre de la figure d'une hauteur à peu près égale à celle qu'on a représentée. O, orifice d'un mètre carré qui livre passage au jet d'eau gazeuse jj; e e ruissellement de l'eau tombée sur le toit. T tranchée exécutée pour le captage. — D'après F. Laur.

approche de la surface, sous forme de bulles, du liquide

374   EAUX POUSSÉES PAR LES GAZ COMPRIMÉS.

dans lequel il était dissous, le rend plus léger : dès lors la

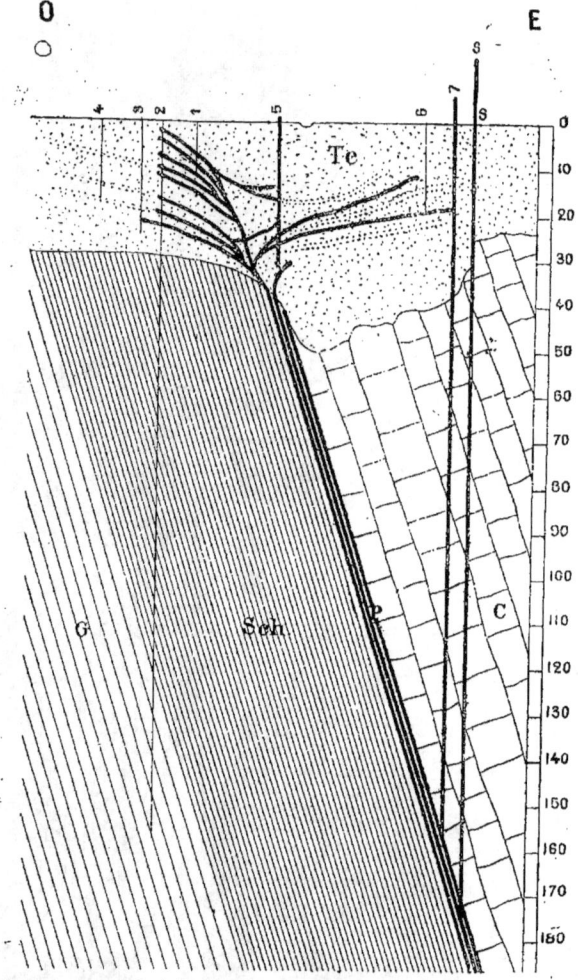

Fig. 166. — Coupe transversale à travers les sprudels salés de Nauheim. G, grès à spirifer; Sch. schiste à orthocères ; P. conglomérat traversé par l'eau salifère ; C, calaire à stringocéphales. Te terrain tertiaire déposé irrégulièrement sur les inégalités des couches dévoniennes. Les traits forts expriment les eaux salées jaillissantes, soit les plans de contact des schistes et des calcaires ; soit en ramifications dans les dépôts tertiaires superposés ; soit enfin suivant les forages. Le jaillissement le plus élevé au-dessus du sol est la source Friedrichwilhelm. D'après M. Ludwig.

pression exercée sur la colonne inférieure devenant moindre, celle-ci abandonne elle-même son acide carbonique.

Quant aux intermittences et à la succession de l'éruption centrale à l'éruption annulaire, elle peut se concevoir par l'existence de vides intérieurs formant réservoir.

Nauheim, Vétéravie (ancien duché de Hesse-Cassel[1]). — Les eaux gazeuses et salées de Nauheim jaillissent abondamment de couches dévoniennes redressées à 72° sur l'horizon (fig. 166), entre les schistes à orthocères et le calcaire à stringocéphales qui lui est superposé. Des dépôts tertiaires recouvrent, sur 20 mètres et davantage, ces couches anciennes.

Divers vestiges annoncent que ces eaux salées ont été exploitées à une antiquité très reculée, bien avant les Romains et les Germains. Plus tard, le désir d'avoir des eaux plus salées a fait entreprendre des puits dont la profondeur varie de 5 à 20 mètres, et qui tous ont donné beaucoup d'acide carbonique.

A partir de 1816, on a exécuté une série de sondages, dont plusieurs, les n°s 5, 7 et 8 ont donné des eaux jaillissantes, de véritables *sprudels*. L'un, partant de la profondeur de 159 mètres, a jailli violemment dans la nuit du 21 au 22 décembre 1846 (fig. 167). Celui de la source Friedrich Wilhem s'élève à 12 ou 14 mètres.

L'ascension de l'eau salée est déterminée par le dégagement de l'acide carbonique que, sous la simple pression atmosphérique, elle renferme à peu près à égal volume. Le mécanisme de l'ascension si rapide de l'eau paraît être conforme à celui qui vient d'être mentionné pour Montrond et rend compte également de l'influence de la pression barométrique sur le dégagement.

Ajoutons qu'il s'exhale du Taunus et de la Vétéravie une

---

[1] Ludwig. *Section Friedberg, geologish bearbeitet*, 1855.

quantité énorme d'acide carbonique, non seulement dans les

Fig. 467. — Vue du sprudel produit par l'acide carbonique, à Nauheim.

nombreuses eaux gazeuses qu'on y connaît, mais aussi à sec, dans le voisinage des sources.

Neuenahr[1], Prusse rhénane. — Les riches exhalaisons de gaz de la vallée de l'Ahr, au pied de la montagne basaltique dite Neuenahr, ont engagé, depuis 1853, à y faire des forages. On était, pour l'un d'eux, à la profondeur de 90 mètres, lorsque, le 3 octobre 1860, à 9 heures du matin, il y eut une violente éruption d'eau qui projeta hors du puits, du sable, ainsi que des morceaux de grauwacke et de quartz de la grosseur d'une noisette. Le phénomène dura une heure, puis cessa subitement. A 11 heures, il y eut une nouvelle éruption semblable, et depuis lors, elles se sont reproduites avec une durée de 1 heure et demie à 2 heures et des intervalles de repos de 2 à 3 heures. On a adapté un robinet au tubage, afin d'utiliser l'acide carbonique.

Kissingen, Bavière[2]. — De même que dans beaucoup d'autres localités, la présence de sources salées naturelles a conduit à faire des sondages à Kissingen pour la recherche du sel gemme. Le trias, c'est-à-dire le grès bigarré, le muschelkalk et le keuper, constituent cette partie de la Basse-Franconie, et vers le nord de Kissingen surgissent les puissantes éruptions basaltiques du Rhöngebirge. Le sondage le plus profond, après avoir atteint le zechstein (*Platten dolomit*) à 495 mètres et le sel gemme à 507 mètres, a pénétré jusqu'à 584^m,22 dans l'anhydrite. A 490 mètres, c'est-à-dire à 5 mètres au-dessus de la plattendolomit, jaillit en abondance l'acide carbonique, accompagnant l'eau salée. Ce puits dit Schönbornsprudel fournit environ par minute 2000 à 6000 litres de gaz associé à 300 ou 600 litres d'eau salée[3].

Paterno, Sicile. — Bien que la plupart des volcans de boue

---

[1] Nœggerath. *Jahrbuch für Mineralogie*, 1862.
[2] Sandberger, *Jahrbuch für Mineralogie*, 1870, t. XXXVIII, p. 642.
[3] Dr Bayerlein. *Bad Kissingen*, 1884.

ou salses soient caractérisés, comme on le verra au paragraphe suivant, par un dégagement d'hydrogène carboné, il en est quelques-uns dans lesquels c'est l'acide carbonique qui prédomine. Tel est le volcan de boue, situé au pied de l'Etna, près de Paterno et nommée Salinella. Le gaz qui s'en dégage en grande abondance a été reconnu par Ch. Sainte-Claire Deville, à deux dates différentes, 26 juin et 23 juillet 1856, renfermer 93 à 96 pour 100 d'acide carbonique, avec 1 à 4 pour 100 d'azote. La salse est entrée en éruption le 22 janvier 1866, à la suite d'un tremblement de terre qui se fit sentir dans les environs[1]. Des colonnes de boue à 46 degrés centigrades, ayant 40 à 50 centimètres de diamètre, jaillissaient les deux premiers jours jusqu'à hauteur d'homme, accompagnées de beaucoup de gaz; l'éruption se faisait principalement par six cratères circulaires de $1^m,50$ à 2 mètres de diamètre; mais il y en avait, sur divers points du sol, qui apparaissaient, tandis que d'autres disparaissaient. La figure 168 représente une éruption de boue salée pétrolifère, poussée par le gaz, qui est survenue le 3 décembre 1878, d'après une obligeante communication de M. le professeur Silvestri.

Selon ce savant, la salse de Paterno a présenté de nouveau, lors des éruptions de l'Etna, de 1879 et de janvier 1883, des caractères d'activité, d'où il a conclu qu'elle est en relation avec l'éruption ignée du grand volcan son voisin[2].

De l'autre côté du fleuve Simeto et tout à fait symétriquement, près de Palagonia, se trouve le lac de Palici des anciens ou *lago di naftia*; il s'y produit des dégagements de gaz (*bulicami*) composés principalement d'acide carbonique, avec 1 à 5 pour 100 d'azote ou d'oxygène et un peu de naphte,

---

[1] D'après le professeur O. Silvestri, *Comptes rendus de l'Académie des sciences*, t. LXII, 1866, p. 646.
[2] *Sulla esplosione dell Etna*, 1884, p. 51.

EAUX POUSSÉES PAR L'ACIDE CARBONIQUE.   379

Fig. 168. — Éruption de boue salée pétrolifère, accompagnée de gaz, survenue le 3 décembre 1878 à la salse de Nacaluba de Paterno (Salinella), à la base S. O. de l'Etna. D'après M. le professeur O. Silvestri.

d'après l'examen qu'en a fait Ch. Sainte-Claire Deville, le 22 octobre 1855.

Ces dégagements d'acide carbonique sont sans doute en rapport avec les anciennes éruptions du val di Noto, ainsi qu'avec la source acidule dite Acqua rossa, située à 600 mètres de la salinelle de Paterno.

§ 1. EAUX POUSSÉES PRINCIPALEMENT PAR DES HYDROGÈNES CARBONÉS.
VOLCANS DE BOUE, SALSES.

Italie : Apennins et Sicile. — Beaucoup de jets d'hydrogènes carbonés sont connus depuis un temps immémorial dans la haute Italie, sous les noms de *terrains ardents*, de *fontaines ardentes*, de *volcans boueux*, de *salses*, de *salinelles*, suivant les conditions particulières de leurs gisements.

Peu de contrées en Europe présentent une aussi grande abondance de dégagements de ce gaz que la région des Apennins qui traverse le Bolonais, le Parmesan et le Modenais, et que MM. Fouqué et Gorceix ont étudiés sur beaucoup de points[1].

Aux environs de San-Venanzio, non loin de Barigazzo, il existe une salse composée d'un cône boueux de 25 mètres de circonférence et de 3 à 4 mètres de hauteur, autour duquel étaient groupés onze cônes plus petits, lors de la visite qu'en ont faite ces savants. Tous laissaient échapper par leur sommet de nombreuses bulles de gaz inflammable. L'argile qui les formait était imprégnée de pétrole et le gaz brûlait.

La salse de Sassuolo, avait déjà attiré l'attention du temps de Pline. En 1789, Spallanzani, qui la visita, la décrivit ainsi :

« A un mille au sud de Sassuolo existe, sur un monticule, une salse environnée d'un cordon de terre et de pierres. Elle

---

[1] *Annales des sciences géologiques.*

se présente sous la forme d'un cône terreux, haut de deux pieds, terminé par un entonnoir d'un pied de diamètre, d'où sortent par intervalles des bulles de quatre ou cinq pouces de diamètre, qui, à peine formées, éclatent et disparaissent. Ces bulles soulèvent une terre argileuse grisâtre imprégnée d'eau et semi-fluide, qui déborde au-dessus de l'entonnoir et descend le long des parois extérieures. A cette époque, les éruptions de la salse paraissaient très faibles, en comparaison de celles qui étaient survenues dans les temps passés : ces dernières avaient fourni vers l'ouest des coulées de boue, qui s'étaient étendues jusqu'à la plaine où passe la grande route, et elles occupaient une aire d'environ trois quarts de mille de tour. »

Spallanzani retourna à Sassuolo le 12 juillet 1790. Quelques semaines auparavant, la salse venait d'avoir une nouvelle éruption. En 1793, dans un troisième voyage, ce savant trouva la salse principale peu active et réduite à un petit cône.

Jusqu'en 1835, la salse de Sassuolo resta dans le repos; au mois de juin de cette année, elle fut le siège d'une nouvelle éruption, qui s'est manifestée avec une forte odeur de pétrole. Le 4 juin, à 5 heures du matin, par un ciel pur et serein et une température modérée, une forte odeur de pétrole se répandit dans l'air. Quelques minutes après, une secousse violente, accompagnée d'une détonation semblable à un coup de canon, agita le sol. La secousse se fit sentir surtout à l'est et à l'ouest, jusqu'à Saint-Michel, au delà du torrent de la Lecchia. La détonation fut entendue à Sassuolo, où toutes les vitres des fenêtres tremblèrent. Les eaux du canal furent agitées par un flot qui heurta violemment les barques des bateliers. Une colonne d'épaisse fumée, traversée par des lueurs jaune rouge, s'échappa de la salse au milieu des détonations. Des pierres et de la boue furent lancées à une grande distance, et une épaisse bouillie d'argile s'échappa des ouvertures. Les pierres rejetées avec l'argile étaient formées de calcaire marneux, de calcaire cristallin, de macigno, de marne argileuse verte, de serpentine, etc. Ces matières se recouvrirent bientôt de croûtes de sel marin.

A 9 heures et demie, une nouvelle détonation, plus faible que la première, se fit entendre. A 6 heures du soir, il s'en produisit une encore plus faible. Elles furent suivies, pendant douze jours, de détonations analogues à des coups de pistolet. La salse continua pendant ce temps à bouillonner, et en appliquant l'oreille contre le sol, on entendait un bruit semblable à celui de l'eau qui coule. La terre, sur le bord de l'ouverture de la salse, présentait à quelque profondeur une température notablement élevée. Le gaz qui s'échappait s'enflammait à l'approche d'une allumette; son odeur loin d'être sulfurée était aromatique. Il ne se produisit pas de cône et l'ouverture était cylindrique. La matière rejetée se répandit sur un espace presque rectangulaire de 276 mètres de long et de 106 de large. La masse en est évaluée à 10 460 000 mètres cubes.

Pendant l'éruption le sol se fendit, et dans les fentes, la température était plus élevée qu'à l'air libre. A quelque distance au sud-ouest, deux sources se montrèrent, l'une d'eau salée, l'autre laissant échapper de nombreuses bulles de gaz inflammable. A cette période d'agitation a succédé une longue période de repos.

Le gaz de la salse de Sassuolo est composé principalement de gaz des marais, 98 pour 100, avec un peu d'azote (1,38) et d'acide carbonique (0,56).

Le volcan boueux situé à 11 kilomètres au nord de Girgenti a déjà été cité par Platon et décrit par Strabon. Le nom arabe de Macaluba, qui lui a été appliqué, a souvent été étendu aux autres volcans d'air et de boue. Voici dans quels termes en a parlé Dolomieu : « Dans une plaine d'argile qui a 150 pas de long sur 50 de large, on trouve une trentaine de cônes de boue, ayant entre $0^m,60$ et 1 mètre. Chacun porte vers son sommet un petit enfoncement de quelques centimètres, qui est rempli avec de l'eau salée ; constamment la surface de ces petites flaques d'eau est agitée par le dégagement de bulles de gaz. Il en résulte sur les flancs du cône de petits courants d'argile délayée par l'eau salée, qui ressemblent pour la forme à de petits courants de lave. Ces éruptions ont donc l'allure de celles de Paterno.

Tandis que, d'après Ch. Sainte-Claire Deville, les salses de Macaluba fournissaient principalement, en octobre 1865, de l'acide carbonique et de l'hydrogène carboné, c'était de l'hydrogène carboné avec de l'azote et un peu d'acide carbonique qui s'en exhalait les 17, 18 et 19 juillet 1866.

En outre, au centre de la Sicile, près de Caltanisetta, les macalube de Terra Pilata fournissaient également, à la même époque, de l'eau salée mélangée d'argile et d'hydrogène carboné pur ou mélangé d'un peu d'azote. Ils sont situés sur un petit plateau d'argile crétacée, ayant 250 mètres de largeur, et sont influencés par les tremblements de terre qui agitent la Sicile. Ils sont à proximité des soufrières les plus considérables de l'Europe et non loin de sources de pétrole.

Caucase : mer Noire et mer Caspienne. — Des volcans plus remarquables se trouvent aux deux extrémités du Caucase, d'une part, sur la mer d'Azof et la mer Noire, d'autre part sur la mer Caspienne.

Dans la partie orientale de la Crimée, près de Kertsch, et dans la presqu'île de Taman, le sol est formé de couches tertiaires renfermant du bitume, et spécialement de calcaire avec coquilles marines. Sur une bande de 100 kilomètres de longueur, dirigé à peu près de l'est à l'ouest, s'élève une série de cônes, dont quelques-uns atteignent 80 mètres de hauteur.

Lors des éruptions qui sont accompagnées de bruits souterrains et de tremblements de terre locaux, il se dégage

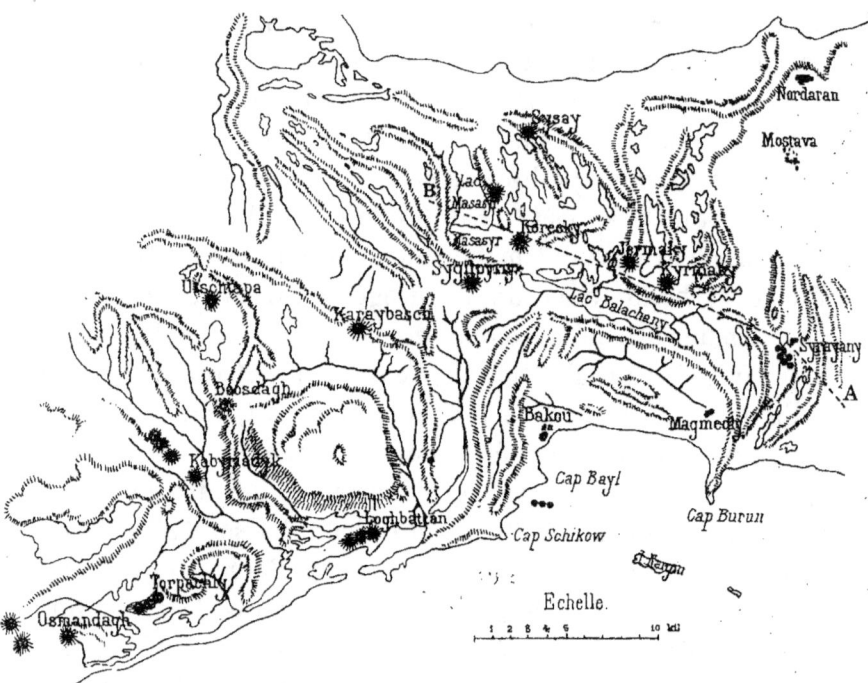

Fig. 169. — Carte de la presqu'île d'Apschéron. De grands points étoilés représentent des volcans de boue; des points moindres, les sources de gaz hydrogène proto-carbone. — D'après M. Abich.

des jets d'eau salée et boueuse accompagnée de bitume[1]. Le gaz consiste principalement en hydrogènes bicarboné et protocarboné.

En 1835, lors de la visite de M. de Verneuil, après trois

[1] D'après M. de Verneuil. *Bulletin de la Société géologique de France*, 1re série, t. VII, p. 315 et t. VIII, p. 188.

jours de bruits souterrains, il y eut une éruption qui projeta l'eau boueuse à 10 mètres de hauteur. Une éruption, dont Pallas fut témoin en 1794, donna 20,000 mètres cubes de boue bitumineuse. Des tremblements de terre furent ressentis à plus de 250 kilomètres.

A l'extrémité orientale du Caucase, la presqu'île d'Apscheron (fig. 169) présente des phénomènes du même genre. Le sol (fig. 170) est formé de couches tertiaires, surtout de grès calcarifère, d'argile schisteuse et de marnes, en partie bigarrées et salifères. Elles sont recouvertes par le dépôt aralo-caspien, principalement formé de calcaire poreux, de sables et de marnes riches en débris de mollusques.

Cette région, connue par sa richesse en pétrole et par ses jets d'hydrogène carboné (*feux éternels*), présente des volcans de boue en divers points. M. Abich en a fait une intéressante étude, à propos d'une île nommée Kumani, qui a apparu à proximité, sur les côtes de la mer Caspienne, en mai 1861[1].

États-Unis. — Des puits forés, sou-

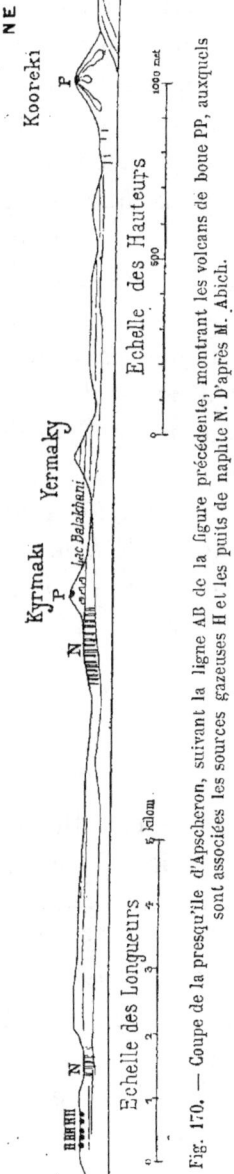

Fig. 170. — Coupe de la presqu'île d'Apscheron, suivant la ligne AB de la figure précédente, montrant les volcans de boue PP, auxquels sont associées les sources gazeuses H et les puits de naphte N. D'après M. Abich.

---

[1] *Mémoires de l'Académie des sciences de Saint-Pétersbourg*, VIIe série, t. VI, n° 5, 1865.

vent jaillissants, existent en très grand nombre dans la région pétrolifère de l'Amérique du Nord. Les réservoirs où ils aboutissent renferment à la fois du pétrole, du gaz hydrogène carboné et de l'eau salée. L'ascension du liquide est provoquée, dans certains cas, non par la simple pression hydrostatique, mais par la force élastique du gaz emprisonné, qui explique leur sortie impétueuse et spontanée par l'orifice des puits récemment ouverts[1].

Dans la région à huile de la Pennsylvanie occidentale, à 6 kilomètres de Kane, dans la vallée de Wilson, il existe un jet d'eau et de gaz, nommé Kane Geyser (fig. 171). Un puits d'une profondeur de 600 mètres projette une colonne d'eau et de gaz à une hauteur de 30 à 50 mètres. Elle jaillit périodiquement, à des intervalles qui étaient d'environ 15 minutes pendant l'été de 1879. Le gaz est souvent allumé la nuit, de sorte qu'on y voit associés les éléments antagonistes, le feu et l'eau.

Observation théorique.

La démarcation qui vient d'être établie entre les jets d'acide carbonique et ceux d'hydrogène carboné n'est pas toujours bien nette. D'une part, ces deux gaz se trouvent quelquefois associés l'un à l'autre, comme à Paterno, d'après l'analyse de M. Silvestri, et aux environs de Poretta, à Bovi et à Parte, d'après M. Fouqué. D'autre part, l'un ou l'autre gaz peut prédominer suivant l'époque, ainsi qu'on vient de le voir. Les volcans de boue de Turbaco, près de Carthagène, présentent un exemple de ces variations, puisqu'au lieu de l'azote que

---

[1] Daubrée. Substances minérales, p. 90.
[2] Dana, *Geology*, 3ᵉ édition, p. 752, 1880.

Humboldt y avait signalé, on n'y a trouvé plus tard que de l'hydrogène carboné[1].

Suivant les remarques de M. Fouqué, les cônes de déjections ne doivent pas être regardés comme un caractère essentiel des dégagements gazeux, auxquels on donne le nom

Fig. 171. — Vue du Kane-Geyser. — D'après M. Dana.

de salses. Plusieurs conditions sont nécessaires pour qu'il y ait formation de cônes. Il faut d'abord que le terrain où se fait le dégagement de gaz soit argileux; car, s'il est pierreux,

[1] Ces cônes, au nombre de 20, ont été visités, en 1855, par M. Vauvert de Méan. *Comptes rendus*, XXXVIII, p. 765.

comme à Barigazzo ou à Pietra-Mala, le gaz sort des interstices des roches, sans entraîner avec lui aucune matière boueuse. Dans le cas où le terrain [est composé d'argile dans ses parties superficielles, il faut encore que cette argile contienne de l'eau. Très souvent le dégagement gazeux est accompagné de naphte et de pétrole et l'eau est salée.

Bien que la température des déjections soit en général voisine de la température ordinaire et qu'elle ne s'élève que momentanément, par exemple pendant l'éruption, ces volcans sont en relation avec les cassures profondes du sol, ainsi que le témoigne leur situation aux deux extrémités du Caucase. Plusieurs auteurs, MM. Charles Sainte-Claire Deville, Abich, Fouqué, ont même cherché à les rattacher aux volcans proprement dits. Il est certain qu'ils présentent des périodes d'activité et des éruptions, ayant quelque analogie, sur une petite échelle, avec celles des volcans, et que parfois il en sort de l'eau chaude, comme lors de l'éruption de Paterno du 22 février 1866.

Quoi qu'il en soit, le nom de *volcans*[1] (*Wulcane*), qui leur a été donné à cause de leurs éruptions, ne paraît pas devoir leur être maintenu. Ce nom volcan, qui dérive du nom de Vulcain, dieu du feu, ne peut s'appliquer qu'à un appareil, dont les produits sont doués d'une haute température et dont le siège est dans des régions chaudes et profondes.

Pour les éruptions boueuses qui se font à peu près à froid, le nom de volcan doit être évité, comme ayant alors une application opposée à son étymologie et pouvant donner lieu, par conséquent, à une confusion regrettable. On aurait tout avantage, à ce point de vue, à changer cette dénomination

---

[1] Et en allemand, *Schlammwulkane*; M. Gümbel a employé le nom de *Schlamm-Sprudel*.

sous le nom cosmopolite de *pélozème*[1] ou bouillonnements de boue ou *pélocones* (cônes de boue), noms qui rappelleraient simplement leur trait caractéristique et indépendamment de toute hypothèse.

[1] De πελοσ, boue et ζεω, bouillonner.

CHAPITRE VII

EAUX POUSSÉES PAR LA FORCE EXPANSIVE DE LEUR VAPEUR

§ 1. — GEYSERS.

Il est des sources d'eau liquide, dans le régime desquelles l'eau en vapeur, par sa force élastique, joue un rôle intermittent, mais caractéristique. Tels sont les *Geysers*, dont le nom est emprunté à un mot islandais qui veut dire jaillir.

Islande. — Les plus beaux geysers de l'Islande sont situés dans la vallée de Haukadalr, dans le sud-ouest de l'île. En 1881 on en comptait 130 en activité. Leur nombre varie; tandis que les uns s'éteignent, il en naît de nouveaux.

Le bassin du grand Geyser a la forme d'une coupe d'environ 16 mètres de diamètre. Le conduit central, ouvert dans un dépôt siliceux, a 3 mètres de diamètre à son orifice et l'on a pu le sonder jusqu'à 24 mètres de profondeur. La température de l'eau dans ce puits dépasse beaucoup le point d'ébullition. Ses éruptions sont toujours précédées de plusieurs autres plus petites, qu'annonce un bruit de tonnerre souterrain, accompagné d'ébranlements du sol. L'eau déborde du bassin, de grosses bulles viennent crever à la surface, d'abord très régulièrement toutes les deux heures, puis plus fréquemment. Enfin une puissante colonne d'eau de 3 mètres de diamètre, entourée de nuages de vapeur, s'élance verticalement jusqu'à 20 et quelquefois même 40 à 50 mètres de hauteur. Au bout de dix minutes, tout est fini; la colonne d'eau, après avoir subi des oscillations, et être retombée, puis repartie deux ou trois fois, finit par disparaître. M. des Cloizeaux a estimé à 160 mètres cubes la quantité d'eau rejetée par chaque éruption du geyser; mais, à cause des colonnes de vapeur qui s'échappent en même temps, et qui se mêlent à l'eau, il est probable, d'après les plus récentes observations, que cette quantité ne doit pas s'élever au delà d'une centaine de mètres cubes. Vers le milieu du siècle, le Grand-Geyser jaillissait tous les jours[1]; cent ans plus tard, les éruptions étaient plus fréquentes et plus régulières; en 1770, il y avait souvent trois à quatre éruptions dans l'espace de vingt quatre heures et les jets dépassaient 80 mètres. En 1804, il jaillissait de 6 heures en 6 heures. Déjà en 1866, il fallait quelquefois attendre 6 jours. Les dernières éruptions de l'Eskja en 1873 et de l'Hécla, ainsi que de violents tremblements de terre, ont exercé une influence sur le phénomène, et les éruptions n'ont plus guère lieu que tous les 17 jours.

Le petit Geyser, nommé Blesi par les Islandais, situé à 50 mètres du précédent, a deux bassins, dont le plus grand a 12 mètres; il avait autrefois de fréquentes éruptions, mais il a cessé de jaillir depuis un violent tremblement de terre, en 1789.

En même temps que la commotion dérangeait le canal, elle ouvrit, à 60 mètres de là, le nouveau geyser connu sous le nom de Strokr. Le Strokr, ou nouveau geyser, est très irri-

[1] Gérard, *Voyage en Islande*.

table. A la différence du Grand-Geyser, qui ne jaillit que momentanément, le Strokr fait explosion, selon le bon plaisir des visiteurs. Il a 3 mètres de diamètre et 13 mètres de profondeur; ses eaux bouillonnent à 4 mètres de profondeur avec véhémence; elles donnent par intervalle d'abondantes émissions de vapeur.

D'après un récit de 1883, 25 minutes après qu'on eut précipité une douzaines de mottes de gazon dans sa bouche, les eaux montèrent tout à coup jusqu'au bord; puis une forte colonne d'eau jaillit dans les airs, avec des sifflements intenses, rejetant violemment la boue et le gazon; les jets se succédèrent avec rapidité et la colonne ascendante se frayait une cheminée à travers la colonne descendante; cette fureur dura 10 minutes. Le phénomène se reproduisit régulièrement d'heure en heure toute la journée et les jaillissements ne cessèrent que lorsque toutes les mottes de gazon furent expulsées; les plus hauts jets s'élevaient jusqu'à 30 et 35 mètres.

La ligne sur laquelle se rangent ces sources jaillissantes suit une direction générale sensiblement parallèle à la ligne d'activité volcanique qui traverse l'île, du sud-ouest au nord-est.

Il existe aussi des eaux chaudes toujours bouillantes, nommées *Hverjar* et d'autres tranquilles, nommées *Laugar* (en islandais citerne).

États-Unis : parc national de Yellowstone; Californie. — Dans la partie occidentale des États-Unis, vers les confins des territoires de Wyoming, de Montana et de Idaho[1], les geysers sont extrêmement nombreux et associés à beaucoup de sources chaudes.

---

[1] Entre le 110° et le 111° degré de longitude et entre le 44° et le 45° degré de latitude.

Le nombre des uns et des autres est de plus de 2000; mais la région, qui n'a été pour ainsi dire aperçue qu'en 1854, est loin d'être complètement explorée.

En raison du haut intérêt que présentent les phénomènes, une loi de 1872 a établi le Parc national de Yellowstone [1], qui comprend le plus grand nombre d'entre eux et qui a la forme d'un rectangle de 88 kilomètres sur 104. Son altitude est d'environ 2500 mètres et il est avoisiné par des montagnes, qui atteignent 3800 mètres. Le sol de la contrée présente des couches carbonifères, jurassiques et tertiaires; les roches volcaniques, basaltes et trachytes, le couvrent dans sa plus grande étendue.

M. A. C. Peale [2], dans une monographie étendue qu'il en a donnée en 1883, dit que ces diverses sources chaudes, dont la température varie de 71 a 93 degrés [3], constituent 30 à 40 groupes distants de moins de 25 kilomètres les uns des autres et dont 8 renferment des geysers. La carte ci-jointe figure 172 donne leur situation sur le haut Madison.

Dans le bassin de la rivière Yellowstone se trouvent les sources dites Mammooth ou White Mountains, du Garden Row. A 5 kilomètres de l'embouchure se trouve un développement des plus remarquables du phénomène. Les sources de la vallée Hayden, avec leurs volcans de boue; celles du lac de Yellowstone, de Pelican Creek, appartiennent à ce même groupe.

Au bassin de la rivière Madison appartiennent les sources de la rivière de Gibbon, au nombre de 290 à 300, et les bassins supérieurs et inférieurs de la rivière Fire-Hole. Dans ce dernier se trouve le Grotto Geyser, décrit en détail par

---

[1] M. Hayden qui a dirigé la première exploration, en 1872, l'a très bien fait connaître. *Hotsprings and geysers of Yellowstone*, AMERICAN JOURNAL. 1872, p. 105.

[2] *Report on the thermal spring of the Yellowstone National Park*. 1883. GEOLOGICAL SURVEY.

[3] A cette altitude, la température d'ébullition de l'eau est de 92°,22.

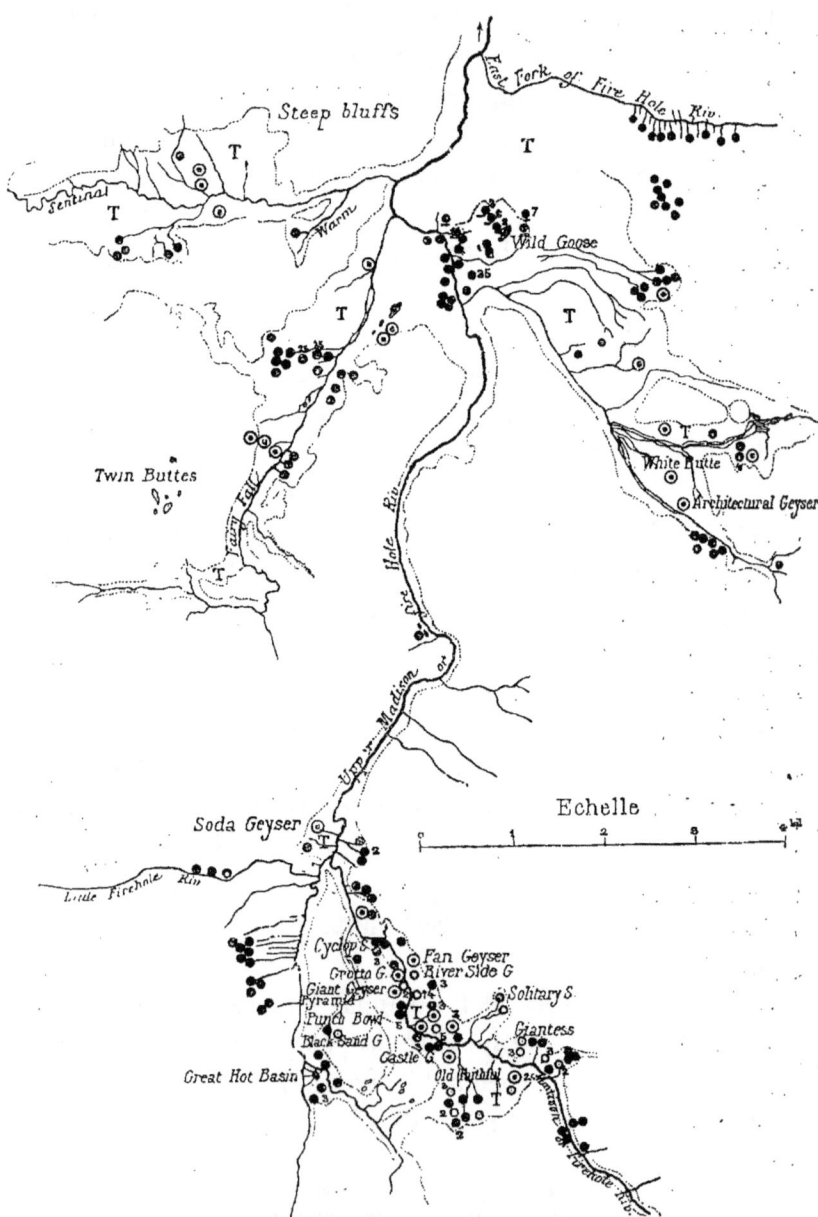

Fig. 172. — Carte du bassin des geysers sur le Haut-Madison, Montana. Les cercles blancs, à centre noir, désignent les geysers ; les points noirs représentent les sources chaudes et les sources boueuses, y compris celles qui sont désignées sous le nom de mud spring : les petits cercles blancs désignent des points appelés cratères. T, dépôts modernes des sources. — D'après *Geological survey*.

M. Hayden, et plus loin, le Grand Geyser, le Old Faithful et le Bee Hive.

Un troisième groupe, celui de la rivière Snake, comprend le Shoshone et le Union Geyser.

Un grand nombre de geysers du Parc national atteignent une hauteur de 30 mètres et quelquefois de 60 mètres, et l'Excelsior a jailli jusqu'à 100 mètres.

Dans la partie orientale du Parc, beaucoup de ces geysers constituent un alignement nord-sud.

Lors de l'éruption, le jet est d'abord de l'eau, ensuite beaucoup de vapeur avec de l'eau, et à la fin presque entièrement ou entièrement de la vapeur, l'eau ayant été entièrement projetée. Quand l'eau tombe en partie dans le bassin, l'éruption est parfois renouvelée avant de s'arrêter tout à fait.

En Californie, des sources chaudes qui doivent être rapprochées des geysers, sont situées au nord de San Francisco, dans un vallon latéral de la vallée Napa, appelé Pluton ou Devils Cañon (comté de Sonoma.) Ce cañon, qui a environ 2 kil. 1/2 de longueur et 10 mètres de large, présente des dépôts très étendus d'anciennes sources, parmi lesquels se font jour de nombreux jets de vapeur et beaucoup de sources chaudes. Plusieurs de ces dernières, telles que Witches-Caldron, sont en complète ébullition. D'autres sont intermittentes, lançant l'eau jusqu'à des hauteurs de 5 à 6 mètres. Le canal du Steamboat geyser, qui a 20 centimètres de diamètre, émet sans cesse un jet de vapeur dont la hauteur dépasse 30 mètres, avec un bruit comparable à celui d'une chaudière à vapeur[1].

La chaîne dite Coast Range, à laquelle appartiennent ces sources, se compose, dans cette région, de couches crétacées et tertiaires, y compris le miocène, qui sont très fortement

---

[1] A. C. Peale. *Thermal springs of Yellowstone Park* 1883 p. 321.

ployées. De tous côtés se montrent des roches volcaniques, dont le point culminant, au mont Saint-Helena, atteint 1320 mètres[1].

Nouvelle-Zélande; province d'Aukland. — Parmi les faits remarquables que le très regretté de Hochstetter a rapportés en 1858, de son expédition de la *Novara*, ceux qui concernent la Nouvelle-Zélande ont une importance exceptionnelle[2].

Entre le volcan de Tongariro et l'île fumante Whakari, dans la baie d'Abondance, sur une étendue de 220 kilomètres, se trouvent une multitude de sources bouillantes, de geysers et de solfatares. Elles sortent pour la plupart de trachytes et d'autres roches volcaniques. Ces phénomènes ont été particulièrement étudiés entre le lac Taupo et la côte orientale. Comme les indigènes l'ont très bien remarqué, ces sources chaudes sont en relation avec des volcans encore actifs, et, de même que les Islandais, ils les distinguent par trois noms : le mot *Puia* est particulièrement employé pour les geysers intermittents et s'applique quelquefois aussi aux volcans actifs ou éteints (*Hverjar* en Islande). Tels sont Tokanu, Orakeikorako sur le Waikato et Whakarewarewa sur le lac Rotorua (fig. 173). Les *Ngawha* sont ordinairement des sources non intermittentes, telles que les solfatares et les sources sulfureuses chaudes de Rotomahana Rotorua et Rotoiti (*Namur* d'Islande). Enfin les sources destinées au bain, dont la température n'atteint pas celle de l'eau bouillante, sont appelées *Waïariki*, correspondent aux *Laugar* d'Islande.

Açores; île San-Miguel. — Dans son étude approfondie des

---

[1] Le Conte. *American journal* 1876 t. XI, p. 287.
[2] *New Zealand*, 1867, ouvrage publié en allemand dès 1863.

sources thermales de l'île de San-Miguel, aux Açores, M. Fouqué[1] a signalé au fond du cirque dit Val Furnas, trois excavations naturelles qui ont reçu le nom de *Caldeiras*, à cause de leur ressemblance avec des chaudières remplies d'eau en ébullition. Le liquide y bouillonne avec force et s'y élève en jets; l'une d'elles donne lieu à des projections

Fig. 173. — Le geyser de Waïkite sur le lac Rotorua, à la Nouvelle-Zélande. — D'après M. de Hochstetter.

d'eau intermittentes ou geysériennes, assez fréquentes pour engendrer un petit courant d'eau chaude. Elle s'est ouverte en 1840, après une forte explosion.

Thibet[2]. — Des sources chaudes ont été découvertes en 1871, par le colonel Montgomerie, sur le plateau du Thibet, à une altitude de plus de 4700 mètres. Ces sources se trouvent en plusieurs points et en grand nombre, particulièrement à Naisum-Chuja. Beaucoup d'entre elles jaillissent à

[1] *Comptes rendus*, t. LXXVI, p. 1361.
[2] *Journal of the Geological Society of London*, t. XLV, p. 317.

des hauteurs de 12, 15 et 20 mètres, avec un fort bruit et dégagement de torrents de vapeur qui obscurcissent l'atmosphère. Leur température est égale à celle du point d'ébullition qui, à cette altitude, est de 84 degrés. La vapeur paraît être la cause de les projections et lors même qu'elles ne seraient pas intermittentes, elles doivent être comptées dans la famille des geysers.

§ 2. — SOFFIONIS.

En dehors du domaine des volcans proprement dits, dont il va être question, il existe des jets de vapeur, doués d'une température très élevée, qui s'élancent de certaines fractures du sol.

Toscane. — Les plus connus de ces jets sont ceux qui, en Toscane, dans la province de Pise, aux environs de Volterra, apportent au jour l'acide borique. Ils sont exploités dans la partie élevée de la région septentrionale de la Maremme, ainsi que dans le haut de la vallée de la Cecina, dans les localités de Larderello ou Monte-Cerboli, Castel-Nuovo, Travale, Sasso, Monte-Rotondo, Serrazzano, Lago, Lustignano, La figure 174 en représente une partie. Ces *soffioni*, ainsi que d'autres trop pauvres, sont situés sur une zone d'environ 60 kilomètres de longueur, du nord-nord-ouest au sud-sud-est avec une largeur de 37 kilomètres. De nombreuses failles également dirigées N. 15° O. à S. 15° E. traversent cette région. La plupart des soffionis sont situés dans le territoire de Pomarance entre le torrent Cecina, à l'est et les sources de la Cornia, au sud.

Le terrain tertiaire environnant est constitué par les schistes *galestrini* et les calcaires *alberese* de l'éocène, qui, près de Pomarance, sont recouverts par des couches miocènes et pliocènes. Il y a aussi, comme ailleurs en Toscane, de grandes masses de serpentine, par exemple tout près du Monte Cerboli.

L'exploitation de Monte-Cerboli ou Larderello, qui est la plus importante et qui comprend l'établissement prin-

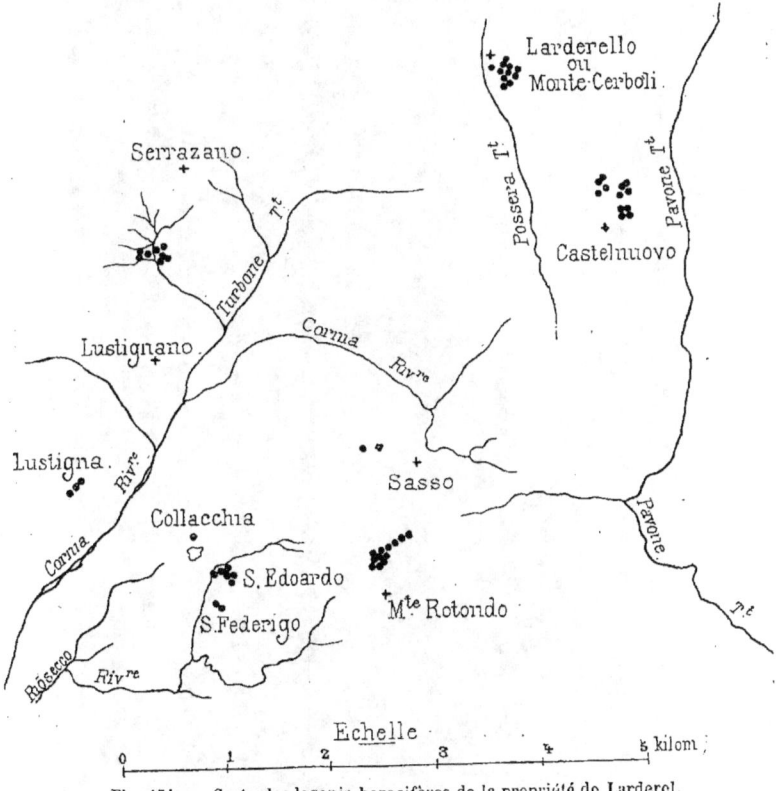

Fig. 174. — Carte des lagonis boracifères de la propriété de Larderel.

cipal, peut être prise comme exemple. Les jets de vapeur (*fumacchi* ou *volcani*) de 10 à 15 mètres de hauteur, font entendre un bruit strident, qui leur a valu leur nom de soffionis (fig. 175 et 176). Les roches de l'éocène y sont réduites en boue par les vapeurs chargées de gaz sulfhydrique, qui transforment le calcaire en sulfate.

400   EAUX POUSSÉES PAR LA VAPEUR.

A ces jets naturels sont venus se joindre ceux qu'on a obtenus au moyen de forages (fig. 177). A Larderello, ces trous ne sont guère poussés à plus de 70 mètres, tandis qu'à

Fig. 175. — Aspect de Monte Cerboli en 1848, avant la création de l'industrie boracique, localité qui devait devenir Larderello.

l'établissement Durval, à Monte-Rotondo, ils arrivent à 150 mètres. Lorsque la sonde atteint la nappe de vapeur, une véritable éruption a lieu; l'eau, la boue et les pierres sont lancées avec violence, à une hauteur de plus de 20 mètres. Ces soffionis artificiels, comme ceux de la na-

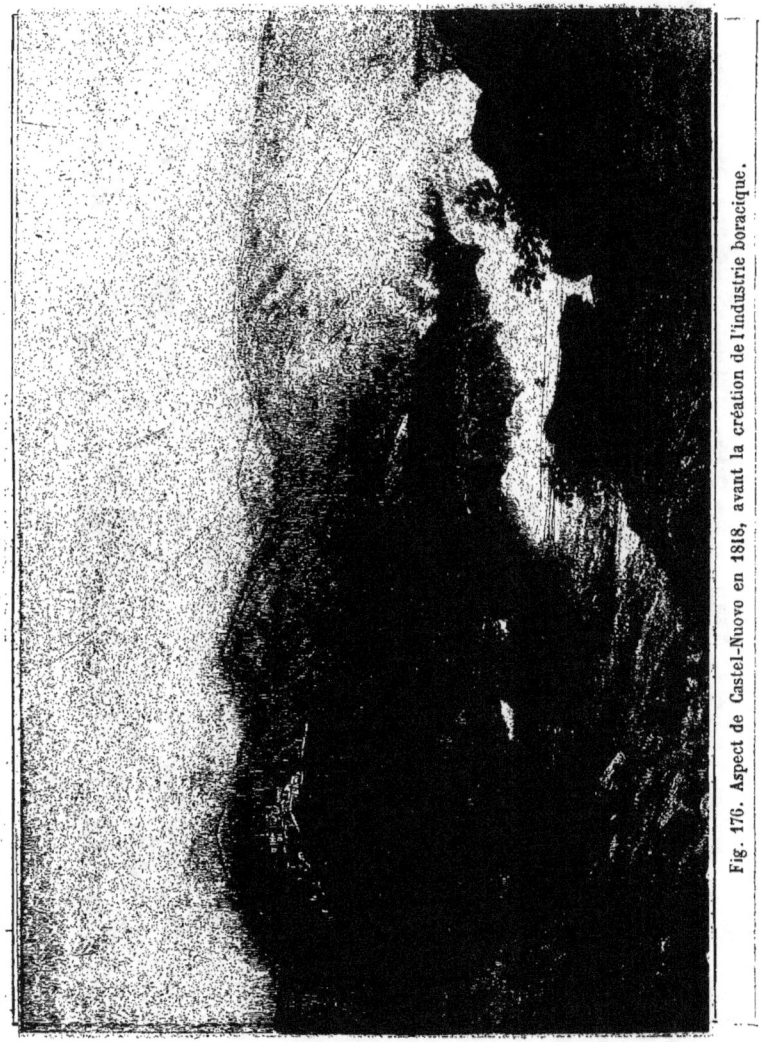

Fig. 176. Aspect de Castel-Nuovo en 1818, avant la création de l'industrie boracique.

ture, sont loin d'être également riches en acide borique.
En dehors du groupe dont il vient d'être question, les soffionis de Travale sont situés sur la droite du fleuve de la

Cecina, à 5 kilomètres du village Montieri, célèbre par ses mines antiques de cuivre, de plomb et d'argent. D'après

Fig. 177. — Système de sondage employé dans la recherche des jets de vapeur, lesquels jaillissent souvent accompagnés d'eau bouillante.

M. Bechi, le terrain d'où ils sortent appartient à l'éocène, associé au miocène; il est percé par la serpentine.

Les sondages exécutés à proximité des soffionis naturels

atteignent la vapeur dès la profondeur de 8 mètres; cependant ils en ont rencontré de plus puissants à la profondeur

Fig. 178. — Aspect de Lago avant la création de l'industrie boracique.

de 58 mètres. Le fer de la sonde tombant de plus d'un mètre, le soffioni surgit avec beaucoup de bruit; d'où l'on peut conclure qu'il existe en ce point des canaux ou réservoirs de vapeur. Les ouvertures artificielles paraissent avoir diminué le débit des soffionis naturels du voisinage. La pression de la vapeur, dont la température est de 98 à 100 degrés, a été trouvée de 1.1/2 à 1.3/4 atmosphère. Un puits ayant été foré dans la partie basse du périmètre de Travale, à 100 mètres au-dessous des soffionis, la vapeur jaillit avec un bruit formidable d'une profondeur de 59 mètres, entraînant beaucoup d'eau liquide, dont la quantité fut évaluée à environ 700 mètres cubes par vingt-quatre heures. Cette eau ne contenait que peu d'acide borique.

Le lac de Monte Rotondo, dans lequel s'épanchaient des soffionis, a été rétréci, à partir de 1840, par M. Durval père, à l'aide de fossés et, dans le terrain conquis depuis lors, on a fait une série de sondages, dans le but d'obtenir des vapeurs destinées à chauffer les appareils évaporatoires. La figure 179 est en croquis géologique.

Les lagonis consistent dans une fosse remplie d'eau, ordinairement de 4 à 20 mètres de diamètre, et profonde de $1^m,50$ à $2^m,50$, habituellement très chaude (93° à 95° centigrades). La vapeur y bouillonne (fig. 180), de façon à donner à l'eau l'apparence d'une constante ébullition et avec assez de force pour élever la surface liquide, comme une colonne de 1 à 2 mètres et même davantage. Qui connaît les phénomènes des geysers s'attendrait, d'un instant à l'autre, à une explosion projetant en l'air toute la masse aqueuse, et laissant à sec le cratère; mais cela ne se produit pas ici, et cet état se prolonge indéfiniment.

Les soffionis et les lagonis, après un certain temps d'action, ou s'affaiblissent peu à peu et finissent par disparaître, ou cessent soudainement de se manifester. Il arrive alors qu'un nouveau soffioni ou lagoni apparaît à une petite

---

[1] D'après une obligeante communication de M. Ch. Durval.

distance. Dans ce déplacement, il semble suivre une règle constante ; du fond de la vallée et des bords stériles et brûlés des torrents Possera et Pavone (fig. 174), les soffionis vont remontant d'année en année vers le sommet de la colline ; ceux de Monte Cerboli se portant à la direction de Castel-Nuovo et réciproquement, ceux de Castel-Nuovo se dirigeant en sens contraire ; de sorte que l'on dirait qu'ils tendent à s'unir les uns aux autres pour conquérir le sommet de la montagne, un foyer commun leur servant vraisemblablement d'aliment[1]. Ce mouvement d'ailleurs s'effectue si lentement que, dans l'espace de cinquante ans, temps d'exis-

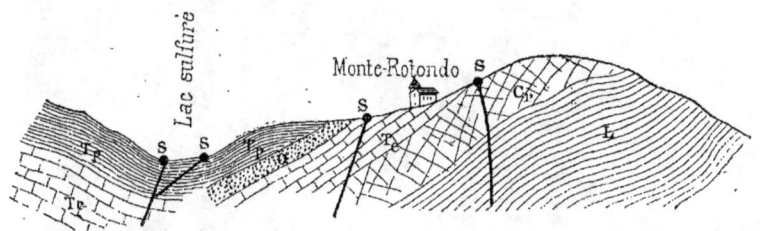

Fig. 179. — Coupe du terrain des soffionis près du village de Monte-Rotondo, département de Volterra. — Tp, argile pliocène ; Te, calcaire et schistes éocènes ; Cr, terrain crétacé ; L, lias ; O, serpentine. D'après M. Ch. Durval.

tence que compte l'industrie boracifère, on n'en peut encore absolument rien conclure relativement à l'emplacement futur des établissements.

L'apparition des soffionis et des lagonis est précédée de phénomènes remarquables. Parfois des bruits souterrains se font entendre ; la terre s'échauffe progressivement jusqu'à devenir brûlante, perd toute végétation et se colore diversement par l'arrivée d'efflorescences ; des crevasses s'ouvrent en diverses directions, et alors, un choc accidentel, le passage fortuit d'un homme ou d'un animal, suffisent à faire jaillir la vapeur emprisonnée. Il peut être dangereux de se promener sans précaution et sans guide dans les

406   EAUX POUSSÉES PAR LA VAPEUR.

Fig. 180. — Vue générale de l'exploitation de Monte-Cerboli, montrant, d'une part, comment les soffionis sont condensés sur certains points pour l'extraction de l'acide borique, et d'autre part, comment sur d'autres points les soffionis pauvres servent à évaporer et concentrer les dissolutions. D'après une photographie.

environs, et le souvenir de tristes événements doit tenir l'attention éveillée. D'ailleurs le craquement se produit parfois spontanément, et dans ce cas, une partie plus ou moins étendue du sol est lancée en l'air. Une fois l'entrée ouverte, le jet de vapeur continue, ou seul ou accompagné d'eau, qui alors s'accumule à l'entour et forme un lac (lagoni).

§ 3. — VOLCANS ET SOLFATARES.

Malgré l'idée qu'ils évoquent généralement de roches fondues, dérivant essentiellement de la voie ignée, les volcans représentent avant tout des sources d'eau.

Partout l'eau en vapeur est le produit principal de leur activité.

Les canaux par lesquels cette eau parvient dans l'atmosphère aboutissent en général à une montagne qui se distingue par son isolement, au lieu de se rattacher à d'autres pour constituer une chaîne avec elles. D'ordinaire, cette montagne possède une forme conique plus ou moins régulière dont le Cotopaxi, dans la Cordillère de la Colombie (fig. 181), et le Mayon ou volcan d'Albay, dans l'île de Luçon (fig. 182), peuvent donner une idée.

Un autre trait distinctif consiste dans l'excavation, en forme de *coupe* ou *cratère*, qui les termine par en haut.

Les dimensions des cônes volcaniques sont très variables, ainsi que le montrent les mesures suivantes :

---

[1] Repetti. *Rapport à l'Académie des Georg.*, 1853.

Vulcano (Lipari)	408 mètres.
Stromboli (id.)	925 »
Hekla (Islande)	1624 »
Etna (Sicile)	3313 »
Pic de Ténériffe	3716 »
Terror (glaces antarctiques)	3800 »
Mauna-Loa (Hawaï)	4135 »
Gunung-Dempor à Sumatra	4222 »
Grand Ararat	5157 »
Sangay (Quito)	5225 »
Popocatepelt (Mexique)	5410 »
Klintschew-Kaja (Kamtschatka)	5500 »
Cotopaxi (Quito)	5940 »
Aconcagua (Chili)	6834 »
Gualatieri ou Sahama (Bolivie)	6990 »

Plusieurs de ces hauteurs sont sujettes à varier, à la suite des éruptions, qui peuvent démolir ou exhausser le cône terminal.

Fig. 181 — Cotopaxi, d'après Humbolt [1].

Les volcans actifs, dont le nombre dépasse 300, se rencontrent à des longitudes très diverses et sous les latitudes

---

[1] M. Th. Wolf en a récemment donné une vue intéressante (*Jahrbuch für Mineralogie*, 1878).

les plus différentes. Habituellement ils s'élèvent en îles du fond de l'Océan ou à très peu de distance du littoral.

Le plus souvent ils sont assez rapprochés les uns des autres et constituent des séries linéaires. Une remarquable rangée de volcans coupe les deux hémisphères. Commençant à l'extrémité méridionale de l'Amérique, à la Terre-de-Feu, elle longe toute la bordure occidentale du continent jusqu'au détroit de Behring; elle traverse l'océan Pacifique par l'archipel des îles Aléoutiennes, puis se dirige vers le sud, à travers le Kamtschatka, le Japon, les Philippines et les Moluques; là, elle se divise en deux branches, presque à angle droit, l'une s'étendant dans les îles de la Sonde, Java et Sumatra, jusqu'aux îles Andaman; l'autre dans la terre des Papous, les archipels de Salomon et des Nouvelles-Hébrides et jusqu'à la Nouvelle-Zélande.

Dans toutes les régions du globe, la vapeur d'eau constitue le produit le plus abondant et le plus constant des éruptions volcaniques. Elle est aussi le moteur de leurs éruptions, grâce à l'énorme tension que les températures souterraines lui ont fait acquérir[1].

Dès le début de l'éruption, la vapeur d'eau sort par torrents, entraînant des débris de toutes grosseurs, qu'elle a arrachés dans son trajet souterrain. Sa sortie n'est pas continue, mais intermittente, et elle se fait par énormes bouffées successives. Il en résulte bientôt une colonne nuageuse, s'élevant verticalement et s'épanouissant dans les hautes régions de l'atmosphère, sous forme d'un pin d'Italie, suivant l'expression de Pline. Cette colonne est souvent noircie fortement par les déjections solides, cendres et lapillis,

---

[1] C'est une assertion qu'a émise Poulett-Scrope, dès 1825, dans son ouvrage classique sur les volcans.

dont elle est mélangée, surtout au commencement de l'éruption.

La hauteur de cette colonne est souvent très considérable, lorsqu'elle n'est pas emportée ou dissoute par les courants aériens.

Lors de l'éruption de 1822, le panache du Vésuve formait,

Fig. 182. — Le Mayon ou volcan d'Albay, dans l'île de Luçon, d'après M. l'Ingénieur des mines Henri Abella y Casariego. Son altidude est de 2734 mètres [1].

d'après Monticelli, un cylindre parfait d'environ trois mille mètres de hauteur qui, à sa partie supérieure, se courbait en parabole en se dirigeant du côté de Naples, suivant une disposition imposante que l'on a souvent reproduite. M. Th. Wolf estime à huit ou dix mille mètres la hauteur de la colonne de vapeur du Cotopaxi, lors de la grande éruption du 26 juin 1877. La figure 181 représente cette montagne à son état habituel. La figure 182 montre le Mayon avec le

---

[1] *Transactions of the seismological Society of Japan*, t. V, p. 23.

panache de vapeur caractéristique. Plus récemment, le 3 juillet 1880, lors de son intrépide ascension du Chimborazo, M. Whymper aperçut un commencement d'éruption du Cotopaxi. Une colonne de fumée noire comme de l'encre s'élevait, avec une immense rapidité, jusqu'à plus de six mille mètres au-dessus des lèvres du cratère. A cette hau-

Fig. 183. — Cotopaxi, vu du Chimborazo le 3 juillet 1880, lors d'un commencement d'éruption. D'après M. Whymper.

teur elle était entraînée par un vent d'est, à angle droit de la direction primitive (fig. 183).

Très souvent la lave vient se déverser au dehors, soit par les flancs de la montagne, qui est ordinairement crevassée, soit par son sommet. L'élévation à laquelle elle monte, dans certains cas, sous l'impulsion de la vapeur, témoigne de la forte tension de celle-ci. Par exemple, au sommet de l'Etna, c'est-à-dire à 3000 mètres d'altitude, l'ascension de la masse fondue correspond à une pression d'au moins 1000 atmosphères.

Les exhalaisons ou fumerolles qui sortent de la lave, jusqu'à solidification complète, c'est-à-dire pendant des années entières, sont souvent riches en eau.

La prodigieuse abondance des menus matériaux qui sont amenés par l'éruption est aussi une preuve dans le même sens. Elle est telle que le ciel en est souvent tout à fait obscurci. Lors de l'éruption du Krakatau ou Rakata, du 27 août 1883 (fig. 184), à 10 heures du matin, l'obscurité était complète. D'après un des témoins : « le soleil, étant au-dessus de notre tête, pas la plus petite lueur du ciel, pas la plus petite trace lumineuse diffuse à l'horizon. Et cette affreuse nuit a duré dix-huit heures. Le navire *le Loudon* se trouvait condamné à rester sur place, devant le péril qui l'attendait. »

Le 28 août, à 500 kilomètres à l'ouest du détroit de la Sonde, le navire *le Salazie* reçut un orage violent, accompagné d'éclairs et de coups de tonnerre effrayants : après quelques minutes d'intervalle, l'eau fut remplacée par du sable qui aveuglait les voyageurs et, bientôt après, par une poussière blanche et impalpable, de telle sorte qu'au point du jour, le navire semblait couvert de neige.

Après l'éruption, un énorme dépôt de ces matériaux incohérents recouvrit le pays. Son épaisseur, sur 15 kilomètres de rayon, était de 20 à 40 mètres et quelquefois de 80. Deux îles, Stears-Eiland et Calmeyer-Eiland, formées par ces déjections prirent naissance. En quelques heures, un immense barrage flottant, formé par des pierres ponces, fermait la baie ; sa longueur était d'environ 30 kilomètres sur une largeur de plus de 1 kilomètre et une profondeur de 4 à 5 mètres, soit 150 millions de mètres cubes de projectiles.

M. Veerbeck estime que le volume total de sable et de cendre de ce formidable cataclysme s'éleva à 18 kilomètres cubes. Quelque énorme que soit ce volume, il est encore dépassé par celui que vomit le Timboro ou Tambora, en 1815, volume qui était au moins de 150 kilomètres cubes.

Lors de l'éruption de l'Etna, de 1865, d'après M. Fouqué, l'un des six cratères actifs a détoné pendant cent jours, à peu près toutes les quatre minutes, en donnant chaque

Fig. 184. — Vue du Krakataü, pendant l'éruption du 27 août 1883. D'après le bureau topographique de Batavia.

fois naissance à une épaisse colonne de vapeur d'eau, ayant environ 4000 mètres carrés de section et 300 mètres de hauteur et correspondant à un volume d'eau liquide de 10 mètres cubes. Les six cratères fournirent donc 22 000 mètres cubes d'eau par jour, soit environ 2 millions de mètres cubes pendant la durée totale de l'éruption.

D'ailleurs les pluies torrentielles que provoquent souvent

les nuages engendrés par l'éruption, sont également une preuve de la grande quantité d'eau qu'elle apporte.

Toutes caractéristiques qu'elles soient, les éruptions sont, pour la plupart des volcans, un état exceptionnel, dont la durée est incomparablement moindre que celle du repos.

On sait que lors de sa mémorable éruption de l'an 79, le Vésuve était depuis bien des siècles à un repos si complet que les habitants traitaient de légendes le souvenir des anciennes éruptions. Depuis lors, il y en a eu un grand nombre et de très récentes. Le volcan de l'île d'Ischia, l'Epomeo, n'a pas donné d'éruption depuis 1302.

Comme exception à ces intermittences, on peut citer l'activité permanente du Stromboli, qui, avec des intensités variables, persiste depuis plus de deux mille ans, avec un bain de lave en ébullition permanente. Ce petit cône est connu, depuis l'antiquité, des navigateurs qui considèrent sa colonne comme un pronostic du temps, servant à la fois de baromètre et d'hygromètre.

Lorsque les volcans ne sont pas dans le paroxysme de l'éruption, ils ne sont pas complètement inactifs : le plus souvent ils exhalent de la vapeur d'eau, reconnaissable au panache qui les surmonte (fig. 181). D'après M. Whymper, l'imposant Cotopaxi, lorsqu'il tenta de l'escalader en février 1880, lançait constamment de l'eau, mais d'une manière très inégale; les 18 et 19 février, sans projeter de pierres, la vapeur s'élevait en un jet d'une grande violence, en bouillonnant du fond de l'abîme.

Il est une sorte de demi-activité, dont la solfatare de Pouzzoles peut servir de type, et qu'atteste une émanation continue de vapeur d'eau, accompagnée d'hydrogène sulfuré et de quelques autres substances. Le nom de cette petite montagne est devenu générique et s'applique à d'autres sources continues de vapeurs, jaillissant également de cratères ou dans leur voisinage, tels qu'on en voit à Vulcano, à Milo, au Demavend, à la Guadeloupe, à la Réunion, à Java, au Chili et ailleurs. Leur association aux montagnes volcaniques les distingue des soffionis, dont il a été question plus haut et qui sortent, non de cratères, mais de simples fissures profondes.

A part les solfatares les plus répandues et qui ont ordinairement leur siège dans des cratères, il en est d'une autre catégorie, que M. Domeyko a très bien fait connaître au Chili[1]. Ces dernières sont *latérales*, c'est-à-dire placées sur les flancs de grands cônes volcaniques.

Les faits remarquables qui se rapportent à l'origine des solfatares de cette catégorie méritent d'être rapportés avec quelques détails, à cause de la lumière nouvelle qu'ils jettent sur les phénomènes qui nous occupent.

La solfatare de Cerro Azul, au Chili, dans le grand massif trachytique des Descabezados, s'est ouverte tout récemment dans une gorge profonde, entre deux montagnes volcaniques et à la limite méridionale du massif des deux Descabezados. Le 26 novembre 1847, à la suite de bruits extraordinaires ressemblant à des détonations ou à des mugissements et qui continuèrent le lendemain, la montagne de Cerro Azul, du côté du nord, apparut en feu. Quinze jours après, deux gardiens de troupeaux trouvaient le passage qu'ils suivaient d'habitude obstrué par d'énormes blocs, qui exhalaient des fumées épaisses, au milieu desquelles on apercevait des flammes. Le phénomène eut lieu à des altitudes comprises entre 3000 et 1650 mètres, sur une longueur de 8 à 9 kilomètres.

Dans toute son étendue, la solfatare se compose d'énormes blocs trachytiques fracturés, à arêtes vives, soulevés et

---

[1] *Annales des Mines*, 7ᵉ série, t. IX, p. 168, 1876.

entassés les uns sur les autres, et formant des monceaux, qui ont 80 à 100 mètres de hauteur au-dessus du sol. Du milieu de ces monceaux on voyait sortir, sur toute la longueur de la solfatare, d'innombrables fumerolles et, de temps en temps, des jets plus élevés de vapeur, accompagnés de bruits et de projections de pierre. Mais on n'y a pas trouvé de matières fondues, ni de projections de lapilli, de ponce ou de cendres volcaniques, que les volcans actifs du Chili rejettent dans leurs éruptions. Tout annonce que la solfatare

Fig. 185. — Vue d'une des solfatures éteintes représentées sur la carte, fig. 187. D'après M. Domeyko.

s'est ouverte d'un seul coup, sur une crevasse longitudinale, formée dans la croûte trachytique du massif et produite par le dégagement violent de la vapeur d'eau.

En 1877, il y avait quatre années qu'elle était complètement éteinte; elle ne dégageait plus traces de fumées, ni de vapeurs; mais elle conservait à peu près la configuration et la hauteur qu'elle possédait à l'époque de sa formation.

C'était, vu à une certaine distance, un solide de forme assez régulière, que représentent les figures 185 et 186.

Si l'on jette maintenant un regard sur la carte (fig. 187)

on y voit indiquées, autour du grand massif triangulaire que dominent deux énormes cônes volcaniques à cratères éteints, outre celle dont il vient d'être question, quatre autres solfatares qui ont les mêmes caractères et sans doute la même origine. Ces solfatares ne montrent plus que les traces d'autant de soupiraux ou crevasses latérales (*respiraderos* ou canaux de respiration), qui à diverses époques se sont ouvertes sur les flancs du massif, peut-être par suite de l'obstruction du volcan.

Il faut ajouter que des phénomènes, semblables à ceux qui

Fig. 186. — Coupe transversale d'une des solfatares éteintes représentées sur la carte fig. 187 et dont la vue est représentée par la figure précédente. — D'après M. Domeyko.

ont eu lieu à la naissance et pendant toute l'époque d'activité de la solfatare de Cerro Azul [1], se sont reproduits, bien qu'à de grands intervalles de temps, sur d'autres points de la chaîne méridionale des Andes. Ainsi il est connu qu'en 1843, aux approches du volcan éteint de San José (lat. 33° 40′), d'une altitude de 6098 mètres, on entendit, à plusieurs lieues de distance, des bruits épouvantables qui venaient de cette

1. M. Domeyko n'a pas reculé devant les fatigues de trois voyages successifs pour suivre les phases de cette solfatare.

cordillière. Il se forma une crevasse dans la direction du volcan, vers la vallée de Jeso, où passe le chemin de Mendoza; d'énormes tas de pierres et de rochers brisés furent rejetés et envahirent la vallée. Pendant longtemps ces décombres exhalèrent des fumées et de la vapeur d'eau, sans

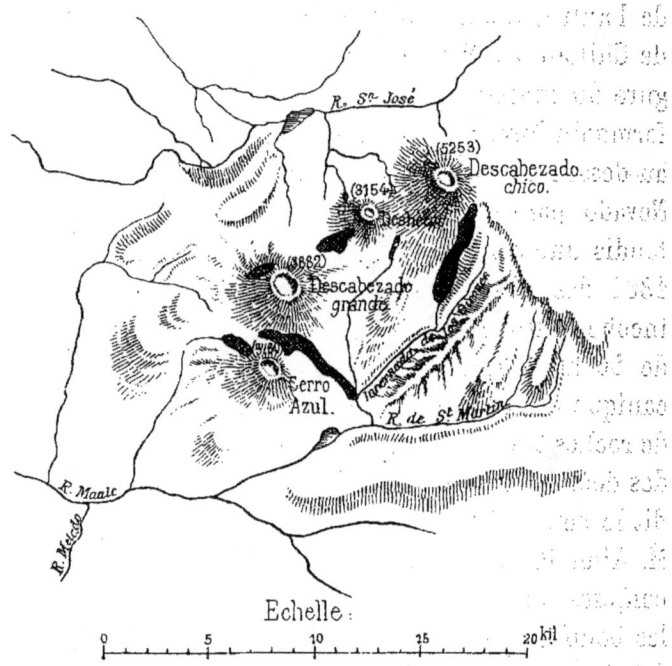

Fig. 187. — Carte représentant les cinq solfatares, qui se sont ouvertes dans le massif des deux Descabezados. Les solfatares sont représentées par des hachures. — D'après M. Domoyko.

qu'il y eût le moindre indice d'éruption et d'activité au cratère du volcan.

Ces phénomènes indiquent l'origine et servent à expliquer la formation des rangées de conglomérats trachytiques, qu'on voit souvent former des crêtes allongées et saillantes, sur des pentes, peu accidentées d'ailleurs, des montagnes volcaniques.

La solfatare de Chillan, que l'on connaît aussi sous le

nom de Cerro (ou Cerrito) de Azufre, peut être prise comme type de solfatares latérales permanentes.

En face de la ville de Chillan, chef-lieu de la province de Nuble (latitude 36° 48′), et un peu à l'ouest de la ligne de séparation des eaux, dans les Andes, s'élèvent, l'un à côté de l'autre, deux cônes volcaniques nommés Volcan Nuevo de Chillan et Nevado ou Volcan Viejo de Chillan. Une figure du massif sera donnée plus loin. Le sommet cratériforme du Nevado atteint la hauteur d'environ 3000 mètres au-dessus du niveau de la mer. De ces deux volcans, le Nevado paraît être éteint depuis un temps immémorial, tandis que son voisin, le Volcan Nuevo, a produit le 2 août 1861 des éruptions de laves, accompagnées de matières incohérentes et de cendres, que le vent emportait à plus de 50 kilomètres de distance. En général, ce groupe volcanique et les montagnes qui l'environnent se composent de roches trachytiques, de même espèce que celles du massif des deux Descabezados. A la base du cône du Volcan Viejo, dit le courageux auteur de la carte géologique du Chili, M. Aimé Pissis, jaillissent de nombreuses bouffées de vapeur connues sous le nom de *Vulcancitos* (petits volcans). Parmi les bouffées intermittentes, qui rappellent sur une petite échelle les geysers d'Islande, les plus notables se trouvent près de l'établissement des bains et occupent le fond d'une cavité conique qui paraît avoir été produite par une explosion. La vapeur qui s'en dégage presque continuellement s'arrête par moment : on entend alors un bruit sourd ; puis survient une forte projection, qui élève à quelques mètres de hauteur une colonne d'eau bouillante, avec des sifflements. Bientôt arrive un nouveau temps de repos et le même phénomène se répète par intervalle de quelques minutes.

Une solfatare, tout à fait semblable à celle de Chillan,

existe à deux degrés de latitude plus au nord, près de la base du volcan éteint Tinguiririca, dont le sommet s'élève à 4478 mètres au-dessus de la mer; elle porte aussi le nom de Cerro de Azufre. Ses vapeurs marquent 90° à l'orifice de sortie.

LIVRE II

TEMPÉRATURE DES EAUX SOUTERRAINES

CHAPITRE PREMIER

TEMPÉRATURE DES SOURCES ORDINAIRES

La température moyenne des sources est en général voisine de la température moyenne du lieu [1], ordinairement un peu supérieure, quelquefois un peu moindre.

Dans beaucoup de cas cette température moyenne peut être obtenue approximativement par un petit nombre de mesures, les écarts étant en général peu considérables pour des sources dont le réservoir n'est pas tout à fait superficiel. Ainsi, en 1881, les sources hautes de la Vanne ont varié seulement de 11° à 11°,7 [2]. Pour la Fontaine de Vaucluse, les plus grandes variations entre les moyennes mensuelles ont été, en 1881, de 0°,7 et en 1883, de 1°. La température moyenne a été, pour chacune de ces deux années, de 12°,7 et inférieure de 0°,7 à la température moyenne de l'air en 1881.

En étudiant pendant plusieurs années la disposition des eaux souterraines dans le bassin du Rhin [3], j'ai pris la tem-

---

[1] Cette température atteint 26 degrés à l'équateur et, par conséquent, excède beaucoup celles des nombreuses sources thermales des pays tempérés.

[2] Ainsi qu'on pouvait le prévoir, à leur réservoir de Paris (Montsouris), les écarts ont été plus considérables.

[3] *Annales des Mines*, 4ᵉ série, t. XV, p. 459. 1848.

pérature d'un grand nombre de sources qui sont situées à des altitudes différentes et dans des conditions géologiques variées. Le but principal de ces observations était de chercher à distinguer plusieurs des influences qui concourent à déterminer la température d'une source, telles que la profondeur de son réservoir d'alimentation, la nature et la disposition des roches avoisinantes, son élévation au-dessus de la mer.

Toutes ces températures, dont les valeurs les plus certaines ont été consignées dans le tableau ci-après, ont été prises avec un thermomètre centigrade fort exact, sur lequel on pouvait apprécier les dixièmes de degré[1].

[1] Ces mesures ont été, pour la plupart, prises en juin, juillet et août, dans les années 1846 et 1847.

Températures de sources situées à différentes altitudes dans la vallée du Rhin et en Lorraine[1].

DÉSIGNATION DE LA SOURCE[2].	ALTITUDE approximative.	TEMPÉRATURE.	TERRAIN d'où sort la source.	OBSERVATIONS.
	mètres.	degrés C.		
Source du Rauschendwasser, près Niederbronn.	180	10,6	Grès bigarré.	
Puits du faubourg de Lichtenthal à Bade (duché de Bade).	180?	10,6	Grès rouge.	
Sources de Lichtenthal, près Bade (duché de Bade).	180?	10,6	Idem.	
Source de la forêt de Frohret, près de Niederbronn.	185	10,5	Marnes irisées.	
Forte source dans la vallée de Dossenheim, près du Zellerhof.	190	10,5	Grès des Vosges.	Ces deux sources sont situées au fond d'une vallée de la chaîne des Vosges.
Autre forte source, près de la précédente.	195	10,5	Idem.	
Source de Niederbronn à l'extrémité orientale de la ville.	195	10,3	Muschelkalk.	
Source de Wimenau.	200	10,6	Grès des Vosges.	Cette source sort aussi au fond d'une vallée de la chaîne des Vosges.
Sources de Kintzheim.	200	10,7	Jonction du granite et du muschelkalk.	
Sources des environs de Lembach.	210	10,2	Muschelkalk.	Ces sources sont vulgairement qualifiées d'eaux minérales.
Sources de Bonnefontaine, commune d'Altwiller.	215	10,5	Marnes irisées.	
Sources du bas de la ville de Bouxwiller (Fischpfuhl).	220	10,5	Calcaire oolithique inférieur	
Source de Weitersviller.	224	10,5	Grès des Vosges.	
Sources d'Orschwiller.	225	10,7	Granite.	
Source d'Avenheim.	230	10,8	Keuper.	
Source salée de Diemeringen.	230	10,6	Muschelkalk inférieur.	
Source salée du même village.	230	10,1	Idem.	A Gorze, près Metz (Moselle), la température de deux fortes sources situées à une altitude d'environ 230m est de 9°,8 et 10°.
Source du hameau de Grauffthal, près d'Eschbourg.	240	10,3	Grès des Vosges.	

1. On ne fait figurer dans ce tableau que les sources dont on a pu prendre la température au point même où elles jaillissent.
2. Les localités dont la position n'est pas indiquée appartiennent à l'ancien département du Bas-Rhin.

DÉSIGNATION DE LA SOURCE.	ALTITUDE approximative.	TEMPÉRATURE.	TERRAIN d'où sort la source.	OBSERVATIONS.
	mètres.	degrés C.		
Source du pied du Bastberg (Bouxwiller)	260	10,3	Calcaire d'eau douce.	
Source de Wingen, près de Lembach	260	10,2	Grès bigarré.	
Source de Niederhaslach	270	10,3	Muschelkalk inférieur	
Source de Durstell	275	10,2	Muschelkalk.	
Source dite Sandbrunnen, à l'ouest du Klingenthal	280	10,2	Grès des Vosges.	
Source de Siewiller	280	10,1	Muschelkalk.	
Source de Hoegen	280	9,6	Grès des Vosges.	
Source de Marienbronn, près Lobsann	290	10,4	Idem.	Cette source sort sur la faille terminale du grès des Vosges.
Source de Erlenhof, près Thal.	290	9,0	Idem.	
Source de Honcourt, près Villé.	300	9,5	Schiste de transition.	
Source de Neufbois	300	9,1	Grès rouge.	
Source dite Teufelsbrunnen, dans la forêt de Villé	320	9,7	Idem.	
Source près de Petersbach	330	9,4	Muschelkalk.	
Source de Meissengotte	360	8,6	Terrain de transition.	
Source de la Moder, à Moderfeld	375	8,6	Grès des Vosges.	
Source située au pied du Hohkœnigsbourg (revers septentrional)	390	8,6	Terrain houiller	
Source de la mine de Grandfontaine, près Framont (Vosges)	475	8,0	Calcaire de transition.	C'est une des sources les plus fortes du pays.
Source de la base du Hohkœnigsbourg (autre que celle désignée plus haut)	550	7,6	Grès des Vosges.	
Source du Hohwald, à la montée du Champ du Feu	600	7,5	Granite.	
Autre source située non loin de la précédente	620	7,2	Syénite.	
Source abondante sortant de la galerie de Terlingoütte près Framont (Vosges)	630	7,1	Grès de transition.	
Source de la base du Climont.	700	7,1	Grès des Vosges.	
Autre source de la base du Climont	750	6,4	Idem.	
Source du Schœfferlager au Hohwald	780	7,2	Granite.	
Source à 1 kilomètre au sud de la maison forestière de la Rothlach (Champ du Feu).	820	6,1	Syénite.	
Source de la Katzmatt (Champ du Feu)	850	6,5	Diorite.	
Source de la Magel (Ch. du Feu)	880	6,6	Granite.	
Source de la maison forestière de la Rothlach (Ch. du Feu).	920	5,8	Idem.	

La plupart de ces sources qui arrivent au jour sans se mélanger à des eaux superficielles, subissent seulement dans leur température, pendant le courant de l'année, de faibles variations qui, en général, ne dépassent pas quelques dixièmes de degré. Une seule observation peut donc déjà faire connaître approximativement la température moyenne d'une source placée dans ces conditions, surtout si son volume est considérable.

Il n'en est pas ainsi de celles qui sortent des sables diluviens ou tertiaires, dont les réservoirs sont peu profonds; plusieurs d'entre elles dérivent en effet d'infiltrations d'une rivière ou d'un ruisseau peu éloigné. Tel est le cas pour une ligne de sources qui sortent des terrains tertiaires supérieurs, entre Bischwiller et Soufflenheim, et qui sont alimentées par des infiltrations de la Moder; quoiqu'elles soient très abondantes, la température de ces sources varie, selon les saisons, de 8°,5 à 12°,5, c'est-à-dire avec une amplitude de 4°.

Voici quelques faits généraux qui ressortent des chiffres consignés dans le tableau des observations :

1° Les sources situées, soit dans la plaine et les collines basses de l'Alsace, soit dans les vallées des Vosges et de la Forêt Noire, ne diffèrent en général, dans leur température moyenne que de 0°,8 au plus, lorsqu'elles sont à des altitudes très rapprochées et à égale hauteur au-dessus du niveau de la mer. Il est remarquable de trouver autant d'uniformité dans la température d'eaux qui jaillissent de terrains les plus variés dans leur nature, leur relief et leur exposition.

La température moyenne des sources situées dans la vallée du Rhin, entre 180 et 260 mètres de hauteur au-dessus de la mer, et entre les latitudes de 48°,20′ et 49°, est de 10°,5, valeur qui correspond à une altitude moyenne de 212 mètres.

La grande nappe d'eau qui imbibe le gravier de la plaine du Rhin possède à Strasbourg, d'après des observations faites en 1846 et 1847, une température moyenne d'environ 10°,2, qui est un peu inférieure à celle des sources proprement dites.

2° On peut juger, par un simple coup d'œil, de la manière suivant laquelle diminue la température des sources, à mesure que l'on s'élève, en examinant la fig. 188. Dans la courbe

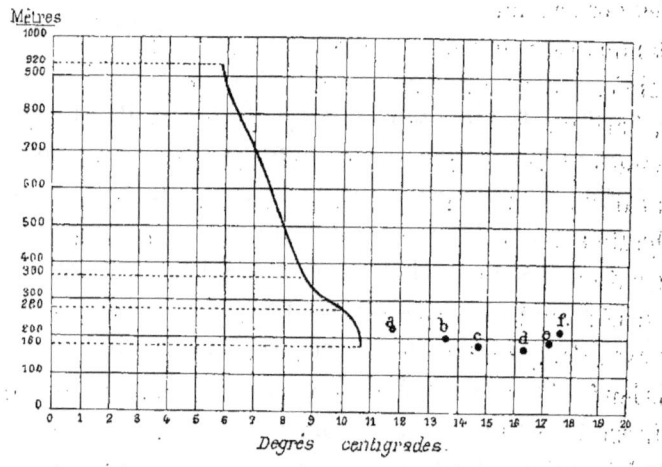

Fig. 188. — Tableau graphique de la température des sources de la vallée du Rhin et de la chaîne des Vosges. La courbe représente la ligne thermométrique des sources ordinaires; les lettres a, b, c, d, e, f, correspondent aux températures de quelques sources qui sortent de dislocations; a, Küttolsheim; b, papeterie de Reichshoffen; c, Châtenois; d, Soultz-les-Bains; e, Niederbronn; f, Wasselonne.

les abscisses représentent les températures, et les ordonnées, les altitudes au-dessus de la mer.

La ligne déterminée par l'ensemble de ces points s'éloigne notablement de la ligne droite, ce qui montre qu'ici le décroissement dans la température des sources n'est pas tout à fait uniforme à mesure que l'on s'élève. Dans la plaine, et dans les collines de hauteur inférieure à 280 mètres, le décroissement n'est à peu près que de 1° par 200 mètres; de 280 à 360 mètres d'altitude, la diminution est beaucoup plus rapide : elle est de 1° par 120 mètres ; à partir de 360 mètres, et jusqu'à 920 mètres, le décroissement redevient le même que dans la plaine, c'est-à-dire 1° par 200 mètres. C'est quand on quitte le sol à ondulations douces pour passer aux pentes abruptes des montagnes que le décroissement devient plus prononcé.

3° Dans la région de la vallée du Rhin sur laquelle s'étendent les observations, et à toutes les hauteurs, il y a excès de la température moyenne des sources sur celle de l'air. En effet, si l'on rapproche les températures moyennes de Strasbourg, Carlsruhe, Bâle et Fribourg[1], on trouve que la température moyenne de l'air dans cette partie de la vallée du Rhin, et à l'altitude de 212 mètres, est très rapprochée de 9°,9 ; à cette hauteur, la température des sources, qui est de 10°,5, excèderait donc celle de l'air de 0°,6.

Cet excès paraît croître avec la hauteur, de même qu'il arrive avec l'augmentation de latitude; ainsi à Saint-Blaise, dans la Forêt Noire, à 771 mètres de hauteur, la température de l'air est de 5°,20 [2] ; la température moyenne des sources situées à la même altitude est de 6°,8 ; elles surpassent par conséquent de 1°,6 la température de l'air. D'après de Humboldt, un excès de température de même sens s'observe dans les contrées centrales de l'Europe, où il tombe plus d'eau en été qu'en hiver; l'inverse a au contraire lieu dans les régions méridionales, qui reçoivent à peu près toute leur

---

[1] Voici de quelles données on peut partir :

	Hauteur.	Température moyenne.
Strasbourg.	144	9°,8
Carlsruhe.	118	10°,32
Bâle.	260	9°,62
Fribourg.	280	9°,75
Moyenne.	203	9°,89

Les valeurs relatives aux trois dernières localités sont empruntées à l'ouvrage de Walchner : *Handbuch der Geognosie*, 2ᵉ édition, p. 188.

[2] Walchner. Même ouvrage.

pluie pendant la saison d'hiver, ainsi que Humboldt l'a observé le premier [1]. Léopold de Buch pensait également que ces différences sont en rapport avec les quantités relatives de pluie qui tombent dans chaque saison [2]. Cette inégale répartition de la pluie suivant les saisons, quoique ayant une influence évidente, ne paraît pas contribuer seule à élever la température moyenne des sources au-dessus de celle de l'air, dans les régions froides où la température de l'air est pendant plusieurs mois au-dessous de zéro. En effet, l'eau qui tombe pendant l'hiver à l'état de neige, et souvent à quelques degrés au-dessous de zéro, ne s'introduit pas dans le sol avec sa température primitive ; elle ne s'écoule vers les réservoirs des sources qu'après s'être préalablement échauffée, au moins jusqu'à zéro, aux dépens de l'atmosphère, qu'elle refroidit en outre, en lui empruntant aussi la quantité de chaleur nécessaire pour se fondre. De là une seconde cause, qui s'ajoute à la première dans les latitudes moyennes et élevées, pour élever la température des sources comparativement à la température moyenne de l'air.

A mesure que l'on s'élève dans les régions montagneuses, où il tombe annuellement une forte proportion de neige, la température des sources paraît donc diminuer moins rapidement que celle de l'air.

On verra que la température des fontaines artésiennes est supérieure à la température de la surface, et que l'augmentation de température est en général en raison d'un degré centigrade pour 20 ou 30 mètres de profondeur. En laissant de côté les sources qui sortent de failles ou du terrain basaltique, il est remarquable de ne pas rencontrer dans les terrains stratifiés de sources dont la température dépasse la

---

[1] *Annales de Gilbert*, t. XXIV, p. 46.
[2] Léopold de Buch. *Description physique des îles Canaries.* Traduction française p. 81 et suivantes.

température moyenne de l'air de plus de 1°,6 ; pour la plupart, la différence est même au-dessous de 1°. Cela paraît résulter de ce que les réservoirs des sources sont généralement peu profonds.

4° Au milieu de l'uniformité générale de la température des sources, le massif du Kaiserstuhl, dans le duché de Bade, présente une anomalie remarquable.

Ce petit groupe montagneux qui surgit de la plaine du Rhin entre les Vosges et la Forêt Noire, jusqu'à une hauteur de 558 mètres au-dessus de la mer, ou de 380 mètres au-dessus de la plaine, a, suivant la plus grande dimension, un diamètre de 15 kilomètres. Il est très riche en sources : c'est, avec les sables tertiaires supérieurs du Sundgau, la région de la plaine du Rhin la plus riche en sources que je connaisse. Ce fait rappelle celui observé par M. le comte de Mandelslohe en Wurtemberg, où les nombreux pointements basaltiques se distinguent par de belles sources.

Considéré dans son ensemble, le Kaiserstuhl se compose d'une roche riche en pyroxène, que l'on désigne ordinairement sous le nom de dolérite et qui appartient à la famille du basalte. Cette roche très fissurée en tous sens est en outre perméable par elle-même sur différents points, par suite de ses boursouflures ; elle permet donc aux eaux météoriques de s'y infiltrer avec facilité. Aussi des sources, dont beaucoup sont fort abondantes, jaillissent du fond des vallons et de leurs principales ramifications ; elles sont particulièrement nombreuses vers la limite du basalte et du loess, qui forme vers le bas une sorte de batardeau ; elles sortent, soit de l'un, soit de l'autre terrain, entre 200 et 280 mètres d'altitude ; je n'en ai point observé qui soit à un niveau de plus de 100 mètres au-dessus de la plaine. Leur volume varie en général peu sensiblement de l'hiver à l'été, et, par suite, leur température doit aussi avec les saisons faiblement varier.

Températures de quelques sources du massif basaltique du Kaiserstuhl, duché de Bade.

DÉSIGNATION DE LA SOURCE.	TEMPÉRATURE.	TERRAIN d'où sort la source.	OBSERVATIONS.
	degrés C.		
Source du Kleinthal, à 1 kil. N.-O. d'Ihringen.........	13,2	(2)	Toutes les sources du Kaiserstuhl ont une altitude comprise entre 200 et 280 mètres.
Source dans la même vallée.	12,5	Loess.	
Trois sources du vallon situé au N. d'Ihringen.........	14,5		Les sources sans indication sortent vers la limite du basalte et du loess.
Source du vallon situé au N. d'Ihringen (canton dit Ziegel)	11,6		
Une forte source située au N. d'Ihringen.............	13,1		
Source au canton dit Himmelburg, près d'une habitation isolée............	13,1		
Source dite Sauerwasser, à 200 mètres à l'ouest de la précédente............	12,5		
Source à Zwarenbach, à 3 kil. d'Ihringen............	12,7		
Source du Brunnthal......	11,6	Basalte.	
Source du Muhlthal.......	12,0	Id.	
Source de Wasenweiler....	13,1		
Source du bain, à Oberschaffhausen.............	12,7		
Autre source près du même village...............	12,7		
Trois sources au fond d'un vallon, près d'Oberschaffhausen...............	10,8		
Source du village de Vogstburg	10,4	Basalte.	
Source du vallon de Vogstburg, près du Badloch.........	18,1	Limite du basalte et du calcaire cristallin.	

Si l'on examine le tableau de la température de vingt de ces principales sources que j'ai observées à leur orifice, on voit que leurs températures sont comprises, entre 10°,4 et 14°,5, c'est-à-dire qu'elles varient d'un point à l'autre, entre des limites beaucoup plus distantes que ne le font ordinairement les autres sources de la contrée; une d'entre elles s'élève même jusqu'à 18°,1. En faisant la moyenne des sources potables, abstraction faite de cette dernière, qui est franchement thermale, on trouve une valeur de 12°,4. Or la température de Fribourg en Brisgau, qui est situé à 14 kilomètres de distance du Kaiserstuhl, et à une hauteur de 280 mètres, est de 9°,7. Il y a donc une différence d'à peu près 2°,6 en faveur de la température moyenne des sources du Kaiserstuhl.

Le climat du Kaiserstuhl passe pour plus doux que celui de la plaine voisine; cela est particulièrement sensible pour les hivers, qui y sont beaucoup moins rudes qu'à Fribourg, Karlsruhe et Mannheim. Mais la cause de la haute température des sources de cette contrée ne paraît pas résulter seulement des circonstances météorologiques ou de toute autre influence extérieure, telle que la couleur sombre du sol, sans quoi on ne verrait pas cette température varier d'une source à l'autre, irrégulièrement.

En général et comme on vient de le voir pour la vallée du Rhin, la température des sources décroît à mesure qu'on s'élève.

M. Boisse, qui, dans l'Aveyron, a pris de nombreuses mesures entre 250 et 1200 mètres d'altitude, a trouvé un décroissement de 1° par 153 mètres [1].

Dans les Alpes, les importantes études d'Adolphe et Hermann Schlaginweit sur les lignes isothermes, ont montré

[1] Delesse. *Revue de Géologie*, T. VIII, p. 257. 1868.

qu'à cet égard il y a d'assez grandes variations dues, entre autres circonstances, à celle du relief du sol : à altitude égale, les sources des vallées paraissent plus chaudes que celles des montagnes.

Pour les Alpes bavaroises, M. Gümbel a donné le taux de 1° par 272 mètres [1].

Ce savant géologue a trouvé, pour le Fichtelgebirge, 1° par 222 mètres.

Aux îles Féroë, Durocher [2] avait observé, en 1845, une décroissance de 1° par 144 ou 152 mètres.

Parmi les anomalies de température des sources ordinaires, on peut mentionner, d'après M. Desor, celle que présente la source du Creux-du-Vent ou Fontaine-Froide, dont la figure 50, page 93, représente le gisement et dont la température a été trouvée, à diverses époques, de 3° à 4°. Le Creux-du-Vent est une cavité ouverte au sommet de la grande voûte jurassique, dont fait partie la montagne de Boudry (Solliat). Sa forme est celle d'un hémicycle, à parois verticales, d'une hauteur de près de 200 mètres, dont la convexité est tournée au midi. Par suite de son orientation et de la hauteur de son parapet, le Creux-du-Vent est tout à fait abrité contre les rayons du soleil. La neige n'y fond que très tard. L'eau de fusion ne peut pas se réchauffer dans les talus superficiels, avant d'arriver à la source. Celle-ci étant intarissable, il existe probablement dans la hauteur du talus, au-dessus de la marne oxfordienne, un affluent d'eau.

Comme exemple des variations citées plus haut, dans la température des eaux peu profondes, nous citerons celle de la vallée de Mangfall, dont le gisement a été décrit page 35.

---

[1] *Bayern*, T. 1, p. 950.
[2] *Annales des Mines*, 4ᵉ série, T. VI, p. 445. 1845.

La figure 189 en indique les variations annuelles, dont on a rapproché les changements de volume [1].

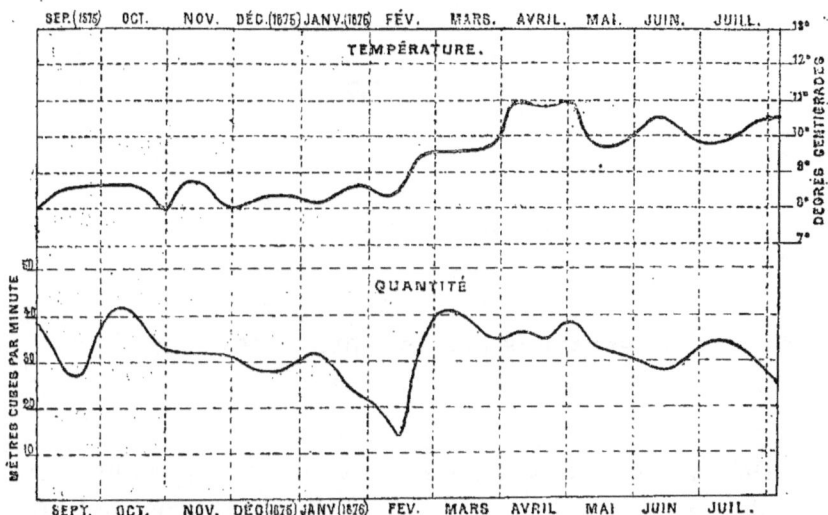

Fig. 189. — Diagramme représentant les quantités (en mètres cubes) et les températures (en degrés centigrades) de la source Kaltenbach, dans la vallée de Mangfall, aux environs de Munich. — D'après M. A. Thiem.

Un examen plus détaillé de la température des sources ordinaires nous entraînerait hors des limites assignées à cet ouvrage [2].

---

[1] M. Gumbel a distingué, sous le nom de *hétérothermes*, ces sources à température très variable, et a donné le nom de *homothermes* à celles qui sont à peu près constantes.

[2] M. Renou a publié une étude étendue sur la température des sources des environs de Vendôme. *Bulletin de la Société météorologique de France*, t. XIV, p. 209, 1866.

CHAPITRE II

TEMPÉRATURE DES SOURCES THERMALES

On rencontre çà et là des sources dont la température est évidemment supérieure à la température moyenne du lieu et, par conséquent, à celle des sources ordinaires du pays. Ce sont des sources dites *thermales*.

Contrairement à ce que l'on suppose ordinairement, il n'est pas nécessaire que des sources soient relativement *chaudes*, ou même tièdes, pour être comprises dans cette catégorie. D'après ce que l'on connaît sur la relation de température des sources en général avec celle du sol, on doit déjà considérer comme thermales celles dont l'excès thermométrique est de 2 degrés[1].

Les sources que l'on doit qualifier de thermales ne se séparent pas toujours avec netteté des sources ordinaires : dans bien des contrées il y a entre elles des intermédiaires. Tel est le cas pour les sources du massif volcanique du Kaiserstuhl, comme on l'a vu au chapitre précédent.

---

[1] On peut faire une réserve pour les contrées polaires, sur lesquelles on n'a encore que peu de données.

Il en est de même pour de nombreuses sources de l'Algérie, dont l'intérêt particulier justifiera les détails qui suivent.

M. Ville[1] a signalé le premier la grande abondance des sources d'eau potable qui émergent du sein du bassin crétacé, avec des températures plus ou moins élevées.

Voici quelques déterminations de températures et de débits pour les sources thermales des environs de Constantine et quelques autres.

	TEMPÉRATURE. degrés.	DÉBIT PAR SECONDE. litres.
Source de Sidi-Mimoum	35	2 à 3
Source de Salah-Bey	28	45
Source de Sidi-Rached	28,3	4
Source de la rive gauche du Rhumel, à 3 mètres au-dessus du lit	28	18
Source d'Aïn-Rabah	30,5	50
Source du Hamma	33,1	700
Source d'Aïn-Bou-Merzoug	23,7	900

Les eaux du Hamma constituent une véritable rivière qui fait mouvoir plusieurs moulins. Celles d'Aïn-Bou-Merzoug, encore plus volumineuses, ont été amenées par les Romains à Constantine, au moyen d'un conduit dont on voit encore quelques restes.

Dans l'oasis de Chetma[2], située à proximité de Biskra, vers l'est, les sources principales émergent au fond d'entonnoirs où l'eau fait bouillonner les sables.

	TEMPÉRATURE. degrés.	DÉBIT PAR SECONDE litres.
Première source	34	3 à 4
Deuxième source	34,5	15
Troisième source	33,5	7 à 8
Quatrième source	33	50

---

[1] *Bulletin de la Société géologique*, 2ᵉ série, t. 22, 1864, p. 107.

[2] Il importe de rapprocher des mesures qui suivent la température moyenne de localités appartenant à la région : Tebessa donne 20°,6, Laghouat 22°,7 et Biskra 22°,9.

Les sources qui alimentent Biskra émergent à la température de 29°,5, avec un volume de 300 litres à la seconde.

Le Hodna et le Zab occidental, dont on a mentionné plus haut (voir p. 172 et 175) les belles sources jaillissantes, présentent des faits analogues. Quant à la plaine de la Metidja, on a vu (p. 167) qu'à côté de sources dont la température est de 18 à 19 degrés, c'est-à-dire à peine supérieure à la température moyenne du lieu, il y en a qui atteignent 21 à 22°.

Voici quelques chiffres obtenus par M. L. Ville.

	DÉBIT PAR SECONDE. litres.	TEMPÉRATURE. degrés.
Behar de Neciza	10,60	24,66
Behar de Bazed	faible	23,00
Behar de Tinala	faible	24,33
Behar Tassegurt d'Ourlana	6,38	22,50
Behar Mamoussa, à Mazet	10,00	22,00
Behar El Haoueh, à Mazet	28,00	21,00
Behar Malah, à Zaouiat-Rhab	8 à 10,00	23,50
Chriet Sidi-Hamadou	faible	20,66
Chriet Oulet-Ben-Ameur	faible	22,00

Une thermalité, comparable à celle des sources naturelles que nous venons de signaler, se retrouve pour les eaux jaillissantes de cette même région, dont la sortie est provoquée par des sondages artificiels. C'est ce que montre le tableau suivant, publié en 1864 par M. L. Ville.

	DÉBIT PAR SECONDE. litres.	PROFONDEUR. mètres.	TEMPÉRATURE. degrés.
Troisième puits de Chegga	4,50	56,0	23,8
Oum-el-Thiour, deux puits	2,20	79,8	25,0
Sidi-Khélil	6,00	27,5	24,3
Ourlana	22,92	65,2	25,0
Djama	52,18	69,0	26,0
Sidi-Amran	67,09	77,6	24,8
Tamerna Djedida	43,00	60,0	24,0

	DÉBIT PAR SECONDE. litres.	PROFONDEUR. mètres.	TEMPÉRATURE. degrés.
Sidi-Rached	17,60	57,0	24,0
Braam	38,37	48,6	25,3
Rhamra	12,00	57,6	24,5
Sidi-Sliman	30,72	75,0	25,8
El Ksour	36,60	45,6	26,3

Les puits artésiens, au nombre de 132, qui ont été creusés, de 1865 à 1882, dans le Sahara et la province de Constantine, ont fourni des chiffres que M. Jus a bien voulu me communiquer. En voici quelques exemples : à Tamerna-Djedida (sondage n° 4), deux nappes jaillissent, l'une à 48 mètres, l'autre à 53 mètres, ce dernier donnant 20 litres par seconde avec la température de 24°. Au Candiat-Sidi-Iahia, un puits, à la profondeur de 66 mètres, a donné une nappe à 24° et, à la profondeur de 74 mètres, une autre de 464 litres par seconde, mesurant 36°.

D'après les nombreuses observations que j'ai faites dans les Vosges et dans la vallée du Rhin, un très faible excès de température correspond souvent à des conditions particulières de gisement.

Si parmi toutes les sources du bassin du Rhin observées, on réunit celles qui dépassent de plus de 2° la température moyenne du lieu d'où elles sortent, on reconnaît qu'en dehors du Kaiserstuhl, toutes sortent de failles ou de lignes de dislocation. Telles sont, à part celles qui sont depuis longtemps connues comme thermales, les sources suivantes, qui toutes sont situées dans l'ancien département du Bas-Rhin (voir p. 426 la figure 188) :

	Altitude.	Température.
La source de Küttolsheim	220^m	11°,8
Celle de la papeterie de Reichshoffen	200^m	13°,5
Celle de Châtenois	180^m	14°,7
Celle de Soultz-les-Bains	172^m	16°,2

	Altitude.	Température.
Celle de Niederbronn.	190ᵐ	17°,2
Celle de la papeterie de Wasselonne.	210ᵐ	17°,5

Cette dernière, malgré sa température élevée, sert comme eau potable.

La température des sources thermales présente d'ailleurs tous les degrés jusqu'à celle de l'eau bouillante, qu'elle dépasse même.

Parmi les températures très diverses fournies par les sources thermales, nous nous bornerons à un petit nombre d'exemples.

EN FRANCE :

	Degrés.
Plombières (Vosges).	71
Luxeuil (Haute-Saône).	56
Bourbonne-les-Bains (Haute-Marne).	68
Aix-les-Bains (Savoie).	45
Saint-Gervais (Haute-Savoie).	42
Gréoulx (Basses-Alpes).	38,7
Allevard (Isère).	24,7
Uriage (Isère).	27
Aix-en-Provence (Bouches-du-Rhône).	36,8
Pietrapola (Corse).	58
Lamalou (Hérault).	35
Balaruc (Hérault).	47,5
Sylvanès (Aveyron).	38
Bagnols (Lozère).	42
Chaudesaigues (Cantal).	88
Neyrac (Ardèche).	27
Montrond, *sondage* (Loire).	27
Saint-Allyre à Clermont (Puy-de-Dôme)	24
Châtelguyon (Puy-de-Dôme).	35
Royat (Puy-de-Dôme).	35,5
Châteauneuf (Puy-de-Dôme).	37
Mont-Dore (Puy-de-Dôme).	45,5

	Degrés.
La Bourboule (Puy-de-Dôme)	52
Évaux (Creuse)	55
Vichy (Allier)	43,6
Neris (Allier)	52
Saint-Honoré (Nièvre)	31
Bourbon-l'Archambault (Saône-et-Loire)	52
Bourbon-Lancy (Saône-et-Loire)	56
Amélie-les-Bains (Pyrénées-Orientales)	61
Ussat (Ariège)	40,2
Ax (Ariège)	77
Bagnères-de-Luchon (Haute-Garonne)	66
Barèges (Hautes-Pyrénées)	44,2
Bagnères-de-Bigorre (Hautes-Pyrénées)	51
Cauterets (Hautes-Pyrénées)	60
Eaux-Bonnes (Basses-Pyrénées)	32
Eaux-Chaudes (Basses-Pyrénées)	36,4
Dax (Landes)	61
Bagnoles (Orne)	27
Saint-Amand (Nord)	19,5

DANS LES ILES BRITANNIQUES :

Bristol	25
Bath	46
Buxton	20,9
Source rencontrée en Cornwall dans le filon de Huel Seton, à 292 mètres de profondeur	33
Mallow (comté de Cork, Irlande)	22

EN SUISSE :

Baden (Argovie)	50
Schinznach (Argovie)	33
Loèche ou Louesch (Leuk) (Valais)	51
Pfeffers (Grisons)	38

EN BELGIQUE :

Chaudfontaine	34

EN PRUSSE :

	Degrés.
Aix-la-Chapelle	55
Borcette (Burtscheid)	78
Bertrich (Prusse rhénane)	32
Schlangenbad (Nassau)	32
Nauheim (Nassau)	39
Ems (Nassau)	47,5
Wiesbaden (Nassau)	69
Warmbrunn (Silésie)	32

DANS LE GRAND-DUCHÉ DE BADE :

Bade	67

EN WURTEMBERG :

Cannstadt	21,2
Wildbad	37

EN SAXE :

Source rencontrée dans le filon de Churprinz, près Freyberg, à 167 mètres de profondeur	26

EN AUTRICHE-HONGRIE :

Teplitz-Schœnau (Bohême)	49
Carlsbad (Bohême)	74
Gastein (Salzbourg)	71,5
Teplitz-Trentschin (Hongrie)	40
Mehadia (Hongrie)	55
Buda-Pesth (Ofen) (Hongrie)	61,3

EN PORTUGAL :

Caldas-de-Chaves (Traz-oz-Montes)	56,1
San Pedro do Sul (Beïra)	69

EN ESPAGNE :

Panticosa (Aragon)	31
Alhama (Grenade)	47
Villar-Muerto (Salamanque)	52
Caldas de Montbuy (Barcelone)	70

TEMPÉRATURE DES SOURCES THERMALES.

EN ITALIE :

	Degrés.
Abano (Monts Euganéens)	84,5
San Martino (Valteline)	48
Acqui (Piémont)	75
Porretta (Bologne)	39
Monte Catini (Toscane)	29,5
San Filippo (Toscane)	50
San Vignone (Toscane)	44
Lucques	54
Soffioni, près Monte Cerboli (Toscane)	100
Pise	44
Viterbe	63
San Vicarello (lac Bracciano)	48
Pisciarelli, près la Solfatare de Pouzzoles	84
Étuves de Néron, près Pouzzoles	86
Lacco Ameno (Ischia)	50
Gurgitello (Ischia)	90
Benatutti (île de Sardaigne)	40
Fordongianus (île de Sardaigne)	66
Termini à Palerme (Sicile)	47
Sciacca (Sicile)	56
San Calogero (Lipari)	61
Étuves (Lipari)	97 à 100
Source à Vulcano	56
Source à Pontellaria	75

EN GRÈCE :

Thermopyles	67,5
Methana (Morée)	28
Aedepse ou Dipso à Nègrepont	(bouillante)
Protothalassa (Milo)	46
Santorin	35

DANS LA RUSSIE MÉRIDIONALE :

Piatigorsk (Caucase)	47
Gileznovodsk (Caucase)	51,5
Vallée du Terek (source de Pierre)	89
Tcheleken (île de naphte; Caspienne)	48,75

EN ASIE MINEURE :

	Degrés.
Brousse (Anatolie)	84
Kizildja, près Angora (Anatolie), à l'altitude de 1025 mètres [1]	99

EN PALESTINE :

Tibériade	68
Callirhoë	59

DANS L'INDE :

Anaval (Khandish)	49
Tantipara	72
Jumnotri Gharwal (Himalaya)	22

A CEYLAN :

Cannea, près Trincomalie	41

AU JAPON :

Kusatsou	72,2
Jozankei	89
Nuburibets	99

EN CHINE :

Yung-Mak, près Makao. Kungtung	(bouillante)

EN SIBÉRIE :

Source de Rachmanou, à l'altitude de 3900 mètres	43

EN ALGÉRIE :

Ouled Sidi-Brahin, près Mostaganem (Oran)	66
Hammam Bou-Hadjar (Oran)	78
Hammam des Bibans (Constantine)	84
Arel-El-Hammam, non loin de Bougie	85
Hammam Sclal, non loin de Bougie	87
Hammam Meskoutine, près Guelma (Constantine)	78 à 95

---

[1] TCHIHATCHEFF, *Asie Mineure*, t. 1, p. 97.

TEMPÉRATURE DES SOURCES THERMALES.

EN ABYSSINIE :

	Degrés.
Sources nombreuses, en partie bouillantes, entre Tatchoura et Choa	97
Sud du Mozambique (Afrique australe)	45

AUX ÉTATS-UNIS :

Hots Springs, Bath County (Virginie)	42
Washitaw (Arkansas)	65,5
Pagosa (Colorado)	60,6
Sulphur Springs (Colorado)	65,5
Diamond Creek, Socoro County (Nouveau-Mexique)	66
Source à 20 kilomètres à l'est de Minersville (Utah)	85
Steamsboats Spring, Bear River (Idaho)	87,7
Malheur River (Orégon)	73
Sou, vallée d'Osobb (Nevada)	85
Steamboat, Virginia Ranges (Nevada)	95
Thousand Springs Valley (vallée des mille sources) (Nevada)	(bouillante)
Butte, extrémité nord de la chaîne de Truckee (Nevada)	(bouillante)
Ile du lac Mono (Californie)	(bouillante)
Ile d'Unimak (Alaska)	(bouillante)

AU MEXIQUE :

Sources de Chichi Mequilla	96,4

DANS LES ANTILLES :

Galion (Guadeloupe)	65,8
Matouba (Guadeloupe)	59,2
Pigeon, au niveau de la mer (Guadeloupe)	100

DANS LE VÉNÉZUÉLA :

La Trincheras [1]	96,9

AU PÉROU :

Caliente (Moquigna)	86

[1] D'après M. Boussingault, l'une des plus chaudes que l'on connaisse, en dehors des régions volcaniques.

	Degrés.
Carumas (Moquigna)	91
Omate (Moquigna)	71

EN COLOMBIE :

Coconuco, à l'altitude de 2500 mètres	73
Banas, près Quito	52

AU CHILI :

Cauquenes	47
Toro (Coquimbo), altitude de 3258 mètres	63
Tinguiririca, altitude de plus de 1200 mètres	96

EN OCÉANIE :

Igabo (Albay), île de Luçon (Philippines)	56
Savu-Savu (îles Fidji)	(source bouillante)

On voit que, comme les volcans, les sources thermales se présentent aux latitudes les plus diverses; on en trouve en Islande, au Kamtschatka, au Groënland où jaillissent vers le nord-est, à Ounastot, d'après le capitaine Graah, des sources atteignant 42°.

Il en existe aussi à toutes les altitudes. Ainsi, au Thibet, à 4700 mètres, des sources bouillantes sont associées aux geysers qui ont été mentionnés plus haut (p. 367) : leur température est de 84°, correspondant à l'ébullition de l'eau à cette hauteur. Au sud de Tanla, M. de Orzewalski a récemment signalé, à l'altitude de 4877 mètres, des sources de 52° centigrades. De même dans les Cordillières on en rencontre au delà de 4000 mètres.

D'un autre côté, le bassin de la mer Morte en renferme qui jaillissent bien au-dessous du niveau de l'océan.

Le bassin des mers, sous lequel est le siège de nombreux volcans, doit lui-même servir de réceptacle à de nombreuses sources thermales.

Fig. 190. — Caverne dans le calcaire urgonien, d'où sort la source de Sassenage.
Voir les pages 117 à 119 de ce volume.

Quant à la vapeur qui se dégage, soit mélangée d'eau

liquide, comme dans les geysers, soit seule comme dans les solfatares et les volcans, nous n'en dirons ici que peu de mots.

La force considérable de projection des geysers montre que la vapeur d'eau acquiert une température notablement supérieure à 100 degrés, dans les réservoirs où elle s'accumule. On a, en effet, observé 127 degrés dans le canal d'ascension du Grand Geyser en Islande.

Dès que l'eau volcanique parvient dans les parties superficielles du globe, c'est-à-dire là où nous pouvons la soumettre à nos mesures, et par suite de la détente qu'elle a éprouvée, elle a déjà perdu la plus grande partie de sa chaleur. Mais en voyant l'intimité de son mélange avec les matières fondues, qui constituent les laves et d'où elle s'exhale lentement, durant leur refroidissement, on est contraint d'admettre que dans les profondeurs, elle a eu la même température que celles-ci. C'est même à son intervention, à plus de 1000 degrés thermométriques, sous une énorme tension, qu'il est légitime d'attribuer l'ascension des laves dans les canaux volcaniques, ainsi que la force avec laquelle elle projette des blocs volumineux et d'autres matières solides.

A la suite de la description de la source de Sassenage (p. 117 à 119), il paraît utile de donner la vue, d'après une photographie, de la caverne qui lui donne issue.

TABLE DES MATIÈRES[1]
DU TOME PREMIER

LIVRE PREMIER
RÉGIME DES EAUX SOUTERRAINES

CHAPITRE PREMIER

Généralités........	1
Aperçu historique........	1
Données fournies par les travaux de mines........	2
§ 1. — Eau de carrière ou d'imprégnation........	4
§ 2. — Roches imperméables et roches perméables........	7
Roches imperméables........	7
Types de roches imperméables........	7
Exemples du rôle des roches imperméables dans le bassin de la Seine.	10
Roches perméables........	12
Types de roches perméables........	12
Observations sur le mouvement de l'eau dans les roches perméables.	16
Perméabilité en grand........	16

CHAPITRE II
RÉGIME DES EAUX DANS LES TERRAINS PERMÉABLES

§ 1. — Eaux phréatiques des terrains de transport........	21
Exemple fourni par la plaine du Rhin, interstices dans lesquels l'eau circule ; nature des mouvements de la nappe : sources qui en dérivent........	22

[1] On trouvera à la fin du tome II une triple table alphabétique des matières, des localités et des auteurs mentionnés dans l'ouvrage.

Environs de Bonn et de Dusseldorf 29
Environs de Bruxelles. 29
Ville de Liège 31
Pays-Bas 31
Munich 33
Nuremberg 37
Leipzig 37
Environs de Vienne. 38
Région comprise entre Buda-Pesth et Szolnok. 38
Environs de Moscou. 40
Oural. 41
Environs de Londres et autres parties de l'Angleterre 42
Côte de Gênes, notamment aux environs de Loano. 45
Messine 47
Environs de New-York 48
Exemples fournis par la plaine de Lombardie. 48
Eaux phréatiques des dunes. 53
Gascogne 53
Hollande 54
Est d'Ostende 55
Eaux phréatiques des dépôts glaciaires. 56
Mont-sur-Lausanne et bords de l'Areuse 56
Eaux phréatiques des îles madréporiques.. 57
Intérêt des eaux phréatiques au point de vue de l'agriculture et de l'hygiène. 57
Observations théoriques. 58

§ 2. — Eaux phréatiques des terrains autres que les terrains de transport. 61

Terrains tertiaires des départements de la Seine et de Seine-et-Marne. 62
Terrains crétacés et jurassiques. 64
Terrains triasiques et permiens 66
Convenance de reporter l'examen des faits analogues au chapitre relatif au rôle des lithoclases. 67

CHAPITRE III

ROLE DU CONTACT MUTUEL DES ROCHES PERMÉABLES ET DES ROCHES IMPERMÉABLES

§ 1. — Contact produit par le fait seul de la stratification. 68

Généralités. 68
Terrains quaternaires. 70
Exemples fournis en Alsace, aux environs de Haguenau, dans les vallées de la Moder et du Rhin. 70
Environs de Metz. 71

TABLE DES MATIÈRES.

Environs de Munich.	71
Hollande.	72
Londres et ses environs.	73
Oxford.	73
Irlande.	74
Palerme.	74
Upsal.	75
Observations relatives à des tufs volcaniques stratifiés.	75

Terrains stratifiés. 75

Sundgau.	75
Dombes.	76
Bastberg, près Bouxwiller.	77
Bassin de Paris.	81
Environs de Laon.	84
Vallée de la Garonne.	84
Environs de Bruxelles.	85
Environs de Londres.	85
Furstenfeld, Styrie.	85
La Puysaye (Yonne).	86
Haute-Marne.	87
Torrent d'Anzin.	87

§ 2. — CONTACT PRODUIT PAR DES ACCIDENTS POSTÉRIEURS A LA STRATIFICATION OU A LA FORMATION DES ROCHES. 91

Roches imperméables désagrégées sur place. 91

Irlande.	92
Schistes de divers âges.	92
Observations sur l'éparpillement des populations.	93

Éboulis. 93
Boues glaciaires. 95
Scories, coulées de lave et autres déjections volcaniques incohérentes vacuolaires ou fissurées. 95

Cônes de scories ; exemples au lac Chambon, au lac du Bouchet, à Vourzac, à Fayal et à San Miguel.	95
Royat et Fontanat (Puy-de-Dôme).	97
Allagnat, Ceyssat et Mazaye (Puy-de-Dôme).	99
Autres localités du département du Puy-de-Dôme : Gravenoire, Pariou, la Nugère, Montsineyre, le Tartaret.	102
Entraigues (Ardèche).	104
Etna, Terceira et Santorin.	104
Rome et environs.	105
Irlande.	109
Vétéravie.	109

Syrie; sources du petit Jourdain 109
Rejets accompagnant les failles. 110

    Environs de Loudun. 110
    Gorze, près Metz. 111
    Sassenage, près Grenoble 117
    Rohrbach im Graben (Autriche). 119
    Lancashire. 120
    Derbyshire. 120
    La Bourboule (Puy-de-Dôme). 120
    Sicile : Sclafani, Palerme, Longi et Alcara. 125

Intrusions de roches. 126

    Alpe du Wurtemberg 126
    Irlande 128
    Dax et Tercis (Landes), Montpezat (Ardèche), côte d'Essey (Meurthe-
    et-Moselle). 128

CHAPITRE IV

ROLE DES LITHOCLASES DE DIVERS ORDRES

Généralités. 129

Lithoclases et particulièrement diaclases. 130

    1° *Leptoclases* 130
    Synclases. 130
    Piésoclases. 131
    2° *Diaclases* 132
    3° *Paraclases*. 143

Observations. 144
**Exemple du rôle des lithoclases relativement au régime des eaux
    souterraines** 145
Percements artificiels des roches : forages artésiens 152

§ 1ᵉʳ. — Rôle des lithoclases simples. 163

Terrains tertiaires. 163

    Bassin de Paris. 163
    Pyrénées-Orientales. 164
    Bassin de Londres. 165
    Belgique. 166
    Vienne (Autriche). 167
    Venise. 167
    Département d'Alger : Basse Mitidja ; sources jaillissantes naturelles
    et puits forés. 169

TABLE DES MATIÈRES. 451

Hodna et Sahara du département de Constantine 172
Zab : sources jaillissantes naturelles. 175
Oued Rhir : sources naturelles et forages. 176
Hammam-Bou-Hadjar ; source thermale 184
Aïn Nouïssy, près Mostaganem. 184
Égypte. 185
Puy-de-Dôme. 186
Haute-Loire 187
Irlande, contrée d'Antrim 188

Terrains crétacés. 188

Environs de Châlons-sur-Marne. 189
Département de la Marne et régions voisines 190
Champagne septentrionale. 193
Département de l'Aisne 197
Ardennes (arrondissement de Rethel). 198
Aube et particulièrement bassin de la Vanne. 199
Yonne. 200
Le Havre. 201
Calvados et Eure. 203
Charente. 204
Bouches-du-Rhône, bassin de Fuveau 204
Var et Alpes-Maritimes. 206
Gers. 207
Bassin de Paris. 207
Environs de Tours 212
North Downs du Kent et du Surrey. 212
Londres. 213
Yorkshire. 214
Hertfortshire. 215
Oxfordshire et Whitshire. 215
Nord de la France, Belgique et Westphalie, environs de Liège. . . 216
Versant nord du Teutoburgerwald et versant nord de la Haar : Paderborn. 222
Irlande 227
Caucase, Kislovodsk et Piatigorsk. 229

Terrain jurassique. 231

Yonne. 232
Nièvre. 234
Meurthe-et-Moselle. 236
Meuse et Haute-Marne 236
Grand-Duché de Luxembourg 242
Wurtemberg. 243
Var et Alpes-Maritimes. 245
Buda-Pesth : forages. 246

Angleterre : Glocestershire, Lincolnshire, Leicestershire, Northamptonshire (Rutland).................... 246

Trias et terrain permien.................... 248

    Lorraine allemande.................... 248
    Bassin de la Sarre.................... 250
    Duché de Luxembourg : Mondorf.................... 250
    Meurthe-et-Moselle.................... 250
    Alsace : Soultz-les-Bains et Niederbronn.................... 250
    Haute-Marne : Bourbonne-les-Bains.................... 251
    Gard.................... 255
    Rochefort ; puits artésien.................... 255
    Wurtemberg ; Thermes de Widbad ; forages de Berg et de Cannstadt. 255
    Grand-Duché de Bade : Rothenfels.................... 256
    Franconie.................... 256
    Autriche ; Stixenstein et autres sources alimentant Vienne, groupe de Fischau.................... 256
    Angleterre.................... 261
    Environs de Loano, près Gênes.................... 263

Terrains paléozoïques.................... 264

    Artois.................... 264
    Mines de houille : la Chapelle-sous-Dun (Saône-et-Loire).... 264
    Sardaigne.................... 264
    Irlande.................... 266
    Aix-la-Chapelle et Borcette (Burtscheid).................... 266
    Ems.................... 267
    Wisconsin : sources naturelles et puits artésiens.................... 270

Terrains cristallins.................... 271

    France centrale.................... 271
    Saint-Gothard.................... 272
    Chamonix.................... 274
    Wurtemberg : Wildbad.................... 274
    Irlande.................... 275
    Base de l'Etna : Catane.................... 275
    Caucase : Gileznovodsk.................... 275

§ 2. — LITHOCLASES ASSOCIÉES A DES POINTEMENTS DE ROCHES ÉRUPTIVES.... 277

    Gard.................... 277

§ 3. — ROLE DES LITHOCLASES ASSOCIÉES A DES FILONS MÉTALLIFÈRES.... 280

    Vosges : Plombières.................... 280
    Loire : Sail-sous-Couzan.................... 282
    Hérault : La Malou.................... 282
    Haute-Loire : Brioude.................... 283

Ardèche : Vals, Desaigues, Mayrès. 283
Autres localités du Plateau central. 284
Grand-Duché de Bade : Rippoldsau et Badenweiler. 284
Prusse Rhénane : Mine de Kautenbach, près de Trarbach, sur la
    Moselle. 284
Saxe : Freyberg. 285
Bohême : Carlsbad et Marienbad. 285
Italie : Pereta et Selvena ; Tolfa. 288
Algérie 289

CHAPITRE V

ROLE DES CAVERNES

Introduction 290

§ 1. — Caractères généraux des cavernes et des cavités analogues. 293

    Yonne : Arcy-sur-Cure 293
    Vienne : berges du Clain à Poitiers 294
    Aveyron. 295
    Gard. 297
    Ardèche ; Pont d'Arc 298
    Isère 299

Observations théoriques. 299

    Origine des cavernes des massifs calcaires et dolomitiques 299
    Origine des cavernes produites par l'entraînement des matières
        arénacées 300
    Origine des cavernes produites par l'érosion du gypse et du sel
        gemme 300
    Origine des cavernes dues à des glissements superficiels. 301
    Origine des cavernes excavées par la mer dans les falaises. . . 302
    Origine des cavernes des coulées volcaniques 302
    Origine des cavernes paraissant résider dans les flancs des mon-
        tagnes volcaniques 302

§ 2. — Influence des cavernes sur le régime des eaux. 304

    Jura : Départements du Doubs et du Jura. 304
    Meurthe-et-Moselle 307
    Vosges. 307
    Aube 308
    Côte-d'Or 309
    Haute-Saône : environs de Vesoul. 309
    Ain : Perte du Rhône à Bellegarde. 309

Calvados. 309
Charente : Tardouère, le Bandiat, la Touvre 311
Hérault 314
Isère et Drôme. 315
Var et Alpes-Maritimes. 316
Bouches-du-Rhône. 318
Vaucluse : Fontaine de Vaucluse. 319
Lot. 333
Dordogne 333
Eure : Pertes de l'Iton 333
Loiret : Val d'Orléans. 336
Ardennes : Signy-l'Abbaye 343
Belgique : environs de Dinan, Bleyberg-ès-Montzen. 343
Suisse : canton de Neuchâtel ; environs de Kandersteg 345
Œsel. 350
Angleterre. 350
Irlande 351
Espagne. 354
Italie 354
Moravie 361
Bosnie et Croatie 362
Grèce. 362
Crimée. 364
Algérie 364
Syrie : Nahr-el-Keb 365
États-Unis : Kentucky et Indiana. 366

CHAPITRE VI

EAUX POUSSÉES PAR DES GAZ COMPRIMÉS

§ 1. — Eaux poussées par l'acide carbonique 568

Sondage de Montrond (Loire). 568
Nauheim (Vétéravie, ancien duché de Hesse-Cassel). 375
Neuenahr (Prusse Rhénane) 377
Kissingen (Bavière) 377
Paterno (Sicile). 377

§ 2. — Eaux poussées principalement par des hydrogènes carbonés ; volcans de boues, salses. 380

Italie : Apennins et Sicile 380
Caucase : mer Noire et mer Caspienne. 383
États-Unis. 385

Observations théoriques 386

TABLE DES MATIÈRES.   455

CHAPITRE VII

EAUX POUSSÉES PAR LA FORCE EXPANSIVE DE LEUR VAPEUR

§ 1. — Geysers. 390

    Islande 390
    États-Unis : parc national de Yellowstone; Californie. 392
    Nouvelle-Zélande : province d'Aukland. 396
    Açores : Ile San Miguel. 396
    Thibet. 397

§ 2. — Soffionis. 400

    Toscane. 400

§ 3. — Volcans et solfatares 407

LIVRE SECOND

TEMPÉRATURE DES EAUX SOUTERRAINES

CHAPITRE PREMIER

TEMPÉRATURE DES SOURCES ORDINAIRES

Température des sources ordinaires. 421

CHAPITRE II

TEMPÉRATURE DES SOURCES THERMALES

Température des sources thermales 434

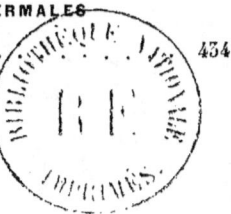

8167. — Imprimerie A. Lahure, 9, rue de Fleurus, à Paris.

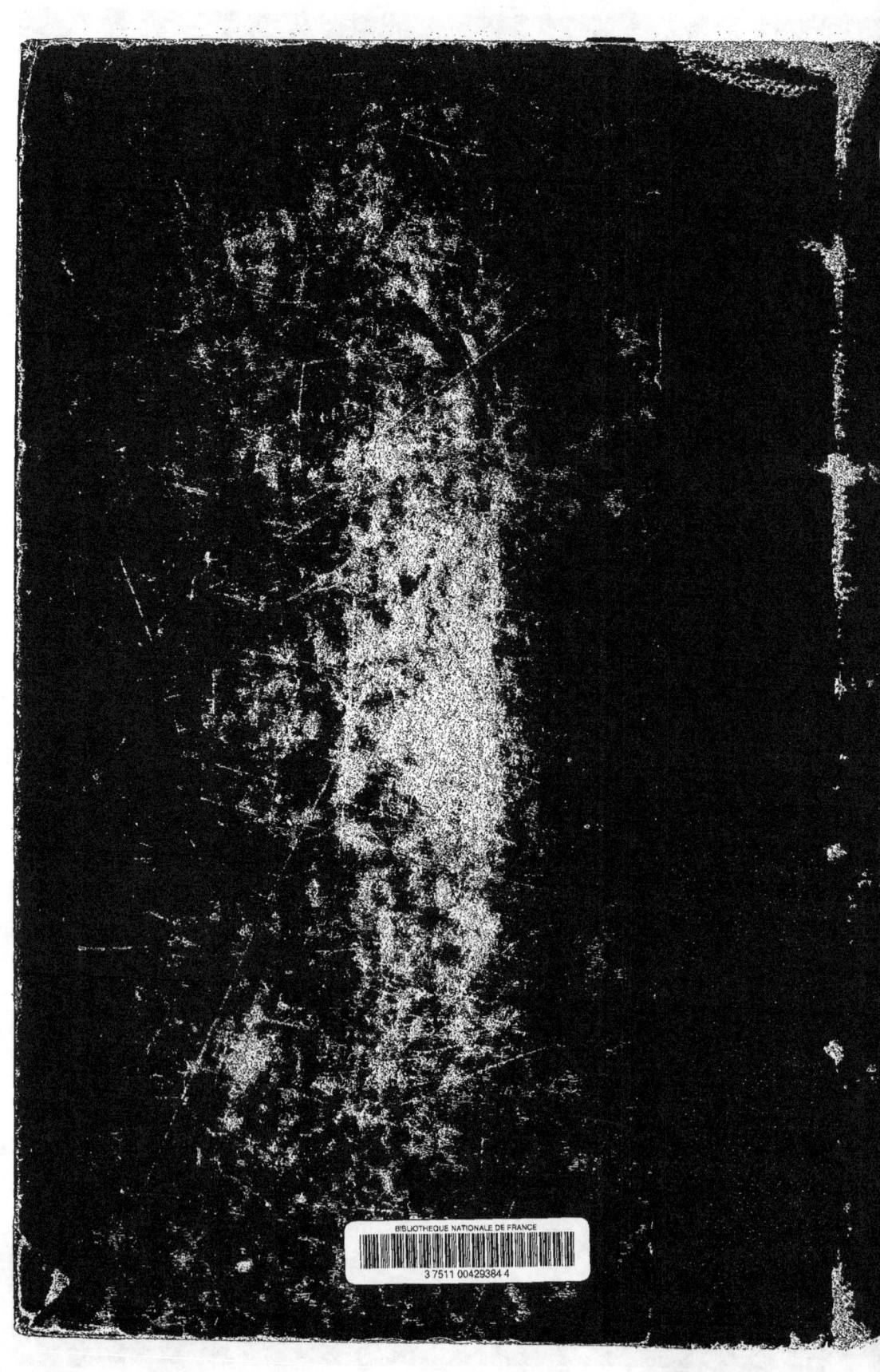

www.ingramcontent.com/pod-product-compliance
Lightning Source LLC
Chambersburg PA
CBHW050150230526
45470CB00001B/32